水利工程设计与研究丛书

中型水库除险加固研究与处理措施

本书编委会 编著

内 容 提 要

本书为《水利工程设计与研究丛书》之一，内容以论述中型水库存在的常见病险问题，探讨了如何进行中型水库除险加固措施，介绍了中型水库除险加固的设计标准及处理措施，涉及到众多专业，提供了便于在设计中使用的公式、计算方法、技术资料。介绍了在水库加固处理中运用的新技术、新方法、新材料、新工艺。

本书内容丰富，实用性强，可供从事水利水电工程工作的规划设计、施工、运行、科研、教学等科技人员参考，也可作为大专院校师生的参考资料。

图书在版编目（CIP）数据

中型水库除险加固研究与处理措施 / 《中型水库除险加固研究与处理措施》编委会编著. -- 北京 : 中国水利水电出版社, 2014.8
（水利工程设计与研究丛书）
ISBN 978-7-5170-2318-0

Ⅰ. ①中… Ⅱ. ①中… Ⅲ. ①中型水库—加固 Ⅳ. ①TV698.2

中国版本图书馆CIP数据核字(2014)第181847号

书　　名	水利工程设计与研究丛书 **中型水库除险加固研究与处理措施**
作　　者	本书编委会　编著
出版发行	中国水利水电出版社 （北京市海淀区玉渊潭南路1号D座　100038） 网址：www.waterpub.com.cn E-mail：sales@waterpub.com.cn 电话：(010) 68367658（发行部）
经　　售	北京科水图书销售中心（零售） 电话：(010) 88383994、63202643、68545874 全国各地新华书店和相关出版物销售网点
排　　版	中国水利水电出版社微机排版中心
印　　刷	北京纪元彩艺印刷有限公司
规　　格	184mm×260mm　16开本　21.25印张　504千字
版　　次	2014年8月第1版　2014年8月第1次印刷
印　　数	0001—1000册
定　　价	**82.00**元

《中型水库除险加固研究与处理措施》

本书编写委员会

董昊雯　郭　宁　任　岩　郑春洲　吴国宏

孙永波　耿　莉　周　伟　毛明令　苏相斌

郑　宇　秦　云　姜苏阳

前　言

我国的大多数中型水库都是20世纪五六十年代建成的，由于年久失修，这些水库的病险问题越来越严重，普遍存在标准偏低、施工质量不高、设施不完备等问题。经过多年的运行，水库设施普遍老化许多水库大坝存在诸多安全隐患，严重威胁下游人民群众的生命财产安全。严重影响了人民的生活、生产活动。

中型病险水库中，有的防洪标准偏低，达不到有关规范、规定要求，有的工程本身质量差，有的工程老化失修严重。这些病险问题导致水库不能正常运行，不能充分发挥其效益。

通过对不同类型的中型病险水库工程进行了几个方面内容的研究：一是根据新的水文资料，复核水库规模；二是达标完建尚缺工程设施；三是维修加固已遭破坏工程设施。采取不同方法的除险加固措施设计与处理，通过新技术在中小型水库除险加固中的应用，使得病险水库加固工作得到提高，加固与技术进一步相结合，广泛采用新技术、新方法、新材料、新工艺，力求体现先进性、科学性和经济性，力求在病险水库治理的工程设计技术方面有所突破。

中型水库为广大的人民群众提供生活，生产用水，发挥了防洪灌溉的功效，做好水库的除险加固工作既是确保人民群众的生命财产安全，又保证了工农业经济的顺利发展。水库的除险加固是一项利国利民的工程，充分发挥水库的各种功效，促进国民经济发展和人民生活水平的提高。

本书第2章～第14章详尽介绍了角峪水库水库除险加固研究及设计内容，第15章～第27章详尽介绍了山阳水库水库除险加固研究及设计内容。董昊雯编写了第1章、第5章中5.1～5.4章节和5.6～5.7章节，郭宁编写了第10章、第11章、第24章，任岩编写了内容提要、第6章中6.1～6.2章节、第19章中19.1～19.2章节、第22章、第26章；郑春洲编写了前言、第5章中5.5章节、第18章中18.1～18.5章节；吴国宏编写了第3章中3.1～3.5章节、第16章；孙永波编写了第9章、第12章、第13章、第23章；耿莉编写了第18章中18.6～18.8章节；周伟编写了第6章中6.3章节、第7章、第15章、第25章；毛明令编写了第2章、第19章中19.3章节、第20章、第27章；苏相斌编写了第3章中3.6～3.9章节、第4章、第17章；郑宇编写了第

8章、第21章；秦云编写了第5章中5.8章节、第18章中18.9章节；全书由姜苏阳统稿。

为总结探讨水库除险加固的经验，兹编写本书，以期与同行进行技术交流。本书得到了多位专家的大力支持，在此表示衷心的感谢！由于本书涉及专业众多，编写时间仓促，错误和不当之处，敬请同行专家和广大读者赐教指正。

作者

2014.3

目　　录

1 角峪水库与山阳水库除险加固特色分析

1.1 角峪水库与山阳水库存在的问题

(1) 土坝中存在的问题：一是土坝未达标，坝顶偏低，背水坡比过陡。现状坝顶高程均低于设计坝顶高程。土坝背水坡比过陡，土坝安全存在隐患；二是上游干砌石护坡破坏严重。原设计干砌石护坡厚30cm，但施工时块石超径和逊径较为严重，致使块石粒径大小不一，砌筑质量较差。护坡块石受风化、波浪淘刷及冰冻影响，加之管理养护不善，护坡块石破坏严重。

(2) 溢洪道出现的问题：溢洪道无护砌及消能设施，渠底高程又较低，一方面使水库无法正常蓄水，水资源未能得到充分利用；另一方面溢洪道无能力承担宣泄较大洪水任务。

(3) 输水洞存在的问题：输水洞消力池翼墙受水流冲刷、风化侵蚀和墙后土压力作用及土体冻融等影响，使工程老化，浆砌石出现纵向裂缝。底板受水流冲刷，冻融破坏等，表层已被剥蚀。闸门陈旧、漏水，启闭设备失灵，拦污栅破损。洞身长度不满足土坝加高培厚要求。

1.2 角峪水库与山阳水库具体实施的步骤

角峪水库与山阳水库除险加固方案均考虑了以下几个方面内容：一是根据新的水文资料，复核水库规模；二是达标完建尚缺工程设施；三是维修加固已遭破坏工程设施。主要包括：①大坝加高培厚。中型水库除险加固工程的除险加固措施应充分利用既有工程。对大坝质量较好、坝身不长、淹没不大的水库，这样做优越性较大，宜对大坝采取加高培厚措施；但对坝身较长的大坝，一般来讲就显得不够经济合理。②溢洪道拓宽。根据新的水文资料，复核水库规模，拓宽溢洪道，拓宽进、出口段。一般水库溢洪道地处右岸或左岸山体坡脚处，闸室段为全风化的岩石，岩石完整性差，中等透水，应对溢洪道进行加固设计。③增建非常溢洪道。利用有利地形增建非常溢洪道，提高水库防洪标准。④输水洞。输水洞除险加固一般主要包括：洞身接长，消力池翻修，更换闸门和启闭设备。要对输水洞过流能力进行复核计算。

1.3 新技术在角峪水库与山阳水库除险加固中的应用

角峪水库与山阳水库病险水库加固工作坚持加固与提高、加固与技术进一步相结合，力求在病险水库治理的技术经济方面有所突破。在两个病险水库加固时，采用了新技术、新方法、新材料、新工艺。两个病险水库均存在上游坝坡冲刷严重，坝体超高及坝体断面不满足要求，无观测设施，管理设施落后、缺乏等问题。关于工程质量问题，两个土坝主要是渗漏、滑坡和裂缝，其中滑坡和裂缝的产生，有的也与渗漏有关，所以处理土坝质量，关键是防渗。在两个病险水库防渗加固中，坝基和坝体都需要防渗加固。在采取工程措施时，多采取垂直防渗措施。近年来水泥深层搅拌防渗墙技术，应用到水库除险加固中效果显著。随着水泥深层搅拌防渗墙施工机械和工艺技术的不断发展和完善，已成为水库大坝防渗加固的一项重要措施。对于基坝，所采用的防渗处理是一种技术先进、工艺合理、工程造价低、防渗效果好、适用范围广。复合土工膜防渗也广泛运用于土坝加固中，因此，两个水库土坝坝体防渗方案采用：复合土工膜铺设于上游坡坡面和坝体采用高压定喷灌浆防渗墙。坝基均采用高压定喷灌浆防渗墙。

2 角峪水库洪水标准复核

2.1 流域及工程概况

牟汶河为黄河的一级支流大汶河的北支，角峪水库位于牟汶河的支流汇河上，汇河流域形状为扇形，主要发源地为济南市岱岳区周家庄。角峪水库坝址以上控制流域面积为 $44km^2$，河道长度 14km，干流平均比降为 3.7‰，流域内以山地、丘陵为主，山区植被较差。角峪水库流域见图 2.1－1。

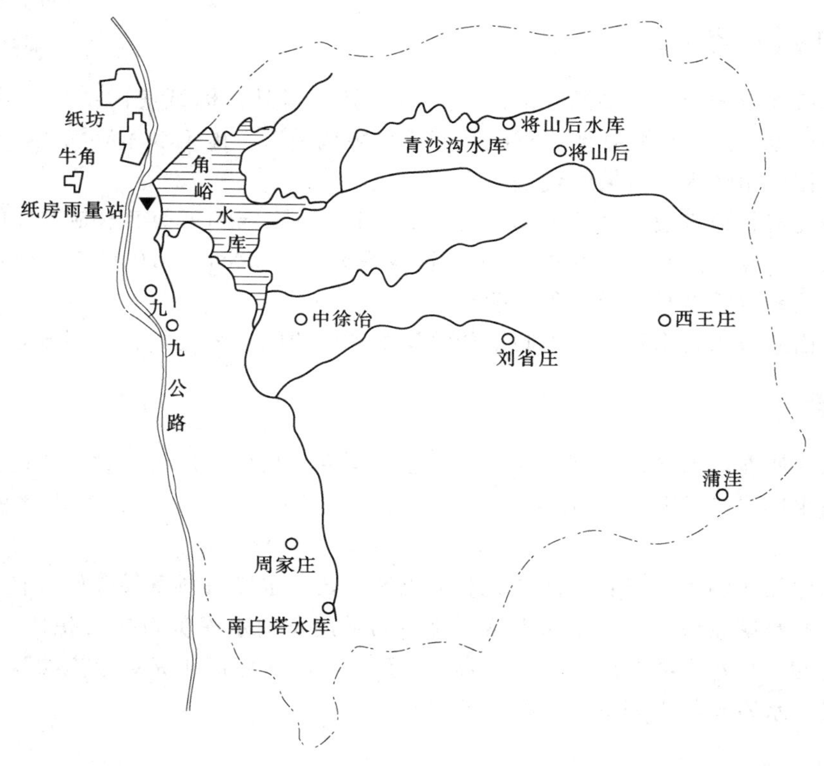

图 2.1－1 角峪水库流域示意图

角峪水库 1959 年始建，1966 年由小（1）型水库扩建为中型水库。水库总库容 1785 万 m^3，死库容 166 万 m^3，兴利库容 924 万 m^3，水库上游有小（2）型水库 3 座，控制流域面积 $6.94km^2$，总兴利库容 29 万 m^3。

水库设计任务为以防洪为主，兼顾农业灌溉、水产养殖。水库下游保护角峪镇人口 1.2 万人，1.0 万亩耕地，以及国防 09 公路、青银高速、京沪高速等重要基础设施；水库原设计灌溉面积 2.5 万亩，“三查三定”核定设计灌溉面积 1.84 万亩，现有效灌溉面积 1.5 万亩。

水库枢纽工程由大坝、溢洪道、放水洞组成。大坝为均质坝，全长 1142m，坝顶高程 166.96～168.00m；溢流堰为开敞式无闸宽顶堰，堰顶高程 163.57m，堰顶净宽 100m。2007 年泰安市水利和渔业局对水库进行了安全鉴定，鉴定结论为工程存在较多的质量问题，水库大坝防洪标准不满足规范要求，坝体、坝基渗漏严重，水库无法发挥正常效益，属Ⅲ类坝，该鉴定结论通过水利部大坝安全管理中心核查。

2.2 气象

该流域属暖温带大陆性季风气候，四季分明，春季干旱多风，夏季酷热多雨，秋季天高气爽，冬季严寒少雨雪。据统计，该地区多年平均降水量 712mm，其中 6～9 月降水量 489mm，占全年的 70%左右，流域平均气温 12.8℃，最大冻土深 46cm，最高月平均气温 26.4℃，最低月平均气温－3.2℃，无霜期平均 200 天，多年平均最大风速为 14.6m/s。

2.3 水文基本资料

该水库所在流域无水文测站，流域内仅有一处雨量站，即纸房雨量站，该站自 1963 年以来观测至今，降雨资料观测、整编精度满足规范要求。由于水库流域面积较小，可用纸房雨量站作为角峪水库流域的代表站。

为解决无资料地区设计洪水计算问题，山东省水利厅于 1982 年编制了《山东省大中型水库防洪安全复核洪水计算办法》，采用资料系列截至 20 世纪 70 年代，内容包括设计暴雨、点面关系、雨型日程及时程分配等。

另外，山东省水文水资源局绘制了新的暴雨等值线图，采用资料系列截至 1999 年。

2.4 径流

角峪水库所在汇河属雨源型河流，流域径流与降水量变化规律一致，年内、年际变化较大，角峪水库多年平均年径流深 200mm（系列 1956～2000 年，山东省水资源综合评价）。

角峪水库无实测水文资料，同在大汶河流域的黄前水库资料条件较好，且降水、下垫面条件与角峪水库相似，角峪水库天然径流系列采用黄前水库资料按面积比一次方计算，角峪水库上游小型水库共 3 座，有效库容 29 万 m^3，将水库历年天然径流扣除上游水库的有效库容得出水库现状工程下入库径流系列。

2.5 洪水

2.5.1 暴雨洪水特性

该地区暴雨特性为：暴雨量级大，历时短，发生频繁。角峪水库 1963～2005 年 43 年实测降雨系列中，年最大 24h 降雨量大于 100mm 的降雨有 20 场，大于 200mm 的降雨有 3 场。最大 24h 降雨量占最大 3 日降雨量的比重平均为 88.3%。

该流域洪水主要由暴雨形成，洪水主要集中在汛期，且年际变化大。该河属山溪性河流，源短流急，洪水暴涨暴落，历时较短，一次洪水总历时在24h左右，双峰型洪水历时可达2～3d。

2.5.2 设计洪水

2.5.2.1 以往成果

（1）1982年，泰安市水利局编制《水利工程"三查三定"大中型水库防洪安全复核计算书》，洪峰流量2007m^3/s，3日洪量0.48亿m^3；10000年一遇洪峰流量1219m^3/s，3日洪量0.29亿m^3；300年一遇洪峰流量727m^3/s，3日洪量0.165亿m^3。

（2）2007年4月，泰安水文水资源勘测局编制《山东省泰安市岱岳区角峪水库安全鉴定一设计洪水复核报告》，对角峪水库设计洪水通过实测暴雨资料和等值线图两种方法进行了计算，提出设计洪水成果：1000年一遇洪峰流量873m^3/s，24h洪量0.18亿m^3，3日洪量0.19亿m^3；100年一遇洪峰流量579m^3/s，24h洪量0.12亿m^3，3日洪量0.13亿m^3。

2.5.2.2 本次计算方法

角峪水库设计洪水计算采用三种方法：一是直接面雨量法；二是暴雨等值线图法；三是地区综合法。方法一和方法二通称为雨量法。

2.5.2.3 雨量法（方法一和方法二）

（1）设计面雨量计算。

1）直接面雨量法。采用年最大值选样法，选取纸房雨量站1963—2005年共43年的最大24h、最大三日点雨量系列，采用数学期望公式计算经验频率（计算公式见2-1），统计参数中均值按算术平均计算，变差系数C_v用矩法公式计算（计算公式见2-2），采用P-Ⅲ型曲线进行适线（频率曲线见图2.5-1、图2.5-2），求得角峪水库不同频率设计面雨量见表2.5-1。

表2.5-1　　直接法计算角峪水库设计面雨量成果表

项目	均值/mm	C_v	C_s/C_v	不同频率 P/%，设计值/mm						
				0.05	0.1	0.2	1	2	5	10
H_{24h}	115.1	0.53	3.5	500	460	420	326	286	232	182
H_{3d}	136.6	0.48	3.5	535	494	453	357	315	260	205

经验频率计算采用数学期望公式：

$$P_m=\frac{m}{(n+1)} \tag{2.5-1}$$

式中　P_m——实测系列各点经验频率；

m——实测系列按大小递减次序排列的序号；

n——实测系列年数。

变差系数C_v计算采用公式：

$$C_v=\frac{1}{\overline{X}}\sqrt{\frac{1}{n-1}\sum_{i=1}^{n}(x_i-\overline{X})^2} \tag{2.5-2}$$

式中　$\overline{X}$——n年实测系列算术平均值；

x_i——连序系列中第i项变量。

2）等值线图法。查山东省水文水资源勘测局采用1999年以前资料系列绘制的该省暴雨等值线图，得角峪水库流域中心处多年平均年最大24h点雨量均值为108mm、变差系数 C_v 值为0.56；多年平均最大3d点雨量均值为125mm、变差系数 C_v 值为0.52，取 $C_s=3.5C_v$，求得水库不同频率年最大24h、年最大3d设计点雨量，根据《山东省大、中型水库防洪安全复核洪水计算办法》，按流域面积查点面折减系数（24h为0.97，3d为0.98），得到角峪水库等值线图法设计面雨量成果见表2.5－2。

表2.5－2　角峪水库等值线图面雨量成果表

项目	点雨量均值/mm	C_v	C_s/C_v	不同频率 P/%，设计面雨量/mm						
				0.05	0.1	0.2	1	2	5	10
H_{24h}	108	0.56	3.5	488	448	408	315	275	222	181
H_{3d}	125	0.52	3.5	530	489	447	350	307	251	208

3）设计面雨量成果比较。采用两种途径计算的角峪水库各频率设计面雨量成果见表2.5－3，比较可知，两种方法计算成果相当接近，不同频率年最大24h、最大3d设计面雨量成果相差在3%以内。2000年编制的暴雨等值线图是选取各区域代表雨量站1999年以前的雨量资料，综合定线绘制而成，能反应出较大区域的暴雨特性；直接法推求设计雨量，采用的纸房雨量站1953—2005年资料，暴雨系列更长，纸房站为该流域代表站，更能反应此流域的暴雨特性。两方法计算成果一致，说明该地区设计暴雨成果是较为稳定的。

表2.5－3　角峪水库设计面雨量成果比较表

方法	项目	均值/mm	C_v	C_s/C_v	不同频率 P/%，设计值/mm						
					0.05	0.1	0.2	1	2	5	10
直接法	H_{24h}	115.1	0.53	3.5	500	460	420	326	286	232	182
	H_{3d}	136.6	0.48	3.5	535	494	453	357	315	260	205
等值线图查算	H_{24h}	108	0.56	3.5	488	448	408	315	275	222	181
	H_{3d}	125	0.52	3.5	530	489	447	350	307	251	208

（2）产流计算。径流深采用降雨径流关系查算，降雨径流关系线采用4号线（大汶河流域、津浦铁路以东，山丘地区集水面积小于300km），设计前期影响雨量 P_a 取40mm，采用的4号线降雨径流关系见表2.5－4。

表2.5－4　角峪水库降雨径流关系　单位：m

$P+P_a$	50	100	200	300	400	500	600	700	800
径流深 R	4	33	120	214	308	404	500	596	691

设计雨型采用泰沂山南北区雨型，时段长为1h，角峪水库不同频率逐日净雨量见表2.5－5，计算的不同频率净雨时程分配见表2.5－6。

表2.5－5　角峪水库设计净雨日分配表

日　次	不　同　频　率						
	0.05	0.1	0.2	1	2	3.33	5
R1	5.3	5.2	5	4.5	4.2	4	4
R2	11.4	11.1	10.8	9.8	9.4	8.9	8.5
R3	442.6	404	365.5	276.2	238.2	211.3	187.8

表 2.5-6　　角峪水库不同设计频率净雨时程分配（直接面雨量法）

P /%	日程 /d	日净雨 /mm	时段（Δt=1h）净雨量分配/mm																							
			1	2	3	4	5	6	7	8	9	10	11	12	13	14	15	16	17	18	19	20	21	22	23	24
0.05	一	5.3			1.6	1.2	1.7	0.4	0.1	0.2																
	二	11.4				3.4	3.5	1.1	0.3							2.3	0.6	0.1						0.1		
	三	442.6			4.4	2.2	0.9	0.4	4.4	4.0	2.7	3.5	4.0	6.6	19.5	38.9	25.2	72.1	110.0	56.2	28.8	11.9	17.3	14.6	14.2	0.0
0.1	一	5.2			1.6	1.2	1.6	0.4	0.1	0.2																
	二	11.1				3.3	3.4	1.0	0.3							2.3	0.6	0.1						0.1		
	三	404.0			4.0	2.0	0.8	0.4	4.0	3.6	2.4	3.2	3.6	6.1	17.8	35.6	23.0	65.9	101.0	51.3	26.3	10.9	15.8	13.3	12.9	0.0
0.2	一	5.0			1.5	1.2	1.6	0.4	0.1	0.2																
	二	10.8				3.2	3.3	1.0	0.3							2.2	0.6	0.1						0.1		
	三	365.5			3.7	1.8	0.7	0.4	3.7	3.3	2.2	2.9	3.3	5.5	16.1	32.2	20.8	59.6	91.4	46.4	23.8	9.9	14.3	12.1	11.7	0.0
1	一	4.5			1.4	1.0	1.4	0.4	0.1	0.2																
	二	9.8				3.0	3.0	0.9	0.3							2.0	0.5	0.1						0.1		
	三	276.2			2.8	1.4	0.6	0.3	2.8	2.5	1.7	2.2	2.5	4.1	12.2	24.3	15.7	45.0	69.1	35.1	18.0	7.5	10.8	9.1	8.8	0.0
2	一	4.2			1.3	1.0	1.3	0.3	0.1	0.2																
	二	9.4				2.8	2.9	0.9	0.2							1.9	0.5	0.1						0.1		
	三	238.2				2.8	2.9	0.9	0.2							1.9	0.5	0.1						0.1		
5	一	4.0			1.2	0.9	1.3	0.3	0.1	0.2																
	二	8.5				2.6	2.6	0.8	0.2							1.7	0.5	0.1						0.1		
	三	187.8			1.9	0.9	0.4	0.2	1.9	1.7	1.1	1.5	1.7	2.8	8.3	16.5	10.7	30.6	46.9	23.8	12.2	5.1	7.3	6.2	6.0	0.0

(3) 汇流计算。汇流计算采用综合瞬时单位线法。单位线参数 M 入黄山丘区综合瞬时单位线计算公式推算，公式为：

$$M=0.24F^{0.33}J^{-0.27}R^{-0.20}T_c^{0.17}$$

式中 F——流域面积，取 44.0km^2；

J——河道干流平均坡度，取 0.0037；

R——次净雨深，mm；

T_c——净雨历时，h。

由瞬时单位线法推求的不同频率设计洪水成果见表 2.5-7，设计洪水过程线见表 2.5-8。

表 2.5-7　　角峪水库设计洪水成果表

方法	项目	不同频率 P/%，设计值					
		0.05	0.1	0.2	1	2	5
方法一 直接面雨量法	Q_m/(m^3/s)	962	873	783	579	493	381
	W_{6h}/万 m^3	1361	1242	1122	847	729	573
	W_{24h}/万 m^3	1948	1778	1609	1216	1049	828
	W_{72h}/万 m^3	2033	1861	1688	1289	1118	891
方法二 等值线图法	Q_m/(m^3/s)	926	853	763	552	475	365
	W_{6h}/万 m^3	1333	1221	1098	810	697	541
	W_{24h}/万 m^3	1917	1750	1580	1189	1024	804
	W_{72h}/万 m^3	2045	1885	1711	1316	1143	917

表 2.5-8　　峅峪水库设计洪水过程线（直接面雨量法）

时段/h	不同频率 P/%，设计洪水过程线/(m^3/s)						
	0.05%	0.10%	0.20%	1%	2%	3.33%	5%
1	0.44	0.44	0.44	0.44	0.44	0.44	0.44
2	0.44	0.44	0.44	0.44	0.44	0.44	0.44
3	1.15	1.13	1.09	0.99	0.94	0.89	0.89
4	4.22	4.08	3.89	3.43	3.16	2.93	2.90
5	8.13	7.86	7.49	6.62	6.12	5.68	5.70
6	11.5	11.1	10.6	9.43	8.76	8.17	8.20
7	12.1	11.7	11.3	10.1	9.46	8.89	8.88
8	10.4	10.1	9.74	8.85	8.37	7.92	7.93
9	7.99	7.78	7.53	6.93	6.61	6.3	6.32
10	5.64	5.5	5.35	4.98	4.8	4.62	4.63
11	3.72	3.65	3.56	3.36	3.28	3.18	3.19
12	2.38	2.34	2.30	2.20	2.17	2.12	2.13
13	1.53	1.51	1.49	1.45	1.44	1.42	1.43
14	1.03	1.02	1.01	1.0	1.0	0.99	0.99

续表

时　段/h	不同频率 P/%，设计洪水过程线/(m^3/s)						
	0.05%	0.10%	0.20%	1%	2%	3.33%	5%
15	0.75	0.74	0.74	0.74	0.74	0.74	0.74
16	0.59	0.59	0.59	0.59	0.60	0.60	0.60
17	0.52	0.52	0.52	0.52	0.52	0.52	0.52
18	0.48	0.48	0.48	0.48	0.48	0.48	0.48
19	0.46	0.46	0.46	0.46	0.46	0.46	0.46
20	0.45	0.45	0.45	0.45	0.45	0.45	0.45
21	0.44	0.44	0.44	0.44	0.44	0.44	0.44
22	0.44	0.44	0.44	0.44	0.44	0.44	0.44
23	0.44	0.44	0.44	0.44	0.44	0.44	0.44
24	0.44	0.44	0.44	0.44	0.44	0.44	0.44
25	0.44	0.44	0.44	0.44	0.44	0.44	0.44
26	0.44	0.44	0.44	0.44	0.44	0.44	0.44
27	0.44	0.44	0.44	0.44	0.44	0.44	0.44
28	2.53	2.45	2.35	2.10	1.97	1.83	1.70
29	11.0	10.6	10.2	9.06	8.44	7.82	7.40
30	20.2	19.5	18.8	16.8	15.8	14.7	14.0
31	22.5	21.8	21.0	19.1	18.1	17.0	16.2
32	18.8	18.3	17.7	16.3	15.6	14.9	14.3
33	13.0	12.8	12.4	11.6	11.2	10.8	10.5
34	8.07	7.94	7.76	7.38	7.17	7.02	6.84
35	4.66	4.61	4.53	4.38	4.3	4.26	4.18
36	2.63	2.61	2.58	2.54	2.52	2.52	2.5
37	1.52	1.52	1.51	1.5	1.5	1.52	1.52
38	2.37	2.32	2.25	2.09	2.01	1.93	1.87
39	6.80	6.58	6.33	5.68	5.34	4.99	4.74
40	9.21	8.94	8.62	7.81	7.37	6.94	6.61
41	8.35	8.14	7.88	7.24	6.89	6.57	6.30
42	6.07	5.95	5.79	5.41	5.2	5.02	4.85
43	3.91	3.85	3.76	3.57	3.47	3.4	3.31
44	2.38	2.35	2.31	2.24	2.2	2.18	2.14
45	1.45	1.44	1.43	1.4	1.39	1.39	1.38
46	1.00	1.00	0.99	0.98	0.98	0.98	0.97
47	0.93	0.92	0.91	0.89	0.88	0.87	0.86
48	0.86	0.85	0.84	0.82	0.8	0.79	0.78

续表

时 段 /h	不同频率 P/%，设计洪水过程线/(m^3/s)						
	0.05%	0.10%	0.20%	1%	2%	3.33%	5%
49	0.74	0.74	0.73	0.71	0.70	0.70	0.69
50	0.63	0.63	0.62	0.61	0.61	0.60	0.60
51	11.4	10.0	8.83	6.16	5.09	4.40	3.80
52	28.1	25.2	22.5	16.2	13.6	11.8	10.3
53	27.5	25.1	22.6	16.9	14.6	12.9	11.48
54	17.9	16.6	15.3	12.1	10.7	9.70	8.74
55	20.4	18.5	16.8	12.7	11.0	9.70	8.67
56	36.1	32.5	29.2	21.4	18.2	15.9	14.0
57	41.9	38.1	34.2	25.5	21.8	19.2	17.0
58	40.2	36.7	33.2	25.1	21.7	19.3	17.1
59	42.4	38.7	35.0	26.5	22.8	20.2	18.0
60	52.7	47.8	43.0	32.0	27.4	24.1	21.3
61	99.5	89	79.4	57.4	48.2	41.9	36.6
62	220	197	175	126	105	90.8	78.8
63	327	295	264	193	164	143	125
64	450	405	362	265	224	196	172
65	764	686	613	446	376	327	285
66	962	873	783	579	493	433	381
67	793	728	660	504	437	389	347
68	505	470	433	344	303	274	248
69	307	287	266	215	191	175	159
70	229	213	196	155	137	125	113
71	197	182	165	128	112	101	91.1
72	146	136	124	97.8	86.2	77.9	70.4
73	69.9	66.6	62.2	51.6	46.8	43.2	39.9
74	24.5	24.1	23.7	21.5	20.2	19.2	18.1
75	8.08	8.37	8.27	1.9	7.71	7.55	7.36
76	2.7	2.85	2.82	2.84	2.87	2.90	2.90
77	0.94	1.06	1.08	1.16	1.2	1.23	1.26
78	0.44	0.48	0.56	0.64	0.66	0.68	0.70
79	0.44	0.45	0.47	0.5	0.51	0.51	0.52
80	0.44	0.44	0.45	0.45	0.46	0.46	0.46
81	0.44	0.44	0.44	0.44	0.44	0.45	0.45
82	0.44	0.44	0.44	0.44	0.44	0.44	0.44

续表

时段/h	不同频率 P/%，设计洪水过程线/(m^3/s)						
	0.05%	0.10%	0.20%	1%	2%	3.33%	5%
83	0.44	0.44	0.44	0.44	0.44	0.44	0.44
84	0.44	0.44	0.44	0.44	0.44	0.44	0.44

2.5.2.4 地区综合法（方法三）

收集同在大汶河流域的部分支流不同流域面积的雪野、大治等水库的设计洪水，见表2.5-9，表中水库设计洪水成果经审查，各水库设计洪水同角峪水库一样，均未考虑上游小型水库影响。水库流域暴雨洪水特性、地形特征与角峪水库相似，水文分区同属大汶河流域津浦铁路以东。角峪水库流域面积44km^2，河道比降4.7‰，年最大24h面雨量均值105mm（暴雨等值线图）。选取的临近水库面积在88.6～444km^2之间，各水库河道比降相差不大，年最大24h降雨量均值接近。

表2.5-9　角峪水库临近流域设计洪水成果表

水库	所在支流	流域面积/km^2	比降/‰	H_{24h}/mm	Q_m/(m^3/s)		W_{24h}/万m^3		备注
					0.1%	1%	0.1%	1%	
大治水库	牟汶河	163	5.70	101	2500	1624	5780	3910	H_{24h}为暴雨等值线图值
雪野水库	瀛汶河	444	8.15	103	6500	3760	12000	7760	
金斗水库	柴汶河	88.6	4.65	100	1580	932	3480	2150	
东周水库	柴汶河	189			2580	1630			

用大治、雪野、金斗、东周水库1000年一遇、100年一遇设计洪峰和相应流域面积点绘在双对数纸上分别建立相关关系，关系线见图2.5-1，用此综合相关线推算角峪水库1000年一遇设计洪峰流量为798m^3/s，100年一遇设计洪峰流量为502 m^3/s。同样，用大治、雪野、金斗水库不同频率24h设计洪量与面积点绘相关关系，推算角峪水库

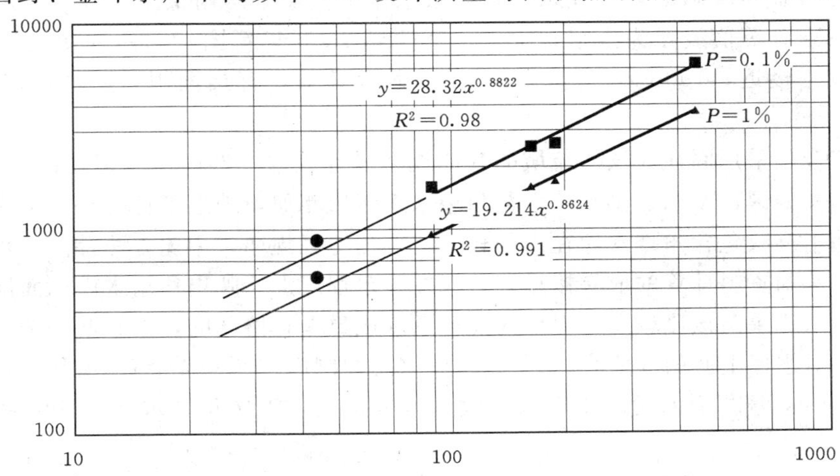

图2.5-1　角峪水库临近流域洪峰流量—面积关系图

1000 年一遇设计 24h 洪量为 1830 万 m^3，100 年一遇设计 24h 洪量为 1280 万 m^3。用地区综合法计算角峪水库设计洪水成果见表 2.5－10。

表 2.5－10　角峪水库设计洪水成果表（地区综合法）

流域面积/km^2	项　目	P/%	
		0.1	1
44	Q_m/(m^3/s)	798	502
	W_{24h}/万 m^3	1830	1280

2.5.2.5　计算成果及合理性分析

采用面雨量法和地区综合法计算角峪水库设计洪水，水库设计、校核频率洪水成果比较见表 2.5－11，两种方法计算的 24h 洪量成果接近，1000 年一遇、100 年一遇设计值相差在 5%以内；洪峰流量地区综合法成果偏小，1000 年一遇、100 年一遇设计值相差约 10%。

表 2.5－11　角峪水库设计洪水成果比较表

方　法	项　目	P/%	
		0.1	1
直接面雨量法	Q_m/(m^3/s)	873	547
	W_{24h}/(万 m^3)	1778	1216
等值线图法	Q_m/(m^3/s)	853	552
	W_{24h}/(万 m^3)	1750	1189
地区综合法	Q_m/(m^3/s)	798	502
	W_{24h}/万 m^3	1830	1280

由暴雨推算设计洪水采用两种不同途径推求设计面雨量，即直接法和等值线图法，两种方法资料系列基础都较为理想，直接法采用本流域纸房雨量站 1963～2005 年共 43 年面雨量系列，等值线图为山东省水文水资源局 2000 年新图，用两种途径计算的设计洪水成果较为接近，1000 年一遇、100 年一遇设计值，直接面雨量法成果较等值线图法大 2%。

地区综合法采用同在大汶河流域的其他地区设计洪水，选用地区都在津浦铁路以东，属同一个水文分区，暴雨、洪水特性与角峪水库流域相似，地形条件也相差不大，率定的关系线能基本反映包含角峪水库在内的较大范围的地区规律，用此方法计算的角峪水库设计洪水同用暴雨资料计算的成果接近，这能在一定程度上反映出角峪水库用面雨量资料计算的设计洪水成果与该流域所在大地区设计洪水成果是相协调的，是基本安全、合理的。

另外，对水库上游的 3 座小（2）型水库（总控制面积 6.67km^2），因其兴利总库容较小（29 万 m^3），溃坝后对角峪水库入库洪水影响甚微，本次角峪水库设计洪水计算未给予考虑。

综上所述，角峪水库采用直接面雨量计算的设计洪水成果是基本合理的，本次除险加固初步设计推荐成果见表 2.5－12。

表 2.5-12　角峪水库设计洪水成果表

流域面积/km²	项　目	不同频率 P/%设计值						
		0.05	0.1	0.2	1	2	3.33	5
44	Q_m/(m³/s)	962	873	783	579	493	433	381
	W_{6h}/万 m³	1361	1242	1122	847	729	646	573
	W_{24h}/万 m³	1948	1778	1609	1216	1049	931	828
	W_{72h}/万 m³	2033	1861	1688	1289	1118	996	891

2.5.3　施工洪水

为配合施工导流及施工进度安排，除需要角峪水库汛期入库设计洪水成果外，还需要非汛期设计洪水，根据资料条件，对非汛期5%、10%、20%设计洪水进行计算。

2.5.3.1　汛期施工洪水

汛期施工洪水的计算同水库入库设计洪水，成果见表2.5-13。

表 2.5-13　角峪水库汛期施工洪水成果表

项　目	不同频率 P/%设计值		
	5	10	20
Q_m/(m³/s)	381	307	229
W_{6h}/万 m³	573	443	332
W_{24h}/万 m³	828	655	495
W_{72h}/万 m³	891	714	548

2.5.3.2　非汛期施工洪水

因该水库流域无实测流量资料，依据收集到的同在大汶河流域的距离角峪水库相对较近的水文站资料计算非汛期施工洪水，水文站情况见表2.5-14，对各水文站非汛期设计洪水进行计算，并建立不同频率面积—洪峰流量地区综合关系线（见图2.5-2），采用此关系线推求角峪水库非汛期设计洪水；另外，采用流域面积较小、与角峪水库流域面积相对较接近的下港站非汛期设计洪水成果，按面积指数0.67推算山阳水库施工设计洪水。安全起见，选取两成果中较大者作为本次角峪水库非汛期施工洪水，见表2.5-15。

表 2.5-14　角峪水库临近水文站情况表

站　名	面　积/km²	系列长度/年	站　名	面　积/km²	系列长度/年
下港	145	12	楼德	1668	20
瑞谷庄	200	10	北望	3499	51

表 2.5-15　角峪水库非汛期施工设计洪水成果表

面积/km²			采用方法	不同频率 P/%设计值/(m³/s)		
总	上游水库	区间		5	10	20
44	6.9	37.1	地区综合	6.06	2.86	1.02
			单站（推荐）	8.37	4.37	1.74

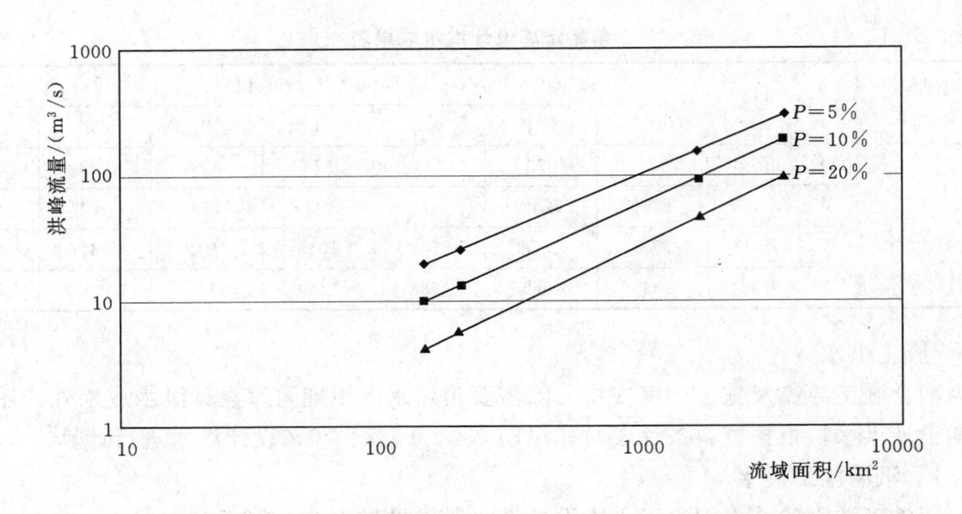

图 2.5－2　角峪水库非汛期施工洪水地区综合关系曲线图

根据现场调研，非汛期上游小型水库均蓄水兴利，无下泄流量，角峪水库计算面积将上游小型水库控制面积扣除。

2.6　泥沙

角峪水库控制流域面积 $44km^2$，上游 3 座小型水库控制流域面积 6.94km，控制了上游部分来沙量，泥沙问题不严重。

根据《山东省水文图集》中山东省多年平均年侵蚀模数分区图（悬移质泥沙），角峪水库流域多年平均年侵蚀模数为 $300t/km^2$，安全起见，不考虑上游小型水库拦沙和山阳水库自身排沙，算得水库多年平均来沙量为 1.3 万 t，沙容重取 $1.3t/m^3$，则水库年淤积 1.02 万 m^3。

角峪水库 1981 年“三查三定”核定死库容为 166 万 m^3，按水库年淤积 1.02 万 m^3 的淤积速度，至 2007 年共淤积 25 万 m^3，水库现状死库容为 141 万 m^3，水库再运行 50 年后，预测水库淤积总量为 76 万 m^3，水库死库容为 90 万 m^3。

因水库泥沙淤积主要受降水、径流和水库流域下垫面条件的影响，而近年水库流域降水量小，径流量小，无大洪水发生，且流域内开展了水土保持和生态建设，各水库淤积自 1975 年后都明显变小。鉴于 1981 年库容曲线至今已有 20 余年，建议施测新的库容曲线以便更准确地掌握水库实际淤积情况。

3 角峪水库工程地质勘察研究

3.1 工程地质勘察概述

角峪水库是在原有小（1）型水库基础上经改建和续建而成的中型水库，主要建筑物为大坝、溢洪道和放水洞。

2007 年 4 月，泰安市水利勘测设计研究院对该水库进行了安全鉴定，开展了工程地质勘察工作，编写了《山东省泰安市岱岳区角峪水库安全鉴定工程地质勘察报告》。安全鉴定结果表明：该水库在运行过程中存在大坝坝基及坝体渗漏、溢洪道不能满足设计需要以及放水洞的渗漏等影响水库安全稳定问题，危及到水库安全运行，为确保水库安全运行，需采取除险加固工程措施。

在水库安全鉴定勘察的基础上，针对除险加固方案进行地质勘察，为除险加固初步设计工作提供地质依据。

地质工作在收集分析已有的地质资料的基础上，对大坝坝体、截渗墙、放水洞及溢洪道等部位进行了钻探、取样和试验工作。本次勘察外业自 2007 年 10 月 12 日开始至 11 月 2 日结束，勘察工作的工作量见表 3.1－1。

表 3.1－1　角峪水库除险加固工程地质勘察完成的主要工作量表

勘察项目		单位	工作量		
			安全鉴定	本阶段	天然建筑材料
测量	1/1000 地形测量	km^2		1	
	1/200 溢洪道水渠渡槽地形图测量	km^2		0.038	
	1/1000 建材地形图测量	km^2			0.5
	地质点测量	组日		20	
	高程点测量	个	51		
外业地质工作	1/1000 地质测绘	km^2		1	
	1/1000 天然建材地质测绘	km^2			0.5
	1/1000 实测地质剖面	km		1	
	水文地质调查	组日		5	
	骨料调研	组日			5
	取水样	组		2	
	取岩样	组		3	
	取土样	组		85	

续表

勘察项目			单位	工作量		
				安全鉴定	本阶段	天然建筑材料
外业地质工作	钻探		m/孔	561/26	245.1/11	
	坑、槽探		m³	14.27	50	
	浅井		m/个			52.8/32
试验工作	现场试验	压水试验	段/孔	37段	2/1	
		注水试验	段	4		
		标贯试验	次	118		
	室内试验	水质简分析	组	1	2	
		土样常规试验	组	77	50	
		颗粒分析	组	58	50	35
		化学分析	组		30	5
		物性试验	组		5	5
		力学试验	组			5
		渗透试验	组			5
		岩石物理力学性质试验	组	2	3	

勘察工作主要执行以下技术规范：①《中小型水利水电工程地质勘察规范》(SL 55—2005)；②《水利水电工程地质测绘规程》(SL 299—2004)；③《水利水电工程天然建筑材料勘察规范》(SL 251—2000)；④《水利水电工程钻探规程》(SL 291—2003)；⑤《土工试验规程》(SL 237—1999)。

3.2 区域地质构造与地震动参数

3.2.1 区域地质构造

本区位于华北地台山东台背斜鲁中南隆起区，由于受中生代后期燕山运动和早第三纪与中新世喜马拉雅运动的影响，基底强烈褶曲，形成山地和凹陷盆地，本区有新泰凹陷、泰莱凹陷、肥城凹陷和汶河凹陷。柴汶河和牟汶河于泰安市岱岳区汶口交汇成汶河干流。汶河干流自汶口凹陷盆地向西流经宁阳、东平平原流入黄河。

3.2.2 地震动参数

根据中国地震局2001年编制的1：400万《中国地震动参数区划图》(GB 18306—2001)中，《中国地震动峰值加速度区划图》和《中国地震动反应谱特征周期区划图》，工程区地震动峰值加速度为0.05g，地震动反应谱特征周期0.45s，相应的地震基本烈度为6度。

3.3 库区环境地质问题评价

3.3.1 水库区的地质条件

水库库区位于汇河之上，回水距离约2km，为丘陵地貌，海拔高程151～172m之间。地形平缓，河谷开阔。河谷呈不对称“U”字形，库区内出露的地层主要为寒武系灰岩、页岩，奥陶系灰岩、燕山期闪长岩和第四系堆积物。库区内地下水主要为第四系孔隙潜水和基岩裂隙水：第四系孔隙潜水主要分布于第四系冲洪积中的粗砂及含砾土层中，透水性强，富水性好，是良好的含水层；基岩裂隙水主要分布于灰岩、闪长岩风化裂隙中。

3.3.2 库区的环境地质问题评价

水库渗漏：库区两岸及周围，地形开阔、平缓，无深切邻谷存在，汇河是本区地下水的最低排泄基准面。勘察期间，库水位为162.70m，附近的井水位均高于库水位，因此本水库不存在库岸渗漏问题。

大坝左岸为奥陶系灰岩，通过钻探取芯和现场压水试验成果分析，透水率在3.2～12.2Lu间，平均8.4Lu。属于弱—中等透水，经现场调查，未发现水库渗漏现象。

库岸稳定：库区两岸边坡主要为岩质边坡，岩性灰岩和闪长岩，坡度5°～15°，边坡上断裂构造不发育，无大的不利结构面组合。库尾主要为冲洪积成因的土质边坡，属河漫滩，地形平缓，坡度5°～10°。因冲洪积物透水性较好，库水位升降时，在坡体内不会形成较大的动水压力，且边坡低矮。库岸已经过长期的冲刷侵蚀处于稳定状态，库岸稳定，因此，也不存在大规模的塌岸和坍岸问题。

水库浸没：角峪水库库岸由壤土、灰岩和闪长岩组成，为相对不透水地层，两岸村庄和耕地位置相对较高，不存在浸没问题。水库运行40多年来，也未出现浸没问题。

3.4 坝址区基本地质条件

3.4.1 地形地貌

角峪水库的坝址区位于牟汶河一级支流汇河上，在地貌单元上为丘陵地貌，高程在151～172m之间，地势平缓，沟谷开阔。汇河呈南东—北西流向，河谷呈不对称“U”字形，坝址区河床高程152m，河谷宽80～100m。由于人为修梯田、耕植等原因，两岸阶地形态已分辨不清。

3.4.2 地层岩性

角峪水库坝址区内出露的地层主要为奥陶系灰岩、燕山期闪长岩和第四系堆积物：

奥陶系灰岩⑥（O_2）：呈青灰色，微晶结构，块状构造，主要成分为方解石和白云石。出露于近坝库区左岸，厚度不详。

燕山期闪长岩：呈灰绿色—灰白色，半自形粒状结构，片麻构造，主要成分为斜长石、角闪石和黑云母，局部风化裂隙发育。坝址区和溢洪道广泛分布。

第四系堆积物：主要为人工填土和冲洪积物。

①杂填土（rQ_4）：为灰黄色碎石土，松散状，含水量干～稍湿，由灰岩碎石、砖块、瓦块、中粗砂以及粉质黏土等组成，碎石的含量约占15%，厚0.3～0.6m，分布于大坝桩号0+024～0+028段坝顶部位，高程168.00m，为修整坝顶路面铺垫形成。

②中砂（rQ_4）：为灰绿色—黄褐色风化料，松散状，干—稍湿，为闪长岩风化后物质，主要成分为灰褐色斜长石、灰绿色角闪石（由于风化作用）以及少量因风化呈黄褐色的黑云母，呈粗砂状。分布于大坝桩号0+034.3～0+978.9段，据钻孔揭露最低分布高

程在163.00m，厚度0.4～3.7m。其中在0＋240～0＋280段和0＋460～0＋870段形成坝的前后坡与坝体形成贯通，致使大坝高程165.00m以上部分坝段失去有效防渗作用，在0＋240～0＋280段，该层厚度为0.4～2.45m，平均1.45m；0＋460～0＋870段，风化料的厚度为2.0～3.7m，平均2.5m。

③中、重粉质壤土（rQ_4）：褐色、黄褐色，可塑—硬塑，局部成软塑状，湿—饱和状，土质不均匀，含砂及少量细砾。本层土体构成的水库大坝的主体，层底高程为149～167m，厚度0～17m，由于大坝施工时全是人工，上坝土料不均匀，施工分期、分段较多，造成坝体土料差异性较大。

冲洪积物主要为壤土、粉细砂和中粗砂等，广泛分布于河道阶地、河漫滩。主要包括如下几层：

④中、重粉质壤土壤土（$al+plQ_4$）：为褐色—灰黑色，可塑状，局部软塑，湿—饱和状。分布于坝基上部与坝体接触的部位，层顶部高程150.00～163.00m，厚度0～11m。

⑤-1粉土质砂（$al+plQ_4$）：为黄褐色—灰黄色，饱和，松散—稍密实，矿物成分以长石石英为主，该层分布范围纵向0＋110.6～0＋280.4之间，厚度在0.20～3.20m之间，层顶部高程148.40～151.30m，坝体上下游形成贯通，形成库水向坝下游渗透的通道。

⑤-2含细粒土砂（$al+plQ_4$）：为黄褐色灰黄色中粗砂，饱和，松散—稍密实，矿物成分以长石石英为主，含少量砾石，砾径1～5cm，层厚0.6～4.2m，分布于坝基桩号0＋333.13～0＋557.06之间，层顶部高程147.20～149.30m，并形成纵向贯通，该处为古河道，易形成库水向坝下游渗透的通道。

3.4.3 地质构造

大坝桩号0＋055附近有一断层f穿过坝基，走向NW—SE，倾向NE，倾角30°～60°。在大坝桩号0＋070附近处的JYZK10、JYZK11钻孔内有揭露显示：断层泥呈棕红色，可塑—硬塑状，黏粒含量较高，断层带宽度0.3m，断层影响带宽度0.3～0.5m，为角砾岩，呈暗红、灰红色，无分选，岩块呈棱角状，表面溶蚀严重，裂隙溶隙发育。断层带渗透性较强，据钻孔压水试验显示：透水率达213Lu。

3.4.4 岩土的物理力学性质

坝址区基岩主要为灰白色闪长岩以及奥陶系青灰色灰岩。根据本次工作取样50组以及安全鉴定阶段的77组坝体坝基土样的试验资料，通过统计分析，各岩土层的主要物理力学性质见试验结果统计见表3.4－1、表3.4－2。

根据上述试验结果，结合工程实际情况，类比近似工程资料，提出坝址区岩土体的物理力学指标建议值如表3.4－3。

3.4.5 水文地质条件

坝址区内地下水主要为第四系孔隙潜水和基岩裂隙水。

第四系孔隙潜水主要分布于第四系冲洪积中粗砂层中，透水性强，富水性好，是良好的含水层。

表 3.4－1　角峪水库除险加固土工试验成果分层统计汇总表

层号	岩性	野外编号	颗粒组成 石 颗粒大小(mm) 40~20	砾 20~10	砾 10~5	砂粒 5~2	砂粒 2~0.5	砂粒 0.5~0.25	砂粒 0.25~0.075	粉粒 0.075~0.05	粉粒 0.05~0.005	黏粒 <0.005	天然状态下的基本物理指标 含水率 ω /%	湿密度 ρ/(g/cm³)	干密度 ρ_d/(g/cm³)	孔隙比 e	孔隙率 n /%	饱和度 S_r /%	液性指数 I_L	土粒比重 G_s	液限 W_l /%	塑限 W_p /%	塑性指数 I_p	固结试验 压缩系数 A_{v1-2} /MPa⁻¹	固结试验 压缩模量 E_{s1-2} /MPa	渗透试验 渗透系数 k_{20} /(cm/s)	三轴试验 CU 凝聚力 c_{cu} /kPa	三轴试验 CU 摩擦角 ϕ_{cu} /(°)	三轴试验 CU 凝聚力 c' /kPa	三轴试验 CU 摩擦角 φ' /(°)
②	中砂（坝体风化料）	组数			3	3	3	3	3		3	3																		
		最大值			2.4	27.3	40.3	33.3	36.0		19.6	13.8																		
		最小值			0	0	10.0	18.5	9.6		1.9	0.0																		
		大值平均			2.4	27.3	40.3	33.3	29.6		19.5	12.9																		
		小值平均			0	0	11.1	19.3	9.6		1.9	0																		
		平均值			0.8	9.1	20.9	23.9	23.0		13.7	8.6																		
③	壤土（坝体上游坝坡天然）	组数				16	16	16	16	16	16	16	17	17	17	17	6	17	17	17	17	17	17	16	16	11	3	3	3	3
		最大值				3.00	9.00	6.70	15.40	12.10	75.00	34.30	26.10	2.07	1.75	1.076	43.31	99.35	0.33	2.72	40.8	22.9	20.0	1.01	9.34	3.17×10⁻⁴	33.0	15.8	33.0	23.5
		最小值				0	0	0	0	0	39.70	18.00	16.90	1.60	1.31	0.553	36.24	56.00	−0.24	2.70	26.5	20.2	13.5	0.17	2.06	4.11×10⁻⁷	28.0	12.1	29.0	15.8
		大值平均				1.66	5.41	4.67	11.20	10.47	69.12	30.90	23.86	2.02	1.68	0.801	42.12	94.55	0.18	2.72	39.2	22.6	17.9	0.59	6.98	4.68×10⁻⁷	31.9	15.8	33.0	23.5
		小值平均				0	0.90	0.83	1.73	0	49.07	21.20	19.59	1.87	1.54	0.627	37.63	77.33	−0.11	2.71	34.9	20.8	15.2	0.27	3.84	4.68×10⁻⁵	28.0	12.4	29.0	15.8
		平均值				0.52	2.88	2.99	7.65	3.93	56.59	25.44	21.85	1.98	1.62	0.679	39.88	88.47	0.01	2.71	37.2	21.6	16.1	0.37	5.41	4.68×10⁻⁵	30.6	13.5	31.7	18.4
③	壤土（坝体上游坝坡饱和）	组数					32	32	32	32	32	32	32	32	32	32	22	32	32	32	32	32	32	30	30	17	11	11	11	11
		最大值					14.70	8.30	18.60	20.50	76.70	34.30	29.60	20.20	1.69	0.836	45.53	100.28	0.51	2.73	43.5	24.1	20.8	0.54	13.82	6.66×10⁻⁵	56.0	19.1	54.0	23.4
		最小值					0	0	0	0	32.40	17.90	17.90	1.87	1.48	0.616	38.11	69.35	−0.14	2.70	33.5	19.7	13.0	0.12	3.14	2.29×10⁻⁷	11.8	6.9	10.5	10.2
		大值平均					4.00	3.76	9.27	11.27	65.37	30.02	25.99	20.20	1.63	0.759	43.79	96.92	0.25	2.72	40.5	23.0	18.1	0.47	8.23	4.61×10⁻⁵	48.5	17.6	45.5	20.8
		小值平均					0.60	0.67	1.63	1.79	49.92	22.50	22.49	1.97	1.55	0.666	40.25	86.05	0.03	2.71	35.9	20.8	15.2	0.27	4.21	4.61×10⁻⁵	21.6	10.1	23.7	13.2
		平均值					1.66	2.22	6.64	7.42	56.19	26.03	24.24	2.54	1.59	0.709	41.70	92.84	0.14	2.72	38.6	22.0	16.7	0.36	5.41	4.61×10⁻⁵	33.9	14.2	35.6	17.3
③	壤土（坝体下游坝坡天然）	组数					5	5	5	5	5	5	5	5	5	5	4	5	5	5	5	5	5	5	5	1	2	2	2	2
		最大值					4.00	5.70	11.00	11.00	68.30	31.70	23.60	2.03	1.67	0.700	41.19	95.06	0.03	2.72	41.8	23.9	18.6	0.42	7.18	1.67×10⁻⁶	40.0	13.0	41.0	17.2
		最小值					0	0	0	0	44.70	20.00	21.80	1.97	1.59	0.626	38.50	90.76	−0.10	2.71	38.5	22.8	15.3	0.23	4.04	1.67×10⁻⁶	38.0	9.5	36.0	11.5
		大值平均					4.00	4.00	9.20	10.18	64.93	27.65	23.20	2.03	1.66	0.685	40.84	94.72	−0.01	2.72	40.8	23.8	18.1	0.37	6.43	1.67×1⁻⁶	40.0	13.0	41.0	17.2
		小值平均					0.67	0.80	2.33	0	50.60	20.73	22.10	1.98	1.61	0.628	38.57	91.03	−0.08	2.71	39.0	23.1	15.7	0.26	4.53	1.67×10⁻⁶	38.0	9.5	36.0	11.5
		平均值					2.00	2.08	5.08	8.14	59.20	23.50	22.54	2.00	1.63	0.662	39.71	92.51	−0.05	2.71	40.0	23.4	16.7	0.33	5.29	1.67×10⁻⁶	39.0	11.3	38.5	14.4

续表

层号	岩性	野外编号	颗粒组成 石 颗粒大小(mm) 40~20	砾 20~10	砾 10~5	砾 5~2	砂粒 2~0.5	砂粒 0.5~0.25	砂粒 0.25~0.075	粉粒 0.075~0.05	粉粒 0.05~0.005	黏粒 <0.005	天然状态下的基本物理指标 含水率 ω /%	湿密度 ρ/(g/cm³)	干密度 ρ_d/(g/cm³)	孔隙比 e	孔隙率 n /%	饱和度 S_r /%	液性指数 I_L	土粒比重 G_s	液限 W_l /%	塑限 W_p /%	塑性指数 I_p	固结试验 压缩系数 A_{v1-2} /MPa⁻¹	固结试验 压缩模量 E_{s1-2} /MPa	渗透试验 渗透系数 k_{20} /(cm/s)	三轴试验 CU 凝聚力 c_{cu} /kPa	三轴试验 CU 摩擦角 ϕ_{cu} /(°)	三轴试验 CU 凝聚力 c' /kPa	三轴试验 CU 摩擦角 φ' /(°)
③	壤土(坝体下游坝坡饱和)	组数				3	3	3	3	3	3	3	2	2	2	2	1	2	2	3	3	3	2	2	2	1	1	1	1	1
		最大值				3.00	3.30	7.30	27.70	12.10	62.60	22.90	26.50	2.00	1.65	0.723	41.95	99.37	0.25	2.71	38.7	22.4	16.3	0.31	7.62	4.84×10^{-6}	20.9	24.6	20.1	29.4
		最小值				0	2.00	4.00	12.70	0	41.70	15.40	21.30	1.99	1.57	0.644	41.95	90.00	0.06	2.70	28.6	17.9	14.3	0.23	5.30	4.84×10^{-6}	20.9	24.6	20.1	29.4
		大值平均				3.00	3.30	7.00	27.70	12.10	62.60	22.90	26.50	2.00	1.65	0.723	41.95	99.37	0.25	2.71	36.7	21.4	16.3	0.31	7.62	4.84×10^{-6}	20.9	24.6	20.1	29.4
		小值平均				0	2.00	4.00	15.00	0.00	42.90	15.80	21.30	1.99	1.57	0.644	41.95	90.00	0.06	2.70	28.6	17.9	14.3	0.23	5.30	4.84×10^{-6}	20.9	24.6	20.1	29.4
		平均值				1.00	2.43	6.00	19.23	4.03	49.47	18.17	23.90	2.00	1.61	0.683	41.95	94.69	0.16	2.71	34.0	20.2	15.3	0.27	6.46	4.84×10^{-6}	20.9	24.6	20.1	29.4
④	壤土(坝基)	组数	35	35	35	35	35	35	35	35	35	35	40	40	40	40	17	40	40	40	40	40	40	40	40	21	10	10	10	10
		最大值	15.50	3.00	4.80	6.60	30.00	26.60	24.00	11.40	75.60	35.90	30.30	20.20	1.70	0.834	45.46	100.00	0.50	2.73	45.6	214.3	20.7	0.74	13.70	6.27×10^{-4}	70.0	19.5	55.0	24.1
		最小值	0	0	0	0	0	0	0	0	9.30	3.40	17.80	1.91	1.49	0.584	36.88	80.00	−0.27	2.69	28.4	18.8	0.3	0.12	2.34	5.09×10^{-7}	25.2	8.8	22.0	12.5
		大值平均	15.50	3.00	4.80	3.17	10.58	6.67	9.75	8.96	67.47	30.77	25.69	20.20	1.66	0.723	41.86	98.48	0.21	2.72	41.5	214.3	18.1	0.42	7.41	4.28×10^{-5}	57.6	17.6	49.8	22.7
		小值平均	0	0	0	0	0.40	0.38	1.53	0.14	49.81	22.04	22.03	2.01	1.58	0.633	38.27	91.59	−0.02	2.71	36.3	22.3	13.1	0.25	4.64	4.28×10^{-5}	30.5	12.7	28.3	17.3
		平均值	0.44	0.09	0.14	0.36	1.85	2.18	4.58	4.93	59.40	26.03	23.77	2.46	1.62	0.674	40.38	95.38	0.10	2.72	39.0	27.1	16.1	0.32	5.82	4.28×10^{-5}	44.1	16.1	39.0	20.5
⑤-1	粉土质砂	组数				3	3	3	3		3	3	2	2	2	2		2	2	2	2	2	2	1	1	2	2	2	2	2
		最大值				8.70	16.70	18.80	22.00		38.40	11.40	22.5	2.17	1.84	0.658		100	0.03	2.772	42.3	23.4	18.9	0.28	5.92	9.27×10^{-5}	22.5	2.17	1.84	0.658
		最小值				8.30	10.30	13.00	18.30		30.50	9.90	18.2	2.01	1.64	0.471		93	−0.05	2.7	28.6	17.9	0.03	0.28	5.92	3.88×10^{-5}	18.2	2.01	1.64	0.471
		大值平均				8.70	15.20	18.80	22.00		38.40	11.40	22.5	2.17	1.84	0.658		100	0.03	2.772	42.3	23.4	18.9	0.28	5.92	6.57×10^{-5}	22.5	2.17	1.84	0.658
		小值平均				8.30	10.30	13.35	19.15		32.00	9.95	18.2	2.01	1.64	0.471		93	−0.05	2.7	28.6	17.9	0.03	0.28	5.92	6.57×10^{-5}	18.2	2.01	1.64	0.471
		平均值				8.43	13.57	15.17	20.10		34.13	10.43	20.35	2.09	1.74	0.565		96.5	−0.01	2.736	35.45	20.65	9.47	0.28	5.92	6.58×10^{-5}	20.35	2.09	1.74	0.565
⑤-2	含细粒土砂	组数	4	4	4	4	4	4	4		4									1	1	1								
		最大值	12.20	10.70	10.90	24.90	37.30	24.60	14.00		8.30									2.71	37	21.3								
		最小值	0	0	4.50	12.20	27.00	10.10	9.10		2.50									2.71	37	21.3								
		大值平均	12.20	10.70	10.60	23.20	35.50	21.65	13.90		7.25									2.71	37	21.3								
		小值平均	0	1.50	4.75	15.10	27.25	13.55	10.60		2.95									2.71	37	21.3								
		平均值	3.05	3.80	7.68	19.15	31.38	17.60	12.25		5.10									2.71	37	21.3								

表 3.4-2　　角峪水库除险加固岩石试验成果统计汇总表

岩性	室内编号	含水率/%	吸水率/%	饱水率/%	饱水系数	块体密度/(g/cm³)			抗压强度/MPa		静变模/10³MPa		静泊松比		软化系数	三轴压缩强度	
																c/MPa	φ/(°)
						自然	干	饱和	干	饱和	干	饱和	干	饱和		饱和	
闪长岩	组数	4	4	4	2	4	4	4		2	4	2	3	2	2	2	1
	最大值	2.65	3.44	3.54	0.94	2.96	2.95	2.96		114.00	71.30	37.10	56.10	0.38	0.25	0.56	3.50
	最小值	0.16	0.19	0.22	0.87	2.63	2.56	2.66		35.70	13.30	11.90	2.85	0.23	0.12	0.39	3.50
	大值平均	2.13	2.67	2.83	0.94	2.94	2.93	2.94		114.00	63.95	37.10	43.65	0.38	0.25	0.56	3.50
	小值平均	0.17	0.20	0.23	0.87	2.71	2.65	2.74		35.70	13.85	11.90	2.85	0.23	0.12	0.39	3.50
	平均值	1.15	1.44	1.53	0.91	2.83	2.80	2.84		74.85	38.90	24.50	30.05	0.31	0.19	0.48	3.50
灰岩	组数	4	4	4	2	4	4	4		2	4	2	3	2	3	2	1
	最大值	0.69	1.46	1.50	0.97	2.79	2.79	2.80		36.70	23.20	25.90	26.30	0.27	0.29	0.61	2.20
	最小值	0.22	0.43	0.45	0.96	2.70	2.68	2.72		26.40	13.60	23.10	13.30	0.23	0.09	0.59	2.20
	大值平均	0.62	1.41	1.45	0.97	2.78	2.77	2.79		36.70	22.45	25.90	23.15	0.27	0.29	0.61	2.20
	小值平均	0.25	0.66	0.69	0.96	2.71	2.69	2.73		26.40	15.70	23.10	13.30	0.23	0.09	0.59	2.20
	平均值	0.22	0.43	0.45	0.96	2.70	2.68	2.72		13.60	23.10	13.30	0.23	0.09	0.52	2.20	54.90

表 3.4-3　　角峪水库除险加固土的物理力学指标建议值

层号	岩土名称	含水率 ω/%	湿密度 ρ/(g/cm³)	干密度 ρ_d/(g/cm³)	孔隙比 e	液性指数 I_L	土粒比重 G_s	塑性指数 I_p	压缩系数 A_{v1-2}/MPa	压缩模量 E_{s1-2}/MPa	渗透系数 k_{20}/(cm/s)	饱和三轴剪切		承载力标准值/kPa
												凝聚力 c'/kPa	摩擦角 φ'/(°)	
①	碎石土		1.97	2.07								5	20	300
②	坝体中砂(风化料)		1.97	2.07								0	32	200
③	中、重粉质壤土(坝体)	20	1.99	1.60	0.68	0.15	2.71	13	0.25	5.00	2.50×10^{-5}	18	20	90
④	中、重粉质壤土(坝基)		1.98	1.61			2.71			5	2.50×10^{-5}	19	20.5	90
⑤-1	粉土质砂(坝基)	20	2.09	1.70	0.58		2.69				1.45×10^{-3}	0	28	120
⑤-2	含细粒土砂(坝基)										2.50×10^{-2}	0	32	180
⑥	强风化灰岩		2.74	2.73										400
⑦	全风化闪长岩										4.50×10^{-3}	0	28	300
⑦	强风化闪长岩										8.90×10^{-4}	150	32	400
⑦	弱风化闪长岩										2.50×10^{-5}	800	35	800

基岩裂隙水主要分布于灰岩、闪长岩风化裂隙中，通过裂隙渗流。分布不均匀，季节性变化大。岩体中的裂隙为地下水的运动提供了良好通道。

本区内地下水主要靠大气降水补给，以蒸发和向下游排泄为主要排泄途径，区内地下水径流运动状态，主要受地形地貌、地层岩性及裂隙发育程度等因素影响与控制。

据水质分析，本区地下水为重碳酸盐硫酸盐钙镁型水，pH 值为 7.33～8.23，弱碱性，水化学试验结果分析见表 3.4-4。

表 3.4-4　　角峪水库除险加固水质分析成果一览表

水样	编号	库尔洛夫表达式	水化学类型	pH 值	总硬度	总碱度/(mg/L)	侵蚀性 CO_2	离子含量		
								Mg^{2+}	SO_4^{2-}	HCO_3^-/(Mmol/L)
								mg/L		
库水	JYSY1	$M_{0.296}\frac{HCO_3^-\,61.7\,SO_4^{2-}\,28.8}{Ca^{2+}\,63.4\,Mg^{2+}\,34.9}$	HCO_3 SO_4 ～Ca Mg	7.65	272.97	171.42	0	23.56	76.66	3.425
塘水	JYSY2	$M_{0.270}\frac{HCO_3^-\,64.72\,SO_4^{2-}\,23.04\,Cl^-\,12.24}{Ca^{2+}\,73.38\,Mg^{2+}\,18.87}$	HCO_3 SO_4 ～Ca	8.23	266.92	147.65	0	13.26	50.43	2.950
塘水	SY01	$M_{0.487}\frac{HCO_3^-\,53.23\,SO_4^{2-}\,35.59\,Cl^-\,11.18}{Ca^{2+}\,58.38\,Mg^{2+}\,24.41\,(K^++Na^+)\,17.21}$	HCO_3 SO_4 ～Ca	7.33	281.75	181.16	0	20.17	111.32	3.62

环境水对混凝土的腐蚀分为分解类腐蚀，结晶类腐蚀，结晶分解复合类腐蚀，相应的腐蚀性特征判定依据分别为 HCO_3^- 、pH 值、侵蚀性 CO_2 含量，环境水对混凝土腐蚀判定见表 3.4－5。

表 3.4－5　　角峪水库除险加固环境水对混凝土的腐蚀判定表

腐蚀类别	腐蚀特征判定依据	界限指标	实测值			判定结果
			SY01	JYSY01	JYSY02	
分解类腐蚀	HCO_3^- 含量/(mg/L)	$HCO_3^- > 1$	220.86	208.99	180.01	无腐蚀
	pH 值	pH>6.5	7.33	7.65	8.23	
	侵蚀性 CO_2 含量	$CO_2 < 15$	0	0	0	
结晶类腐蚀	SO_4^{2-} 含量/（mg/L）	$SO_4^{2-} < 250$	111.32	76.66	50.43	
结晶分解复合类腐蚀	Mg^{2+} 含量/(mg/L)	$Mg^{2+} < 1000$	20.17	23.56	13.26	

由表 3.4－5 可知，峪峪水库除险加固环境水对混凝土的腐蚀性判定包括三类：分解类、结晶类和结晶分解复合类。分解类腐蚀包括：① HCO_3^- 含量大于 1mg/L，实测值为 180.01～220.86mg/L，判定结果为无腐蚀；② pH 值大于 6.5，实测值为 7.33～8.23，判定结果为无腐蚀；③侵蚀性 CO_2 含量小于 15，实测值为 0，判定结果为无腐蚀。分解类腐蚀判定结论为无腐蚀。结晶类腐蚀判定 SO_4^{2-} 含量小于 250mg/L，实测值为 50.43～111.32mg/L，判定为无腐蚀，故结晶类腐蚀的判定结果为无腐蚀。复合类腐蚀判定 Mg^{2+} 含量小于 1000mg/L，实测值为 13.26～23.56mg/L，判定结果为无腐蚀。综上所述，环境水对混凝土的腐蚀性判定为无结晶类、分解类和复合类腐蚀。

3.5　大坝工程地质条件

3.5.1　概述

大坝为均质土坝，全长 1142m，顶高程 166.96～168.00m，坝顶宽 3.0～5.0m；防浪墙高程 168.67m，大坝上游坡为干砌石护坡，下游坡为草皮护坡。桩号 0＋000～0＋949 段，坝前坡在高程 162.27m 以下边坡为 1：3.5，以上为 1：3，坝后坡在高程 162.27m 设有戗台，宽 2.0m，戗台以上边坡为 1：2.75，以下为 1：3；桩号 0＋949～1＋142 段，坝前后坡均为 1：2；坝后排水体位于桩号 0＋137～0＋673 河槽段，为棱体排水体，总长 537m，顶高程 155.57～159.09m，顶宽 1.0～2.0m，高 1.0～4.1m。

水库在运行过程中出现了以下问题并作了处理：

1）1960 年水库由小型水库改建中型水库时（但未达到中型水库标准），在桩号 0＋300m 处的原小放水洞处理不彻底，形成集中渗漏和接触冲刷，引起坝体裂缝和塌陷。

2）1960 年改建时，主河槽截渗槽未开挖到基岩，大坝初建成后，坝后 5m 多远处，渗水形成多个泉眼。由于建坝时坝体与坝基接触部位清基不彻底，桩号 0＋050～0＋600 段，排水体底脚均有明流出现。在水位 162.00m 时，坝后地表渗流量达 0.15m³/s，坝后三角地出现沼泽化，高于河床 3.0m 处的地面竟出现明流积水，不能进入。

3）1966 年续建中，由于土料质量控制不严，坝后坡和上部坝体部分坝段采用了风化料，降低了坝体的有效防渗高度，缩短了坝体上部的防渗渗径，在高水位时有可能造成坝体渗透破坏。

4）桩号0+055处有一条横切大坝的断层f，地层破碎，渗漏较严重，未作防渗处理。

5）迎水坡用片乱石护砌，标准低，坍塌破坏严重，局部常出现脱坡现象。

因上述存在问题，1976年对大坝进行培厚加固，1983年对坝前护坡重要险段进行了局部翻修，1994年对大坝坝体桩号0+050～0+600坝段实施了黏土灌浆，因资金有限，处理范围较小，问题依然严重。

3.5.2 坝体质量评价

组成坝体的土料主要为壤土，局部有风化料（壤土）和碎石土，分层描述如下：

①杂填土：为灰黄色碎石土，松散状，含水量干—稍湿，由灰岩碎石、砖块、瓦块、中粗砂以及粉质黏土等组成，碎石的含量约占15%，厚度0.3～0.6m，分布于大坝桩号0+024～0+028.1，高程168.51～167.91m之间，为修整坝顶路面铺垫形成。

②中砂（坝体填筑风化料）：为灰绿色—黄褐色，松散状，干—稍湿，为闪长岩风化后的残积物，主要成分为灰褐色斜长石、灰绿色角闪石（由于风化作用）以及少量因风化呈黄褐色的黑云母，呈粗砂状。分布于大坝桩号0+034.3～0+978.9段，据安全鉴定阶段钻孔ZK10、ZK11揭露最低分布高程在162.97m。其中在桩号0+462.59～0+870段，中砂的厚度为2.0～3.7m，平均2.5m；桩号0+240～0+280段，厚度为0.4～2.45m，平均1.45m，根据安全鉴定阶段开挖探槽验证，桩号0+240～0+280m段坝前坡和坝体形成贯通，致使大坝高程165.02m以上部分坝段失去有效防渗作用。

坝体中砂中的砾石含量平均值为9.9%，砂粒含量平均值为67.8%，粉粒含量平均值13.7%，黏粒含量平均值8.6%。该层中砂（风化料）渗透系数为5.94×10^{-3}～6.19×10^{-3}cm/s，为中等透水。

③中、重粉质壤土：褐色、黄褐色壤土，可塑—硬塑，局部成软塑状，湿—饱和状，韧性较低，土质不均匀，含砂及少量细砾。本层土体构成的水库大坝的主体，由于大坝施工时全是人工，上坝土料不均匀，施工分期、分段较多，造成坝体土料差异性较大。

坝体壤土中各粒组平均含量为：砾0.2%，砂12.2%、粉粒62.5%、黏粒25.1%，坝体土黏粒含量范围15.4%～34.3%。含水率为16.9%～29.6%；压缩模量2.1～13.8MPa，属中—高压缩性土；干密度1.31～1.75g/cm^3，平均1.61g/cm^3；渗透系数范围2.29×10^{-7}～6.66×10^{-4}cm/s，平均3.68×10^{-5}cm/s，属极微透水—中等透水，有接近9%大于规范值1×10^{-4}cm/s。根据以上数据可知，坝体土土质混杂，碾压质量稍差，局部软弱。

坝体壤土质量其黏粒含量在15.4%～34.3%之间，基本满足《水利水电天然建筑材料勘察规程》对坝体土料的要求。干密度在1.31～1.75g/cm^{3}之间，渗透系数范围2.29×10^{-7}～6.66×10^{-4}cm/s，平均3.68×10^{-5}cm/s，属极微透水—中等透水，有7.14%大于规范值1×10^{-4}cm/s。说明坝体壤土土质较好，但局部回填碾压稍差。

综合分析表明：坝体土料主要为中、重粉质壤土，局部有风化料，碎石土。风化料在坝前后坡和坝体形成上下游贯通，致使大坝高程165.02m以上部分坝段失去有效防渗作用，需进行防渗处理。

3.5.3 坝基地质条件

(1) 地层。坝基地层为第四系冲洪积中、重粉质壤土、粉土质砂、含细粒土砂以及风化的闪长岩、灰岩，分述如下：

④中、重粉质壤土：为褐色—灰黑色壤土，可塑状，局部软塑，湿—饱和状，分布于坝基上部与坝体接触的部位，厚度1～7m。

坝基土中各粒组平均含量为砾0.59%，砂8.6%，粉粒64.3%，黏粒26%。天然含水量17.8%～30.3%，干密度1.49～1.70g/cm^3，平均1.62g/cm^3；压缩系数0.12～0.74MPa，平均值为0.32MPa，压缩模量2.3～13.7MPa^{-1}，平均5.8MPa^{-1}，属于中—高压缩性土。渗透系数范围5.09×10^{-7}～6.27×10^{-4}cm/s，平均4.28×10^{-5}cm/s，属极微透水—中等透水。

⑤-1粉土质砂：为黄褐色—灰黄色，松散—稍密实，矿物成分以长石石英为主，该层分布范围纵向0+110.6～0+280.4之间，厚度在0.20～3.20m之间，坝下深度16.1～18.8m横向上坝体上下游形成贯通，可以形成库水向坝下游渗透的通道。

坝基粉土质砂：砾石含量平均值8.43%，砂粒含量平均值48.84%，粉粒含量平均值34.13%，黏粒含量平均值10.43%，渗透系数为6.58×10^{-5}cm/s。

⑤-2含细粒土砂：为黄褐色灰黄色中粗砂，松散—稍密实，矿物成分以长石石英为主，含少量砾石，砾径1～5cm，层厚0.6～2.2m，分布于坝基在0+333.13～0+557.1m之间，坝下深度18.0～20.5m，并形成纵向贯通，该处为古河道，易形成库水向坝下游渗透的通道。

坝基含细粒土砂含漂石平均含量1.58%，砾石平均含量19.86%，砂平均含量61.07%，粉粒12.19%，黏粒5.3%。渗透系数为6.13×10^{-3}cm/s。

⑥灰岩：奥陶系主要为青灰色灰岩，微晶结构，块状构造，主要成分为方解石和白云石，岩溶裂隙发育。分布于河流及水库左岸、左坝肩以及坝基0－24～0+055段，与闪长岩呈断层接触。透水率4.5～12.2Lu之间，属弱—中等透水。

⑦闪长岩：呈灰绿色—灰白色，半自形粒状结构，片麻构造，主要成分为斜长石、角闪石和黑云母，局部风化裂隙发育。

全风化闪长岩：灰绿、灰白色，主要矿物成分为灰白色斜长石、黑色角闪石以及黑云母，岩石风化严重，原岩的结构构造破坏殆尽，分解成松散的土状或粗砂状，岩心呈碎屑状，采取率低，分布于坝基0+055～1+142段，其中桩号0+055～0+855段坝下深度16.6～20.6m，桩号0+900～1+142段坝下深度5.0～6.5m。

强风化闪长岩：灰绿色，半自形中粗粒结构，片麻状构造，由于风化作用原岩的结构构造大部分遭受破坏，主要矿物成分为灰白色斜长石、黑色角闪石以及黑云母，岩石风化强烈，小部分分解或崩解为土，岩芯大部分呈粗砂状，部分成碎块状、短柱状，采取率较低。分布于坝基0+055～1+142段，其中桩号0+055～0+855段坝下深度20.2～25.5m，桩号0+900～1+142段坝下深度10.6～16.0m。

弱风化闪长岩：青灰色，半自形中粗粒结构，片麻状构造，主要矿物成分为灰白色斜长石、黑色角闪石以及黑云母，岩石风化裂隙较发育，岩芯呈短柱、长柱状。分布于坝基0+055～1+142段，其中桩号0+120～0+350段坝下深度27.1～28.1m，桩号0+610～

0＋760段坝下深度26.1～27.8m。

压水试验显示坝基闪长岩透水率4.5～24.35Lu之间，属弱—中等透水。

（2）地质构造。据以往物探成果和本次勘察钻孔探测资料，大坝桩号0＋055附近有一断层穿过坝基，走向NW—SE，倾向NE，倾角30°～60°。据钻探资料显示：断层泥呈棕红色，可塑—硬塑状，黏粒含量较高，夹灰白色钙质结核，或为灰岩风化后的残余物质，厚度约2m，随深度增加，钙质结核含量增高，见有角砾岩，呈暗红、灰红色，无分选，角砾岩呈棱角状，基岩表面溶蚀严重，裂隙溶隙发育，根据钻孔压水试验，断层部位透水率达到213Lu，透水性极强，易形成坝基岩石的渗漏通道，需做防渗处理。大坝桩号0＋055东侧为奥陶系灰岩，产状5°∠35°，西侧为闪长岩，是两种岩石的分界部位。

坝下以及右坝肩为闪长岩，风化较严重，节理较发育，主要发育两组节理：产状124°～142°∠68°～85°，22°～28°∠71°～87°。左坝肩为奥陶系灰岩，风化较严重。

3.5.4 主要工程地质问题评价

（1）坝基断层渗漏。坝基0＋055m附近发育一条断层f，据注水试验，透水率为213Lu，透水性极好。断层上覆盖坝基壤土，容易在断层破碎带顶部形成接触流失。需要对该处进行防渗处理。

（2）坝基渗透变形分析。

1）计算方法。坝基土的渗透变形类型包括管涌和流土两种类型，应该根据土的细粒含量，采用下列方法判别。

流土：

$$P_c \geqslant \frac{1}{4(1-n)} \times 100$$

管涌：

$$P_c < \frac{1}{4(1-n)} \times 100$$

式中 P_c——土的细粒颗粒含量，以质量百分率计，%；

n——土的孔隙率，%。

流土型临界水力比降采用下式计算：

$$J_{cr} = (G_s - 1)(1 - n)$$

式中 J_{cr}——土的临界水力比降；

G_s——土粒比重。

土的允许比降 $J_{允许} = J_{cr}/2$，安全系数取2。

管涌型临界水力比降采用下式计算：

$$J_{cr} = 2.2(G_s - 1)(1 - n)^2 \frac{d_5}{d_{20}}$$

式中 d_5、d_{20}——占总土重的5%和20%的土粒粒径，mm；

土的允许比降 $J_{允许} = J_{cr}/1.5$，安全系数取1.5。

2）坝基粉土质砂与坝体中砂的渗透变形及水力坡降计算。坝基粉土质砂与坝体中砂的基本参数取值见表3.5-1，渗透变形类型及水力坡降计算结果见表3.5-2。

表 3.5-1　坝基粉土质砂与坝体中砂渗透变形基本参数取值表

项目 \ 参数	不均匀系数 C_u	细颗粒含量 P_c/%	孔隙率 /%	土粒比重 G_s	d_5 /mm	d_{20} /mm
①坝基粉土质砂	16.27	40.5	41.8	2.65	0.05	0.30
②坝体中砂	9.78	40	46.8	2.65	0.22	0.5
③坝体中重粉质壤土	18.13	81.2	41.1	2.71	0.0035	0.0041
④坝基中重粉质壤土	17.14	79.3	40.4	2.70	0.0032	0.0042

表 3.5-2　渗透变形类型及水力坡降计算表

土类 \ 项目	渗透变形类型	J_{cr}	计算值 $J_{允}$	建议值 $J_{允}$
⑤坝基含细粒土砂	管涌	0.19	0.13	0.10
②坝体中砂	管涌	0.45	0.30	0.25
③下游坝坡土料	流土	1.02	0.51	0.50
④-1 坝基壤土	流土	0.55	0.37	0.35

3）接触冲刷判别。大坝主河槽段由于清基不彻底，坝基粉土质砂与坝体土料之间易形成接触冲刷破坏，根据《水利水电工程地质勘察规范》（GB 50287—1999），利用颗分资料进行判断。

坝基粉土质砂的 D_{10}＝0.22，坝体底部土料和坝基壤土 d_{10}＝0.001～0.002，则 D_{10}/d_{10}＝110～220＞10，故判断坝基粉土质砂与坝基壤土、坝体土之间存在接触冲刷的可能。

4）接触流失判别。大坝主河槽段由于清基不彻底，坝基粉土质砂与坝体土料之间易形成接触流失破坏，利用颗分资料进行判断。

坝基粉土质砂的 C_u＝39.57，坝基含细粒土砂的 C_u＝15.62，坝基中、重粉质壤土 C_u＝16.52。

C_u＞10，故判断坝基中粗砂、粉细砂与坝基壤土、坝体土之间存在接触流失的可能。

（3）坝基渗漏分析。

1）渗漏原因分析。水库运行 40 多年来，存在水库渗漏问题，根据本次野外调查以及分析判断，形成坝基渗漏的原因主要有以下几个方面：

①该坝坝基的渗漏主要是由于大坝在建设时清基不彻底和断层未做防渗处理造成的。通过钻探揭示：在坝基中有含细粒土砂层，松散—稍密实，该层分布范围在 0＋110.59～0＋280.4 之间，横向上形成贯穿坝体上下游的渗漏通道。

在坝基中还有粉土质砂层，呈松散—稍密实状，该层分布范围在 0＋333.1～0＋557.1 之间，沿坝轴线方向形成贯通，并在横向上形成贯穿坝体上下游的渗漏通道。

②大坝 0＋055 附近有一断层穿过坝基，断层带及断层影响带形成坝基岩石的渗漏通道。

③坝基岩石包括全风化闪长岩、强风化闪长岩、弱风化闪长岩、灰岩，岩石的风化使得原岩致密的结构遭受到强烈的破坏，从而形成坝下的渗漏通道。

2）渗漏计算。根据地质条件及大坝的不同部位，采用分段计算法，整体上分为3段：0＋098～0＋281段、0＋343～0＋437段、0＋437～0＋566段。采用公式：

$$Q=BKHM/(2b+M)$$

式中 B——渗漏长度，m；

$2b$——坝基宽度，m；

H——坝上下游水位差，m；

M——含水层厚度，m；

K——渗透系数取，m/d。

计算参数及结果见表3.5－3。

表3.5－3　坝基渗漏分段计算参数及结果表

参　数	B/m	$2b$/m	H/m	M/m	K/(m/d)	Q/(m³/d)	合计/(m³/d)
0＋098～0＋281	183	71	7.09	1.33	1.21	28.87	1450
0＋343～0＋437	94	97	12.43	0.6	5.30	38.07	
0＋437～0＋566	93	6	13.01	1.65	5.30	1383.12	

则大坝年渗漏量估算

$$Q_t=Q\times360=1450.05\times365=529268\text{m}^3$$

3）渗漏评价结论。由此可知，大坝年渗漏量约为52.9万m^3，约占兴利库容的5.6%，影响水库兴利功能的发挥，坝下游的鱼塘、水坑，皆来源于水库坝下渗水，即使现在库水位保持在162.70m，水塘水面也达到了满溢的状态，且涌水量有逐年上升的趋势，对坝体稳定产生威胁。

3.5.5 防渗处理措施

坝体和坝基的防渗处理措施采用在上游坝坡159m平台处设置截渗墙。截渗墙位于大坝桩号0＋050～0＋950处，总长度900m。截渗墙部位地层为坝体壤土以及坝基中重粉质壤土、含细粒土砂以及全、强风化的闪长岩，其中桩号0＋055附近基岩内有断层通过，断层走向NW—SE，倾向NE，倾角30°～60°。断层北东为全、强风化的闪长岩，南西为风化的奥陶系灰岩。截渗墙部位的基岩为风化的灰岩以及闪长岩，本次及安全鉴定在坝轴线部位所作的压水试验成果汇总见表3.5－4。

表3.5－4　压水试验成果表

层位	岩　性	桩号	孔号	试段位置/m	高程/m	试段长度/m	透水率/Lu
⑥	灰岩	0＋007	ZK2	1.5～6.5	166.39～161.39	5	5.54
⑥	灰岩	0＋007	ZK2	6.5～11.5	161.39～156.39	5	3.2
⑥	灰岩	0＋007	ZK2	15.2～20.2	152.62～147.62	5	11.6
⑥	灰岩	0＋052	ZK3	5.4～10.4	162.42～156.42	5	6.22
⑥	灰岩	0＋052	ZK3	13.0～18.0	154.82～149.82	5	12.2
⑥	灰岩	0＋062	ZK4	12.0～17.0	155.66～150.66	5	12.1
⑥	灰岩	0＋062	ZK4	19.1～24.1	148.56～143.56	5	10.2

续表

层位	岩　性	桩号	孔号	试段位置 /m	高程 /m	试段长度 /m	透水率 /Lu
⑦	全风化闪长岩	0+126	ZK5	19.2～24.2	148.42～143.42	5	10.4
⑨	弱风化闪长岩	0+126	ZK5	27.2～32.2	140.42～135.42	5	8.5
⑦	全风化闪长岩	0+200	ZK6	19.2～24.2	148.27～143.27	5	23.05
⑨	弱风化闪长岩	0+200	ZK6	27.0～32.0	140.47～135.47	5	39.5
⑦	全风化闪长岩	0+267	ZK7	19.6～24.6	147.87～142.87	5	4.5
⑨	弱风化闪长岩	0+267	ZK7	26.77～31.77	140.70～135.70	5	12.2
⑧	强风化闪长岩	0+295	ZK8	20.5～25.5	147.07～142.07	5	4
⑨	弱风化闪长岩	0+295	ZK8	27.0～32.0	140.57～135.57	5	3.2
⑨	弱风化闪长岩	0+295	ZK8	32.0～37.0	135.57～130.57	5	7.7
⑦	全风化闪长岩	0+392	ZK10	22.4～27.4	145.05～140.05	5	8.9
⑦	全风化闪长岩	0+500	ZK11	19.0～23.0	148.47～144.47	4	8.5
⑦	全风化闪长岩	0+602	ZK12	19.0～24.0	148.6～143.5	5	19.7
⑧	强风化闪长岩	0+602	ZK12	24.0～27.0	143.6～140.6	3	8.4
⑦	全风化闪长岩	0+870	ZK13	14.0～18.0	153.76～149.76	4	6.8
⑧	强风化闪长岩	0+870	ZK13	18.0～22.0	149.76～145.76	4	11.6
⑧	强风化闪长岩	0+870	ZK13	24.0～29.0	143.76～138.76	5	1.9
⑦	全风化闪长岩	0+950	ZK14	7.0～10.0	160.76～157.76	3	2.04
⑦	全风化闪长岩	0+950	ZK14	10.0～15.0	157.76～152.76	5	24.35
⑧	强风化闪长岩	0+950	ZK14	17.1～22.1	150.66～145.66	5	25.1
⑦	全风化闪长岩	1+000	ZK15	5.5～10.5	162.12～157.12	5	13.04
⑧	强风化闪长岩	1+000	ZK15	19.0～23.0	148.62～144.62	4	23.3
⑨	弱风化闪长岩	0+708	JYZK05	25.0～30.0	142.50～137.50	5	8.6
⑨	弱风化闪长岩	0+708	JYZK05	30.0～35.0	137.50～132.50	5	8

注　其中JYZK05为本次压水试验成果，其余的为安全鉴定阶段压水试验成果。

对以上压水试验数据分层统计见表3.5-5。

表3.5-5　　压水试验成果分层统计表

层　位	岩　性	组　数	最大值/Lu	最小值/Lu	平均值/Lu
⑥	灰岩	7	12.2	3.2	8.72
⑦	全风化闪长岩	10	24.35	2.04	12.13
⑧	强风化闪长岩	6	25.1	1.9	12.38
⑨	弱风化闪长岩	7	39.5	3.2	12.53

根据坝体及坝基的地质条件，截渗墙的底线宜选择进入相对隔水层，古河道部位稍深，两坝肩稍浅，断层部位适当加深。因此，根据上述原则，建议截渗墙达到坝基岩体

1m 深度，按地面高程 159.00m 来计算，其中桩号 0+075～0+650 段，截渗墙底部建议高程为 145.10～149.10m，深度 9.9～13.9m，桩号 0+700～0+950 段截渗墙底部建议高程 149.60～159.00m，深度 0～9.4m。按桩号分述见表 3.5-6。

表 3.5-6 截渗墙底部设置高程建议表

桩号	0+075	0+150	0+350	0+450	0+600	0+650	0+700	0+800	0+865	0+950
截渗墙底高程/m	147.5	147.2	145.1	146.3	149.1	148.3	149.6	152.4	154.9	159
截渗墙深度/m	11.5	11.8	13.9	12.7	9.9	10.7	9.4	6.6	4.1	0

3.6 溢洪道工程地质条件

3.6.1 基岩承载力

溢洪道引水渠、控制段、泄槽段均为全风化基岩，岩性为闪长岩，全风化带埋深较浅，在 4～5m；强风化带埋深 7～10m，岩石物理力学性质见表 3.4-2。根据岩石力学试验结果综合分析确定：全风化闪长岩承载力标准值为 300kPa，强风化闪长岩承载力标准值为 400kPa，弱风化闪长岩承载力标准值为 800kPa。

根据设计方案，本次加固在原溢流堰顶下挖，在溢洪道中线部位建溢洪闸，然后扩宽下游泄槽的宽度到 16m。溢洪闸的闸基底部高程 160.5m，坐落于全风化闪长岩，属于Ⅴ类岩体，建议承载力标准值 300kPa，混凝土与基岩接触面的抗剪强度建议取 $f'=0.4$，$c'=0.05$MPa。

3.6.2 基岩渗透性

岩石裂隙发育，水平和垂直裂隙均较发育，断裂构造、岩脉不发育。本次勘察共做压水试验段 10 段，透水率在 2.6～21.6Lu 之间，属弱一中等透水，见表 3.6-1。

表 3.6-1 溢洪道钻孔压水试验成果表

孔　号	试段位置/m	高程/m	试段长度/m	透水率/Lu
YZK1	1.0～6.0	163.02～158.02	5	14.2
	6.0～11.0	158.02～153.02	5	9.5
	12.0～17.0	152.02～147.02	5	10.0
YZK2	7.0～12.0	156.63～151.36	5	2.6
YZK3	1.0～6.0	162.29～157.29	5	21.6
	6.1～11.1	157.19～152.19	5	11.4
	10.2～15.2	153.09～148.09	5	9.4
YZK4	0.5～5.5	162.32～157.32	5	15.18
	6.0～11.0	156.82～151.82	5	13.5
	11.0～15.0	147.43～142.43	5	12.9

3.6.3 基岩抗冲能力

溢洪道无控制工程和消能设施，两侧为人工开挖边坡，未做任何护砌；下游为自然冲沟基础为全风化闪长岩，风化较严重，岩体较破碎，水平和垂直裂隙均较发育，主要产状124°～142°∠68°～85°，22°～28°∠71°～87°，抗冲刷能力低。若遇较大洪水，将遭受严重的侵蚀、冲刷，危及溢洪道及大坝的安全。

3.6.4 边坡稳定性

溢洪道为人工开挖而成，土质边坡，局部边坡稳定性较差。左岸边坡坡高比1∶0.2～1∶1，上游坡高比较大，越往下游坡高比越小，多年未经历大的洪水冲刷，总体稳定，但是由于局部边坡较陡，存在坍塌掉块的可能，若遇洪水冲刷掏底，则有可能引起崩塌，危及左岸大坝坝体安全。

3.7 放水洞工程地质条件

3.7.1 西放水洞

西放水洞位于大坝桩号0+058处，为无压砌石拱涵洞，进口洞底高程157.07m，砌石拱涵总长60.56m，竖井前部长16.73m，竖井深4.0m，竖井后部长39.83m，比降为0.004；涵洞宽1.2m，墩高1.2m，拱高0.6m，基础坐落在奥陶系灰岩上。设计引水流量3.5m^3/s，闸孔尺寸1.2m×1.2m，1980年改建了启闭机房，更换了闸门。

该放水洞内渗漏、溶蚀严重，该放水洞为露天开挖，衬砌拱涵后回填碾压而成，回填时拱涵处理不彻底，填土压实度不够，库水位时常有绕渗水流在下游岸墙处逸出，坝上游放水洞的上部已出现塌陷坑，直径约3.0m，深约0.5m，说明已产生了渗透破坏，危及大坝的安全。本次除险加固对西放水洞拟采取在原址拆除重建的处理措施。

本次勘探在西放水洞附近布孔2个，其中坝顶与坝下游坡各1个孔。

(1) 洞周土体。勘察发现西放水洞外围主要为土层，其黏粒含量在29.4%～32.7%之间，基本满足《水利水电工程天然建筑材料勘察规程》(SL 251—2000)对坝体土料要求的10%～30%。标贯试验击数为6.6击，干密度在1.54～1.65g/cm^3之间，压实度在88%～94%，小于规范对坝体土料要求的96%～98%；渗透系数在3.51×10^{-6}～6.66×10^{-4}cm/s。说明该部位土质混杂，回填碾压稍差，容易产生渗透破坏。

(2) 洞基础。西放水洞进口底高程157.07m，基础坐落在灰岩上，由于该地段位于断层附近受构造的影响以及风化作用，承载力建议值为400kPa。

3.7.2 东放水洞

东放水洞位于大坝桩号0+865处，为无压砌石拱涵洞，进口洞底高程156.57m，砌石拱涵总长54.66m，竖井前部长16.33m，竖井深4.0m，竖井后部长34.23m，比降为0.004；涵洞宽1.0m，墩高1.0m，拱高0.5m，基础未完全坐落在基岩上。设计引水流量2.0m^3/s，闸孔尺寸1m×1m，1973年更换了钢平板闸门。

东放水洞洞内渗漏、溶蚀严重，该放水洞为露天开挖，衬砌拱涵后回填碾压而成，下游部分基础坐落在壤土上。本次除险加固工作对其拟采取在原址拆除重建的处理措施。

本次勘察在东放水洞附近布置钻孔2个，即在坝顶与坝下游坡各布置1个钻孔。

(1) 洞周土体。勘察发现东放水洞外围被壤土层覆盖，其黏粒含量在21.0%～32.6%之间，基本满足《水利水电工程天然建筑材料勘察规程》(SL 251—2000)对坝体土料的要求。标贯试验击数为5.6～6.5击，干密度在1.63～1.69g/cm³之间，压实度在93%～96%，小于规范对坝体土料要求的96%～98%；渗透系数在$4.11\times10^{-7}\sim6.54\times10^{-7}$cm/s，满足规范要求的小于$1\times10^{-4}$cm/s。说明该部位土质较好，但回填碾压稍差。

（2）洞基础。放水洞进口底高程为156.57m，洞体下游部分基础坐落在壤土上，建议壤土的承载力标准值为90kPa，下伏全风化闪长岩的承载力标准值为300kPa。

3.8 天然建筑材料

角峪水库除险加固工程需要的天然建筑材料为：块石料1.478万m³、混凝土骨料2.711万m³，砂砾石料1.0137万m³、土料4.7115万m³，其中块石料、混凝土骨料、砂砾石料拟选用外购料，土料场选定角峪土料场。为满足设计施工方面的要求以及本着就地取材节省投资的思想，对坝址区的角峪土料场进行了勘探试验工作。布置浅井32个，总进尺52.8m，取土样35组，其中做简分析（颗粒分析）30组，全分析（颗粒分析、化学分析、物性试验、力学试验、渗透试验）5组。并对块石料和混凝土骨料以及砂砾石料进行了调研：块石料场位于邵家行子块石料场，运距约60km；大官庄块石料场，运距约50km。砂砾石及混凝土骨料料场位置都在角峪镇附近，距水库约5km。

3.8.1 土料

角峪土料场位于右坝肩下游，运距约150m，有简易路通向坝顶，地面高程152.00～160.00m，地形平坦，为第四系冲洪积壤土，厚度4～5m，料场长310m，宽170m，为了查清料场的有用层厚度和地下水的埋藏深度，本次工作布置了32个探井，间距50～70m。

角峪土料场共做试验35组，土的试验统计汇总结果见表3.8-1和表3.8-2。由试验结果可知：土料颗粒中黏粒（$d<0.005$mm）平均含量24.4%；粉粒（0.005～0.075mm）平均含量57.0%；土料以中、重粉质壤土为主。全分析土样塑性指数为16.5，渗透系数9.64×10^{-7}cm/s，土的分散性试验表明：为非分散型。做三轴试验5组，$c_{平均}=75.3$kPa，$\varphi_{平均}=23.4°$。依据《水利水电工程天然建筑材料勘察规程》（SL 251—2000）附录A.2.1土料质量指标表和此次试验的结果进行了对比，对比结果见表3.8-3，从表3.8-1中可以看出：各项指标均符合规程要求。

从表3.8-3可知：角峪土料场的质量满足《水利水电天然建筑材料勘察规程》中对均质坝土料的要求。

表3.8-1　角峪土料场土的颗粒级配结果汇总表

野外编号	土样深度	室内定名（颗分）	颗粒组成					
			砂粒/%			粉粒/%		黏粒/%
			0.5～2mm	0.25～0.5mm	0.075～0.25mm	0.05～0.075mm	0.005～0.05mm	<0.005mm
组数			30	30	30	30	30	30
最大值			26.7	8.0	22.6	17.5	60.8	33.7
最小值			0.7	0.7	2.7	7.1	22.8	11.1
平均值			4.7	3.5	10.3	10.7	46.3	24.4

表 3.8-2　　角峪土料场土的全分析试验成果汇总表

野外编号	土样深度	室内定名（颗分）	颗粒组成 砂粒 0.5～2 (%)	砂粒 0.25～0.5 (%)	砂粒 0.075～0.25 (%)	粉粒 0.05～0.075 (%)	粉粒 0.005～0.05 (%)	黏粒 <0.005 (%)	土粒比重 G_s	pH 值	有机质含量	易溶盐	液限 W_l /%	塑限 W_p /%	塑性指数 I_p
组数			5	5	5	5	5	5	5	5	5	5	5	5	5
最大值			26.7	8.0	22.6	17.5	52.3	27.4	2.72	8.52	0.50	0.09	43.8	22.0	22.3
最小值			1.0	1.0	4.7	7.7	22.8	11.1	2.70	7.27	0.21	0.04	24.3	15.0	9.3
平均值			8.9	4.0	11.4	12.3	40.7	22.8	2.71	8.11	0.38	0.06	35.8	19.3	16.5

野外编号	土样深度	室内定名（颗分）	击实 最大干密度 ρ_d/(g/cm³)	击实 最优含水率 W_{op}/%	制样干密度 ρ_d/(g/cm³)	制样含水量 W/%	制样压实度/%	击实后 固结试验 初始孔隙比 e_0	固结试验 压缩系数 a_{v1-2}/MPa⁻¹	固结试验 压缩模量 E_{s1-2}/MPa	渗透试验 渗透系数 k_{20}/(cm/s)	直剪试验 快剪 凝聚力 C/kPa	直剪试验 快剪 摩擦角 φ/(°)
组数			5	5	5	5	5	5	5	5	5	5	5
最大值			1.98	19.2	1.90	19.2	96.0	0.687	0.320	11.64	1.72×10^{-6}	93.20	26.0
最小值			1.68	12.5	1.61	12.5	96.0	0.420	0.122	5.17	4.37×10^{-7}	55.18	20.5
平均值			1.77	17.1	1.69	17.1	96.0	0.606	0.247	7.26	9.64×10^{-7}	75.35	23.4

表 3.8-3　　角峪土料场土的质量指标对比表

序号	项　目	《水利水电工程天然建筑材料勘察规程》（SL 251—2000）	角峪土料场实验数据 范围值	角峪土料场实验数据 平均值	对比结果
1	黏粒含量/%	10～30	11.1～33.7	24.4	基本符合
2	塑性指数	7～17	9.3～22.3	16.5	基本符合
3	渗透系数	碾压后小于 1×10^{-4}cm/s	1.72×10^{-6}～4.37×10^{-7}	9.64×10^{-7}	符合
4	有机质含量（按重量计）	<5%	0.2～0.5	0.4	符合
5	水溶盐含量	<3%	0.09～0.04	0.04	符合
6	pH 值	>7	7.3～8.5	8.1	符合

从浅井和地形所揭露的情况来看，料场上部 0.3～0.5m 含植物根系，属于耕植土，开挖时应剥去，上部为壤土，疏松，料场储量计算采用平均厚度法。

$$V=SH$$

式中　S——料场面积，取 $310\times170=52700\text{m}^2$；

　　H——平均可采厚度，取 2m；$V=52700\times2=105400\text{m}^3$。

角峪土料场总储量为10.54万m^3，大于设计需要量4.7万m^3的2倍，满足设计施工要求。

3.8.2 块石料

本次除险加固工程需要的块石料拟外购。经过现场调查，邵家行子块石料场和大官庄块石料场属于良庄镇，岩性为花岗岩，岩性坚硬，质量较好，料源丰富，正在进行的类似工程——黄前水库除险加固工程的施工用的即为本料场的块石料，运距50km，交通便利，下一阶段需对该料场质量和储量进一步复核。

3.8.3 砂砾料

本次除险加固工程需要的砂砾料拟外购。经过现场调查，砂砾石料场位于角峪镇，质量较好，料源丰富，正在进行的类似工程——黄前水库除险加固工程施工用的即为本料场的砂砾石料，运距5km，交通便利，下一阶段需对该料场质量和储量进一步复核。

3.8.4 人工骨料

本次除险加固工程需要的人工骨料拟外购。经过现场调查，料场位于角峪镇，岩性为灰岩，岩性坚硬，质量较好，料源丰富，正在进行的类似工程——黄前水库除险加固工程施工用的即为本料场的人工骨料，运距5km，交通便利，下一阶段需对该料场质量和储量进一步复核。

3.9 结论

(1) 区域地质背景。角峪水库在区域地质构造上属鲁西旋扭构造体系，位于徂徕山断层隆起带南部。工程区地震动峰值加速度为0.05g，反应谱特征周期0.45s，相当于地震基本烈度6度。

(2) 库区。水库区地形平缓，河谷开阔。库区内出露的地层主要为奥陶系灰岩，燕山期闪长岩和第四系堆积物。水库区不存在渗漏问题、浸没问题和大规模塌岸问题，不存在水库诱发地震的可能性。

(3) 大坝。坝体土以中、重粉质壤土为主，渗透系数稍大，有7.14%大于规范值1×10^{-4}cm/s；上部有一层中砂，渗透性较好。

坝基主河槽段（0+300～0+560）覆盖强透水粉土质砂，厚度0.8～1.9m，左岸阶地段（0+100～0+276）上覆中、重粉质壤土层，下伏含细粒土砂层，厚1.0～3.2m，渗漏严重。坝体土料与坝基粉土质砂之间存在接触冲刷的隐患，需进行防渗处理。大坝桩号0+055处发育一条断层，断层带破碎，岩溶发育，透水率213Lu，存在接触流失的隐患，对大坝产生不均匀沉陷的影响，从而危及坝体安全。

截渗墙拟置于坝上游坡159平台处，位于桩号0+050～0+950，坝基地层为中重粉质壤土、含细粒土砂、粉土质砂以及风化的灰岩、闪长岩，截渗墙应穿透坝基砂层，设置于基岩内。

(4) 放水洞。西放水洞洞周土体压实度偏低，渗透系数偏大，土质混杂，回填碾压较差，基础坐落在风化的灰岩上，由于处在断层附近，受断层影响及风化作用，基础存在渗漏及强度降低等问题，建议进行防渗加固处理，建议灰岩承载力标准值400kPa。

东放水洞土料压实度略低，土质较好，回填碾压稍差，洞内渗漏、溶蚀严重，出现渗透破坏的可能性很大。进口底高程156.57m，洞体下游部分基础坐落在壤土上，建议壤土的承载力标准值为90kPa，下伏全风化闪长岩的承载力标准值为300kPa。

（5）溢洪道。溢洪道部位为风化的闪长岩，全风化带厚度4～5m，强风化带3～5m，岩石裂隙发育，透水率2.6～21.6Lu，属弱—中等透水。溢洪闸闸基坐落于全风化闪长岩之上，建议承载力标准值300kPa。

（6）天然建筑材料。角峪土料场土料主要为壤土，距大坝不远，适于开采。料场储量10.54万m^3，大于设计需用量的2倍，质量和储量满足规程要求。块石料、人工骨料和砂砾料均拟外购，运距较近，交通便利，下一阶段需对外购料质量和储量进一步复核。

4 角峪水库工程任务和规模论证

4.1 社会经济概况及工程建设的必要性

4.1.1 社会经济现状

角峪水库加固工程所在区域属于暖温带大陆性半湿润季风气候，寒暑适宜，光温同步，雨热同季。年平均气温13℃，多年平均降雨量700～800mm，无霜期200多天。粮食作物主要有小麦、玉米、地瓜、高粱、大豆、大麦等；经济作物主要有花生、芝麻、棉花、大麻、烟草、蔬菜等。坝址区涉及到泰安市岱岳区的角峪镇，岱岳区2005年末农业人口78.35万人，农作物总播种面积为194.76万亩，其中粮食作物播种面积107万亩，粮食总产49.96万t，农业人均638kg。农民人均纯收入4085元。

4.1.2 工程现状和存在的主要问题

4.1.2.1 概述

角峪水库是在原有小（1）型水库基础上经改建和续建而成的中型水库，1958年建成小（1）型水库，1959年10月至1960年春改建为中型水库，但未达到设计规模，1965年2月至1966年4月续建成中型水库，1976年将原70m的溢洪道加宽到100m，同时大坝增加了高1.2m的砌石防浪墙。东放水洞位于大坝桩号0+865处，1960年建成；西放水洞位于大坝桩号0+058处，1963年建成，两放水洞均为无压砌石拱涵。

角峪水库现状主要建筑物包括：均质土坝、开敞式无闸控制溢洪道、东放水洞、西放水洞。

4.1.2.2 防洪标准及防洪能力

水库总库容2109万m^3（本次复核值），根据《水利水电工程等别划分及洪水标准》（SL 252—2000）的要求，工程规模为中型，工程等别为Ⅲ等，其主要建筑物级别为3级、次要建筑物为4级。设计洪水标准为100年一遇，校核洪水标准为1000年一遇。设计洪水位166.34m，最大下泄流量120m^3/s；校核洪水位167.35m，最大下泄流量391m^3/s；坝顶高程复核结果为168.50m，比现状坝顶高程167.50m，高1.0m。防浪墙顶高程168.67m，由于防浪墙质量差，与防渗体连接质量差，不能起到防渗作用，故水库防洪能力不满足1000年一遇校核洪水、100年一遇设计洪水的坝顶超高要求。

4.1.2.3 大坝

角峪大坝为均质坝，全长1142m，顶高程166.96～168.00m，坝顶宽6m，防浪墙顶高程168.67m。上游坝坡为干砌石护坡，下游坝坡草皮护坡。桩号0+000～0+949段，上游坝坡高程162.27m以上边坡1：3，以下边坡1：3.5；下游坝坡162.27m高程设有马道，宽2m，马道以上边坡1：2.75，以下边坡1：3。桩号0+949～1+142段，上下游坝坡为1：2。坝后排水棱体位于桩号0+137～0+673河槽段，总长545m，顶高程159.09～155.57m，顶宽1.0～2.0m，高1.0～4.1m。水库自建成后，存在严重的沉陷、变形及裂缝等险情，自水库竣工蓄水至今，一直带病运行，大部分年份不能达到正常蓄水位，给下游防洪和灌区生产造成巨大损失，主要问题为：

(1) 大坝防浪墙基础没有发现大的不均匀沉陷，墙体不存在大的裂缝，局部勾缝砂浆脱落严重，砌筑质量差，砂浆强度低，检测平均值为4.6MPa。部分基础下为中砂，且砂浆不饱满，局部位置为砂灰砌筑，与防渗体连接不紧密。

(2) 坝体填筑质量差。受当时筑坝技术限制，角峪水库在施工时全是人抬肩扛，上坝土料不均，施工分缝多，又经过三期工程才形成现在的规模，造成坝体土料差异性大。组成坝体的土料主要为中、重粉质壤土，局部夹杂有中砂和杂填土。

坝体中、重粉质壤土黏粒含量27.7%，粉粒62.1%，砂砾9.9%，砾石0.3%，天然含水量16.9%～29.5%，平均值22.3%，压实干密度1.31～1.69g/cm^3，平均值1.62g/cm^3，填筑压实度仅为75%～91%，孔隙比为0.553～1.076，饱和度55.9%～100%，压缩模量0.26～7.13MPa，平均值4.72MPa，属中高压缩性土。壤土渗透系数范围值3×10^{-7}～6.66×10^{-4}cm/s，平均值3×10^{-6}cm/s，属极微透水—中等透水，有接近7%>1×10^{-4}cm/s。由此可知，坝体土质混杂，碾压质量差，局部软弱。

坝体中砂为闪长岩风化残积物，呈粗砂粒状，纵向分布在桩号0+052～0+950之间，最低高程163.00m；桩号0+460～0+870段，厚度2.0～3.7m，平均厚度2.5m；桩号0+240～0+280段，厚度0.4～2.45m，平均厚度1.4m，上下游贯通，使大坝高程165.02m以上失去有效防渗作用。

坝体杂填土由灰岩碎石、砖瓦块、砂砾和粉质黏土组成，其中碎石含量约占15%，厚度0.3～0.6m，分布于大坝左端桩号0+000～0+040，高程168.51～167.91m，为整修坝顶路面多年铺垫形成。

(3) 坝体裂缝。经过几十年长期运行，坝顶无硬化处理，由于沉陷不均匀和汛期来往车辆碾压，坝顶凹凸不平。

大坝运行中没有出现过大的裂缝，1964年桩号0+300处坝身出现长50m，宽0.05m，深0.8m的纵向裂缝，1975年库水位达164.57m时坝坡出现裂缝和塌陷现象，1979年对大坝进行培厚加固。但1976年汛期东放水洞西侧出现过滑坡，1983年对坝坡进行局部翻修加固。

(4) 渗漏严重。坝基岩体自大坝桩号0+000～0+120段为奥陶系灰岩，桩号0+120～1+060段为闪长岩，在桩号0+055m处发育一条横切大坝的断层，破碎带为断层角砾岩，透水率较大，是坝基岩体的渗漏通道。桩号0+050～0+600段排水体底部均有明流出现，水位在162.00m时，下游地表渗漏量达0.15m^3/s。坝基表层为没有清除的粉土质砂和含细粒土砂，引起下游出现明流、大面积沼泽化。坝基长期渗漏会加剧坝基的接触冲刷，逐渐使坝体产生变形。

大坝左岸没有清基，据资料记载当库水位超过157.00m时，坝脚排水沟渗漏量达0.05m^3/s。

(5) 大坝上游护坡为干砌石，现状厚度18～29cm，从库水位以上观察，护坡石存在大面积塌陷、架空和翻转现象，监测面积 15840m²，存在塌陷和损坏的面积为 1450m²，最大塌陷深度 58.6cm，平均塌陷 38.6cm。护坡石质量差，风化严重，其下无反滤料，仅局部位置分布有一层厚 8～10cm 的碎石垫层，不符合规范对反滤层的要求。

(6) 大坝下游坡为草皮护坡，护坡质量极差，大部分坝坡裸露，少部分坝坡分布有稀疏草皮；坝坡雨淋冲沟发育，冲沟最大深度 0.58m，局部坝坡沉陷严重。

(7) 大坝桩号 0＋137～0＋673 段坝后为棱体排水，排水体长 545m。排水体外部为干砌石，表面凹凸不平，塌陷严重，存在 26 处大的塌陷，最大塌陷面积达 4.2m²。块石局部风化较严重，块径较小，槽探发现排水体块石内侧为全风化料和卵石、碎石垫层，垫层直接与坝壳接触，反滤层结构不合理，不能保护坝体。

坝后排水设施不完善，大部分排水沟已坍塌和缺失，没有坍塌的部分淤积严重。

(8) 根据安全鉴定报告，大坝下游坡脚存在渗透破坏。

(9) 坝顶高程不能满足要求。

(10) 水库建成后，经过几次加高培厚，出现一些沉陷问题，只做过临时处理，一直没有安装位移监测设施。1987 年 8 月安设了大坝浸润线观测设施测压管，分别在 0＋300、0＋450、0＋600 三个断面三排，每排 4 支共 12 支，现测压管已全部淤堵报废。

4.1.2.4 放水洞

(1) 东放水洞。东放水洞位于大坝桩号 0＋865 处，为无压砌石拱涵洞，洞底进口高程 156.57m，砌石拱涵总长 54.66m，竖井前引渠长 16.33m，竖井长 4.0m，竖井后部涵洞长 34.23m，底坡 0.004。涵洞宽 1.0m，墩高 1.0m，拱高 0.5m，基础未完全坐落在基岩上，下游局部洞体基础坐落在岩石上。设计引水流量 2.0m³/s，闸孔尺寸 1.0m×1.0m，1973 年更换钢平板闸门。存在的主要问题：

放水洞及竖井砌筑和勾缝砂浆治疗较差，强度低，有的部位基本没有强度。洞内渗漏溶蚀严重，整个洞体基本全部渗漏，拱顶及侧墙的砌石面上附着大量的钙质等析出物，说明砌石块的内部结构已受到严重破坏，其强度也大大降低，形成工程的隐患。洞内虽未发现射流，但渗水严重，在洞外能听到滴水声，且洞口处常年渗漏水流出。

放水洞启闭机房内，启闭机部件锈蚀老化，缺乏养护，不能正常开启，螺杆等金属构件有较严重的锈蚀现象，且启闭机为淘汰产品。闸门关闭不严，已出现绣坑，锈蚀和漏水现象严重，不能正常工作，不利于工程安全和效益的发挥。涵洞没有设置检修闸门，发生故障时检修困难。启闭机房顶未安装避雷设备，给防汛工作和操作人员的人身安全带来安全隐患。

(2) 西放水洞。西放水洞位于大坝桩号 0＋058 处，为无压砌石拱涵洞，洞底进口高程 157.07m，砌石拱涵总长 60.56，渠长 16.73m，竖井长 4.0m，竖井后部涵洞长 39.83m，底坡 0.004。涵洞宽 1.2m，墩高 1.2m，拱高 0.6m，基础都为岩石。设计引水流量 3.5m³/s，闸孔尺寸 1.2m×1.2m，1980 年改建启闭机房，更换闸门。

放水洞及竖井砌筑和勾缝砂浆治疗较差，强度低，有的部位基本没有强度。洞内渗漏溶蚀一般，闸室处拱顶及侧墙的砌石面上附着大量的钙质等析出物，说明砌石块的内部结构已受到严重破坏，其强度也大大降低，形成工程的隐患。洞内虽未发现射流，但有渗水，洞口处常年有渗漏水流出。该放水洞两侧填土压实度不够，库水位高时常有绕渗水流在下游岸墙处逸出，坝上游坡放水洞的上部已出现塌陷坑，直径 3.0m，深 0.5m 左右，说明已产生了渗透破坏，危及大坝安全。

放水洞启闭机房内，启闭机部件锈蚀老化，缺乏养护，不能正常开启，螺杆等金属构件有较严重的锈蚀现象，且启闭机为淘汰产品。闸门关闭不严，已出现锈坑，锈蚀和漏水现象严重，不能正常工作，不利于工程安全和效益的发挥。涵洞没有设置检修闸门，发生故障时检修困难。启闭机房顶未安装避雷设备，给防汛工作和操作人员的人身安全带来安全隐患。

4.1.2.5 溢洪道

溢洪道位于大坝右岸，为正槽开敞式溢洪道，由引水渠、溢流堰和下游泄槽组成，总长 980m，桩号以大坝末端溢流堰处为 0＋000，最大泄量 960m^3/s（三查三定）。溢流堰前引水渠长约 220m，底宽 100～169m，底高程 161.60～163.57m；溢流堰为宽顶堰，无控制设施，堰面为开挖的风化闪长岩岩面，堰顶高程 163.57m，净宽 100m；溢洪道无消能防冲设施，下游泄槽宽度由 100m 渐变为 20m，泄槽 0＋020～0＋200 段，坡度比较平坦，0＋200～0＋280 段为跌坎和陡坡段，0＋280 段以下相对比较平缓；泄槽上游段覆盖层为全风化的闪长岩，下游段覆盖层为壤土，覆盖层抗冲刷能力差，溢洪道退刷严重，下游多处已形成冲沟。

（1）溢洪道进口宽度虽为 100m，但下游为自然冲沟，断面狭窄，宽度 10～20m，深度 1.5～2.0m，不能满足行洪要求，安全泄量小于 100m^3/s。溢洪道底坡度很不均匀，0＋100～0＋200 之间为自然跌水和陡坡段，0＋350 以后基本为较均匀的缓坡。

（2）渠底为强风化闪长岩，抗冲刷能力差，无控制和消能设施，且大坝裹头标准太低，两岸均未做任何护砌，若遇较大洪水，剥蚀冲刷严重，危及大坝安全及右岸农田。

（3）溢洪道进水口有近 90°的大转弯，水流条件不好，凹岸无防护导流工程，无交通桥，严重影响防汛工作的开展。

（4）溢洪道在 0＋350 附近与灌渠渡槽交叉，渡槽孔宽不足，槽墩阻水，此处将严重影响泄洪，遇较大洪水时洪水将溢出河槽淹没冲蚀两岸农田。

（5）溢洪道下游河槽内树木杂草丛生，流水不畅，水流条件差，对泄洪不利。两岸及河底均无护砌，抗冲能力差。河槽宽度为 15～20m，深度 1.5～2.0m，过水断面小，且树木较密，严重阻水，遇较大洪水时洪水将溢出河槽大量淹没冲蚀两岸农田，剥蚀冲刷岸坡，造成很大损失。

（6）溢洪道尾部地面高程 150.50m 左右，大坝坝脚处地面高程有多处为 150.50m 左右，此处溢洪道与 09 公路交叉，通过 09 公路上的交通桥（两孔平板桥，孔净宽 27m，高 2.3m）下泄洪，遇较大洪水时桥孔阻水，将出现回水并淹没坝脚，严重影响大坝安全。

4.1.2.6 安全鉴定结论

根据水利部大坝安全管理中心的安全鉴定复核意见，水库存在的主要问题有：

（1）防洪标准不满足要求。

（2）大坝防浪墙质量差，部分倒塌，与防渗体连接不紧密。

（3）坝体填筑质量差，曾多次发生裂缝。

（4）上游护坡质量差，部分倒塌，坝后排水体无反滤料，坝基清基不彻底，坝后渗漏严重，沼泽化。

(5) 溢洪道基岩风化严重，无护砌，无消能工，出水渠段为自然冲沟，过流能力不足，泄洪回水影响坝脚安全。

(6) 东、西放水洞为浆砌石无压拱涵，埋于坝下，渗漏严重，与坝体填土间存在接触冲刷，放水洞闸门及启闭设施陈旧、老化，不能正常运行。

(7) 防汛公路标准低，大坝安全监测与管理设施不完善。

大坝安全鉴定指出的工程问题存在，三类坝结论符合实际情况。

4.1.3 除险加固的必要性

由于该工程存在较多的质量问题，尤其是水库防洪标准低，坝体、坝基渗漏严重，水库无法发挥正常效益。经水利部大坝安全管理中心鉴定为三类坝。

为确保水库下游广大人民群众及城镇、交通安全，尽早对该库进行除险加固，消除隐患，达到设计标准，保证水库安全运行，充分发挥其防洪、灌溉、水产养殖等方面的经济效益和社会效益，缓解当地水资源供需矛盾，促进经济快速发展，提高当地人民群众的生活水平，对角峪水库进行除险加固是十分必要的。

4.2 除险加固任务

4.2.1 水库承担的任务

角峪水库是一座以防洪为主，兼顾灌溉、养殖等综合利用的中型水库，下游保护角峪镇人口 1.2 万人，1.0 万亩耕地，国防 09 公路、青银高速、京沪高速等重要基础设施。水库原设计灌溉面积 2.5 万亩，“三查三定”核定灌溉面积 1.84 万亩。水库水面宽阔，水质良好，很适合渔业生产，每年捕鱼 2.5 万 kg 以上。

4.2.2 除险加固任务

本次除险加固的主要任务是在批准的大坝安全鉴定报告的基础上，确定坝体、坝基、放水洞、溢洪道及其他建筑物的除险加固方案，完善防汛路、水库管理和监测设施，使水库能够充分发挥经济效益和社会效益。

4.2.3 除险加固原则

本次除险加固设计方案的确定按以下原则进行：

(1) 本次除险加固的重点是解决水库的渗漏、稳定、输水洞和溢洪道的安全问题。

(2) 兴利指标尽量和原设计方案一致，水库规模基本不变。

(3) 加固治理措施应做到技术先进，经济合理，安全可靠，便于管理，并为以后提高水资源的利用程度创造有利条件。

4.3 工程规模

4.3.1 水库运行方式

水库非汛期尽量蓄水，保持正常蓄水位，发挥水库灌溉以及库区养殖业等综合效益；汛期水库发挥防洪作用，保护大坝及下游人民生命财产安全，水库原设计汛期为敞泄运用，本次除险加固设计按下游防洪要求及水库自身条件，按当入库洪水小于 100 年一遇时水库最大泄量不超过 $120m^3/s$、当入库洪水大于 1000 年一遇时水库敞泄来运用。

水库自1960年建库以来，水库最高洪水位发生在1975年，为164.84m。

4.3.2 死水位

本次除险加固初步设计水库死水位采用原设计值156.57m，死库容166万m^3。

4.3.3 正常蓄水位

角峪水库现正常蓄水位163.57m，设计兴利库容为924万m^3，水库现状供水用户为农业用水，灌区原设计灌溉面积2.5万亩，“三查三定”核实设计灌溉面积为1.84万亩，有效灌溉面积1.5万亩。水库灌区多年平均灌溉净定额为170m^3/亩，灌区现状灌溉水利用系数为0.5。

借用黄前水库蒸发深资料，角峪水库多年平均蒸发深取870mm（E601）。水库现状渗漏损失水量按月库容的0.5%计算。

水库水位—面积—库容曲线采用1982年成果，见表4.3-1。

表4.3-1 角峪水库水位—面积—库容曲线

水 位/m	面 积/km^2	库 容/万m^3
150.27	0	0.01
151	2	0.05
152	11	0.11
153	28	0.2
154	51	0.3
155	87	0.44
156	133	0.53
156.57	166	0.61
157	192	0.68
158	268	0.86
159	365	1.05
160	484	1.27
161	620	1.5
162	782	1.77
163	971	2.01
163.57	1090	2.15
164	1180	2.26
165	1426	2.54

采用时历法进行水库调节计算，调算结果见表4.3-2。水库设计兴利库容为924万m^3，农业灌溉面积按原设计2.5万亩，灌溉水利用系数按0.5，水库供水保证率为47%；农业灌溉面积按核实的设计值1.84万亩，供水保证率为87%。水库除险加固后，若对水库灌区进行改造配套，使灌溉水利用系数提高到0.65，灌溉面积为2.5万亩时灌溉用水保证率可达78%，灌溉面积按1.84万亩可达100%。

表 4.3-2　　角峪水库兴利调节计算成果表

项目	灌溉面积/万亩	渠系利用系数	水库来水/万 m^3	农业需水/万 m^3	蒸发渗漏水量/万 m^3	弃水/万 m^3	农业供水保证率/%
加固前	2.5	0.5	719	850	16	0	47
	1.84	0.5	719	626	26	67	87
加固后	2.5	0.65	719	654	24	41	78
	1.84	0.65	719	481	41	197	100

调算结果表明，角峪水库有效库容可满足现状供水需求，且供水保证率较高，若经过灌区改造提高灌溉水利用系数，则农业灌溉保证率有较大提高。

本次除险加固初步设计正常蓄水位采用原设计值 163.57m，兴利库容 924 万 m^3。

4.3.4　防洪特征水位

4.3.4.1　溢洪道泄洪能力

角峪水库泄洪建筑物为溢洪道，原为开敞式无闸宽顶堰，堰顶高程 163.57m，堰顶净宽 100m，本次除险加固设计溢洪道采用溢流堰和控制闸结合布置，闸底板高程 162.00m，溢流堰堰顶高程 166.34m，宽顶堰溢流段全长 78m，本次除险加固设计溢洪道泄流能力见表 4.3-3。

表 4.3-3　　角峪水库溢洪道泄洪能力

水位/m	162	162.5	163	163.5	164	165	166	167	167.5
泄流量/(m^3/s)	0	9.18	24.02	39.41	60.68	111.47	171.62	304.84	428.14

4.3.4.2　库容曲线

角峪水库水位—库容曲线采用安全鉴定测量结果，见表 4.3-4。

表 4.3-4　　角峪水库水位—库容曲线表

水　　位/m	151	152	153	154	155	156	156.57	157
库容/万 m^3	2	11	28	51	87	133	166	192
水　　位/m	158	159	160	161	162	163	164	165
库容/万 m^3	268	365	484	620	782	971	1180	1426

4.3.4.3　调洪原则

起调水位取正常蓄水位 163.57m。

防洪运用原则，当入库洪水小于 100 年一遇时，控制下泄流量不超过 120m^3/s，当入库洪水超过 100 年一遇时，水库敞泄运用。

4.3.4.4　设计、校核洪水位

根据各种频率设计洪水过程线及水库水位—库容—泄量曲线，运用以上调洪原则，按水量平衡原理对水库入库洪水进行调洪演算，计算水库设计、校核洪水位，见表 4.3-5，本次水库除险加固计算设计洪水位为 166.34m，控制水库最大下泄流量为 120m^3/s，校核洪水位 137.35m，水库最大下泄流量 391m^3/s。

表 4.3-5 角峪水库调洪成果表

P/%	最大入库/(m^3/s)	最大出库/(m^3/s)	最高水位/m
1	579	120	166.34
0.1	873	391	167.35

5 角峪水库工程布置及主要建筑物论证

5.1 工程等别、建筑物级别及洪水标准

5.1.1 工程等别

根据《水利水电工程等级划分及洪水标准》2.1.1 规定：水利水电工程等别，应根据其工程规模、效益及在国民经济中的重要性，按表 5.1-1 确定。

表 5.1-1 水利水电工程分等指标

工程等别	工程规模	水库总库容/亿 m^3	防洪		治涝	灌溉	供水	发电
			保护城镇及工矿企业的重要性	保护农田/万亩	治涝面积/万亩	灌溉面积/万亩	供水对象重要性	装机容量/万 kW
Ⅰ	大（1）型	≥10	特别重要	≥500	≥200	≥150	特别重要	≥120
Ⅱ	大（2）型	1.0～10	重要	100～500	60～200	50～150	重要	30～120
Ⅲ	中型	0.10～1.0	中等	30～100	15～60	5～50	中等	5～30
Ⅳ	小（1）型	0.01～0.10	一般	5～30	3～15	0.5～5	一般	1～5
Ⅴ	小（2）型	0.001～0.01		<5	<3	<0.5		<1

角峪水库是一座以防洪为主，兼顾灌溉、养殖的综合型水库。水库总库容 2109 万 m^3，下游保护农田 1.0 万亩，人口 1.2 万人，灌溉耕地面积 1.84 万亩，由此确定水库等别为中型Ⅲ等工程。

5.1.2 永久性建筑物级别

永久性建筑物是指工程运行期间使用的建筑物，按其在工程中发挥的作用和失事后对整个工程安全的影响程度的不同，分为主要建筑物和次要建筑物。

《水利水电工程等级划分及洪水标准》（SL 252—2000）第 2.2.1 规定：水利水电工程永久性水工建筑物级别，根据其所在工程的等别和建筑物的重要性，按表 5.1-2 的确定。

表 5.1-2 永久性水工建筑物级别

工程等别	主要建筑物	次要建筑物
Ⅰ	1	3
Ⅱ	2	3
Ⅲ	3	4
Ⅳ	4	5
Ⅴ	5	5

角峪水库等别为中型Ⅲ等工程，因此根据以上规定，主要建筑物大坝、溢洪道、放水洞均为3级建筑物，其余次要建筑物为4级建筑物。

5.1.3 洪水标准

根据《水利水电工程等级划分及洪水标准》（SL 252—2000）第3.1.1条，水利水电工程永久性水工建筑物的洪水标准，应按山区、丘陵地区和平原、滨海区分别确定。

角峪水库位于鲁中山区南部，工程区属山区，其洪水标准应按山区和丘陵区水利水电工程永久性水工建筑物洪水标准确定。具体见表5.1-3。

表5.1-3　山区、丘陵区水利水电工程永久性水工建筑物洪水标准　单位：重现期（年）

项　目		水工建筑物级别				
		1	2	3	4	5
设计		500～1000	100～500	50～100	30～50	20～30
校核	土石坝	可能最大洪水（PMF）或5000～10000	2000～5000	1000～2000	800～1000	200～800
	混凝土坝、浆砌石坝	2000～5000	1000～2000	500～1000	200～500	100～200

根据以上标准，对于角峪水库3级永久性水工建筑物，设计洪水重现期应为50～100年，校核洪水重现期应为1000～2000年。角峪水库历经多次改建和续建，洪水标准也多次改变，安全鉴定认定的设计洪水标准为：设计洪水重现期为100年（$P=1\%$），校核洪水重现期为1000年（$P=0.1\%$），符合《水利水电工程等级划分及洪水标准》（SL 252—2000）的规定，因此本次设计，洪水标准仍采用现状标准即：设计洪水重现期为100年（$P=1\%$），校核洪水重现期为1000年（$P=0.1\%$）。

5.2 设计依据

本次除险加固设计采用的主要技术规范、规程如下：

（1）《水利水电工程等级划分及洪水标准》（SL/T 252—2000）。

（2）《防洪标准》（GB 50201—1994）。

（3）《碾压式土石坝设计规范》（SL 274—2001）。

（4）《水利水电工程土工合成材料应用技术规范》（SL/T 225—1998）。

（5）《水工混凝土结构设计规范》（SL/T 191—1996）。

（6）《溢洪道设计规范》（SL 253—2000）。

（7）《水闸设计规范》（SL 265—2001）。

（8）《水工挡土墙设计规范》（SL 379—2007）。

（9）《水工建筑物荷载设计规程》（DL 5077—1997）。

（10）《土石坝安全监测技术规范》（SL 60—1994）。

（11）《水利水电工程进水口设计规范》（SL 285—2003）。

依据的文件如下：

（1）《山东省泰安市岱岳区角峪水库安全鉴定大坝综合评价报告》（泰安市水利勘测设计研究院）。

(2)《山东省泰安市岱岳区角峪水库安全鉴定设计洪水复核报告》(泰安水文水资源勘测局)。

(3)《山东省泰安市岱岳区角峪水库安全鉴定工程地质勘察报告》(泰安市水利勘测设计研究院)。

(4)《山东省泰安市岱岳区角峪水库安全鉴定大坝渗流、边坡稳定分析报告》(泰安市水利勘测设计研究院)。

(5)《山东省泰安市水库大坝安全鉴定岱岳区角峪水库溢洪道、放水洞安全监测评估报告》(山东省水利科学研究院、山东省水利工程建设质量与安全监测中心站)。

(6)《山东省泰安市岱岳区角峪水库安全鉴定运行管理报告》(泰安市岱岳区水务局)。

(7)《山东省泰安市水库大坝安全鉴定岱岳区角峪水库大坝老化病害检测评估报告》(山东省水利科学研究院、山东省水利工程建设质量与安全监测中心站)。

(8))《山东省泰安市岱岳区角峪水库安全鉴定放水洞、溢洪道安全复核报告》(泰安市水利勘测设计研究院)。

(9)《山东省泰安市岱岳区角峪水库大坝安全鉴定报告书》(泰安市水利和渔业局)。

(10)《角峪水库三类坝鉴定成果核查意见表》(水利部大坝安全管理中心)。

5.3 基本资料

(1) 水库特征水位。

正常蓄水位	163.57m
设计洪水位 ($P=1\%$)	166.34m
校核洪水位 ($P=0.1\%$)	167.35m
汛限水位	163.57m
死水位	156.57m

(2) 库容。

总库容	2109 万 m^3
兴利库容	924 万 m^3
死库容	166 万 m^3

(3) 入库洪峰流量。

设计洪水流量 ($P=1\%$)	$579m^3/s$
校核洪水流量 ($P=0.1\%$)	$873m^3/s$

(4) 气象资料。

多年平均气温	12.8℃
最高气温	40.7℃
最低气温	−22.4℃
多年平均最大风速	14.6m/s

(5) 地震烈度。根据中国地震局 2001 年编制的 1∶400 万《中国地震动参数区划图》(GB 18306—2001) 中,《中国地震动峰值加速度区划图》和《中国地震动反应谱特征周

期区划图》，工程区地震动峰值加速度为0.05g，地震动反应谱特征周期0.45s，相当于地震基本烈度为6度。

根据《水工建筑物抗震设计规范》（SL 203—1997）第1.0.6条规定，水工建筑物抗震设计的设计烈度一般采用基本烈度作为设计烈度，因此本工程各水工建筑物抗震设计烈度为6度。根据《水工建筑物抗震设计规范》（SL 203—1997）第1.0.2条规定，设计烈度为6度时，可不进行抗震计算。

（6）基本地质参数。

1）大坝。大坝基本参数见表5.3-1。

表5.3-1　　大坝基本参数表

序号	材　料	干容重 /(kN/m³)	湿容重 /(kN/m³)	饱和容重 /(kN/m³)	抗剪强度指标		渗透系数 /(cm/s)
					c/kPa	φ/(°)	
1	坝体壤土	16.0	19.4	20.2	15.4	19.8	5.0×10^{-4}
2	坝体中砂	15.2	16.5	19.5	0	32	5.94×10^{-3}
3	坝基壤土	15.8	19.7	20.0	17.8	21.6	5.0×10^{-4}
4	排水棱体	18.9	18.9	24.5	0	42	1×10^{-2}
5	坝基砂	15.9	19.1	19.9	0	28	1.45×10^{-3}
6	全风化闪长岩	27.3	27.4		0	28	1×10^{-4}
7	复合土工膜						1×10^{-9}
8	高压定喷墙						1×10^{-7}
9	强风化闪长岩						1×10^{-5}
10	坝基粉土质砂						6.3×10^{-3}

2）放水洞。西放水洞进口底高程157.07m，基础坐落在灰岩上，由于该地段位于断层附近受构造的影响以及风化作用，承载力建议值为400kPa。

东放水洞进口底高程156.57m，洞体下游部分基础坐落在壤土上，建议壤土的承载力标准值为90kPa，下伏全风化闪长岩的承载力标准值为300kPa。

3）溢洪道。溢洪道引水渠、控制段、泄槽段均为全风化基岩，岩性为闪长岩，全风化带埋深较浅，在4～5m；强风化带埋深7～10m。全风化闪长岩承载力标准值为300kPa，强风化闪长岩承载力标准值为400kPa，弱风化闪长岩承载力标准值为800kPa。

5.4　工程布置

角峪水库现状主要建筑物包括均质土坝，开敞式无控制溢洪道，东、西放水洞。

大坝高16.8m，长1142m，鉴于本次大坝加固主要内容为坝体防渗体系，上下游护坡改建，坝顶防浪墙重建等，所以，工程布置采取现坝轴线位置不变，原位加固方案。

溢洪道位于大坝右岸，为正槽开敞式溢洪道，由引水渠、溢流堰和下游泄槽组成，总长980m，桩号以大坝末端溢流堰处为0+000，最大泄量391m³/s（本次设计值）。溢洪道主要存在的问题是基岩风化严重，无护砌，无消能工，出水渠段为自然冲沟，过流能力不足，泄洪回水影响坝脚安全。根据鉴定意见，本次溢洪道加固的主要内容是增加闸门调控下泄流量、解决泄槽泄流能力不足、增加消力池，所以，采取现溢洪道位置不变，原位加固方案。

东放水洞位于大坝桩号0+865处，为浆砌石无压拱涵，埋于坝下，涵洞宽1.0m，墩高1.0m，拱高0.5m，设计引水流量2.0m^3/s。放水洞渗漏严重，与坝体填土间存在接触冲刷；放水洞没有设置检修闸门，工作闸门及启闭设施陈旧、老化，不能正常运行。鉴于以上存在的问题，东放水洞需进行重建。现状洞子坐落在坝体壤土上，经过40多年的运用，没有出现变形问题，且基础已经过预压，在原位拆除重建，洞身不存在承载力问题，只需复核闸室的承载力。为了与下游灌溉渠连接平顺，减少现放水洞的封堵投资，东放水洞选择原位拆除重建方案，施工期间采用西放水洞导流。

西放水洞位于大坝桩号0+058处，为无压砌石拱涵洞，埋于坝下，涵洞宽1.2m，墩高1.2m，拱高0.6m，设计引水流量3.5m^3/s。放水洞渗漏严重，两侧填土压实度不够，库水位高时常有绕渗水流在下游岸墙处逸出，坝上游坡放水洞的上部已出现塌陷坑，直径3.0m，深0.5m左右；放水洞没有设置检修闸门，工作闸门及启闭设施陈旧、老化，不能正常运行。鉴于以上存在的问题，西放水洞需进行重建。地质勘探发现，放水洞右岸存在一断层，走向平行洞轴线，相距2～3m，采取在原位拆除重建，既可解决放水洞重建后与下游灌溉渠道的平顺连接，又可将断层挖开进行处理，故西放水洞选择原位拆除重建方案，施工期间采用东放水洞导流。

5.5 土坝加固

5.5.1 土坝现状

角峪水库大坝为均质坝，全长1142m，最大坝高16.8m，坝顶高程166.96～168.00m，坝顶宽6m，防浪墙顶高程168.67m。上游坝坡为干砌石护坡，下游坝坡草皮护坡。桩号0+000～0+949段，上游坝坡高程162.27m以上边坡1：3，以下边坡1：3.5；下游坝坡高程162.27m设有马道，宽2m，马道以上边坡1：2.75，以下边坡1：3。桩号0+949～1+142段，上下游坝坡为1：2。坝后排水棱体位于桩号0+137～0+673河槽段，总长545m，顶高程155.57～159.09m，顶宽1.0～2.0m，高1.0～4.1m。

大坝上游护坡为干砌石，现状厚度18～29cm，护坡石存在大面积塌陷、架空和翻转，其下无反滤料。大坝下游坡为草皮护坡，质量极差，大部分坝坡裸露，少部分坝坡分布有稀疏草皮。

大坝0+137～0+673段坝后为棱体排水，排水体长545m。排水体外部为干砌石，表面凹凸不平，塌陷严重，反滤层结构不合理，不能保护坝体。坝后排水设施不完善，大部分排水沟已坍塌和缺失，没有坍塌的部分淤积严重。

水利部大坝安全管理中心角屿水库大坝安全鉴定结论如下：大坝防浪墙质量差，与防渗体连接不紧密，上游护坡砌石块径偏小，反滤垫层不合格，松动、塌陷严重；坝后排水体无反滤料，渗透破坏严重；大坝填土混杂，密实度低，渗透系数不满足规范要求，局部坝段存在上下连通的风化料层，高水位下存在大面积坝坡出逸；大坝左段阶地及断层未做截渗处理，主河槽清基不彻底，渗漏严重，坝基以及与坝体、排水体接触部位存在渗透稳定安全问题。

5.5.2 土坝加固项目

根据大坝现状和存在的主要问题，以及大坝安全鉴定结论，确定土坝加固项目如下：

(1) 大坝体型修整：原大坝坝坡变形严重，应对其进行整修。整修原则是在保证坝坡稳定的前提下，为了减少工程投资，原坝坡基本不变，仅对坝坡进行整修。坝顶高程统一为 167.50m；坝顶宽度统一为 6.0m。

(2) 坝体坝基防渗加固：原坝体填筑质量差，坝基清基不彻底，渗漏严重，对其进行全面防渗处理。上游坝坡铺设两布一膜复合土工膜进行防渗，复合土工膜铺设到 159.00m 高程，此高程以下采用高压定喷桩作为坝基防渗，顶部与复合土工膜连接，底部嵌入基岩 1m。

(3) 上游护坡全部拆除重建：原上游护坡存在大面积塌陷，护坡质量极差，上游采用干砌方块石护坡，其下铺设砂砾石垫层。

(4) 坝体排水系统拆除重建：原下游坝脚排水棱体坍塌严重，需进行整修。排水棱体增设二层砂砾石、一层粗砂反滤，厚 0.3m 的干砌石外侧保护。在主河床区增加了排水棱体长度 210m 。大坝原排水沟坍塌、淤积严重，全部予以拆除重建。

(5) 断层带处理：桩号 0+055 基岩存在断层破碎带，透水率 213Lu，原坝基断层带未做防渗处理。本次结合西放水洞重建，进行断层带的处理。在坝基不同材料中分别采用定喷墙和二排帷幕灌浆，并在坝轴线与上游坝脚之间的断层带挖除宽 1m 深 1m，采用宽 1m 厚 1.5 的混凝土断层塞封堵。

(6) 新建坝顶道路及上坝步梯：坝顶路面硬化，硬化宽度 5.4m，采用厚 0.34m 的沥青路面。东坝头增加一回车场。大坝增加了 2 个上坝步梯。

5.5.3 坝顶高程复核

按照《碾压式土石坝设计规范》(SL 274—2001) 计算坝顶超高。坝顶高程计算公式如下：

$$y=R+e+A$$

式中 y——顶超高，m；

R——最大波浪爬高，m；

e——最大风壅水面高度，m；

A——安全加高，m，设计工况取 0.7m，校核工况取 0.4m。

1) 风壅水面高度 e。

$$e=\frac{KW^2D\cos\beta}{2gH_m}$$

式中 K——综合摩阻系数，$K=3.6\times10^{-6}$；

β——风向与水域中线的夹角，$\beta=0°$；

D——风区长度，m；

W——计算风速，m/s；

H_m——水域平均水深，m；

g——重力加速度，9.81m/s^2。

2) 平均波高和平均波周期采用莆田试验站公式计算。

$$\frac{gh_m}{W^2}=0.13\text{th}\left[0.7\left(\frac{gH_m}{W^2}\right)^{0.7}\right]\text{th}\left\{\frac{0.0018\left(\frac{gD}{W^2}\right)^{0.45}}{0.13\text{th}\left[0.7\left(\frac{gH_m}{W^2}\right)^{0.7}\right]}\right\}$$

$$T_m = 4.438h_m^{0.5}$$

式中 h_m——平均波高，m；

T_m——平均波周期，s。

3）平均波长。

$$L_m=\frac{gT_m^2}{2\pi}\text{th}\left(\frac{2\pi H}{L_m}\right)$$

式中 L_m——平均波长，m；

H——坝迎水面前水深，m。

4）平均波浪爬高。正向来波在 $m=1.5\sim5.0$ 的单一斜坡上的平均爬高按下式计算：

$$R_m=\frac{K_\Delta K_w}{\sqrt{1+m^2}}\sqrt{h_m L_m}$$

式中 R_m——平均波浪爬高，m；

K_Δ——斜坡的糙率渗透性系数，《碾压式土石坝设计规范》（SL 274—2001）附表 A.1.12-1，干砌石护坡 $K_\Delta=0.80$；

K_w——经验系数，《碾压式土石坝设计规范》（SL 274—2001）附表 A.1.12-2 可查得；

m——斜坡的坡度系数，$m=3$。

设计波浪爬高值应根据工程等级确定，3 级坝采用累积频率为 1% 的爬高值 $R_{1\%}$。

根据《碾压式土石坝设计规范》（SL 274—2001），坝顶高程等于水库静水位与坝顶超高之和，根据本工程实际，分别按以下组合计算，取其最大值：

（1）设计洪水位加正常运用条件的坝顶超高。

（2）正常蓄水位加正常运用条件的坝顶超高。

（3）校核洪水位加非常运用条件的坝顶超高。

根据泰安市气象站的观测资料统计分析，多年平均最大风速为 14.6m/s，设计风速正常运用情况下乘以 1.5 系数为 21.9m/s，吹程 1200m。坝顶高程计算结果见表 5.5-1。

表 5.5-1　坝顶高程计算结果表　单位：m

运用工况	水　位	设计波浪爬高 R	风壅水面高度 e	安全加高 A	坝顶超高 y	计算坝顶防浪墙高程
正常	163.57	1.260	0.009	0.7	1.969	165.54
设计	166.34	1.233	0.007	0.7	1.940	168.28
校核	167.35	0.744	0.003	0.4	1.148	168.50

从表 5.5-1 看出，校核工况控制坝顶高程，计算的坝顶防浪墙高程 168.50m。

现坝顶高程 167.50m，防浪墙为浆砌石结构，部分基础下为中砂，且砂浆不饱满，局部位置为砂灰砌筑，与防渗体连接不紧密，起不到防渗作用。故现坝顶高程不满足要求，比计算值低1.0m。采取在坝顶加高1m防浪墙，现坝顶高程不变的加高方案。

5.5.4 防渗系统设计

5.5.4.1 方案比选

角峪水库经过多次加高加固改建，现坝体存在较多的质量缺陷，主要表现为坝体填筑质量差，压实干密度1.31～1.69g/cm^3，平均值1.62g/cm^3，填筑压实度仅为75%～91%。坝体防渗性能差，坝体填土渗透系数范围值3×10^{-7}～6.66×10^{-4}cm/s，平均值3×10^{-6}cm/s，有接近7%>1×10^{-4}cm/s。局部中砂为闪长岩风化残积物，纵向分布在桩号0+052～0+950间，最低高程163.00m；桩号0+460～0+870段，厚度2.0～3.7m，平均厚度2.5m；桩号0+240～0+280段，厚度为0.4～2.45m，平均厚度1.4m，上下游贯通，使大坝高程165.02m以上防渗作用甚差。坝体碎石土由灰岩碎石、砖瓦块、砂砾和粉质黏土组成，其中碎石含量约占15%，厚度0.3～0.6m，分布于大坝左端桩号0+000～0+040，高程168.51～167.91m，为整修坝顶路面多年铺垫形成。

从上述坝体质量情况可以看出，除高程163.00m以上坝体加有平均厚度1.4～2.5m的透水层外，整个坝体填筑质量差且不均匀，压实度75%～91%，均不满足规范SL 274—2001规定的96%～98%，最小仅为规定的76%，实际最小压实度与最大压实度之比为85%。在这种压实度低且不均匀的情况下，坝体内部难免没有裂缝存在，虽然坝体钻孔注水试验的渗透系数最大为10^{-4}cm/s量级，基本满足规范SL 274—2001对均质坝的要求。但是有限的钻孔注水试验很难全面反映坝体的防渗性能，更难以代表坝体裂缝部位的防渗性能。从现场检查和水库管理人员反映，在下游坝坡有多处渗漏点表明坝体防渗性较差。渗流出逸点较高表明坝体浸润线也较高，不利于下游坝坡稳定。因此对坝体进行防渗处理是必要的。

主坝坝基清基不彻底，含一层粉土质砂，松散—稍密，分布在桩号0+300～0+560段，在坝前后形成贯通，厚0.8～3.2m；坝基还有一层含细粒土砂，层厚0.2～3.2m，分布于桩号0+110.6～0+280.4之间，形成纵向贯通。主河槽清基不彻底，左阶地段未作防渗处理，坝基渗漏和坝后沼泽化严重，多处发生渗透变形。坝基壤土的渗透系数平均值为1×10^{-4}cm/s，粉土质砂的渗透系数为3.8×10^{-2}，含细粒土砂的渗透系数为1.40×10^{-3}cm/s，透水性较强，为库水向坝下游渗透的主要通道。为防止坝基发生大面积的渗透破坏，进而危及大坝安全，因此需对坝基进行防渗处理。

针对大坝存在的问题及对大坝安全的分析，比较了两种防渗加固方案：

（1）方案一：坝坡复合土工膜+高压定喷灌浆防渗墙。结合上游护坡改建，在拆除原干砌石护坡后，将坝面整平压实，铺设复合土工膜（两布一膜200g/0.5mm/200g）。复合土工膜上部与坝顶防浪墙连接，左右两岸埋入锚固沟内。综合考虑坝体和坝基现状、导流条件、施工期导流和水库运用等因素，复合土工膜下部铺设至高程159.00m。在高程159.00m以下，布设高压定喷灌浆防渗墙，防渗墙底部嵌入基岩1m，左右两端至两坝肩。坝面复合土工膜和下部坝体、坝基的防渗墙形成了完整的防渗体系。

（2）方案二：坝顶高压定喷桩防渗方案。坝体与坝基均采用高压定喷桩防渗墙，即在坝轴线处从坝顶向下做高压定喷墙，直至岩石以下1m。

针对以上两个方案，主要从以下几个方面进行了比较：

方案一复合土工膜铺设在主坝上游坡坡面，可以降低上游坝体浸润线，减少高水位情况下的坝体变形，有利于上游坝坡稳定，且复合土工膜具有适应变形能力强，防渗性能好的特点，而且在近几年的病险水库加固处理中得到了广泛的应用，施工工艺成熟；结合坝坡修整、护坡改建，进行复合土工膜铺设，施工环节可以减少。由于本工程可用于导流的放水洞规模较小，泄水降低库水位和施工期导流受水库来流影响较大，并会在一定程度上影响工期，因此本方案施工会有一些风险。

方案二防渗体布置在坝轴线处，在工程投入运用后，定喷墙上游的坝体在长时间的高水位下，坝体处于饱和状态，坝体浸润线高，对水位降落工况下的坝坡稳定十分不利，尤其在现坝体压实度仅有75%～91%的情况下，加固工程完成投入后的上游坝体的变形极可能引起坝体裂缝，危及大坝安全；施工工艺单一，防渗墙施工基本无导流问题、风险相对较小。

（3）由于两个方案主坝施工均不控制总工期，施工工期也基本一样，故工期不决定两个方案的比较。

（4）方案一与方案二的直接工程投资比较见表5.5-2。

表5.5-2　主坝坝顶高程计算结果表

编号	材　料	单位	方案一工程量	方案二工程量
1	清基清坡	m^3	30958	30958
2	砌石拆除	m^3	11003	11003
3	土方开挖	m^3	3363	900
4	钢筋	t	56	50
5	回填土	m^3	54618	52155
6	干砌石护坡	m^3	13038	13038
7	砂卵石、粗砂垫层	m^3	9529	9529
8	排水沟、步梯浆砌石	m^3	684	684
9	草皮护坡	m^2	29901	29901
10	上游坝坡复合土工膜200g/0.5mm/200g	m^2	40087	0
11	高压定喷墙	m^3	8250	16308
12	高压旋喷墙	m^3	437	437
13	帷幕灌浆	m^3	414	414
14	坝面整平、碾压	m^2	56710	56710
15	坝顶沥青路面（沥青碎石+封层，厚0.05m）	m^3	326	326
16	坝顶沥青路面（厚0.3m灰土基层）	m^3	1956	1956
17	混凝土防浪墙	m^3	1147	1147
工程直接投资		万元	1034	1113

由表5.5-2可看出方案一比方案二工程投资低79万元，占坝体加固总投资的7.6%，且方案一运用条件较好，故本阶段推荐方案一即坝体采用复合土工膜、基础采用高压定喷桩防渗方案。

5.5.4.2　防渗方案设计

结合上游护坡改建，拆除原干砌石护坡，整平坡面后全部铺设两布一膜复合土工膜，以防止库内水位升高后坝体浸润线的升高，从而降低坝体渗透变形、阻止沿坝体裂缝可能产生的集中渗漏。

定喷墙位于主坝上游坡，上部与复合土工膜连接，下部根据基础透水性确定底高程。由于现水库在低水位时仅有放水洞可以泄流，放水洞底高程157.00m，根据施工洪水验算，施工期围堰顶高程应为159.00m。为了保证施工期定喷墙不受库水影响，定喷墙顶高程与施工围堰顶高程相同，取159.00m。

根据主坝坝轴线地质纵剖面图和定喷墙地质纵剖面图，为了封堵坝基主要渗漏通道，处理高程159.00m以下填筑质量差的坝体，混凝土高压定喷墙范围为D0＋087～D0＋600，高压定喷墙注浆孔距1.2m，墙体最小厚度0.1m。由于在D0＋087～D0＋050范围内坝基有约1m宽的断层，因此，在此范围内的坝基防渗处理采用断层上部（坝基壤土内）为混凝土高压旋喷墙，孔距0.8m；以下部分（岩石内）采用二排灌浆帷幕，一直到D0＋031结束，孔距2m。

断层带的防渗处理：在上游坝脚处采用定喷墙和二排帷幕灌浆，见上述；由于该断层与西放水洞基本平行相临约4.5m，西放水洞需要重建，此处坝体全部开挖至坝基，开挖范围包括断层带，在坝轴线与上游坝脚之间的断层带挖除宽1m深1m，采用宽1m厚1.5m的混凝土断层塞封堵。

复合土工膜从坝顶开始铺设，其顶端埋于坝顶上游防浪墙底；与放水涵洞混凝土和定喷墙连接采用锚固连接；与两岸壤土边坡的连接，在岸坡的连接处挖深2.0m，底宽4.0m的槽，把土工膜埋入槽内，再用土回填密实；与底部壤土连接处挖深1.0m，底宽1.5m的槽，把土工膜埋入槽内，再用土回填密实。

由于顶部定喷墙施工质量难以保证，施工中，定喷墙顶高程按照159.00m控制，在土工膜连接时，将顶部高0.3m的部分凿除，再将墙周边的壤土挖深0.3m，浇筑混凝土与定喷墙顶齐平，宽度根据两侧包住定喷墙，选为0.7m。土工膜锚固在现浇的混凝土上，锚固后上部再浇筑厚0.3m混凝土，保证定喷墙与土工膜的连接可靠。锚固方法是先将连接处混凝土表面清理干净，涂上一层沥青，贴上橡胶垫片后再铺膜，土工膜上再贴橡胶垫片，并用厚10mm钢板压平，每隔25cm用膨胀螺栓固定，最后用混凝土或砂浆覆盖封闭。

5.5.5　坝顶加高及结构设计

现大坝防浪墙为浆砌块石结构，顶宽0.7m。大坝防浪墙基础没有发现大的不均匀沉陷，墙体不存在大的裂缝，局部勾缝砂浆脱落严重，砌筑质量差，砂浆强度低，检测平均值为4.6MPa。部分基础下为中砂，且砂浆不饱满，局部位置为砂灰砌筑，与防渗体连接不紧密，起不到防渗作用。

复核后坝顶高程不满足要求，本次结合上游坝坡改建和坝顶路面硬化，将原防浪墙拆除重建。根据计算，坝顶高程应为 168.50m。测量结果显示，现大坝坝顶高程约为 167.50m，采取在坝顶加高 1.0m 的防浪墙，坝顶不加高方案。加高后防浪墙顶高程 168.50m，坝顶高程 167.50m，高出坝顶 1.0m，墙身采用 M10 浆砌粗料石结构，厚 0.4m，基础采用 M10 浆砌石，并在墙顶设 M10 浆砌粗料石帽石。

原坝顶宽度 6m，为了交通方便，路面硬化宽度 5.4m，为沥青路面，厚 0.34m，其中灰土基层厚 0.3m，沥青碎石层厚 0.04m。路面设倾向下游的单面排水坡，坡度为 2%。

为使交通便利，在东坝头增加一回车平台。为使坝顶 167.50m 与溢洪道桥面 168.60 平顺连接，从 D1+130 到 K 点（坝轴线与溢洪道边墙接点）的坝顶路坡度约为 5.8%。并在大坝两端各增加了一道上坝步梯。步梯采用浆砌石结构，宽 1.2m。

5.5.6 上、下游坝坡复核及加固

5.5.6.1 上游坝坡

大坝上游护坡为干砌石，现状厚度 18～29cm，从库水位以上观察，护坡石存在大面积塌陷、架空和翻转现象，监测面积 15840m^2，存在塌陷和损坏的面积为 1450m^2，最大塌陷深度 58.6cm，平均塌陷 38.6cm。护坡石质量差，风化严重，其下无反滤料，仅局部位置分布有一层厚 8～10cm 的碎石垫层，不符合规范对反滤层的要求。

由于坝坡损坏严重，厚度不足，部分护坡下无反滤层，在水位下降时造成坝体渗透破坏，故需对其进行拆除重建。

主坝上游坝面由于采用复合土工膜防渗，须对上游坝面进行清基，故与上游护坡改造相结合，统一考虑。

为了保证复合土工膜与坝体连接质量、避免其他材料对土工膜的破坏，上游坝面应清除干砌石护坡及其垫层，并应保持坝面平顺。

复合土工膜直接铺设在原坝坡上。为防止波浪淘刷、风沙的吹蚀、紫外线辐射以及膜下水压力的顶托而浮起等因素对土工膜的影响，需在土工膜上设保护层。保护层分为面层和垫层。

由于当地石料丰富，可采用干砌石护坡。根据《碾压式土石坝设计规范》(SL 274—2001）中护坡计算，砌石护坡在最大局部波浪压力作用下所需的换算球形直径和质量、平均粒径、平均质量和厚度按下式计算：

$$D=0.85D_{50}=1.018K_t\frac{\rho_w}{\rho_k-\rho_w}\frac{\sqrt{m^2+1}}{m(m+2)}h_p$$

$$Q=0.85Q_{50}=0.525\rho_k D^3$$

$$t=1.82*D/K_t$$

式中 D——石块的换算球形直径，m；

Q——石块的质量，t；

D_{50}——石块的平均粒径，m；

Q_{50}——石块的平均质量，t；

t——护坡厚度，m；

K_t——随坡率变化的系数；

ρ_k——块石密度，t/m^3，取 2.4；

ρ_w——水的密度，t/m³，取 1；

h_p——累积频率为 5%的坡高，m。

计算结果见表 5.5-3。

表 5.5-3　　上游干砌块石护坡厚度计算结果表　　单位：m

运用工况	平均波高 h_m	累积概率下的波高 h_p	块石所需直径 D	干砌石护坡厚度 t
正常	0.362	0.706	0.152	0.2
设计	0.364	0.709	0.152	0.2
校核	0.234	0.456	0.098	0.13

经计算，上游干砌石护坡厚度为 0.2m，现状厚度 18～29cm，不完全满足要求。设计采用干砌块石厚 0.2m，石块最大粒径 0.2m，块石最小粒径 0.1m。要求石料坚硬，抗风化能力强。为了保护坝坡上游复合土工膜，复合土工膜上游面即干砌方块石下铺设厚 0.2m 砂砾石垫层，为了保证垫层不被波浪淘刷，砂砾石粒径范围取 10～40mm 的连续级配。

5.5.6.2　下游护坡加固

（1）棱体排水。现下游坝脚排水棱体坍塌、脱落严重，需进行整修。将原排水棱体表面风化破碎的岩石清除，其余部分整平。为了保证排水畅通，在清除后的下游面，分别铺设垂直厚度 0.2m 的砂砾石、粗砂、砂砾石和厚 0.3m 的干砌石。

原排水棱体桩号 D0＋137～D0＋637，本次加固增加了排水棱体范围，桩号为 D0＋135～D0＋835。坝后排水棱体位于桩号 D0＋135～D0＋845 河槽段，总长 710m，顶高程 156.00m，顶宽 1.5m。

棱体排水顶高程与原设计基本相同为 156.00m，顶宽 1.5m，外坡 1∶1.5，内坡 1∶2。

（2）坝面排水。原坝后排水设施不完善，排水沟坍塌、淤积严重，全部予以拆除重建。在下游坝坡 162.00m 高程马道顶部设置一排纵向排水沟；在下游坝脚和两岸岸边连接处设排水沟，以便收集下游坝坡和两岸岸坡雨水。下游坝坡排水汇入坝下游坝脚排水沟，形成完整的排水系统。下游坝脚的排水最终汇集到位于河漫滩最低处的渗流监测处，然后经渠道流入下游河道。横向排水沟宽 0.2m，深 0.2m，间距 100m，马道顶部纵向排水沟宽 0.3m，深 0.3m，下游坝脚纵向排水沟宽 0.4m，深 0.4m，均采用浆砌石。

5.5.6.3　坝体裂缝处理

受当时筑坝技术限制，角峪水库在施工时全是人抬肩扛，上坝土料不均，施工分缝多，又经过三期工程才形成现在的规模，造成坝体土料差异性大。组成坝体的土料主要为壤土，局部夹杂有中砂和杂填土。

经过几十年长期运行，坝顶无硬化处理，由于沉陷不均匀和汛期来往车辆碾压，坝顶凹凸不平。

大坝运行中没有出现过大的裂缝，1964 年桩号 0＋300 处坝身出现长 50m、宽

0.05m、深0.8m的纵向裂缝，1975年库水位达164.57m时坝坡出现裂缝和塌陷现象，1979年对大坝进行培厚加固。但1976年汛期东放水洞西侧出现过滑坡，1983年对坝坡进行局部翻修加固。

针对已发现和未发现的裂缝，在上下游坝坡清坡完成后，出露的裂缝采取以下处理方法：

(1) 深度不超过1.5m的裂缝，可顺裂缝开挖成梯形断面的沟槽。

(2) 深度大于1.5m的裂缝，可采用台阶式开挖回填。

(3) 横向裂缝开挖时应作垂直于裂缝的结合槽，以保证其防渗性能。

坝体裂缝处理，开挖前需向裂缝内灌入白灰水，以利于掌握开挖边界。开挖时顺裂缝开挖成梯形断面的沟槽，根据开挖深度可采用台阶式开挖，确保施工安全。裂缝相距较近时，可一并处理。裂缝开挖后防止日晒、雨淋。回填土料与坝体土料相同，应分层夯实，达到原坝体的干密度。回填时要注意新老土的结合，边角处用小榔头击实，同时保证槽内不发生干缩裂缝。

5.5.7 坝的计算分析

5.5.7.1 渗流计算

(1) 计算方法。渗流计算程序采用河海大学工程力学研究所编制的《水工结构分析系统（AutoBANK v5.0）》。计算采用二维有限元法，按各向同性介质模型，采用拉普拉斯方程式，用半自动方式生成四边形单元，对复杂的剖分区域需要用若干个四边形子域拼接形成，划分单元对子域依次进行。

(2) 计算断面。坝总长1140m，选择了D0＋250、D0＋500、D0＋950三个有代表性的断面进行渗流计算。上游正常蓄水位163.57m，下游水位与地面平。

(3) 基本参数选取。根据地质勘探资料，结合工程的材料特性，选用坝体、坝基材料渗流计算参数见表5.5-4。

表5.5-4　渗流计算材料参数表

序号	材料名称	渗透系数/(cm/s)
1	坝体中、重粉质壤土	5.0×10^{-4}
2	坝体中砂	5.94×10^{-3}
3	坝基中、重粉质壤土	5.0×10^{-4}
4	棱体	1×10^{-2}
5	复合土工膜	1×10^{-9}
6	高压定喷墙	1×10^{-7}
7	全风化闪长岩	1×10^{-4}
8	强风化闪长岩	1×10^{-5}
9	坝基含细粒土	1.45×10^{-3}
10	坝基粉土质砂	6.3×10^{-3}

(4) 渗流计算成果及分析。渗流计算结果见图5.5-1～图5.5-3。

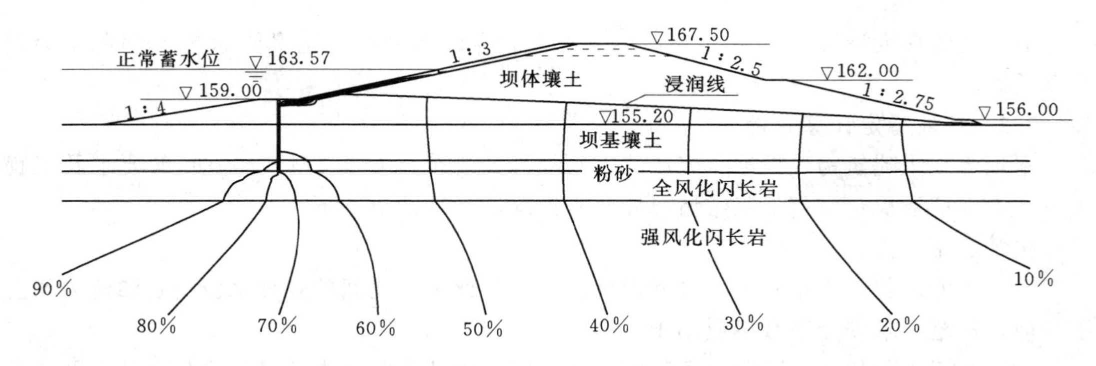

图 5.5-1　桩号 D0+250 渗流计算成果图

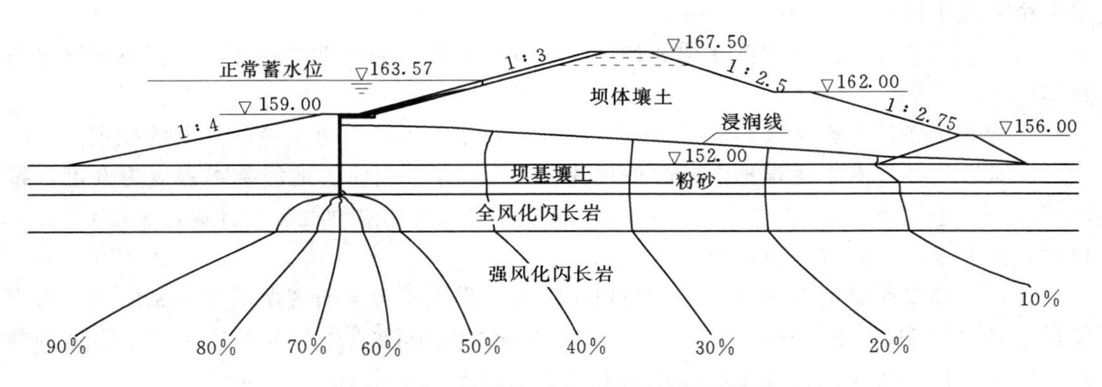

图 5.5-2　桩号 D0+500 渗流计算成果图

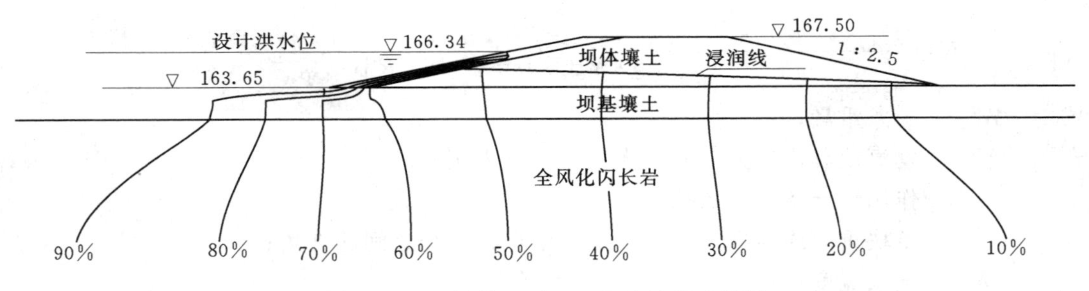

图 5.5-3　桩号 D0+950 渗流计算成果图

表 5.5-5　　二维渗流计算成果表

桩　号	工　况	单宽渗流量/(cm^3/s)	出逸点高度/m	出逸比降	允许比降
D0+250	正常蓄水位	0.086	0	0.21	0.51
	设计洪水位	0.571	0	0.36	
D0+500	正常蓄水位	0.89	0	0.23	0.51
	设计洪水位	0.112	0	0.29	
D0+950	设计洪水位	0.133	0	0.23	0.51

从表 5.5-5 中渗流计算结果看：由于坝体采用复合土工膜，坝体浸润线位置均较低，对大体稳定有利。

坡脚处的最大渗透坡降为0.36，小于壤土的容许水力坡降建议值0.51，因此不会发生渗透破坏。

5.5.7.2 坝坡稳定计算分析

本坝为3级建筑物。根据《碾压式土石坝设计规范》（SL 274—2001）的要求及工程情况，大坝抗滑稳定应包括正常情况和非常情况，计算情况如下：

正常运用条件：

（1）水库水位处于正常蓄水位和设计洪水位与死水位之间的各种水位稳定渗流期的上游坝坡，规范要求安全系数不应小于1.30。

（2）水库水位的非常降落，每年灌溉期，库水位从正常蓄水位降落到死水位。规范要求安全系数不应小于1.30。

（3）水库水位处于正常蓄水位和设计洪水位稳定渗流期的下游坝坡，规范要求安全系数不应小于1.30。

非常运用条件Ⅰ：本次加固对原坝体体型未改变，因此不再复核施工期的稳定。

非常运用条件Ⅱ：大坝地震动峰值加速度为0.05g，相应的地震基本烈度为6度，按照《碾压式土石坝设计规范》（SL 274—2001）和《水工建筑物抗震设计规范》（SL 203—1997）的要求，不再进行抗震设防的验算。

稳定计算采用黄河勘测设计有限公司与河海大学工程力学研究所联合研制的《土石坝稳定分析系统 HH-SLOPE》。该程序有规范规定的瑞典园弧法和考虑条块间作用力的各种方法。计算方法采用计及条块间作用力的采用简化毕肖普法，圆弧滑动。

简化毕肖普法公式：

$$K=\frac{\sum\{[(W\pm V)\sec\alpha-ub\sec\alpha]\tan\varphi'+c'b\sec\alpha\}[1/(1+\tan\alpha\tan\varphi')/K]}{\sum[(W\pm V)\sin\alpha+M_C/R]}$$

式中 W——土条重量；

V——垂直地震惯性力（向上为负，向下为正）；

u——作用于土条底面的孔隙压力；

α——条块重力线与通过此条块底面中点的半径之间的夹角；

b——土条宽度；

c'、φ'——土条底面的有效应力抗剪强度指标；

M_C——水平地震惯性力对圆心的力矩；

R——圆弧半径。

稳定计算材料强度指标见表5.5-6。

表5.5-6　坝体和坝基材料强度指标表

序号	材料	干容重 /(kN/m³)	湿容重 /(kN/m³)	饱和容重 /(kN/m³)	c' /kPa	φ' /(°)
1	坝体壤土	16.0	19.4	20.2	15.4	19.8
2	坝体中砂	15.2	16.5	19.5	0	32
3	坝基壤土	15.8	19.7	20.0	17.8	21.6

续表

序　号	材　　料	干容重 /(kN/m³)	湿容重 /(kN/m³)	饱和容重 /(kN/m³)	c' /kPa	φ' / (°)
4	排水棱体	18.9	18.9	24.5	0	42
5	坝基粉土质砂	15.9	19.1	19.9	0	28
6	全风化闪长岩	27.3	27.4		0	28

稳定计算分析成果见表 5.5－7。成果见图 5.5－4～图 5.5－6。坝坡在各计算工况下均满足抗滑稳定要求。

表 5.5－7　　　　稳定计算成果汇总

桩号	坝坡	滑裂面位置（见图 5.5－4～图 5.5－6）	计算工况	规范要求安全系数	计算安全系数
D0＋250	上游坡	(1)	不利水位 159.00m	1.30	2.086
		(2)	上游水位降落（正常蓄水位降落到 159.0m）	1.30	2.100
	下游坡	(3)	正常蓄水位	1.30	1.813
		(4)	设计洪水位	1.30	1.538
		(1)	不利水位 156.57m	1.30	2.050
D0＋500	上游坡	(2)	上游水位降落（正常蓄水位降落到死水位 156.57m）	1.30	2.013
	下游坡	(3)	正常蓄水位	1.30	1.703
		(4)	设计洪水位	1.30	1.703
D0＋950	下游坡	(1)	设计洪水位	1.30	2.823

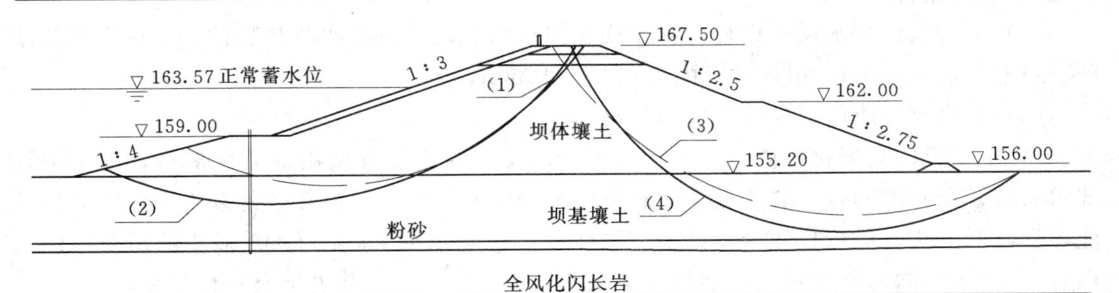

图 5.5－4　桩号 D0＋250 稳定计算成果图

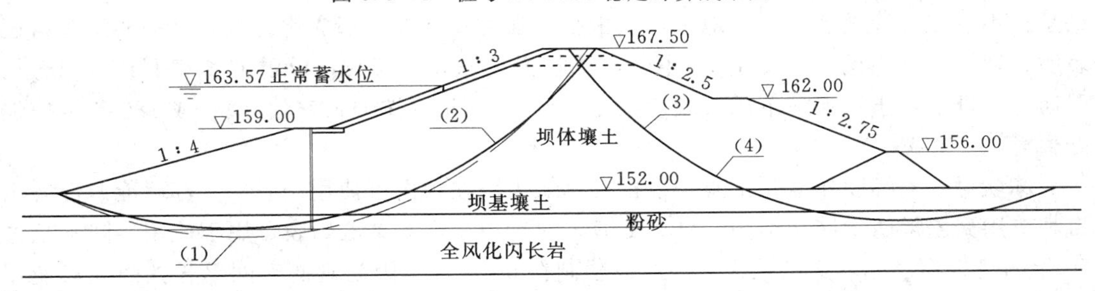

图 5.5－5　桩号 D0＋500 稳定计算成果图

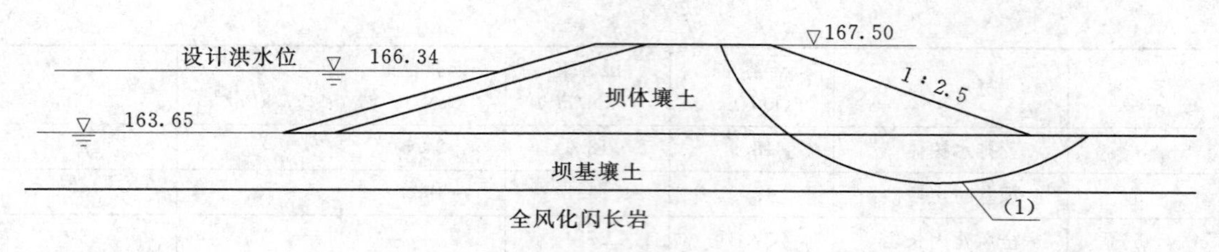

图 5.5-6　桩号 D0+950 稳定计算成果图

5.5.7.3　复合土工膜稳定分析

根据《水利水电工程土工合成材料应用技术规范》（SL/T 225—1998），需验算水位骤降时，防护层与土工膜之间的抗滑稳定性。采用 SL/T 225—1998 附录 A 中推荐的计算方法。计算采用极限平衡法。坝坡复合土工膜上面铺设了 20cm 厚的砂砾石和 20cm 厚干砌方块石，为等厚保护层，因此抗滑稳定安全系数可按下式计算：

$$F_s=\frac{\tan\delta}{\tan\alpha}=\frac{f}{\tan\alpha}$$

式中　δ、f——上垫层土料、下卧土层与复合土工膜之间的摩擦角、摩擦系数；

α——复合土工膜铺放坡角。

复合土工膜直接铺设在主坝材料土坡上。土工织物与土的摩擦系数一般为 0.43 左右，取 0.43 计算，上游坝坡坡度为 1∶3，计算的土工织物与大坝边坡的抗滑稳定安全系数为 1.3，满足规范要求。

角峪水库的主要功能是防洪和灌溉，水位降落速度较慢，随着库水的降落，坝坡干砌方块石后的水位也会随之下降，对坝坡稳定不会造成危害。

5.5.8　材料设计

（1）下游棱体排水反滤设计。根据现坝体材料和现棱体排水材料特性，棱体排水的砂砾石级配为 5～40mm，粗砂的级配为 0.25～10mm。

（2）复合土工膜的耐老化性能和选材。

1）土工膜的耐老化性能。土工膜应用于水工建筑物，其使用寿命有多长，这是工程技术人员最关心的问题。要比较全面和准确地测定和评价土工膜在各种条件下的耐老化性能，最好的方法是进行自然老化试验。国外坝工中应用土工膜已有 40 多年的历史，国内也有 30 多年。国内外工程长期运行情况表明，土工膜其耐老化性能是可信的。

美国、南非和纳米比亚从 20 世纪 60 年代起就进行试验室研究和野外试验，得到的结论是：不论在寒冷地区、干热地区，土工膜的强度和伸长率都变化甚微。有关实测资料还表明，埋设在坝内的 PE 膜在 15 年中，抗拉强度只降低 5%，极限伸长率只降低 15%。因而可以推估，土石保护下的薄膜使用寿命可达 60 年（按伸长率估算），或 180 年（按强度估算）。

苏联对聚乙烯膜作老化试验，根据推算认为用在坝内可使用 100 年。苏联能源部《土石坝应用聚乙烯防渗结构须知》（BCH 07—74）中规定：聚乙烯膜可用于使用年限不超过 50 年的建筑物。苏联文献认为：之所以限制在 50 年，是因为观测时间不长，因此对使用寿命的结论是极为谨慎的。当积累足够的观测资料以后，这个年限将延长。

另外一个旁证是：英国从1860年开始，混凝土坝内的伸缩缝止水片应用天然橡胶制品，经检查，至今尚未损坏。由此可以认为，坝内埋设的橡胶膜使用寿命应在100年以上。而目前使用的土工合成材料，属聚合物橡胶，其耐久性优于天然橡胶，因此用于坝内防渗是安全耐久的。

国内外大量试验研究和原型工程观测资料表明，土工膜具有足够长的使用寿命。巴家嘴土坝采用复合土工膜防渗，膜位于上游坝坡，其上覆盖土石保护层，应力较小且避免了紫外线的照射，其使用寿命可达到50年以上。

2）复合土工膜选材。工程常用土工膜有聚氯乙烯（PVC）和聚乙烯（PE）两种。PVC膜比重大于PE膜；PE膜较PVC膜易碎化；PE膜成本价低于PVC膜；二者防渗性能相当；PVC膜可采用热焊或胶粘，PE膜只能热焊；PVC膜和PE膜还有一个突出差别，就是膜的幅宽，PVC复合土工膜一般为1.5～2.0m，PE复合土工膜可达4.0～6.0m，相应地接缝PE膜比PVC膜减少1倍以上。

一般情况下，在物理性能、力学性能、水力学性能相当的情况下，大面积土工膜施工，应尽量选用PE膜。而且，PE膜接缝采用热焊，施工质量较稳定，焊缝质量易于检查，施工速度快，工程费用低。PVC膜虽然可焊接，可胶粘，但胶粘施工质量受人为因素较大，大面积施工中粘缝质量较难控制，成本较高；采用焊接时温度控制很关键，温度较高，易碳化，较低，则焊接不牢。

因此经综合分析，本工程初步确定采用PE膜。根据工程类比，PE膜厚度初选0.5mm。

复合土工膜是膜和织物热压黏合或胶粘剂黏合而成。土工织物保护土工膜以防止土工膜被接触的卵石碎石刺破，防止铺设时被人和机械压坏，也可防止运输时损坏。织物材料选用纯新涤纶针刺非织造土工织物。复合土工膜采用两布一膜，规格为200g/0.5mm/200g。

3）复合土工膜厚度验算。土工膜厚度可按《水利水电工程土工合成材料应用技术规范》（SL/T 225—1998）中的公式计算。

$$T=0.204\frac{pb}{\sqrt{\varepsilon}}$$

式中 T——薄膜的单宽拉力，kN/m；

p——薄膜上承受的水压力荷载，kPa；

b——预计膜下地基可能产生的裂缝宽度，m；

ε——薄膜发生的拉应变。

计算土工膜的厚度时，考虑土工膜垫层采用中细砂、砾石，最大作用水头按最大水头8.65m计，即$p=86.5$kPa，根据运行资料分析，在裂缝宽度为25mm时，8.65m水头的水压力荷载得到土工膜的拉应力—拉应变曲线为：

$$T=\frac{0.44}{\sqrt{\varepsilon}}$$

此曲线应与选用厚度的土工膜材料的拉应力—拉应变曲线对比，求出应力安全系数和应变安全系数，要求安全系数为5。如不满足，应选较厚膜。

根据国内已建工程经验，以及土工合成材料生产厂家的能力，设计要求 0.5mm 厚的土工膜极限抗拉强度为 8kN/m，许可应变为 10%，进行验算得 T=1.33kN/m，安全系数 F_s=8/1.33=5.75>4～5（满足 SL/T 225—1998 规范要求的数值）。

5.5.9 主要工程量

角峪大坝加固工程主要工程量见表 5.5-8。

表 5.5-8 大坝主要工程量汇总

编号	项目	单位	工程量
1	土方开挖	万 m^3	1.7
2	浆砌石拆除	m^3	1454
3	干砌石拆除	m^3	9549
4	土方回填	万 m^3	3.8
5	上游护坡干砌石填筑	m^3	7785
6	干砌石	m^3	1419
7	砂卵石垫层填筑	m^3	9529
8	浆砌石填筑	m^3	2073
9	坝面整平	万 m^2	2.7
10	坝顶沥青路面	m^2	6521
11	复合土工膜 200g/0.5mm/200g	万 m^2	4.01
12	混凝土	m^3	970
13	高压定（旋）喷墙	m	7442
14	帷幕灌浆	m^3	396

5.6 放水洞改建设计

5.6.1 加固方案

现东放水洞位于大坝桩号 0+865 处，为浆砌石无压拱涵，埋于坝下，涵洞宽 1.0m，墩高 1.0m，拱高 0.5m，设计引水流量 2.0m^3/s。放水洞渗漏严重，与坝体填土间存在接触冲刷；放水洞没有设置检修闸门，工作闸门及启闭设施陈旧、老化，不能正常运行；并且放水洞断面尺寸过小，没有足够的空间对其进行修补或者改造。鉴于以上存在的问题，东放水洞需进行重建。为了与下游灌溉渠连接平顺，减少现放水洞的封堵投资，东放水洞选择原位拆除重建方案，施工期间采用西放水洞导流。

现西放水洞位于大坝桩号 0+058 处，为无压砌石拱涵洞，埋于坝下，涵洞宽 1.2m，墩高 1.2m，拱高 0.6m，设计引水流量 3.5m^3/s。放水洞渗漏严重，两侧填土压实度不够，库水位高时常有绕渗水流在下游岸墙处逸出，坝上游坡放水洞的上部已出现塌陷坑，直径 3.0m，深 0.5m 左右；放水洞没有设置检修闸门，工作闸门及启闭设施陈旧、老化，不能正常运行；并且放水洞断面尺寸过小，没有足够的空间对其进行修补或者改造。鉴于以上存在的问题，西放水洞需进行重建。地质勘探发现，放水洞以右存在一断层，走向平行洞轴线，相距 2～3m，采取在原位拆除重建，既可解决放水洞重建后与下游灌溉渠道的平顺连接，又可将断层挖开进行处理，故西放水洞选择原位拆除重建方案，施工期间采用东放水洞导流。

鉴于东、西放水洞存在的以上问题，需要拆除重建，不再对其现状结构进行复核计算。

5.6.2 放水涵洞布置

5.6.2.1 东放水涵洞布置

为了减少开挖量并利用下游输水渠道，重建的东放水洞仍布置在原来位置，洞轴线同原来洞轴线。新建涵洞为钢筋混凝土结构，断面型式采用城门洞型，按明流涵洞设计，设计流量与原放水涵洞相同，为 2.0m³/s。

重建的东放水洞总长 75.12m，主要由进口段、闸室段、洞身段、出口（消力池）段 4 部分组成。

进口段采用八字型挡墙式矩形引渠，渠底高程 156.57m。

闸室段采用塔式进水口，为钢筋混凝土结构，混凝土强度等级 C25。闸室底板长 8.0m，宽 5.0m。闸室底板基础开挖至基岩，基岩至闸室底板之间回填 C15 素混凝土。闸室内设置检修及工作 2 道闸门，检修门闸孔尺寸 1.0m×1.5m，工作门闸孔尺寸 1.0m×1.0m。检修门和工作门之间设置胸墙一道，检修门启闭机室设在闸室上部，底板与坝顶平，高程 167.50m，启闭机室内设可以顺水流向移动的单轨移动启闭机作为检修门的启门设备，并可以为工作门及启闭机检修的起吊设备。工作门启闭机室布置于前后胸墙之间，底板高程 162.07m，设固定螺杆启闭机作为工作门的启闭设备，该层与检修门启闭机室机房之间设置带防护网的钢爬梯供操作人员通行。

洞身段全长 46.62m，为了充分利用库内水量，考虑现状下游灌溉渠道运用，进口底板高程与原洞进口底板高程相同，为 156.57m，出口底板高程 156.39m，纵坡 0.004。涵洞断面在满足设计流量的前提下，还应保证运用期的正常检查、维修尺寸，为 1.5m×2.0m 圆拱直墙式城门洞型，钢筋混凝土结构，断面净宽 1.5m，侧墙高 1.57m，顶拱中心角 120°，半径 0.866m，衬砌厚度 0.30m。

涵洞出口处设置消力池，为钢筋混凝土结构，总长 10.50m，其中陡坡段水平长 4.2m，池长 5.8m、宽 4.0m、深 0.66m。

5.6.2.2 西放水涵洞布置

为了减少开挖量并利用下游输水渠道，重建的西放水洞仍布置在原来位置，洞轴线同原来洞轴线。新建涵洞为钢筋混凝土结构，断面型式采用城门洞型，按明流涵洞设计，设计流量与原放水涵洞相同，为 3.5m³/s。

重建的西放水洞总长 71.00m，为竖井式，主要由进口段、闸室段、洞身段、出口（消力池）段 4 部分组成。

进口采用八字形坝下矩形埋涵引渠，渠底高程 157.07m。

闸室段采用塔式进水口，为钢筋混凝土结构，混凝土强度等级 C25。闸室底板长 8.0m，宽 5.0m，底板下铺厚 10cmC10 素混凝土。闸室内设置检修及工作 2 道闸门，检修门闸孔尺寸 1.0m×1.5m，工作门闸孔尺寸 1.0m×1.0m。检修门和工作门之间设置胸墙一道，检修门启闭机室设在闸室上部，底板与坝顶平，高程 167.50m，启闭机室内设可以顺水流向移动的单轨移动启闭机作为检修门的启门设备，并可以为工作门及启闭机检修的起吊设备。工作门启闭机室布置于前后胸墙之间，底板高程 162.57m，设固定螺杆启闭机作为工作门的启闭设备，该层与检修门启闭机室机房之间设置带防护网的钢爬梯供操作人员通行。

洞身段全长 42.50m，为了充分利用库内水量，考虑现状下游灌溉渠道运用，进口底板高程与原洞进口底板高程相同，为 157.07m，出口底板高程 156.90m，纵坡 0.004。涵洞断面为 1.5m×2.0m 圆拱直墙式城门洞型，钢筋混凝土结构，断面净宽 1.5m，侧墙高 1.57m，顶拱中心角 120°，半径 0.866m，衬砌厚度 0.30m。

涵洞出口处设置消力池，为钢筋混凝土结构，总长 10.50m，其中陡坡段水平长 4.2m，池长 5.8m、宽 4.0m、深 0.5m。

5.6.3 水力计算

5.6.3.1 计算公式

（1）涵洞正常水深及临界坡度。洞内正常水深按式（5.6-1）计算：

$$Q=\frac{1}{n}Ai^{1/2}R^{2/3} \tag{5.6-1}$$

式中 R——水力半径；

n——渠道糙率系数；

i——渠道比降；

A——过流面积。

临界坡度 i_K 计算公式（5.6-2）为：

$$i_K=\frac{g\chi_K}{\alpha C_K^2 B_K} \tag{5.6-2}$$

式中 g——重力加速度，9.81m/s²；

α——流量不均匀系数，取 $\alpha=1.1$；

χ_K——湿周；

C_K——谢才系数；

B_K——断面宽。

（2）闸门开启度。当水库水位分别在 157.57m、159.57m 左右时，东、西放水洞自由泄流量将大于设计流量，此时应按设计流量通过闸门控制放水。因进口段设置有压短洞，设下游水位不影响隧洞的泄流能力，此时，其泄流量可由闸孔自由出流的公式（5.6-3）计算：

$$Q=\sigma_s\mu Be\sqrt{2g(H-\varepsilon e)} \tag{5.6-3}$$

式中 e——闸门开启高度；

B——水流收缩断面处的底宽；

H——由有压短洞出口的闸孔底板高程起算的上游水深；

ε——垂直收缩系数；

μ——短洞有压段的流量系数，计算公式（5.6-4）为：

$$\mu=\frac{\varepsilon}{\sqrt{1+\sum\zeta_i\left(\frac{\omega_c}{\omega_i}\right)^2+\frac{2gl_a}{C_a^2R_a}\left(\frac{\omega_c}{\omega_a}\right)^2}} \tag{5.6-4}$$

式中　ω_c——收缩断面面积，$\omega_c=\varepsilon eB$；

ζ_i——局部能量损失系数；

ω_i——与 ζ_i 相应的过水断面面积；

l_a——有压短洞长度；

ω_a、R_a、C_a——有压短管的平均过水断面面积、相应的水力半径和谢才系数。

（3）消力池。消力池尺寸按《溢洪道设计规范》（SL 253—2000）规定方法计算，即

$$d=1.05h_2-h_t-\Delta Z \tag{5.6-5}$$

$$\Delta Z=\frac{Q^2}{2gb^2}\left(\frac{1}{\varphi^2h_t^2}-\frac{1}{h_2^2}\right) \tag{5.6-6}$$

$$L_k=0.8L \tag{5.6-7}$$

$$h_2=\frac{h_1}{2}(\sqrt{1+8Fr_1^2}-1)\sqrt{\frac{b_1}{b_2}} \tag{5.6-8}$$

$$Fr_1=v_1/\sqrt{gh_1} \tag{5.6-9}$$

式中　d——池深；

h_t——消力池下游水深；

b_1、b_2——跃前、跃后消力池宽度；

φ——消力池出口段流速系数，取为0.95；

h_1——跃前水深；

v_1——跃前流速；

h_2——池中发生临界水跃时的跃后水深；

L——自由水跃长度，$L=6.9(h_2-h_1)$。

5.6.3.2　东放水洞计算结果

（1）涵洞正常水深及临界坡度。由式（5.6-1）、式（5.6-2）计算，东放水洞设计流量为2.0m³/s时，洞内正常水深 h_t 为0.642m，临界水深为0.584m，临界坡度 i_k 为0.0053。涵洞坡度为0.004，小于临界坡度，为缓坡。正常水深时，洞内过水流速为2.08m/s。

（2）闸门开启度。由式（5.6-3）、式（5.6-4）计算不同水位的东放水洞闸门开启高度见表5.6-1。由表可知闸后共轭水深大于下游水深，为闸孔出流。

表5.6-1　　　　东放水洞闸门开度与流量关系表

水　位 /m	闸前水头 /m	开启高度 /m	流　量 /（m³/s）	闸后收缩水深 /m	共轭水深 /m
158.07	1.50	0.72	2.01	0.48	0.81
159.07	2.50	0.52	2.05	0.34	1.16
160.07	3.50	0.42	2.01	0.27	1.33
161.07	4.50	0.37	2.03	0.23	1.46

续表

水　位 /m	闸前水头 /m	开启高度 /m	流　量 / (m^3/s)	闸后收缩水深 /m	共轭水深 /m
162.07	5.50	0.33	2.02	0.21	1.55
163.07	6.50	0.30	2.00	0.19	1.63
164.07	7.50	0.28	2.02	0.17	1.71
165.07	8.50	0.26	2.00	0.16	1.77
166.07	9.50	0.25	2.03	0.16	1.84
167.07	10.50	0.23	1.97	0.14	1.87

由于为缓坡，闸后水深将由正常水深决定，东放水洞的正常水深为0.642m，经计算洞内水面线以上的空间大于涵洞断面面积的15%，且涵洞内净空超过40cm，故东放水洞过流能力满足《水工隧洞设计规范》(SL 279—2002) 规范的要求。

(3) 消力池。由式 (5.6-5)、式 (5.6-9) 计算得出，跃前水深为0.11m，跃前流速为4.70m/s，跃长3.8m，池深为0.09m，故所设计的池长5.8m、底坎高66cm满足消能要求。

5.6.3.3 西放水洞计算结果

(1) 涵洞正常水深及临界坡度。由式 (5.6-1)、式 (5.6-2) 计算，西放水洞设计流量为$3.5m^3/s$时，洞内正常水深h_t为0.979m，临界水深为0.848m，临界坡度i_K为0.0058。涵洞坡度为0.004，小于临界坡度，为缓坡。正常水深时，洞内过水流速为2.38m/s。

(2) 闸门开启度。由式 (5.6-3)、式 (5.6-4) 计算不同水位的西放水洞闸门开启高度见表5.6-2。由表5.6-2可知闸后共轭水深大于下游水深，为闸孔出流。

表5.6-2　西放水洞闸门开度与流量关系表

水位/m	闸前水头/m	开启高度/m	流　量 / (m^3/s)	闸后收缩水深 /m	共轭水深 /m
159.57	2.50	0.94	3.50	0.59	1.46
160.07	3.00	0.83	3.50	0.52	1.60
161.07	4.00	0.70	3.53	0.43	1.81
162.07	5.00	0.61	3.49	0.38	1.95
163.07	6.00	0.56	3.54	0.34	2.09
164.07	7.00	0.51	3.51	0.31	2.18
165.07	8.00	0.48	3.54	0.30	2.29
166.07	9.00	0.45	3.53	0.28	2.37
167.07	10.00	0.42	3.51	0.26	2.43
167.57	10.50	0.41	3.51	0.25	2.47

由于为缓坡，闸后水深将由正常水深决定，而西放水洞的正常水深为0.979m，洞内水面线以上的空间大于涵洞断面面积的15%，且涵洞内净空均超过40cm，故西放水洞过

流能力满足《水工隧洞设计规范》（SL 279—2002）规范的要求。

（3）消力池。由式（5.6-5）～式（5.6-9）计算得出，跃前水深为0.178m，跃前流速为4.90m/s，跃长4.64m，池深为0.04m，故所设计的池长5.8m、底坎高50cm满足消能要求。

5.6.4 结构设计

5.6.4.1 闸室稳定计算

（1）荷载组合。作用在水闸上的竖向荷载主要有闸室自重、启闭机自重、水重、扬压力等，水平向荷载主要有静水压力、填土压力等。荷载组合分基本组合与特殊组合，其中基本组合包括正常蓄水位情况及设计洪水位情况，特殊组合包括完建情况、校核洪水位情况，荷载组合情况见表5.6-3。

表5.6-3　荷载组合表

荷载组合	计算工况	自重	静水压力	扬压力	浪压力	泥沙压力	土压力	风压力
		1	2	3	4	5	6	8
基本组合	设计洪水位	√	√	√	√	√	√	√
	正常蓄水位	√	√	√	√	√	√	√
特殊组合	完建工况	√					√	
	校核洪水位	√	√	√	√	√	√	√

（2）计算公式及标准。闸室基底应力计算采用公式（5.6-10）计算：

$$P_{\min}^{\max}=\frac{\sum G}{A}\pm\frac{\sum M}{W}\qquad(5.6-10)$$

式中　$P_{\min}^{\max}$——基底应力的最大值和最小值；

$\sum G$——作用在闸室上的全部竖向荷载；

$\sum M$——作用在闸室上的全部荷载对于基础底面垂直于水流方向的形心轴的力矩；

A——闸室基底面的面积；

W——闸室基底面对于垂直水流方向的形心轴的截面矩。

闸室抗滑稳定计算采用公式（5.6-11）计算：

$$K_c=\frac{f\sum G}{\sum H}\qquad(5.6-11)$$

式中　K_c——闸室基底面的抗滑稳定安全系数；

F——闸室基底面与地基之间的摩擦系数；

$\sum G$——作用在闸室上的全部竖向荷载；

$\sum H$——作用在闸室上的全部水平荷载。

沿基础面抗倾稳定计算采用公式（5.6-12）计算：

$$K_f=\frac{\sum M_f}{\sum M}\qquad(5.6-12)$$

式中　K_f——抗倾覆安全系数；

$\sum M$——倾覆力矩，kN·m；

$\sum M_f$——抗倾覆力矩，kN·m。

东、西放水洞新建闸室均为3级建筑物，东放水洞闸室基础为壤土，其允许承载力为90kPa，f取0.30；西放水洞闸室基础为灰岩，其允许承载力为400kPa，f取0.50。

经过初步计算，在各种工况下东放水洞闸室基底应力值为138.75～231.87kPa，均大于地基允许承载力，需要对其进行地基处理。

(3) 东放水洞闸室地基处理。由于基岩深度较浅，闸室基础按1∶2的坡度开挖至基岩。基岩至闸室底板之间回填C15素混凝土，其余部分回填壤土，压实度0.98。经过处理后的闸室基础为全风化闪长岩，其允许承载力为300kPa。

(4) 计算结果。经过地基处理后的东放水洞闸室坐落在基岩上，相当于底板加厚，f值取0.40。由于西放水洞进水塔为竖井式，闸室上下游填土较厚，本次只计算东放水洞抗倾覆安全系数。按式（5.6-10）～式（5.6-12）对闸室基底应力、安全系数及抗倾覆安全系数进行计算。

东、西放水洞闸室基底应力及稳定安全系数计算结果见表5.6-4、表5.6-5。

表5.6-4　东放水洞闸室基底应力、抗滑稳定安全系数抗倾覆安全系数汇总表

计算工况	基底应力分析				抗滑稳定分析		抗倾覆稳定分析	
	基底应力/kPa			P_{max}/P_{min}	安全系数计算值	允许值	安全系数计算值	允许值
	P_{max}	P_{min}	允许值					
正常蓄水位	249.65	171.35	300	1.457	5.56	1.08	3.44	1.3
设计水位	265.50	161.98	300	1.639	5.33	1.08	3.11	1.3
校核水位	270.70	151.11	300	1.791	4.90	1.03	3.12	1.15

表5.6-5　西放水洞闸室基底应力、抗滑稳定安全系数汇总表

计算工况	基底应力分析				抗滑稳定分析	
	基底应力/kPa			P_{max}/P_{min}	安全系数计算值	允许值
	P_{max}	P_{min}	允许值			
正常蓄水位	162.35	136.62	400	1.19	4.98	1.08
设计洪水位	151.22	133.35	400	1.13	4.69	1.08
校核洪水位	144.75	134.38	400	1.08	4.27	1.03

计算表明，在各种工况下，东、西放水洞进水闸闸室抗滑稳定安全系数均大于《水利水电工程进水口设计规范》（SL 285—2003）允许值，基底应力均小于地基允许承载力，即东、西放水洞闸室稳定及基底应力均满足规范要求。

5.6.4.2　涵洞衬砌结构计算

(1) 荷载组合。作用在涵洞上的荷载主要有衬砌自重、填土压力、外水压力、内水压力、地基抗力等，本次主要计算了衬砌自重、填土压力、外水压力、地基抗力等荷载共同作用下衬砌的内力。各类荷载分项系数按《水工混凝土结构设计规范》（SL/T 191—1996）及《水工建筑物荷载设计规范》（DL 5077—1997）规定确定。

(2) 计算方法及结果。按荷载结构法计算涵洞衬砌内力，采用衬砌边值问题的数值解法，即计算衬砌的内力和变形时，不需事先对抗力作出假设，而由程序自动迭代求出。

校核洪水位情况下最大坝高处的涵洞断面受力最大，且东放水洞最大埋深比西放水洞最大埋深大，故本次只计算东放水洞衬砌内力。

设计衬砌厚0.30m，混凝土强度等级为C25，东放水涵洞衬砌的内力计算结果见表5.6-6。

表5.6-6　东放水涵洞衬砌内力统计表

名　　称	轴　　力/kN	剪　　力/kN	弯　　矩/（kN·m）
最大轴力情况	-23.72	14.88	11.95
最小轴力情况	-39.28	-30.82	-13.92
最大弯矩情况	-27.97	-30.00	11.79
最小弯矩情况	-30.82	39.28	-13.92
最大剪力情况	-30.82	39.28	-13.92
最小剪力情况	-39.28	-30.82	-13.92

计算结果显示在直墙衬砌与底板交汇处，衬砌内力较大。衬砌按正常使用极限状态限裂设计，衬砌最大裂缝宽度允许值为0.25mm。

5.6.5　主要工程量

角峪东、西放水洞重建工程主要工程量见表5.6-7、表5.6-8。

表5.6-7　东放水洞主要工程量表

编　　号	工　程　项　目	单　　位	数　　量	备　　注
1	土方开挖	m^3	11021	
2	土方回填	m^3	10348	
3	固结灌浆	m	74	孔距3m，深3.5m
4	C15素混凝土	m^3	157	
5	水泥砂浆砌料石拆除	m^3	269	
6	C25钢筋混凝土	m^3	482	
7	C10垫层素混凝土	m^3	16	厚0.10m
8	新建启闭机房	m^2	37	
9	钢筋	t	37	

表5.6-8　西放水洞主要工程量表

编　　号	工　程　项　目	单　　位	数　　量	备　　注
1	石方开挖	m^3	26	
2	土方开挖	m^3	10478	
3	土方回填	m^3	9977	坝体回填
4	水泥砂浆砌料石拆除	m^3	314	孔距3m，深3.5m

续表

编　号	工 程 项 目	单　位	数　量	备　注
5	固结灌浆	m	303	
6	C15 素混凝土	m^3	314	
7	C25 钢筋混凝土	m^3	452	
8	C10 垫层混凝土	m^3	162	厚 0.10m
9	新建启闭机房	m^2	37	
10	钢筋	m	41	

5.7 溢洪道改建设计

5.7.1 改建目标及基本方案确定

5.7.1.1 现溢洪道存在问题

角峪水库现状溢洪道位于大坝右端，为正槽开敞式溢洪道，由引水渠、溢流堰和下游泄槽组成，总长约 980m。水库建成时，原溢洪道进口宽只有 70m，1975 年 9 月 16 日水库流域降暴雨，溢洪道行洪水深 1.3m，最大泄量 $100m^3/s$，当时下游农田淹没冲蚀破坏严重，大坝经抢险后未出现较大险情。1976 年对溢洪道进口段进行了扩挖，使进口宽度达到 100m，底高程 163.57m。

现状溢洪道引水渠长约 220m，底宽 169～100m，底高程 161.60～163.57m；溢流堰为宽顶堰，无控制设施，堰面为开挖的风化闪长岩面，堰顶净宽 100m，堰顶高程 163.57m；溢洪道泄槽无衬砌，宽度由 100m 渐变为 20m 左右，泄槽过流能力不足、抗冲刷能力差；下游无消能防冲设施，多处形成冲沟。

根据水库管理方介绍，由于水库带病运行，在较长时间内水库汛期运用方式是降低汛限水位迎洪，即在汛前较长时间段内采用放水洞预泄、降低水位，以损失水库兴利库容为代价保证水库防洪能力。

水利部大坝安全管理中心对角峪水库溢洪道的主要鉴定结论为：溢洪道未做护砌和消能工程，不满足抗冲要求，出水渠断面不足，回水影响坝脚安全。

5.7.1.2 改建目标

鉴于溢洪道存在的上述问题，溢洪道改建的目标为：

（1）恢复水库原设计功能，并在汛期有足够能力宣泄洪水，保证大坝安全。

（2）控制一定标准内的洪水的最大下泄流量，以充分发挥水库防洪功能，保证下游生产和生活安全。

（3）控制下泄洪水对泄槽段及下游的冲刷，保证大坝安全。

5.7.1.3 改建方案选择

由于工程历经多次改建和续建，尽管现状溢洪道存在诸多遗留问题（如溢洪道轴线弯道过多、无消能设施等），但结合本中型水库工程实际，新建溢洪道或泄洪洞将涉及征地、移民、原溢洪道处理等诸多问题，无论从投资还是建设条件方面都不具备优势，从定性分析可以否定。

因此根据改建目标，可行性的改建方案包括以下两个方案：

方案一：原址无闸门控制溢洪道改建方案。

方案二：原址溢洪道改建增加堰（闸）控制段方案。

开敞式无闸门控制溢洪道运用管理简单，超泄能力大，但不能充分发挥水库的防洪功能，下泄最大流量不易控制，下游安全标准低，上游相对较低标准洪水即可危及下游安全，本工程1975年9月16日的水库险情也验证了开敞式溢洪道的这一缺点。

根据《角峪水库防洪预案》，下游第一安全泄量为120m³/s，第二安全泄量为491m³/s。若采用开敞式溢洪道，即使扩建泄槽段增加过流能力后（开敞式溢洪道泄流能力见表5.7-1)，在满足大坝不加高条件下，高程163.57m水位起调，设计洪水过程（$P=1\%$)，开敞式溢洪道最大泄量为367.92m³/s；校核洪水过程（$P=0.1\%$)，开敞式溢洪道最大泄量为564.03m³/s；即使是20年一遇洪水标准，开敞式溢洪道的最大泄量也达234.13m³/s，均大于下游核定的第一安全泄量120m³/s。

表5.7-1　开敞式溢洪道水位—泄量关系

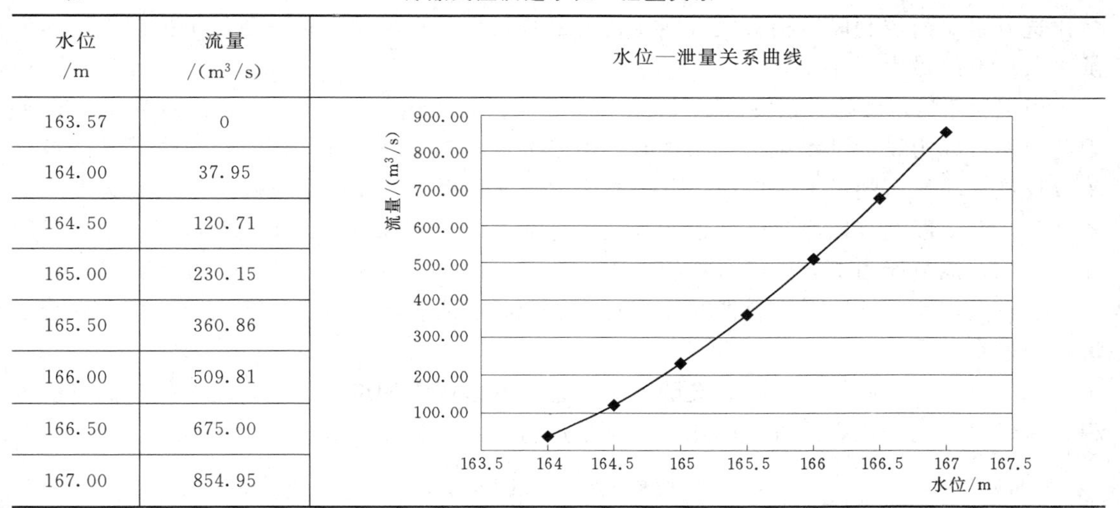

水位/m	流量/(m³/s)
163.57	0
164.00	37.95
164.50	120.71
165.00	230.15
165.50	360.86
166.00	509.81
166.50	675.00
167.00	854.95

由此，根据下游防洪要求，增加闸门（堰）控制泄洪是必要的。考虑工程现状、控泄流量和改建工程量等因素，控制工程的控泄目标定为：设计洪水位以下洪水控泄最大泄量120m³/s，设计洪水位以上敞泄，但校核洪水时最大泄量不超过491m³/s。

综上所述，角峪水库溢洪道改建方案推荐采用“原址溢洪道改建增加控制工程方案”。该方案工程措施主要包括：新建控制工程、新建泄槽防护工程、增建消能、防冲工程和扩挖尾水渠等。

5.7.2 总布置方案比选

5.7.2.1 总布置方案比选内容

与新建溢洪道的工程布置不同，在原有开敞式溢洪道基础上进行改建，必须紧密结合现状溢洪道的布置和结构，尽量利用其合理的和有利的部分，经增建、改建或扩建，以较小的代价，达到预期的目标。

根据改建工程的以上特点，加之本工程改建后溢洪道轴线及各工程部位位置已相对明确，仅控制段结构形式及控制段的位置对溢洪道工程总布置影响较大，因此主要对控制段的结构型式和控制段在整个溢洪道体系中的位置进行了比选，泄槽及消能防冲布置根据实际地形条件进行综合分析和布置。

5.7.2.2 控制段结构形式方案比选

原溢洪道为开敞式溢洪道，泄流控制段为宽 100m 的宽顶堰。根据改建方案比选结果，需要设控制工程（堰或闸）以控制下泄流量，但本工程现状溢洪道控制段宽度条件决定了改建方案控制段布置的多样性，针对这一问题，提出了三种可行方案：开敞式溢流堰和控制闸结合方案、闸坝（封堵）结合方案、无闸门控制高低堰结合方案。

（1）开敞式溢流堰和控制闸结合方案。开敞式溢流堰和控制闸结合的结构形式，即在控制段中部设控制闸，两侧设开敞式溢流堰，溢流堰堰顶高程以下水位时泄水通过闸门调节，堰顶高程以上水位时敞泄。

由此，该方案的主要问题是溢流段堰顶高程、溢流段长度、闸门控制段长度和闸门控制段底坎高程（堰顶高程）之间相互协调关系的比选上。以上四个要素的组合将会引出众多比选方案，而控制段结构形式方案比选的最终目标是在坝体不加高条件下控制不同标准洪水条件下的最大下泄流量。

根据《角峪水库防洪预案》，下游第一安全泄量为 $120m^3/s$；第二安全泄量为 $491m^3/s$，因此控泄目标为设计洪水位以下条件时控泄最大流量为 $120m^3/s$，且需要同时满足校核洪水过程最大泄量不超过 $491m^3/s$。因此溢流段堰顶高程由设计洪水位确定，在总宽度一定条件下，溢流段宽度取决于闸门控制段宽度，而闸门控制段宽度由不同闸底高程条件下闸和堰的综合泄流能力决定，综合泄流能力的控制标准是充分利用水库防洪库容，且校核洪水标准下大坝不需加高。综合泄流能力过大，现状水库防洪库容得不到充分利用，综合泄流能力过小，大坝需要加高。

由此可见，堰闸结合布置方案的方案比选是众多因素的综合比选，是个逐步试算的过程，这里仅把几个代表性方案的比较及结果进行汇总，具体见表 5.7-2。

表 5.7-2　　控制段结构方案比较表

方案	控制闸		溢流堰		校核洪水位/m
	闸底板高程/m	闸孔净宽	堰顶高程/m	溢流堰净宽	
方案 A	160.00	3 孔×5m	165.21	2×39.0m	165.85
方案 B	161.00	5 孔×5m	165.37	2×32.5m	166.46
方案 C	161.00	3 孔×5m	165.96	2×39.0m	166.73
方案 D	162.00	5 孔×5m	165.68	2×32.5m	166.82
方案 E	162.00	3 孔×5m	166.34	2×39.0m	167.35

注　堰型均为宽顶堰。

从表 5.7-2 可以看出，同样闸孔尺寸条件下，随控制段闸底板高程升高，控制闸段过流能力降低，设计洪水位升高，堰顶高程升高，校核洪水过程综合泄流能力降低，校核洪水位相应增加；同样闸底高程条件下，随闸孔尺寸增加过流能力增加，设计洪水位降低，堰顶高程降低，校核洪水过程综合泄流能力增加，校核洪水位相应降低。

经坝顶高程计算在大坝不加高条件下，充分利用大坝除险加固后具备的防洪能力（防洪库容）。其他方案由于泄流能力较大，校核洪水位较低，不能充分利用防洪库容。同时，如果继续抬高闸底板及溢流段堰顶高程，降低过流能力，大坝则需要加高，不符合本次除险加固原则。由以上比较，对于开敞式溢流堰和控制闸结合方案采用方案 E。本方案工程直接投资见表 5.7-3。

表 5.7-3 方案一工程直接投资表

项　目	单位	数量	单价/元	合计/万元
土方开挖（利用料 200m）	m^3	29427	8.36	24.60
土方开挖（弃渣 1km）	m^3	12612	9.96	12.56
石方开挖（利用料 200m）	m^3	12142	31.57	38.33
石方开挖（弃渣 1km）	m^3	28796	34.1	98.19
土方回填（0.2km）	m^3	1682	10.17	1.71
石方回填（利用料 200m）	m^3	15905	16.45	26.16
浆砌石渠道	m^3	6735	218.89	147.41
模板	m^2	13046	95.01	123.95
C15 垫层混凝土（厚 0.10m）	m^3	1659	288.13	47.80
混凝土 C20	m^3	8154	346.19	282.27
混凝土 C25	m^3	3046	326.91	99.59
交通桥上部预制混凝土 C25	m^3	176	762.94	13.43
交通桥沥青混凝土 C15（厚 6cm）	m^2	515	39.72	2.05
交通桥混凝土垫层 C25（厚 15cm）	m^2	735	49.77	3.66
钢筋	t	806	5332.46	429.78
钢筋混凝土管 $\phi2\times1.8$m	m	56	2310.87	12.94
橡胶止水	m	2052	106.56	21.87
锚杆 ϕ25 3m	根	363	90.9	3.30
固结灌浆	m	2633	321.76	84.72
启闭机房	m^2	140	800	11.20
细部结构	m^3	16308	12.92	21.07
闸门等				55.83
电气等				58.93
总计				1621.35

（2）闸坝（封堵）结合方案。闸坝（封堵）结合方案，即在控制段中部设控制闸，闸两侧原溢洪道范围采用均质土坝封堵与左岸原坝体及右岸岸坡衔接。该方案控制闸堰顶高程和堰宽由以下两个条件确定：一是 20 年一遇洪水时最大下泄 120m^3/s；二是大坝不加高。

根据以上条件，并在方案一比较基础上，设 3 孔×5m 净宽闸门控制段，闸底高程 162.00m，闸两侧原溢洪道采用均质土坝封堵。经计算，此方案对应水位为 100 年一遇洪水位 166.11m，1000 年一遇洪水位 167.28m，大坝不需要加高。溢洪道封堵段土坝坝顶高程同原大坝为 167.50m，土坝上游坡采用 1：2.5，下游坡采用 1：2。

该方案采用坝体封堵部分原溢洪道，与方案一比较，取消了溢流堰。但闸后过水断面由 100m 缩减为 19m，增加了陡槽前（0+162.8 前）边墙高度；另外增加了该段挡墙后原溢洪道范围内的土方回填量及封堵段坝体填筑量；同时 30 年一遇洪水最大泄量为 $141m^3/s$（方案一 30 年一遇洪水位最大泄量为 $120m^3/s$），与方案一相比，增加了消能防冲工程量。综合以上因素，经计算，方案二直接投资较方案一增加 4.00 万元。本方案工程直接投资见表 5.7-4。

表 5.7-4　　　方案二工程直接投资表

项　目	单位	数量	单价/元	合计/万元
土方开挖（利用料 200m）	m^3	23053	8.36	19.27
土方开挖（弃渣 1km）	m^3	9880	9.96	9.84
石方开挖（利用料 200m）	m^3	11569	31.57	36.52
石方开挖（弃渣 1km）	m^3	26995	34.1	92.05
土方回填（0.2km）	m^3	50674	10.17	51.54
石方回填（利用料 200m）	m^3	12084	16.45	19.88
浆砌石渠道	m^3	2903	218.89	63.54
模板	m^2	13046	95.01	123.95
C15 垫层混凝土（厚 0.10m）	m^3	1585	288.13	45.67
混凝土 C20	m^3	6134	346.19	212.35
混凝土 C25	m^3	5555	326.91	181.60
交通桥上部预制混凝土 C25	m^3	176	762.94	13.43
交通桥沥青混凝土 C15（厚 6cm）	m^2	515	39.72	2.05
交通桥混凝土垫层 C25（厚 15cm）	m^2	735	49.77	3.66
钢筋	t	897	5332.46	478.32
钢筋混凝土管 $\phi2\times1.8m$	m	56	2310.87	12.94
橡胶止水	m	1927	106.56	20.53
锚杆 $\phi25$ 3m	根	363	90.9	3.30
固结灌浆	m	1940	321.76	62.42
启闭机房	m^2	140	800	11.20
细部结构	m^3	16308	12.92	21.07
闸门等				55.83
电气等				58.93
上游护坡		329	462	15.20
垫层		658	100.16	6.59
防浪墙		69	531	3.66
总计				1625.34

(3) 无闸门控制高低堰结合方案。无闸门控制高低堰结合方案，即在控制段中部设低堰，堰顶高程163.57m（正常蓄水位），两侧设开敞式溢流堰，堰顶高程为20年一遇洪水时相应洪水位。中部低堰的宽度满足20年一遇洪水时最大下泄120m^3/s，两侧开敞式溢流堰宽度满足大坝不加高。

按以上要求试算，中部堰宽26m时满足20年一遇洪水时最大下泄120m^3/s，对应洪水位为165.74m，此水位即两侧开敞式溢流堰堰顶高程，两侧采用宽顶堰，堰宽为2×36m时，对应1000年一遇洪水位167.18m，满足大坝不加高。

根据调洪计算，该方案校核洪水位（1000年一遇）最大泄量为461 m^3/s，较方案一有较大增加（方案一校核洪水位最大泄量为391m^3/s）；同时该方案30年一遇洪水最大泄量为148m^3/s，较方案一也有增加（方案一30年一遇洪水位最大泄量为120m^3/s）。因此该方案泄槽及消能防冲工程量较方案一都有所增加。但由于该方案不设闸门，减少了控制闸机电及金属结构部分投资。经计算，方案三直接投资较方案一减少27.87万元。本方案工程直接投资见表5.7-5。

表5.7-5　　方案三工程直接投资表

项　目	单位	数量	单价/元	合计/万元
土方开挖（利用料200m）	m^3	30186.1	8.36	25.24
土方开挖（弃渣1km）	m^3	12936.9	9.96	12.89
石方开挖（利用料200m）	m^3	3874.5	31.57	12.23
石方开挖（弃渣1km）	m^3	34870.5	34.1	118.91
土方回填（0.2km）	m^3	1682	10.17	1.71
石方回填（利用料200m）	m^3	15905	16.45	26.16
浆砌石	m^3	3767	218.89	82.46
模板	m^2	13046	95.01	123.95
C15垫层混凝土（厚0.10m）	m^3	2288	288.13	65.92
混凝土C20	m^3	10449	346.19	361.73
混凝土C25	m^3	3506	326.91	114.61
交通桥上部预制混凝土C25	m^3	176	762.94	13.43
交通桥沥青混凝土C15（厚6cm）	m^2	515	39.72	2.05
交通桥混凝土垫层C25（厚15cm）	m^2	735	49.77	3.66
钢筋	t	902.0	5332.46	480.98
钢筋混凝土管ϕ2×1.8m	m	56	2310.87	12.94
橡胶止水	m	2395	106.56	25.52
锚杆ϕ25 3m	根	363	90.9	3.30
固结灌浆	m	2633	321.76	84.72
启闭机房	m^2	0	800	0.00
细部结构	m^3	16308	12.92	21.07
总计				1593.48

综合分析以上三个方案，其各自的特点分别如下。

方案一：开敞式溢流堰和控制闸结合方案，该方案不仅可以解决泄流控制问题，也解决了沿溢洪道全宽设闸门的经济合理性问题，同时溢流段也具备一定的超泄能力，满足可能的超标准洪水泄洪需求。缺点是相对无闸门方案，溢洪道投资略高。

方案二：闸坝（封堵）结合方案，该方案特点在于以坝代堰缩短了控制段长度，且投资与方案一相当，控泄标准也可以达到工程要求的标准。但由于现状溢洪道是经历水库建成以来的多次改建在长期运用过程中逐步形成的，采用坝体封堵部分原溢洪道过水断面，不仅未能充分利用长期以来形成的有利地形条件，封堵后超泄能力极大降低，同时考虑到小流域水文资料的精确程度，在可能的超标准洪水情况下，大坝及下游安全得不到可靠保证。水流出闸后一直处于弯道，整个泄槽段水流流态不好。

方案三：无闸门控制高低堰结合方案，优点是充分利用了现状溢洪道地形条件，高低堰结合型式也具备一定的超泄能力，满足可能的超标准洪水泄洪需求。同时无闸门控制，运用方便，投资最少。但该方案控泄标准比方案一低，泄量大，相应洪水位较低，不能充分利用现状库容为水库提供的防洪效益。同时汛期无闸门调控，不利于实现流域内多水库联合防洪调度。

经以上综合分析，并着重从工程安全、充分发挥水库防洪效益两方面考虑，溢洪道控制段结构型式方案采用方案一，即开敞式溢流堰和控制闸结合方案。闸底高程为162.00m，控制段采用3孔×5m净宽闸门控制，溢流段堰顶高程166.34m，溢流段过水断面宽度2m×39.0m。对应设计洪水位166.34m，校核洪水位167.35m。

5.7.2.3 控制段布置方案比选

结合本工程现溢洪道实际条件，对溢洪道控制段工程布置进行了“近坝布置方案”和“远坝布置方案”两个方案的比较。两个方案的区别在于控制段轴线位置，“近坝布置方案”控制段轴线紧贴现东坝头，“远坝布置方案”控制段轴线位于“近坝布置方案”下游40m。

两方案控制段结构并无实质区别，主要区别在于溢洪道和大坝的衔接及进口水流条件两个方面，“贴坝布置方案”与原坝体衔接条件好，但引渠弯道后至堰（闸）前的直线段距离较小（12.5m）；“远坝布置方案”需要延长坝体，增加投资，但引渠弯道后至堰（闸）前的直线段距离较大（52.5m），闸前水流条件优于“贴坝布置方案”。

经过综合比较，根据《溢洪道设计规范》（SL 253—2000），第2.2.1第4条，进水渠需要转弯时，弯道至控制堰（闸）之间宜有长度不小于2倍堰上水头的直线段，控制段最大堰上水头为5.35m，“贴坝布置方案”也满足这一规定，同时考虑到原开敞式溢洪道引渠较宽，弯道对水流条件影响不大。因此推荐控制段布置方案“近坝布置方案”。

5.7.2.4 泄槽及消能防冲结构布置原则及方案确定

原溢洪道除进水渠和100m宽溢流槽段为人工开挖形成外，其余部分多为自然冲刷形成，局部冲刷严重，地形条件较为复杂。针对此地形条件，溢洪道泄槽及消能防冲结构的设计原则是：在满足各部位设计功能前提下尽可能根据现状地形条件，协调布置各部位建筑物，减小开挖，以减小工程投资及开挖弃渣对环境的影响。

溢洪道控制闸（堰）后至天然河道水平距离约720m，此段高程由163.50m降至

150.00m，天然落差13.5m。由于局部冲刷，沿程地形变化复杂：闸后约150m范围内坡度较小，且有一洼地（据业主介绍为采石形成），该坑顺水流长度约23m，宽约76m，深约2.5m；其后约200范围内集中了近10m落差，此范围内冲刷严重；之后到灌溉渡槽之间约70m范围内为一缓坡区域；渡槽附近为一天然跌水（冲坑），落差约1.5m，掏刷严重，危及渡槽基础安全；最后至河道间为缓坡滩地，主槽断面极小（最窄处约4m），过流断面严重不足，漫滩及滩面冲刷痕迹随处可见。

根据以上地形特点，结合本工程泄槽及消能防冲结构的设计原则，拟定了溢洪道闸后泄槽及消能防冲结构布置方案：闸后经过渡段后利用天然采石坑修整衬护作为天然消力池，其后设平底渐变段调整流态接陡槽，陡槽尾部设主消力池（挖深式底流消能），主消力池后接平坡过渡段，其后利用天然地形设跌水，消能后尾水接尾水渠入下游主河道。同时考虑到泄流过程中原跨溢洪道渡槽基础安全与溢洪道泄槽过流能力之间的相互不利影响，将原渡槽改建为倒虹吸。

5.7.3 建筑物设计

5.7.3.1 结构组成与布置

根据工程总体布置方案比选结果，溢洪道改建工程总体布置由上而下分为以下几部分：进水渠、控制段、闸（堰）后过渡段、天然消力池、陡槽前过渡段、陡槽段、主消力池、平坡过渡段、跌水、尾水渠和穿溢洪道倒虹吸。

本次设计是在减少工程投资的基础上进行的，闸后没有衬砌段，平时应多进行观测，若岩石风化严重，影响到工程运行安全，应及时进行衬砌。

5.7.3.2 进水渠

进水渠整体上基本维持现溢洪道进水渠型式，改建部分包括高程162.00m引水渠、堰前高程163.50m混凝土铺盖、东坝头与控制段衔接结构、右岸堰前岸坡过渡段及防护。

高程162.00m引水渠起点桩号0－086.37，终点至闸前桩号0－016.00，底宽19m，闸前10m范围采用混凝土衬砌并兼做防渗铺盖，衬砌厚度0.3m。

堰前10m范围（0－026.00～0－016.00）高程163.50m采用混凝土防渗铺盖，单侧溢流堰堰前混凝土铺盖垂直水流向长度39m，厚度0.3m，顺水流方向每10m设沉降缝，并设橡胶止水。

进水渠段东坝头与控制段的衔接采用浆砌石护坡（1：2）到浆砌石重力挡墙直墙的过渡扭面衔接，保证进口水流的平顺过渡。浆砌石护坡与坝体上游护坡衔接。

右岸堰前岸坡过渡段型式与东坝头近似，也采用浆砌石扭面过渡与原进水渠右岸坡衔接，过渡段上游衔接段根据原进水渠段地形设39m长浆砌石护坡避免进口段岸坡冲刷，浆砌石护坡坡度1：2，垂直厚度0.3m。

5.7.3.3 控制段

控制段（0－016.00～0＋000.00）总体上包括三个部分：控制闸、溢流堰和交通桥，控制闸布置在整个控制段中部，溢流堰在闸两侧对称布置，交通桥位于控制闸（堰）下游，与控制闸（堰）平行布置。控制段结构总体尺寸顺水流长度16m，垂直水流方向长度100m。

(1) 控制闸。控制闸闸室段沿水流向长度 8.0m，底板垂直水流方向总宽 20.0m。底板顶面高程 162.00m，底板厚 1.0m，闸底板开始和末尾处垂直水流方向设宽 1.0m，高 0.5m 的齿槽，闸室底板与基础间设 0.10m 的 C15 素混凝土垫层。闸室设 3 孔，孔口尺寸 5.0m×5.9m（宽×高）。

闸室中墩厚 1.5m，边墩厚 1.0m，顺水流向长度均为 8.0m。闸墩沿水流方向依次设有检修门槽和工作门槽，门槽尺寸 0.80m×0.55m（宽×深），闸墩顶高程由计算定为 167.90m，在该高程设检修工作平台，检修平台设人行工作桥，桥宽 1.0m，工作桥通过启闭室工作楼梯 167.90m 平台段与闸后交通桥衔接，人行工作桥桥两侧设钢制栏杆，保证检修期间人员行走安全。

机架桥结构为框架结构，排架层高 6.0 m，顺水流方向净跨 6.0m，排架柱共 8 根，柱断面尺寸 0.50m×0.50m，检修门启闭设备（移动电动葫芦）悬挂于起吊钢梁上，起吊钢梁固定于机架桥次梁上，工作门启闭机（固定卷扬式）固定在启闭机支撑梁上，启闭荷载通过框架结构传导至闸墩。

启闭机层位于高程 173.90m，启闭机层总体尺寸 19.60m×7.0m，该层设 3 组 6 台工作门启闭机。

启闭机层以上设启闭机室以保护启闭及电器设备，启闭机室顶高程 177.50m，层高 3.60m，为砖混结构。

启闭机室与交通桥间设工作楼梯，楼梯宽度 0.9m，分两级，楼梯共两组，对称布置于闸室两侧。

(2) 溢流堰。溢流堰对称布置于控制闸两侧，顺水流长度 8.0 m，单侧溢流净宽为 39.0m，堰型为有底坎宽顶堰，堰基础面高程 162.00m，堰前坎底高程 163.50m，堰顶高程 166.34，堰顶宽 2.6m，堰顶进口边缘修圆，修圆半径 $R=0.5$m，堰后设 1∶1 下游坡。堰后底板顶高程 163.50m，下游坡与堰顶及堰后底板衔接段均修圆，修圆半径分别为 0.35m 和 0.5m。

(3) 交通桥。交通桥布置于溢流段和控制闸段下游，与堰（闸）平行布置，交通桥共 11 跨，净跨 5.0m 共 3 联位于闸后，净跨 9.0m 共两部分，每段 4 联，在闸后对称布置，结构整体尺寸顺水流方向长度 8.0m，垂直水流方向长度 100.0m。

交通桥下部结构包括基础和桥墩。桥墩基础采用扩大基础，基础底宽 3.0m，顶宽 2.0m，堰后桥墩中墩厚 1.0m，闸后中墩厚 1.5m，边墩为悬臂式挡墙结构，墩厚 1.0m，基础长度 4.5m。堰后桥墩间净距 9.0m，闸后桥墩间净距 5.0m。

交通桥上部结构包括预制桥板、沥青混凝土路面及栏杆等。交通桥桥宽 7m，其中沥青路面净宽 6m，与坝顶路面宽度相同，路面两侧各设 0.5m 安全带。桥面采用预制钢筋混凝土空心板，荷载标准汽车—20 级、挂车—100 级，边板 2 快，中板 2 块；堰后交通桥预制桥板跨径 10m，共 8 联，闸后交通桥预制桥板跨径 6m，共 3 联。沥青路面厚度 5cm，混凝土基层厚度 15 cm。桥面栏杆采用混凝土栏杆。

5.7.3.4 闸（堰）后过渡段

闸后过渡段（0＋000～0＋085.0）是溢洪道泄槽的起始段，衔接控制段和天然消力池。该段依照原溢洪道泄槽地形布置，主要改建工程包括闸后 19m 宽泄槽、岸坡防护和堰后槽底衬砌。

闸后泄槽是闸后过渡段设计洪水位以下洪水泄流通道，槽宽 19.0m，槽深 1.5m，底坡 i=0.005，起点接闸后高程 162.00m，终点接天然消力池池前高程 161.58m。考虑溢洪道基础为岩石，水头较小，仅将交通桥后 10m 段进行混凝土衬砌，衬砌厚度 0.3m。

原溢洪道岸坡为天然开挖岸坡，为全风化闪长岩，考虑到此段过流宽度大，流速低，桩号 0+010～0+085 段边坡开挖为 1：2.5，不衬砌。

堰后槽底主要宣泄超百年一遇洪水，槽宽 2m×39.5m，考虑到运用频率较低，仅将交通桥后 10m 段进行浆砌石衬砌护底，衬砌厚度 0.3m。

5.7.3.5 天然消力池

天然消力池（0+085.0～0+118.0）是利用现状自然地形条件修整后形成的消能结构，其主要功能是减小陡槽前弯道过渡段的流速，避免弯道段流速过大。天然消力池基本维持该段原状地形，仅局部开挖调整水流条件。

天然消力池 0+085.0～0+095.0 段设陡坡与池底衔接，陡坡坡度闸后泄槽段为 i=0.108，即高程 161.58～160.50m；堰后泄槽段为 i=0.258，即高程 163.08～160.50m。

池底高程 160.50m，顺水流向总长度 17m，宽度根据地形渐变 78.4～67.0m，池两侧开挖保留 2m 宽平台以减小池侧挡墙高度。由于此段的水头较低，天然消力池池底及池侧岸坡仅进行开挖整修，不进行衬砌。

5.7.3.6 陡槽前过渡段

陡槽前过渡段（0+118.0～0+162.8）是泄槽由宽浅泄槽到陡槽的过渡段，过水断面宽度由 69.0m 渐变到陡槽起坡点的 40.0m，此段轴线设半径为 150m 弧段调整水流方向，使水流导向下游陡槽。此段限制于原溢洪道条件，必须设置弯道和渐变，水流条件较为复杂，但由于位于天然消力池之后，流速小，流速在横断面内分布相对均匀，不存在冲击波对水流扰动问题。

陡槽前过渡段设为平坡以进一步调整水流进入陡槽时的流态，底高程根据地形地质条件设为 161.90m。此段基础为岩石，不再进行衬砌。

5.7.3.7 陡槽段

陡槽段（0+162.8～0+279.90）是整个泄水系统中的重要部分，但由于冲刷严重，该段现状地形条件复杂，新建陡槽轴线布置和纵坡设计较为复杂，在保证泄流前提下为尽量减小挖填方量，泄槽轴线布置尽量沿现状冲沟槽底线布置，纵坡设计以减小开挖且避免大规模槽底填方为原则。平面布置上，接陡槽前过渡段半径 150m 圆弧设渐变段，其后为直线段直至主消力池，以保证泄槽和消力池的平顺水力衔接。

陡槽段底坡 i=0.068，槽底高程 161.90～153.90m。陡槽段分为两部分：渐变段（0+162.8～0+218.62）和等宽段（0+218.62～0+279.90）。

渐变段槽底宽由 40m 渐变到 16m，等宽段底宽 16m。由于此段基础岩石较好，可不进行衬砌。

陡槽段尾部（桩号 0+270～0+279.9），为了不破坏消力池结构，此段底板采用混凝土衬砌，衬砌厚度 0.5m。此段设无砂混凝土排水孔，排水孔孔径 0.1m，顺水流方向共 9 排，排间距 1.0m。

5.7.3.8 主消力池

主消力池（0＋279.90～0＋322.00）集中消减陡坡段积聚水头，主消力池位置根据地形条件选择在天然陡坡段与下游缓坡段的折点位置。由于消力池下游天然坡度极缓，消能后需要过水断面较大，经计算为40m，陡槽段宽度仅为16m，为衔接上下游，综合分析和计算（参见主消力池水力计算）后采用挖深式底流消能，消力池边墙扩散，为减小消力池底坎挖深，增加辅助消能工。

主消力池包括陡坡衔接段、护坦、趾墩、尾坎及消力池边墙。

(1) 陡坡衔接段。陡坡衔接段（0＋279.90～0＋300.00）是陡槽段和消力池护坦的衔接段，该段净宽仍为16.0m，纵坡度分为两段，0＋295.56前纵坡与上段相同为 $i=0.068$，之后接弧段加大纵坡至1∶4，以满足消力池挖深要求，同时避免泄槽段的整体挖深增加开挖工程量。

该段边墙顶高程与消力池边墙顶高程相同，为157.50m，因此随槽底高程降低，边墙高度增加，高度由3.6m渐变到5.7m，随边墙高度增加，悬臂式挡墙结构由于开挖断面较大已不适合，同时考虑该段均为岩石开挖，强风化闪长岩饱和抗压强度达48.4MPa，因此该段边墙采用锚杆式挡墙，挡墙厚度1.0m，岩石锚杆长度3.0m，间距1.0m×1.0m。

根据《溢洪道设计规范》（SL 253—2000）第4.4.2条规定，泄槽底板在消力池最高水位以下部分，应按消力池护坦设计。因此该段底板厚度采用1.0m，与消力池护坦厚度相同。

(2) 护坦。护坦设计的主要部分是确定护坦高程，和护坦长度，以满足在池内形成淹没水跃或稍有淹没的水跃。

由于陡槽尾端收缩水深和池后下游水深已定，护坦底高程取决于不同消能结构型式的挖深需要，因此比较了边墙不扩散方案、边墙扩散方案和边墙扩散增加辅助消能工三个方案，根据计算（见水力设计部分）边墙不扩散方案护坦高程150.80m；边墙扩散方案护坦高程151.20m；边墙扩散方案增加辅助消能工方案护坦高程为151.80m；为减小挖深，降低边墙高度，护坦高程采用高程151.80m方案。

护坦长度根据相应方案计算为22m，护坦厚度为1.0m，为满足抗浮要求，在底部设无砂混凝土排水孔，顺水流方向共12排，排水孔孔径0.1m，排间距1.0m。

(3) 趾墩、尾坎。根据水力学计算结果（见水力设计部分），趾墩及尾坎布置型式依照《水力学计算手册》中USBRⅢ型消力池布置，趾墩墩宽、墩高和间距都取值为0.5m（近似于设计流量下的收缩水深 $h_c=0.618$m），尾坎池内侧坡度池内侧1∶2，尾坎顶高程154.30m，顶宽0.5m。

(4) 消力池边墙。虽经采用多种措施尽量减小护坦大挖深带来的边墙过高问题，经计算需要的边墙净高也达5.7m，加上护坦厚度1.0m，和基础垫层0.1m，边墙总高度为6.8m，悬臂式和重力式挡墙结构已不适合，与渐变段边墙相同，同时考虑该段均为岩石开挖，且岩石强度高，经比较边墙采用锚杆式挡墙，挡墙厚度1.0m，岩石锚杆长度3.0m，间距1.0m×1.0m。

5.7.3.9 平坡过渡段

平坡过渡段（0＋322.00～0＋420.00）是主消力池和下游跌水之间的衔接段，底高程均为153.50m。该段设成平坡的原因：一是该段地形条件平缓且天然主槽断面小，陡坡开挖量较大；二是平坡可增加主消力池池后断面水深，从而减小消力池挖深。该段分为两部分：扩散段（0＋322.00～0＋350.00）和等宽段（0＋350.00～0＋420.00）。

扩散段（0＋322.00～0＋350.00）是主消力池后的延伸段，不将扩算段全部设在主消力池范围内的原因是：避免扩散角过大导致扩散段中的扩散水流可能出现的扩散不佳，致使侧壁处产生回流从而迫使主流折冲侧壁形成折冲水流。扩散段由于紧接主消力池，水力条件相对复杂，该段边墙和底板均采用钢筋混凝土结构。底板过水断面宽度由26.56m扩散到40m底板衬砌厚度0.4m，设沉降缝并设橡胶止水。边墙高度4.0m，采用悬臂式钢筋混凝土挡墙，经结构计算，墙顶厚度0.5m，墙底断面厚度0.6m，底板厚度0.5m，墙后底板长度3.0m，墙前底板长度2.0m。

等宽段（0＋350.00～0＋420.00）过水断面宽度均为40m，该段为缓流段，槽底不衬砌；边墙为重力式浆砌石挡墙，由于该段后接跌水，沿程水深渐落，因此边墙高度渐变，由4.0m渐变到3.0m，墙顶宽0.5m，顶高程由157.50m渐变到高程156.50m，墙后坡度均为1：0.5。

5.7.3.10 跌水

跌水（0＋420.00～0＋450）是泄槽段与尾水渠间的衔接段，跌水平面位置位于天然跌坎处，依据现状地形条件布置。跌水由进口段（0＋420.00～0＋430.00）、跌水墙、消力池（0＋430.00～0＋440.00）和出口段（0＋440.00～0＋450.00）四部分组成。四部分除出口段边坡为浆砌石结构外均为钢筋混凝土结构。

（1）进口段（0＋420.00～0＋430.00）。进口段衔接上游平坡过渡段，底宽40.0m，底高程153.50m，进口型式为矩形缺口。渠底采用厚0.4m混凝土衬砌，边墙高度3.0m，采用悬臂式钢筋混凝土挡墙，经结构计算，墙顶厚度0.5m，墙底断面厚度0.6m，底板厚度0.5m，墙后底板长度3.0m，墙前底板长度1.0m。

（2）跌水墙。跌水高度较小为2.0m，故跌水墙型式采用垂直式，采用悬臂式钢筋混凝土挡墙，经结构计算，墙顶厚度0.5m，墙底断面厚度0.8m，底板厚度0.5m，墙后底板长度3.0m，墙前底板长度2.0m。

（3）消力池（0＋430.00～0＋440.00）。经水力计算（见水力设计），消力池底高程150.50m，池长10.0m，宽40.0m。底板厚度0.5m，底板设无砂混凝土排水孔，顺水流方向共设5排，排水孔孔径0.1m，排间距1.0m。消力池边墙为悬臂式钢筋混凝土挡墙，挡墙高度由6.0m渐变为4.0m，经结构计算，挡墙顶厚度0.6m，墙底断面厚度1.0m，底板厚度0.8m，墙后底板长度3.0m，墙前底板长度3.0m。

（4）出口段（0＋440.00～0＋450.00）。出口段衔接跌水消力池和下游尾水渠，底高程152.00m，宽度40.0m。渠底采用混凝土衬砌，衬砌厚度0.3m；边墙采用浆砌石，边墙高度2.5m，该段边墙为扭面，由重力式挡墙渐变为1：2护坡，接下游尾水渠。

5.7.3.11 穿溢洪道倒虹吸

现状溢洪道桩号0＋425附近有一渡槽，横跨溢洪道泄槽，渡槽基础为浆砌石基础，泄槽范围内共设8个槽墩，严重阻水，槽墩经多年泄水冲刷，损坏严重，且该处紧邻地形跌坎，长期冲刷，渡槽安全不能保证。因此考虑到泄流过程中渡槽基础安全与溢洪道泄槽过流能力之间的相互不利影响，将原渡槽改建为倒虹吸。

原跨溢洪道渡槽是角峪水库东放水洞后灌溉渠道的一部分，东放水洞设计流量为2.0m^3/s，因此倒虹吸设计流量按2.0m^3/s。

由于倒虹吸规模较小，倒虹吸布置采用竖井式。倒虹吸由进口竖井段、预制管身段和出口竖井段三部分组成。

(1) 进口竖井段。进口竖井段位于溢洪道跌水进口段左岸，竖井平面尺寸3.0m × 3.0m，该尺寸由预制段管身直径和竖井整体稳定性确定。竖井钢筋混凝土结构边墙顶高程与进口渠道边墙顶高程相同为157.80m，竖井底高程由溢洪道泄槽底高程和管身直径及管底集砂坑深度综合确定为149.50m。竖井边墙厚度0.5m，垂直倒虹吸水流方向上下游设扶壁，扶壁位于边墙中部，扶壁厚度0.5m，顶宽0.5m，底宽3.0m。

进口渠底高程156.20m，竖井进口边墙设溢流槽，槽顶高程157.60m，溢流槽保证下游渠道在可能出现的事故工况条件下，控制倒虹吸前水位，渠道弃水通过溢流槽进入溢洪道不致影响溢洪道跌水段边墙安全。

(2) 预制管身段。预制管身段采用钢筋混凝土预制圆管，以埋涵型式穿过溢洪道底部，涵管采用预制钢筋混凝土圆管，管型号RCP Ⅲ 1800×2000，单节长2.0m，管径1.8m，壁厚0.18m，共28节，刚性接口企口管。涵管基础为C25素混凝土基础，涵管基础支撑角$2\alpha=120°$，基础每14m设一沉降缝。

(3) 出口竖井段。出口竖井段位于溢洪道跌水进口段右岸，竖井结构型式与进口相同，仅边墙顶高程降为157.70m与出口渠道边墙顶高程相同，竖井底高程149.50m，竖井边墙厚度0.5m，垂直倒虹吸水流方向上下游设扶壁，扶壁位于边墙中部，扶壁厚度0.5m，顶宽0.5m，底宽3.0m。出口渠底高程156.10m。

5.7.4 水力设计

5.7.4.1 泄流能力计算

(1) 控制闸。控制闸尺寸及结构型式已由控制段结构比选确定（见第5.7.2.2节），闸孔尺寸为3孔×5m净宽。水力计算的主要内容是包括两部分：不控泄过流能力计算和控泄过程闸门开度计算。

1) 不控泄过流能力计算。按照无坎宽顶堰自由出流公式计算：

$$Q=\sigma_c mnb\sqrt{2gH_0^3}$$

式中 σ_c——侧收缩系数；

m——自由溢流流量系数；

n——闸孔孔数；

b——过流宽度，m；

H_0——包括行近流速的堰前水头，即 $H_0=H+V_0^2/2g$；

g——重力加速度。

由于闸前进水渠为复式断面，考虑侧收缩影响，高程163.50m以下和以上流量系数不同，流量系数采用“直角形翼墙进口的平底宽顶堰流量系数”，查表内插取值。163.5m以下流量系数 $m_1=0.362$；163.5m 以上流量系数 $m_2=0.323$。

由于对无坎宽顶堰此流量系数已考虑了侧收缩影响，因此，侧收缩系数，σ_c 取 1.0。

根据以上参数，经计算，控制闸段不控泄水位—流量关系见表 5.7-6。

表 5.7-6　　　　控制闸不控泄泄流曲线表

序号	水位/m	泄量/(m^3/s)	水位—泄量关系曲线图
1	162.00	0	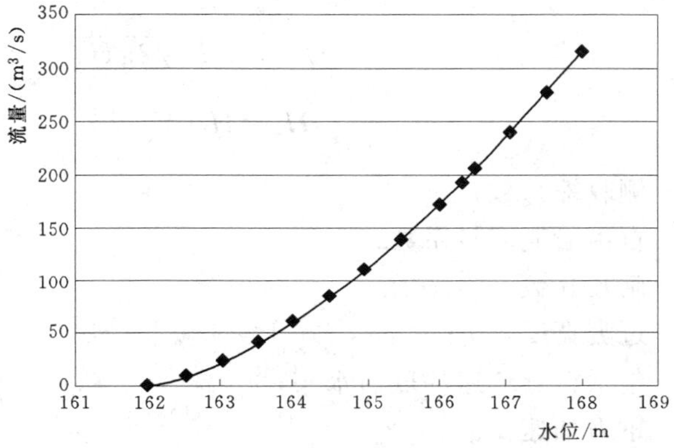
2	162.50	9.18	
3	163.00	24.02	
4	163.50	39.41	
5	164.00	60.68	
6	164.50	84.80	
7	165.00	111.47	
8	165.50	140.47	
9	166.00	171.62	
10	166.34	193.96	
11	166.50	204.78	
12	167.00	239.85	
13	167.50	276.71	
14	168.00	315.29	

2）控泄过程闸门开度计算。设计洪水位 166.34m 以下水位，控制闸控泄流量为 $120m^3/s$，控泄过程闸门开度应用闸孔出流公式计算，公式为：

$$Q=\sigma_s \mu enb\sqrt{(H_0-\varepsilon e)2g}$$

其中

$$\mu=\varepsilon\varphi$$

式中　Q——过流量，m^3/s；

σ_s——淹没系数；

n——孔数；

ε——垂直收缩系数；

μ——流量系数；

e——闸孔开启高度，m；

φ——流速系数。

计算结果见表 5.7-7。

(2) 溢流堰。溢流堰尺寸及结构型式已由控制段结构比选确定，溢流段为有底坎宽顶堰，溢流面净宽 2m×39m。水力计算的主要内容为水位—流量关系。

表 5.7-7　　　　　　　　**控制闸控泄 $120m^3/s$ 闸门开度**

闸门开度 e	水位 /m	水头 H_0/m	e/H	垂直收缩系数	流速系数	流量系数	流量 Q /(m^3/s)
1.664	166.34	4.34	0.383	0.630	0.95	0.599	120.0
1.761	166.00	4	0.440	0.636	0.95	0.605	120.0
1.957	165.50	3.5	0.559	0.652	0.95	0.619	120.0
全开	165.15	3.15	堰流				120.0

按照有坎宽顶堰自由出流公式计算：

$$Q=\sigma_c mnb\sqrt{2gH_0^3}$$

其中

$$H_0=H+V_0^2/2g$$

式中　σ_c——侧收缩系数；

m——自由溢流流量系数；

n——闸孔孔数；

b——过流宽度，m；

H_0——包括行近流速的堰前水头；

g——重力加速度。

流量系数取值按进口边缘修圆，$P/H\geqslant3.0$ 条件，取 $m=0.36$；侧收缩系数 σ_c 取 0.97。

根据以上参数，经计算，溢流段水位—泄量关系见表 5.7-8。

表 5.7-8　　　　　　　　**溢流堰水位—泄量关系曲线表**

序号	水位/m	泄量/(m^3/s)	水位—泄量关系曲线图
1	166.34	0	
2	166.50	7.52	
3	166.60	16.07	
4	166.70	26.18	
5	166.80	37.81	
6	166.90	50.79	
7	167.00	64.99	
8	167.50	151.43	
9	168.00	259.23	

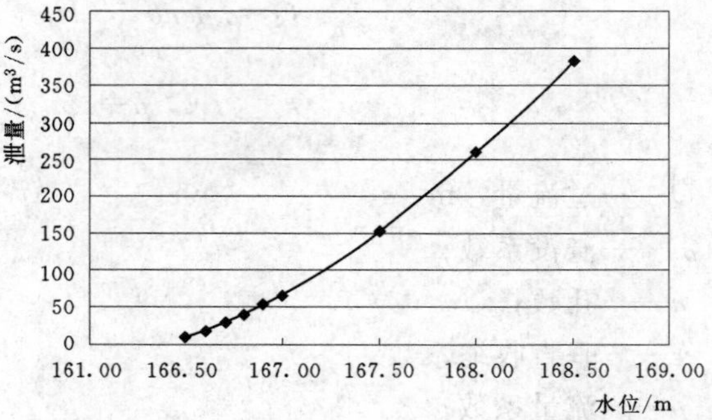

5.7.4.2　溢洪道泄槽水面线计算

溢洪道泄槽水面线通过沿程各控制断面的控制水深，按分段求和法计算。

(1) 沿程控制水深计算。各控制水深计算结果见表 5.7-9。

表 5.7-9　　溢洪道泄槽控制水深计算结果表

计算工况	断面位置	断面尺寸、形状	流量	控制水深 h_k	备　注
设计洪水位	0+000①	底宽 19m、矩形	120	1.05	闸后收缩断面
	0+162.8	底宽 40m、矩形	120	0.972	陡槽起点断面
	0+430.0	底宽 40m、矩形	120	0.972	跌坎前断面
校核洪水位	0+162.8	底宽 40m、矩形	391	2.136	陡槽起点断面
	0+430.0	底宽 40m、矩形	391	2.136	跌坎前断面

① 闸后收缩断面位置随闸门开度变化，设计洪水位，控泄 $120m^3/s$，闸门开度 1.66m，收缩断面位置为 0-006.9m，由于闸后接陡坡，不产生水跃，近似认为 0+000 断面水深等于收缩水深。

（2）分段求和法水面线计算。根据已知断面控制水深，采用分段求和法计算水面线，计算公式如下：

$$\Delta S=\frac{E_{sd}-E_{su}}{i-\overline{J}}$$

式中　ΔS——计算流段长度，m；

E_{sd}——ΔS 流段的下游断面的断面比能，m；

E_{su}——ΔS 流段的上游断面的断面比能，m；

$\overline{J}$——流段的平均水力坡度；

i——泄槽段纵坡。

波动及掺气水深计算公式为：

$$h_b=\left(1+\frac{\xi v}{100}\right)h$$

式中　h——不计入波动及掺气的水深，m；

h_b——计入波动及掺气的水深，m；

v——不计入波动及掺气的计算断面上的平均流速，m/s；

ξ——修正系数，可取 1.0～1.4s/m，视流速和断面收缩情况而定，当流速大于 20m/s 时，宜采用较大值，因渠道流速较小，此处取为 1.1。

依据上述公式，泄槽各段水面线计算成果见表 5.7-10。

表 5.7-10　　泄槽各段水面线计算成果表

计算断面	设计洪水位				校核洪水位			
	流量/(m^3/s)	水深/m	流速/(m/s)	掺气水深/m	流量/(m^3/s)	水深/m	流速/(m/s)	掺气水深/m
0+000.0	120	1.05	6.02		391			
0+162.8	120	0.972	3.09	1.014	391	2.136	4.58	2.273
0+218.62	120	0.824	9.11	0.929	391	2.604	9.39	2.946
0+296.0	120	0.655	11.45	0.760	391	1.808	13.51	2.150
0+300.0	120	0.618	12.13	0.723	391	1.719	14.22	2.061
0+322.0	120	1.563	2.84	1.656	391			
0+350.0	120	1.438	2.09		391	2.894	3.38	3.031
0+430.0	120	0.972	3.09		391	2.136	4.58	2.273

5.7.4.3 天然消力池水力计算

天然消力池由采用现状天然地形修整开挖而成，30 年一遇洪水标准泄流均在闸后 19m 宽泄槽内，而消力池处垂直水流向长度突扩为 78.4m，对于此类条件，目前没有可以采用的计算理论。这里按照矩形断面水跃计算方法复核消力池深度和长度，由于实际跃后水深将远小于计算值，对于此消力池是偏于安全的算法。

（1）计算消力池深。

$$T_0=h_c+\frac{q^2}{2g\varphi^2 h_c^2}$$

$$Fr_c=\frac{q}{h_c\sqrt{gh_c}}$$

$$h_c''=\frac{h_c}{2}(\sqrt{1+8Fr_c^2}-1)$$

式中 T_0——收缩断面的总能量，m；

h_c——收缩断面的水深，m；

q——收缩断面的单宽流量，m^3/s；

Fr_c——收缩断面的弗汝德数；

h_c''——跃后水深，m。

$$\Delta z=\frac{q^2}{2g\varphi^2 h_t^2}-\frac{q^2}{2g(\sigma h_c'')^2}$$

$$s=\sigma h_c''-h_t-\Delta z$$

式中 Δz——消力池出口水面落差，m；

q——消力池末端单宽流量，m^3/s；

φ——水流自消力池出流的流速系数 0.95；

h_t——下游水深，m；

σ——安全系数 1.05；

s——消力池池深，m。

经计算，跃后水深 2.62m，下游水深 0.97m，消力池挖深 1.65m，如前所述，由于断面突扩，实际跃后水深将远小于计算值，现状坑底高程清理后高程 160.50，相当于挖深 1.40m，因此认为天然消力池的深度符合要求。

（2）消力池长度。

$$L_{sj}=L_s+\beta L_j$$

$$L_j=6.9(h_c''-h_c)$$

式中 L_{sj}——消力池的长度，m；

L_s——消力池斜坡段的长度，m；

β——水跃长度校正系数，可采用 0.7～0.8；

L_j——水跃长度，m。

经计算 $L_j=13.77$；消力池长度 $L_{sj}=21.0$m，因此天然消力池长度满足要求。

5.7.4.4 主消力池水力计算

（1）设计标准。消能防冲按 30 年一遇洪水标准（$P=3\%$）设计，相应溢洪道最大泄量为 120m³/s。

(2) 消力池。共轭水深计算按下列矩形扩散明渠水跃计算公式计算：

$$h_c''=2h_c\sqrt{\frac{1+\xi+4\beta Fr_1^2}{3(1+\beta)}}\cos\frac{\psi}{3}$$

式中的 ψ 按下式计算：

$$\cos\psi=-\frac{10.4\beta(1+\xi)^{0.5}Fr_1^2}{\xi(1+\xi+4\beta_0 Fr_1^2)^{1.5}}$$

式中　$\beta_0=1.03$。

收缩断面水深 h_c 已由陡槽段水面线计算求得，即 $h_c=0.618$，经计算，$h_c''=3.64$m，消力池深度 d 按《溢洪道设计规范》(SL 253—2000) 所给公式计算，即：

$$d=\sigma h_c''-h_t-\Delta z$$

式中　h_c''——共轭水深，m；

h_t——下游水深；

Δz——消力池出口水面落差，m；

σ——安全系数，此处取 $\sigma=1.05$。

消力池后为平坡过渡段，底高程 153.50m，经水面线推求，当流量 120m³/s 时，下游水深 1.56m，消力池挖深 $d=3.82$ m，对应底坎高程 151.20m，为减小消力池挖深，增设辅助消能工，设计流量收缩断面流速为 12.13m/s，满足设辅助消能工流速不超过 16m/s 要求，辅助消能工型式为趾墩和尾坎。

由于趾墩的存在，使收缩水深变为 h_{c1}，由下式解出：

$$16.1h_{cr}^3-(24.8F_{rc1}^2+52.2)h_{cr}+32.2F_{rc1}^2=0$$

式中　$h_{cr}=h_{c1}/h_c$。

经计算，$h_{c1}=0.741$，此收缩水深的共轭水深为 $h_{c1}''=3.30$；

由于尾坎的存在，护坦高程可取为下游水位减 h_{c1}''，由此护坦高程 151.80m。

水跃长度 L_j 按下式计算：

$$L_j/h'=9.5(F_{r1}-1)$$

式中　$1.7<F_{r1}\leqslant 9.0$。

计算得消力池长度为 21.22m，实际取消力池长度为 22.0m。

5.7.4.5　跌水水力计算

跌水按 30 年一遇洪水标准（$P=3.33\%$）设计，相应泄量为 120m³/s。

跌水为垂直式跌水墙，水力计算按以下经验公式：

跌落水舌长度 $L_d=4.30D^{0.27}P$

水舌后水深 $h_P=D^{0.22}P$

收缩水深 $h_c=0.54D^{0.425}P$

跃后水深 $h_c''=1.66D^{0.27}P$

水跃长度 $L_j=(1.9h_c''-h_c)$

池深 $s=h''-h_t$

池长 $L_s=L_d+0.8L_j$

式中　P——跌坎高度；

q——单宽流量。

跌水计算结果见表 5.7-11。

表 5.7-11　　跌水水力计算成果表

底宽	单宽流量	跌坎高度	$D=\frac{q^2}{gP^3}$	水舌长度	水舌后水深	收缩水深	跃后水深	水跃长度	池深	池长	下游水深
B/m	q/(m³/s)	p/m	D	L_d/m	h_p/m	h_c/m	h_c'/m	L_j/m	s/m	L_s/m	h_t/m
40.00	3.00	3.00	0.03	5.18	1.43	0.39	2.00	3.41	1.05	7.91	0.94

综合考虑该处陡坎地形条件设跌水底高程 150.50，池深 1.5m，池长 10m。

5.7.4.6　穿溢洪道倒虹吸水力计算

（1）计算条件。原跨溢洪道渡槽是角峪水库东放水洞后灌溉渠道的一部分，因此改建后穿溢洪道倒虹吸设计流量按 2.0m³/s 设计，与东放水洞设计流量相同。

根据实测地形图，原渡槽段上下游渠道衔接边墙顶高程分别为 157.80m 和 157.70m，根据业主提供资料，现渡槽底高程 156.20m。

根据以上资料，倒虹吸过水断面规模按照设计流量 2.0m³/s 时上游游水头差 $Z=0.10$m 设计。

（2）水力计算。由于原渡槽段上下游水位已定，水力计算的目的是计算经济的过水断面或管道直径。

倒虹吸管内的水流为压力流，过水能力可按压力管道公式计算：

$$Q=\mu\omega\sqrt{2gz}$$

其中：

$$z=h_f+h_j=(\xi_f+\sum\xi_j)\frac{v^2}{2g}$$

$$\mu=\frac{1}{\sqrt{\xi_f+\sum\xi_j}}=\frac{1}{\sqrt{\lambda\frac{L}{D_0}+\sum\xi_j}}$$

式中　Q——倒虹吸设计流量，m³/s。

进出口竖井段局部损失系数取 1.0，沿程损失系数 $\lambda=8g/c^2$，c 为谢才系数。

由此计算出当 $Z=0.10$m，$Q=2.0$m³/s 时 $D_0=1.741$m，选用定型钢筋混凝土预制管管径 $D_0=1.80$m。

复核管径 $D_0=1.80$m $Z=0.10$m，时，过流能力为 $Q=2.15$m³/s，对应沿程水头损失 $h_f=0.027$m，局部水头损失 $h_j=0.073$m，过流能力满足要求。

5.7.5　控制段结构计算

5.7.5.1　闸室稳定计算

（1）荷载及荷载组合。作用在水闸上的竖直向荷载主要有闸室自重、设备自重、水重、扬压力等，水平向荷载主要有静水压力。荷载组合分基本组合与特殊组合，其中基本组合包括完建情况、正常蓄水位情况及设计洪水位情况，特殊组合包括检修情况及校核洪水位情况，设计烈度为 6 度，不计算地震工况。荷载组合情况见表 5.7-12。

表 5.7-12　　溢洪道闸室段稳定计算荷载组合表

荷载组合	计算情况	荷载				
		结构自重	设备自重	静水压力	扬压力	土压力
基本组合	完建工况	√	√			
	正常蓄水位情况	√	√	√	√	√
	设计洪水位情况	√	√	√	√	√
特殊组合	检修情况	√	√	√	√	√
	校核洪水位情况	√	√	√	√	√

(2) 计算公式。

1) 抗滑稳定。抗滑稳定安全系数按《溢洪道设计规范》(SL 253—2000) 混凝土与岩基的抗剪断强度公式计算，计算公式为：

$$K=\frac{f'\sum W+c'A}{\sum P}$$

式中　K——按抗剪断强度计算的抗滑稳定安全系数；

f'——堰（闸）体混凝土与基岩接触面的抗剪断摩擦系数；

c'——堰（闸）体混凝土与基岩接触面的抗剪断凝聚力；

A——堰（闸）体混凝土与基岩接触面的面积；

$\sum W$——作用在堰（闸）体上的全部荷载对计算滑动面的法向分量；

$\sum P$——作用在堰（闸）体上的全部荷载对计算滑动面的且向分量。

2) 基底应力。基底应力计算公式：

$$P_{\min}^{\max}=\frac{\sum G}{A}\pm\frac{\sum M}{W}$$

式中　$\sum G$——作用在堰（闸）体基础上的全部竖向荷载，kN；

$P_{\min}^{\max}$——闸室基底应力的最大值或最小值，kP；

A——闸室基底面的面积，m^2；

$\sum M$——作用在闸室上的全部竖向和水平荷载对于基础底面垂直水流方向的形心轴的力矩，kN·m；

W——闸室基底面对于该底面垂直水流方向的形心轴的截面矩，m^3。

不均匀系数 $\eta=P_{\max}/P_{\min}\leqslant[\eta]$。

3) 抗浮稳定。抗浮稳定计算公式为：

$$K_c=\frac{\sum V}{\sum U}$$

式中　K_c——闸室抗浮稳定安全系数；

$\sum V$——作用在闸室上全部向下的铅直力之和；

$\sum U$——作用在闸室基底面上的扬压力。

(3) 计算条件及参数。闸室段稳定计算按 3 孔整体进行计算。闸室顺水流长度 8.0m，宽 20.0m。按抗剪断强度计算的抗滑稳定安全系数允许值见表 5.7-13。

表 5.7-13　　抗滑稳定安全系数允许值表

荷载组合		按抗剪断强度计算的抗滑稳定安全系数
基本组合		3.0
特殊组合	(1)	2.5
	(2)	2.3

注　(1) 为其他情况为特殊组合；(2) 为地震情况为特殊组合。

闸室基础位于全风化闪长岩上部，因此：f'为堰（闸）体混凝土与基岩接触面的抗剪断摩擦系数，按Ⅴ类岩体下限取0.4；c'为堰（闸）体混凝土与基岩接触面的抗剪断凝聚力，按Ⅴ类岩体下限取0.05MPa；闸室段稳定计算按3孔整体进行计算。闸室顺水流长度8.0m，宽20.0m。

(4) 计算成果。闸室段稳定及基底应力计算见表5.7-14。

表 5.7-14　　闸室段抗滑稳定计算成果表

计算工况		按抗剪断强度计算的抗滑稳定安全系数 K	应力/kPa		P_{max}/P_{min}	抗浮稳定安全系数
			P_{max}	P_{min}		
基本组合	完建工况	稳定	90.15	89.08	1.01	稳定
	正常运用	22.44	101.86	99.13	1.02	26.18
	设计工况	6.29	129.78	114.50	1.13	14.95
特殊组合	检修工况	5.59	127.22	112.15	1.13	11.28
	校核工况	5.13	144.50	118.66	1.21	16.07

(5) 成果分析。计算成果表明，不同运用工况，控制闸抗滑安全系数和抗浮稳定安全系数均满足规范要求。

5.7.5.2　闸底板内力计算

(1) 计算方法。根据《水闸设计规范》(SL 265—2001)，对于开敞式闸室底板的应力分析，岩基上的水闸闸室底板的应力分析可按照基床系数法（文克尔假定）计算。角峪溢洪道闸室符合以上条件，因此，闸底板应力分析采用基床系数法计算。

计算采用中国建筑科学研究院PKPM CAD软件计算，计算过程采用该软件《结构平面计算机辅助设计》PMCAD和《基础工程计算机辅助设计》JCCAD两大模块。采用结构计算模块建模并布置荷载，经荷载传导计算，由基础工程计算机辅助设计模块按照弹性地基筏板基础板元法计算（按广义文克尔假定）。根据基床反力系数推荐值表，对于强风化硬质岩石K=200000～1000000kN/m^3，本工程K取200000kN/m^3。

(2) 计算结果。计算结果见图5.7-1。

底板配筋根据以上弯矩包络图按钢筋混凝土结构计算配筋，经计算，地梁（板带每延米）配筋面积为2000mm^2，实配Φ25@200，闸底板单位长度实配钢筋面积为2454.37mm^2。

5.7.5.3　溢流堰稳定计算

溢流堰段取39.0m宽整体计算，溢流堰段稳定计算计算参数选取及计算方法与闸室

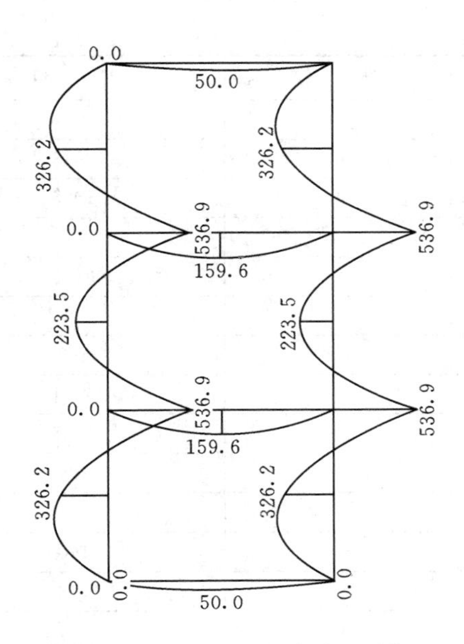

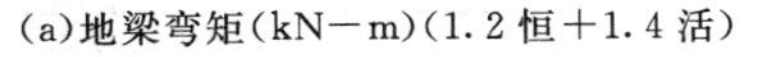
(a)地梁弯矩(kN—m)(1.2恒+1.4活)

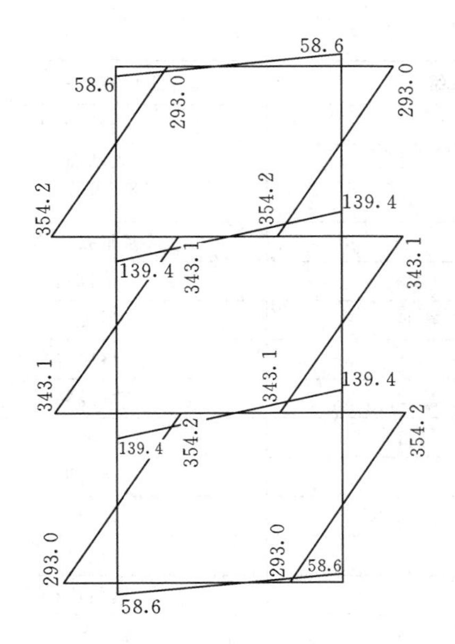

(b)地梁剪力(kN)(1.2恒+1.4活)

图 5.7-1　闸底板内力计算结果图

段相同。计算结果见表 5.7-15。

表 5.7-15　　溢流堰抗滑稳定计算成果表

计算工况		按抗剪断强度计算的抗滑稳定安全系数 K	应力/kPa		P_{max}/P_{min}	抗浮稳定安全系数
			P_{max}	P_{min}		
基本组合	完建工况	稳定	82.63	62.24	1.33	稳定
	正常运用	稳定	81.82	61.36	1.33	41.45
	设计工况	11.32	114.46	91.87	1.25	21.60
特殊组合	校核工况	7.28	127.32	102.05	1.25	19.48

计算成果表明，不同运用工况，溢流段抗滑安全系数和抗浮稳定安全系数均满足规范要求。

5.7.6　主要工程量

溢洪道改建主要工程量汇总见表 5.7-16。

表 5.7-16　　溢洪道改建主要工程量汇总表

编　号	工程项目	单　位	数　量
一	土石方工程		
1	土方开挖	m^3	20368
2	石方开挖	m^3	40938
3	石方回填	m^3	8880
4	土方回填	m^3	1682

续表

编　号	工　程　项　目	单　位	数　量
二	基础处理		
1	固结灌浆	m	2633
2	锚杆	m	1088
三	浆砌石工程		
	浆砌石	m^3	3198
四	钢筋混凝土工程		
1	C15 垫层混凝土	m^3	892
2	C20 混凝土	m^3	5871
3	C25 混凝土	m^3	1968
4	钢筋	t	595
五	其他		
1	启闭机房	m^2	140
2	钢质栏杆	m	108
3	混凝土栏杆	m	200
4	橡胶止水	m	1006

5.8　安全监测

5.8.1　监测设计原则

本工程监测设计的主要原则是：

(1) 突出重点、兼顾全局，既密切结合工程具体情况，以危及建筑物安全的因素为重点监测对象，做到少而精，同时兼顾全局，又要能全面反映工程的运行状况。

(2) 由于本工程为已建工程，因此以外部变形和坝体渗流为主。监测项目的设置和测点的布设应满足监测工程安全资料分析的需要。

(3) 对于监测设备的选择要突出长期、稳定、可靠。

5.8.2　监测项目选择

为确保大坝的安全运行，掌握大坝的工作状态，根据《土石坝安全监测技术规范》(SL 60—94) 的要求，结合本工程的实际情况以及类似工程的经验，本工程设置了如下监测项目：

(1) 坝体水平位移和垂直位移监测。

(2) 坝体浸润线监测。

(3) 坝基渗透压力、绕坝渗流监测。

(4) 东、西放水洞与坝体结合部的渗流监测。

(5) 溢洪道的安全监测。

(6) 库水位、气温和降雨量监测。

5.8.3　大坝安全监测

(1) 已有安全监测项目。角峪水库于 1960 年 7 月初建成，原工程只有简单的观测设备，由于年久失修，已基本上不能正常使用。鉴于上述情况，在本次改造中不考虑对原有的观测设施进行利用，所有项目均为新设项目。

（2）监测布置。

1）坝体的水平位移和垂直位移监测。外部变形监测是判断大坝是否正常运行的重要指标。根据本水库自身的特点以及运行情况，在主坝的平行坝轴线方向上布设两条测线，分别位于坝顶和坝下游一级马道上，每条测线上每间隔 50m 左右设置一个位移标点，监测坝体的水平位移和沉降，共 42 个测点。

2）坝体浸润线监测。对土石坝而言，坝体浸润线的高低是大坝稳定与否的关键，为监测坝体浸润线的分布情况，主坝沿坝轴方向共布设 5 个监测断面进行监测，分别位于坝轴线桩号 0＋200、0＋267、0＋400、0＋500 和 0＋700m 处，每个监测断面上布设 3 个测压管，分别位于坝顶、坝下一级马道、马道下的边坡上。除此之外，为监测复合土工膜和高喷混凝土墙的防渗效果，在上述监测断面的高喷混凝土墙后、复合土工膜下的坝体高程 159.00m 附近布设 1 支渗压计，共 5 支。渗压计通过电缆引向观测站。

3）坝基渗透压力、绕坝渗流观测。为监测坝基的渗流情况，在上述 5 个监测断面上，坝顶和坝下一级马道的测压管底部的坝基内，分别布设 1 支渗压计，共 10 支。

为监测主坝的绕坝渗流状况，在主坝两侧坝肩分别布设 3 支测压管。

4）东、西放水洞与坝体结合部的渗流监测。为监测东、西放水洞与坝体结合部的渗流状况，在其结合部各布设 3 支渗压计，共 6 支。

5）溢洪道的安全监测。在本次除险加固中，溢洪道属于重建工程，为监测溢洪道底板渗透压力，在沿底板中心线上布置 3 支渗压计，为监测溢洪道与坝体结合部的接触渗流，沿溢洪道与坝体结合部布设 5 支渗压计，左侧 2 支，右侧 3 支，共计 8 支。渗压计通过电缆引向监测站。

另外，为监测溢洪道的不均匀沉陷情况，在溢洪道闸室及挡墙左右两侧各布置 6 个垂直位移标点，共 12 个。

6）库水位、气温和降雨量监测。根据本水库目前现状，水位计拟放在主坝上游坡库水位比较平稳的部位，通过水压力的变化来测定库水位的高低。同时，在西放水洞闸室侧面布设一个水尺，用以进行人工观测。

为监测库区附近的大气温度和降雨量，拟在水库管理所内的监测房顶设一个百叶箱和一个雨量计。

本工程拟设两个观测站，在坝顶桩号 0＋500 桩号附近新建一座观测站；另一座观测站位于水库管理所内，利用已有空房。仪器电缆根据距离两座观测站的远近，就近引入测站。

5.8.4 监测工程量表

安全监测工程量见表 5.8－1。

表 5.8－1　安全监测工程量表

序号	项目	单位	数量
1	渗压计	支	31
2	水位计	支	1
3	温度计	支	1

续表

序　号	项　目	单　位	数　量
4	雨量计	支	1
5	水尺	m	10
6	四芯屏蔽水工电缆	m	15000
7	位移标点	个	42
8	工作基点	个	4
9	垂直位移测点	个	12
10	垂直位移工作基点	个	1
11	镀锌钢管	m	230
12	电缆保护管（ϕ50mmPVC 管）	m	1000
13	全站仪	台	1
14	水准仪	台	1
15	振弦式读数仪	台	1
16	平尺水位计	台	1

6 角峪水库机电及金属结构设计

6.1 电气一次

6.1.1 现状

角峪水库位于山东省泰安市岱岳区角峪镇纸房村东南；角峪水库是一座以防洪为主，兼顾灌溉、养殖等综合利用的中型水库。

现有变电站为1980年建造，运行年久，电气设备已严重老化，变压器型号S7-50/10，型号老、容量小、损耗大、变压器漏油严重，运行的安全性和可靠性较差，不符合节能要求，属于淘汰产品；变电站低压配盘无型号、无生产厂家、无出厂日期的“三无”产品，电器元件已老化；动力箱小，锈蚀严重，进、出线混乱且不规范，低压线路均为架空裸线、部分地段较低、存在严重安全隐患、对人身安全构成威胁；柴油发电机、坝顶照明灯具等已被盗，部分地段供电设施已被破坏；变电站无补偿设备；房子破旧、漏雨严重等。

此次更新改造将原有电气设备、线路全部更换，变电站重建。

由于原变电站位于管理房处（管理房变电站），距新建溢洪道较远约为1200m，已超出0.4kV供电范围（500 m），需在溢洪道处新建1座10/0.4kV变电站，命名为“溢洪道变电站”、变电站电源从附近村庄10kV线路“T”接一回架空至溢洪道变电站，距离约1.5km。（当地供电部门已同意）

6.1.2 电源引接方式

本次属除险加固改造，根据《供配电系统设计规范》（GB 50052—1995）规定溢洪道变电站按二级负荷设计，主供电源从“T”接架空来的10kV电源终端杆引下经电缆（YJV22－3×35 8.7/10kV）至变电站；备用电源由柴油发电机组发电经电缆（ZR－YJV22－3×70＋1×35 1kV）至变电站0.4kV母线；变电站主要为溢洪道、东放水洞闸门启闭机、照明负荷、检修负荷等负荷供电；电网与柴油发电机组通过SQG1-200-3PF自动电源转换开关，完成双回路供电系统的电源自动转换，以保证重要负荷供电的可靠性；溢洪道变电站为新建。

管理房变电站按三级负荷设计，负荷采用单电源供电：利用原有10kV电源，从原终端杆引下经电缆（YJV22－3×35 8.7/10kV）至管理房变电站；变电站主要为西放水洞闸门启闭机、照明负荷、检修负荷、计算机监控负荷及原有负荷等负荷供电；管理房变电站为重建。

6.1.3 电气接线

溢洪道变电站、管理房变电站均属永久变电站，电压等级：10kV/0.4kV；高压均采用组合式变电站，共2台；变压器容量均为100kVA。

溢洪道变电站：10kV进线1回，0.4kV进、出线采用MNS组合式低压开关柜共1面，电容补偿柜1面，补偿装置容量：15×2＝30kvar。另设1台柴油发电机组作为外来电源失去时的备用电源，为重要闸用负荷供电；本站10kV侧采用单母线接线，0.4kV侧也采用单母线接线，高压侧1回进线接入10kV母线，经主变压器至0.4kV母线，考虑到负荷功率不大，距离较近，在低压母线上采用集中补偿装置补偿。

管理房变电站：10kV进线1回，0.4kV进、出线采用MNS组合式低压开关柜共2面，电容补偿柜1面，补偿装置容量：15×2＝30kvar。本站10kV侧采用单母线接线，0.4kV侧也采用单母线接线，高压侧1回进线接入10kV母线，经主变压器至0.4kV母线，考虑到负荷功率不大，在低压母线上采用集中补偿装置补偿。

6.1.4　主要电气设备选择

（1）组合式变电站。溢洪道变电站变压器容量选择：因最大运行工况为2台7.5kW启闭机运行，正常照明加1台7.5kW启闭机起动选择变压器容量为100kVA。

管理房变压器容量选择：原有负荷（管理处办公楼、职工宿舍楼、潜水泵、塑料加工厂、太阳能集热管加工厂）和本次改造的西放水洞负荷，选择变压器容量为100kVA。

型式　　ZBN-100/10户内型

高压单元

额定电压　　10kV

最高工作电压　　11.5kV

额定电流　　630A

额定短时耐受电流　　16kA

额定峰值耐受电流　　40kA

变压器单元

型式　　SC10－100/10环氧树脂浇筑干式变压器

额定容量　　100kVA

额定电压　　10/0.4kV

绝缘水平　　LI175AC35/LI0AC3

高压分接范围　　±2×2.5％

联结组别　　D，yn11

阻抗电压　　Uk＝4％

（2）氧化锌避雷器。

型号　　Y5WS5-17/50

系统额定电压　　10kV

避雷器额定电压　　17kV

避雷器持续运行电压　　13.6kV

雷电冲击残压　　50kV

爬电比距　　＞2.4cm/kV

（3）跌落式熔断器。

型号	RW9-10
额定电压	10kV
额定电流	100A
额定断流容量	100kVA

(4) 低压开关柜。

型式	MNS 型 低压抽出式开关柜
额定工作电压	380V
额定绝缘电压	660V
水平母线额定工作电流	4000A
垂直母线额定工作电流	1000A
水平母线短时耐受电流	80kA
垂直母线短时耐受电流	60kA
外壳防护等级	IP4X

(5) 柴油发电机柴油。

柴油发电机容量选择：按 2 台 7.5kW 启闭机运行，正常照明加 1 台 7.5kW 启闭机起动，选择柴油发电机容量为 68kW。

额定输出功率	68kW
额定电压	400V 三相四线
额定频率	50Hz
额定功率因数	0.8
噪声水平 (dB)	≤92

6.1.5 主要电气设备布置

溢洪道变电站布置在溢洪道附近，与 10kV 终端接杆、溢洪道、东放水洞均相对合理，且地势相对较高，不易集水、便于值班人员巡视的地方。组合式变压器、低压柜、无功补偿柜布置在变电站内。柴油发电机布置在柴油发电机房内。变电站内布置见配电房电气设备布置图。

管理房变电站布置在原地附近，与 10kV 终端杆、管理房、西放水洞均较合理，且地势相对较高，不易集水、便于值班人员巡视。组合式变压器、低压柜、无功补偿柜布置在变电站内。变电站内布置见配电房电气设备布置图。

溢洪道，东、西放水洞启闭机控制箱布置在启闭房内，为方便溢洪道、放水洞启闭机检修，溢洪道，东、西放水洞房内各布置 1 个配电箱、1 个照明箱。

从变电站至溢洪道，东、西放水洞，管理房均采用电缆穿管直埋敷设；溢洪道、放水洞房内电缆穿管暗敷。

6.1.6 照明

为降低损耗，采用节能型高效照明灯具。启闭机房照明布置工矿灯，事故照明灯采用带蓄电池灯具；变电站、柴油发电机房、管理房办公楼照明布置荧光灯、吸顶灯，事故照明灯采用带蓄电池灯具。坝顶道路照明灯具布置在坝顶上游侧，灯杆采用钢管杆，杆高 8m，安装间距为 30m，电缆穿管直埋。

6.1.7 过电压保护及接地

为防止雷电波侵入，管理房变电站在10kV电源进线处，即原10kV架空线终端杆上装设一组氧化锌避雷器；溢洪道变电站在10kV架空线终端杆上装设一组氧化锌避雷器。

接地系统以人工接装置（接地扁钢加接地极）和自然接装置相结合的方式。人工接地装置包括变电站、溢洪道、管理房、放水洞等处设的人工接地装置。自然接装置主要是利用结构钢筋等自然接地体，人工接装置与自然接装置相连，所有电气设备均与接地网连接。接地网接地电阻不大于1Ω，若接地电阻达不到要求时，采用高效接地极或降阻剂等方式有效降低接地电阻，直至满足要求。

6.1.8 电缆防火

根据《水利水电工程设计防火规范》(SDJ 278—1990) 的要求，所有电缆孔洞均应采取防火措施，根据电缆孔洞的大小采用不同的防火材料，比较大的孔洞选用耐火隔板、阻火包和有机防火堵料封堵，小孔洞选用有机防火堵料封堵。电缆沟主要采用阻火墙的方式将电缆沟分成若干阻火段，电缆沟内阻火墙采用成型的电缆沟阻火墙和有机堵料相结合的方式封堵。

6.1.9 主要工程量表

电气一次主要工程量见表6.1-1。

表6.1-1 主要电气工程量表

序号	名称	型号规格	单位	数量	备注
1	组合式变电站	ZBN-100/10 100kVA	台	2	
2	氧化锌避雷器	Y5WS5-17/50	组	2	
3	跌落式熔断器	RW9-10 10kV 100A	套	2	
4	并沟线夹	JB-3	套	12	
5	户外三芯电缆终端	5601PST-G1 15kV	套	2	
6	户内三芯电缆终端	5623PST-G1 15kV	套	2	
7	低压配电盘	MNS	面	5	
8	照明配电箱		面	4	
9	检修箱		面	4	
10	灯具		项	1	
11	10kV电缆	YJV22-3×35 8.7/10kV	m	150	终端杆至变压器
12	1kV电缆		m	3000	
13	导线	BV-6	m	300	
14	导线	BV-4	m	1000	
15	导线	BV-2.5	m	400	
16	护管	ϕ32	m	400	
17	护管	ϕ20	m	600	
18	接地装置		项	1	
19	电缆封堵防火材料		项	1	

续表

序号	名　　称	型 号 规 格	单位	数量	备注
20	水煤气管	ϕ40	m	1200	
21	水煤气管	ϕ100	m	400	
22	柴油发电机	68kW 0.4kV	台	1	
23	10kV 架空线路	1.5km	项	1	
24	坝顶照明	含灯柱	套	25	

6.2 电气二次

6.2.1 控制范围

角峪水库闸门自动控制系统的控制范围包括东放水洞工作闸门 1 扇、西放水洞工作闸门 1 扇、溢洪道工作闸门 3 扇，其中东、西放水洞工作闸门配套螺杆式启闭机，电机功率为 3kW；溢洪道工作闸门配套固定卷扬启闭机，电机功率为 7.5kW。

6.2.2 控制方式及系统组成

闸门控制拟采用由上位计算机系统及现地控制单元组成的分层分布式控制系统。

上位计算机系统由监控计算机、不间断电源、以太网交换机等设备组成，设于水库管理处办公室内。

现地控制单元设于启闭机房，与上位计算机系统通过以太网连接，由 PLC 控制屏、动力屏、自动化元件构成。

PLC 控制屏内装设可编程序逻辑控制器（PLC）、触摸屏、信号显示装置、网络服务器等。PLC 具有网络通信功能，采用标准模块化结构。PLC 由电源模块、CPU 模块、I/O模块、通信模块等组成。

动力屏装设主回路控制器件，主要包括空气开关、接触器、热继电器等。

为了配合实施闸门控制系统的功能要求，实现闸门的远方监控，启闭机均装设闸门开度传感器、荷重传感器和水位传感器，将闸门位置信号、荷载信号及水位信号传送至现地控制单元和上位机系统，为闸门控制提供重要参数。

6.2.3 上位计算机系统的功能

（1）数据采集和处理。模拟量采集：闸门启闭机电源电流、电压、闸前水位、闸后水位、闸门开度、闸门荷载；状态量采集：闸门上升或下降接触器状态、闸门启闭机保护装置状态、动力电源、控制电源状态、有关操作状态等。

（2）实时控制。通过监控计算机对闸门实施上升或下降的控制，所有接入闸门控制系统的闸门均采用现地控制与远方控制两种控制方式，互为闭锁，并在现地切换。

（3）安全运行监视。

1）状态监视。对电源断路器事故跳闸、运行接触器失电、保护装置动作等状态变化进行显示和打印。

2）过程监视。在控制台显示器上模拟显示闸门升降过程，并标定升降刻度。

3）监控系统异常监视。监控系统中硬件和软件发生故障时立即发出报警信号，并在显示器显示记录，同时指示报警部位。

4）语音报警。利用语音装置，按照报警的需要进行语言的合成和编辑。当事故和故障发生时，能自动选择相应的对象及性质语言，实现汉语语音报警。

（4）事件顺序记录。当供电线路故障引起启闭机电源断路器跳闸时，电气过负荷、机械过负荷等故障发生时，应进行事件顺序记录，进行显示、打印和存档。每个记录包括点的名称、状态描述和时标。

（5）管理功能。

1）打印报表。闸门启闭情况表，闸门启闭事故记录表。

2）显示。以数字、文字、图形、表格的形式组织画面在显示器上进行动态显示。

3）人机对话。通过标准键盘、鼠标可输入各种数据，更新修改各种文件，人工置入各种缺漏的数据，输入各种控制命令等，实现各涵闸运行的监视和控制。

（6）系统诊断。主控级硬件故障诊断：可在线和离线自检计算机和外围设备的故障，故障诊断应能定位到电路板。主控级软件故障诊断：可在线和离线自检各种应用软件和基本软件故障。

（7）软件开发。应能在在线和离线方式下，方便地进行系统应用软件的编辑、调试和修改等任务。

6.2.4 现地控制单元的功能

（1）实时数据采集和处理。模拟量采集：闸门启闭机电源电流、电压、闸前水位、闸后水位、闸门开度、闸门荷载。状态量采集：闸门行程开关状态、启闭机运行故障状态等。

涵闸监控系统通过在不同点安装一定数量的传感器进行以上数据的信号采集，并对数据进行整理、存储与传输。

（2）实时控制。

1）运行人员通过触摸屏在现场对所控制的闸门进行上升、下降、局部开启等操作。闸门开度实时反映，出现运行故障能及时报警并在触摸屏上显示。

2）通过通信网络接受上位机系统的控制指令，自动完成闸门的上升、下降、局部开启。

（3）安全保护。闸门在运行过程中，如果发生电气回路短路电源断路器跳闸，当发生电气过负荷，电压过高或失压，启闭机荷重超载或欠载时，保护动作自动断开闸门升/降接触器回路，使闸门停止运行。如果由于继电器、接触器接点粘连，或发生其他机械、电气及环境异常情况时，应自动断开闸门电源断路器，切断闸门启闭机动力电源。

（4）信号显示。在PLC控制屏上通过触摸屏反映闸门动态位置画面、电流、电压、启闭机电气过载、机械过载、故障等信号。

（5）通信功能。现地控制单元将采集到的数据信息上传到上位机系统，并接收远程控制命令。

6.3 金属结构

6.3.1 概况

角峪水库除险加固工程金属结构设备主要布置在新建东放水洞、西放水洞和溢洪道控制闸。金属结构设备包括平面闸门 7 扇，螺杆启闭机 2 台、单轨移动式启闭机 2 台、固定卷扬式启闭机 3 台。总工程量约为 53.6t。

6.3.2 工程现状和存在的主要问题

角峪水库始建于 20 世纪 60 年代，由大坝、东西放水涵洞、开敞式溢洪道组成。金属结构设备布置在东西放水涵洞进口。

东放水洞进口设工作闸门一扇，孔口尺寸 1.0m×1.0m，1973 年更换为平板钢闸门，采用螺杆启闭机操作。

西放水洞进口设工作闸门一扇，孔口尺寸 1.2m×1.2m，1980 年改建启闭机房，更换为平板钢闸门，采用螺杆启闭机操作。

2 条放水洞的闸门和启闭设备运行 30 年以上，设备陈旧，锈蚀、破损严重，操作困难，不能正常运行。特别是西放水洞工作闸门漏水严重，每次放水后常用麻袋、草袋堵塞。放水洞进口没有设置检修门，工作闸门无法进行正常维修。运行管理存在安全隐患，已不能满足运行要求。

大坝安全鉴定结论是 2 条放水洞的闸门变形漏水，启闭设备均已陈旧、老化、锈蚀、破损严重，不能正常运行。

6.3.3 设备选型与布置

东、西放水洞进口增设检修闸门，更换工作闸门及启闭机。由于溢洪道下游河道防洪能力低，为控制下泄流量，溢洪道增设控制闸门及启闭设备。

6.3.3.1 东、西放水洞

新建东、西放水洞的主要任务是灌溉引水，进口依次设置检修闸门、工作闸门及其启闭设备。

(1) 检修闸门及启闭设备。检修闸门均为平面滑动门，孔口尺寸 1.0m×1.5m，闸门尺寸 1.54m×2.0m，东、西放水洞的底坎高程分别为 156.57m、157.07m，设计水头分别为 7.0m、6.5m，运用条件为静水启闭，采用门顶充水阀充水平压。闸门平时锁定在塔顶高程 167.50m，当工作门槽需要检修时闭门挡水。闸门主要材料采用 Q235B，主支撑材料为油尼龙。

启闭设备均选用单轨移动式启闭机操作，同时兼顾工作闸门及其启闭机的检修；启闭容量均为 50kN，扬程 12m。

(2) 工作闸门及启闭设备。工作闸门均为平板滑动闸门，孔口尺寸 1.0m×1.0m，闸门尺寸 1.54m×1.4m，东、西放水洞设计水头分别为 9.79m、9.29m，运用方式为动水启闭，有局部开启要求。闸门根据灌溉引水流量要求局开运用，汛期或不引水时闸门闭门挡水；闸门主要材料采用 Q235B，主支撑材料为油尼龙。

启闭设备均选用螺杆启闭机操作，启闭容量均为 50kN/30kN，扬程 3.0m。

6.3.3.2 溢洪道控制闸

根据水工布置，新建溢洪道控制闸设在原溢洪道中部，共 3 孔；由于水库水位一般低于正常蓄水位，闸门检修可安排在低水位时进行，故不设检修闸门，仅设工作闸门，工作闸门每孔 1 扇。

表 6.3-1 角峪水库除险加固工程金属结构工程量表

基本资料					闸门					启闭机						
闸门名称		闸门-设计水头（宽×高一水头）/m	孔口数量	扇数	闸门型式	门体重量		埋件重量		型式	容量/kN（行程）	数量	单重/t	共重/t	抓梁/t	轨道/t
						单重/t	共重/t	单重/t	共重/t							
东放水洞	检修闸门	1.54×2.0	1	1	平面滑动	1.5	1.5	4	4	单轨移动式启闭机	50（12m）	1	1.0	1.0		0.5
东放水洞	工作闸门	1.54×1.4	1	1	平面滑动	1	1	0.8	0.8	螺杆机	50/30（3m）	1	1.0	1.0		
西放水洞	检修闸门	1.54×2.0	1	1	平面滑动	1.5	1.5	3.5	3.5	单轨移动式启闭机	50（12m）	1	1.0	1.0		0.5
西放水洞	工作闸门	1.54×1.4	1	1	平面滑动	1	1	0.8	0.8	螺杆机	50/30（3m）	1	1.0	1.0		
溢洪道	工作闸门	5.9×3.1	3	3	平面滑动	3.5	10.5	3.5	10.5	固定卷扬启闭机	2×100（7m）	3	4.5	13.5		
合计							15.5		19.6					17.5		1
总计		53.6t														

工作闸门孔口尺寸5.0m×3.1m，底坎高程162.00m，根据闸门控制泄量$40m^3/s$的要求，设计水头2.68m，闸门运用方式为动水启闭，有局部开启要求。工作闸门选用平面滑动闸门。门体主要材料采用Q345B，埋件采用Q235B，主支撑为自润滑复合材料。

启闭设备选用固定卷扬启闭机，1门1机布置，共3台。启闭容量2×100kN，扬程7m。

6.3.4 启闭设备及控制要求

螺杆式启闭机和固定卷扬式启闭机均可现地与远方控制。

启闭机设有荷载限制器，具有自动报警及切断电路功能。当荷载达到90%额定起重量时自动报警，达到110%额定起重量时自动切断起升机构电路，确保运行安全。

启闭机设有行程限位开关，用于控制闸门的上、下极限位置，具有闸门到位自动切断电路的功能。

启闭机设有闸门开度传感器，用于显示和控制闸门的起升高度，与行程限位开关一起控制闸门的运行，其接收装置具有数字动态显示功能，可安装于现场，对于要求远方控制的启闭机其信号可传至远方控制中心。该装置可控制闸门停在预先设定的任意位置，满足工作闸门的局部开启要求。

6.3.5 工程量

金属结构工程量见表6.3-1。

7 角峪水库消防与节能设计

7.1 工程概况

角峪水库除险加固工程主要建筑物包括新建东放水洞、西放水洞和溢洪道控制闸。根据运行要求和结构特点，溢洪闸3孔设进口工作闸门3套，工作闸门用固定卷扬式启闭机，上面布置卷扬启闭机室。放水洞设进口检修门、工作门各1套，上面设闸门启闭机室。溢洪闸附近有变电站和柴油发电机房、集中控制室等建筑物。

7.2 消防设计

7.2.1 消防设计依据和设计原则

（1）设计依据：①《水利水电工程设计防火规范》（SL 329—2005）；②《建筑设计防火规范》（GB 50016—2006）；③《建筑灭火器配置设计规范》（GB 50140—2005）。

（2）设计原则。本工程消防设计贯彻“预防为主，防消接合”和“确保重点，兼顾一般，便于管理，经济实用”的原则。

7.2.2 消防设计

本工程中需要消防的部位有：放水洞的启闭机房、溢洪闸的卷扬式启闭机室、柴油发电机房、变压器房、闸门集中控制室、值班及生活用房等。

根据《水利水电工程设计防火规范》（SL 329—2005）的规定，上述各部位的火灾危险性及耐火等级见表7.2-1。

表7.2-1　建筑物的火灾危险性及耐火等级

部　位	火灾危险性类别	耐火等级	火灾危险等级
柴油发电机房	丙	二	中
干式变压器室	丁	二	中
中控室、通信室、继电保护盘室等	丙	二	严重
卷扬式启闭机室	戊	三	轻
水工观测仪表室	丁	二	轻
值班及生活用房	丁	二	轻

因本工程涉及的建筑物比较简单，消防面积相对较小，大多为混凝土结构，耐火等级高，易燃物较少。故根据不同的耐火等级、火灾危险性类别和火灾危险等级，配备适当的移动灭火器即可满足防火要求。

灭火器配置见表7.2-2。

表 7.2-2 灭火器配置表

序号	部位	火灾危险等级	灭火器型号	数量
1	放水洞启闭机房	轻	MT5	2×2=4
2	卷扬式启闭机室	轻	MT5	2
3	柴油发电机房	中	MT5	2
4	干式变压器室	中	MT5	2
5	集中控制室	严重	MT5	3
6	水工观测仪表室	轻	MT5	2
7	值班及生活用房	轻	MT5	2

7.3 节能设计

7.3.1 电气设备

在整个配电系统中，变压器的能源消耗所占比重最大，因而选用低损耗变压器可以降低能源消耗。山阳水库原有1台S7—50/10型三相油浸站用电力变压器，为20世纪70年代生产，属超期服务，其技术参数落后，能耗指标偏高，运行的安全性和可靠性较差，不符合节能要求，属于淘汰产品。本次改造将该站变压器更新为1台ZBN-100/10型干式变压器，变压器参数按《三相配电变压器能效限定值及节能评价值》（GB 20052—2006）控制。

为提高电网潮流功率因数、减少无功潮流、降低电网损耗，在变电站设计中增设无功补偿装置。

新站高、低压母线均采用铜母线，与铝母线相比电能损耗降低，节约了能源。

在此次改造中，为降低损耗，照明均采用节能型灯具和节能控制系统等高效产品。

在闸门控制系统设计中，控制设备在选型时充分考虑安全可靠，经济合理，节约运行费用并选择节能产品。控制系统采用PLC控制，采用弱电集成模块，较常规继电器接线回路节省了设备，降低了电能损耗，节约了能源。

7.3.2 金属结构

在金属结构设备运行过程中，操作闸门的启闭设备消耗了大量的电能，降低启闭机的负荷，就能减少启闭机的功电能消耗，实现节能。

闸门启闭力的大小与闸门重量、闸门的支撑和止水的摩阻力有关。因此，在闸门设计中选用摩擦系数较小的自润滑复合材料作为主滑块的材质；闸门的止水采用摩擦系数小、耐磨性强的橡塑复合材料。这些设计和新材料的选用降低了闸门的启闭力，从而减少了启闭机的容量，在保证设备安全运行的情况下减少电能消耗。

7.3.3 施工机械

工程主要施工项目有：原大坝、水闸等建筑物的混凝土、砌石拆除和重建，基础固结灌浆，土工膜铺设及高喷防渗墙、土石方挖装和运输，混凝土拌和和浇筑，金属结构和机电设备运输和安装等，均需要施工机械、设备和配套设施。施工期从机械设备使用与管理等方面应尽量采用节能新工艺、新技术、新材料和新产品，并采用以下节能措施：

(1) 限制并淘汰落后的施工机械和设备。

(2) 施工期夜间照明，采用节能型灯具和节能控制系统。

(3) 尽量采用生物柴油、乙醇类燃料汽车和机械。

(4) 尽量采用高效节能水泵和空压机。

(5) 使用逆变式焊接电源焊机、自动和半自动焊接设备、CO_2 气体保护焊机等。

(6) 建立一套完善的施工机械设备技术状况检查方法及管理制度，推广燃油节能添加剂、燃油清净剂、润滑油节能添加剂、子午线轮胎等汽车节能新技术产品。

(7) 推广节能驾驶操作培训，提高驾驶员技术素质。

(8) 更新改造老化的大中型拖拉机、推土机等施工机械，加强柴油机的节能技术改造。

8 角峪水库施工组织设计

8.1 施工条件

8.1.1 工程条件

（1）工程概况及对外交通条件。角峪水库位于山东省泰安市岱岳区角峪镇纸房村东南，水库位于牟汶河一级支流汇河上，是一座以防洪为主，兼顾农业灌溉、水产养殖等综合利用的中型水库。角峪水库枢纽包括大坝、溢洪道和放水洞（东、西两条放水洞）三部分。水库大坝距国防 09 公路 1km，水库下游 3km 是角峪镇政府，5km 以内有青银高速公路，坝顶公路在左坝肩与当地简易公路相连，对外交通比较方便。

角峪水库等别为中型Ⅲ等工程，主要建筑物大坝、溢洪道、放水洞为 3 级建筑物，其余次要建筑物为 4 级建筑物。

（2）主要施工内容及工程量。本次除险加固的主要任务是对坝体、坝基、放水洞、溢洪道及其他建筑物进行除险加固，完善防汛路、水库管理和监测设施等。

除险加固工程主要工程量：清基及土方总开挖 5.86 万 m^3、石方总开挖 4.09 万 m^3、土方总填筑 67923m^3、混凝土浇筑总量 22218m^3、砌石 10828m^3，钢筋 767t、高喷进尺 7075m。

（3）主要建材供应。工程所需的主要建筑材料有水泥、钢材、木材等，因施工现场距泰安等市县较近，在工程建设期间，上述物资均可由当地建材市场购买。水泥、钢材、木材运距均为 30km，汽油、柴油在附近加油站购买，运距 15km。

工程区附近土料丰富，质量满足需要，可就近选定料场开采。混凝土粗细骨料、块石料可由附近生产企业处购买成品料。

（4）施工供水、供电条件。本工程附近有村庄和水库管理所，施工生产用水可自行抽取河水处理后使用，生活用水有条件时结合当地饮水方式解决，否则可拉水使用。施工供电考虑从附近网电引接，距离约 0.5km。

8.1.2 自然条件

8.1.2.1 气象、水文

（1）气象。该流域属暖温带大陆性季风气候，据多年实测资料统计，该地区多年平均降水量 712mm，其中 6～9 月降水量 489mm，占全年的 70％左右，流域平均气温 12.8℃，最大冻土深 46cm，最高月平均气温 26.4℃，最低月平均气温－3.2℃，无霜期平均 200 天，多年平均最大风速为 14.6m/s。

（2）水文。

1）设计洪水。根据水文计算结果，角峪水库设计洪水成果见表 8.1－1。

表 8.1-1　　角峪水库设计洪水成果表　　单位：Q_m m^3/s；W_i 万 m^3

项　目	不同频率 $P/\%$，设计值								
	0.05	0.1	0.2	1	2	3.33	5	10	20
Q_m	962	873	783	579	493	433	381	307	229
W_{6h}	1361	1242	1122	847	729	646	573	443	332
W_{24h}	1948	1778	1609	1216	1049	931	828	655	495
W_{72h}	2033	1861	1688	1289	1118	996	891	714	548

2）施工洪水。

汛期施工洪水的计算同水库入库设计洪水，成果见表 8.1-1。

非汛期施工洪水根据水文计算结果，角峪水库施工洪水成果见表 8.1-2。

表 8.1-2　　角峪水库非汛期施工设计洪水成果表

采 用 方 法	不同频率 $P/\%$，设计值/(m^3/s)		
	5	10	20
地区综合	6.06	2.86	1.02
单站（推荐）	8.37	4.37	1.74

8.1.2.2　地形地质

角峪水库位于牟汶河一级支流汇河上，为丘陵地貌，海拔在 151.00～172.00m 之间，地势平缓，沟谷开阔。汇河呈南东—北西流向，河谷呈不对称“U”字形，坝址区河床宽 80～100m。河漫滩主要由冲洪积中粗砂为主，由壤土及中粗砂、粉砂组成。由于人为修梯田、耕植等原因，两岸阶地形态已分辨不清。在坝下的放水洞水沟中可见阶地的底部砂砾石层。

坝体与坝基地层，坝体为人工堆积碾压的坝体材料，坝基为风化的闪长岩、灰岩以及粉砂、中粗砂、壤土等。

溢洪道位于大坝右端，总长约 980m。溢流堰前引水渠长约 220m，底宽 100～196m，底高程 161.60～163.57m；溢流堰为宽顶堰，堰面为开挖的全风化闪长岩，堰顶高程 163.57m；溢洪道下游无消能防冲设施，下游泄槽有宽 100m 渐变为 20m，泄槽上游段覆盖层为全风化的闪长岩，下游段覆盖层为壤土，覆盖层抗冲刷能力极差，溢洪道退刷严重，下游多处已形成冲沟。

西放水洞位于大坝桩号 0＋058m 处，为无压砌石拱涵洞，进口洞底高程 157.07m，砌石拱涵总长 60.56m，放水洞内渗漏、溶蚀严重，西放水洞回填时拱涵处理不彻底，填土压实度不够。西放水洞洞周土体黏粒含量在 29.4%～32.7%间，基本满足规范对坝体土料要求的 10%～30%。西放水洞进口底高程 157.07m，基础坐落在灰岩上。

东放水洞位于大坝桩号 0＋865 处，为无压砌石拱涵洞，进口洞底高程 156.57m，砌石拱涵总长 54.66m。东放水洞洞内渗漏、溶蚀严重，下游部分基础坐落在壤土上。东放水洞外围被壤土层覆盖，其粘粒含量在 21.0%～32.6%之间，基本满足规范对坝体土料的要求。

8.1.3 施工特点

该除险加固工程施工是在原有的水库大坝上进行施工，为此必须一边低水位运行一边施工，在施工时间上会受到一定限制，因此应合理安排施工进度，要协调好施工时段与水库泄水两者关系。

8.2 施工导流

8.2.1 导流标准和导流时段

角峪水库除险加固工程主要是对大坝、溢洪道、放水洞进行加固、防渗处理。为了保证施工期间能够干地施工，施工前应首先放空水库，施工期必须解决好施工导流问题。

角峪水库枢纽工程由大坝、放水洞、溢洪道等组成。水库工程等级为Ⅲ等，主要建筑物级别为3级。根据《水利水电工程施工组织设计规范》（SL 303—2004）的规定，导流临时建筑物级别为5级，相应的土石类导流建筑物设计洪水标准为重现期5～10年。由于围堰使用时间较短，且导流建筑物失事后只对本工程工期造成影响，不会造成大的经济损失和严重后果，因此选择5年一遇作为导流建筑物设计标准。考虑放水洞建筑物在原大坝上开口施工，为保证建筑物施工安全，需考虑超标准设防，按20年一遇考虑临时度汛，可采用临时修筑子堰等措施加高围堰。

角峪水库所在的汇河流域洪水主要由暴雨形成，洪水主要集中在汛期，且年际变化大。汇河属山溪性河流，源短流急，洪水暴涨暴落，历时较短，一次洪水总历时一般在24h左右，双峰型洪水历时可达2～3天。根据流域水文特点、工程建筑物布置及施工进度安排，将放水洞和泄水隧洞的加固施工安排在汛后进行，即每年10月开始进行施工。

8.2.2 导流方式

工程为除险加固工程，将在大坝坡脚处进行防渗墙施工，结合水库永久建筑物布置，根据工期分析，拟采用东、西放水洞互相导流交替施工的导流方式，主要考虑以下两种导流方案：

（1）先施工西放水洞，东放水洞导流，后施工东放水洞，利用完建的西放水洞导流。

（2）先施工东放水洞，西放水洞导流，后施工西放水洞，利用完建的东放水洞导流。

经过对两种导流程序水力学计算，方案（1）挡水围堰高程159.00m，方案（2）挡水围堰高程159.30m，防渗墙施工平台高程与挡水围堰顶高程一致，因此确定安排西放水洞先施工的方案（1）。

汛期利用两放水洞泄流时，溢洪道施工不受汛期洪水影响。

8.2.3 导流建筑物设计

8.2.3.1 导流建筑物布置条件

导流建筑物利用坝脚的防渗墙施工平台进行布置。

8.2.3.2 围堰设计

为了节省工程投资，充分利用当地材料，施工简便，围堰采用土袋结构。

非汛期5年一遇设计流量为1.74m^3/s，经水力学计算，一期利用东放水洞泄流，西放水洞围堰挡水位为157.90m；二期利用完建西放水洞泄流，东放水洞围堰挡水位为157.70m，考虑波浪爬高和安全超高后，将围堰堰顶高程统一确定为159.00m。

西放水洞围堰堰高 3.00m，堰顶轴线长 37.90m，堰顶宽 3.00m，上游坡 1：2.0，下游坡 1：1.0，围堰堰体采用土工膜及黏土铺盖防渗；东放水洞围堰堰高 3.50m，堰顶轴线长 55.00m，堰顶宽 4.00m，上游坡 1：2.0，下游坡 1：1.0，围堰堰体采用土工膜及黏土铺盖防渗。

导流建筑物特性见表 8.2－1。

表 8.2－1　　导流建筑物特性表

项　目	西放水洞围堰	东放水洞围堰
结构型式	土袋	土袋
高度/m	3.0	3.5
堰顶长度/m	38.0	55.0
堰顶高程/m	159.00	159.00
堰顶宽度/m	3.0	4.0
坡度	迎水 1：2.0 背水 1：1.0	迎水 1：2.0 背水 1：1.0
防渗结构	土工膜、黏土铺盖	土工膜、黏土铺盖

8.2.3.3　导流建筑物工程量

导流建筑物工程量见表 8.2－2。

表 8.2－2　　导流建筑物工程量表

编　号	工 程 名 称	单　位	工 程 量
一	西放水洞		
(1)	基础清理	m^3	1021
(2)	土袋	m^3	644
(3)	土方填筑	m^3	322
(4)	土工膜（一布一膜）	m^2	180
二	东放水洞		
(1)	基础清理	m^3	1940
(2)	土袋	m^3	1196
(3)	土方填筑	m^3	815
(4)	土工膜（一布一膜）	m^2	305

8.2.4　导流工程施工

放水洞围堰土方填筑采用 1.0m^3 液压挖掘机挖装，10t 自卸汽车运输，59kW 推土机平料、碾压。放水洞加固施工完成后需进行围堰的拆除，围堰拆除采用 1.0m^3 反铲挖掘机挖装 10t 自卸汽车，运输至渣场。

8.3　料场选择与开采

角峪水库除险加固工程需要的天然建筑材料为：工程所需主要建筑材料包括混凝土骨料约 15048m^3、碎石料约 10137m^3、块石料约 10845m^3，土料约 46138m^3。其中块石料、砂石料拟选用商品料，土料场选定角峪土料场。

8.3.1 土料场选择与开采

角峪土料场位于右坝肩下游距坝址直线距离约100m的河床上，有简易路通向坝顶，地面高程152.00～160.00m，地形平坦，为第四系冲洪积壤土，分布平均厚度4～5m，料场长310m，宽168m，料场储量约10.54万m^3。

角峪土料场土料颗粒中黏粒（$d<0.005$mm）平均含量24.4%；粉粒（0.005～0.05mm）平均含量46.3%；土料以中、重粉质壤土为主。土样塑性指数为16.5。渗透系数9.64×10^{-7}cm/s。料场质量储量各项指标均符合规程要求。

土料开挖采用1m^3挖掘机挖装，10t自卸汽车运输至填筑工作面，综合平均运距约0.7km。

8.3.2 块石料、砂砾料与混凝土骨料

本次除险加固工程所需块石料、人工骨料、砂砾料用量较少，全部采用商品料。经地质调查，料场岩性为灰岩，岩性坚硬，质量较好，料源丰富，为前期工程施工和附近工程建设所利用。运距近，交通便利。质量和储量均能满足设计要求。

8.4 主体工程施工

为了减少河水对施工干扰，保证施工质量、进度与安全，施工单位应严格按照有关技术规范、规程，合理安排、精心施工。

8.4.1 开挖与拆除

主要包括原有但需重建的建筑物拆除，基础开挖，大坝清坡，溢洪道开挖等。

土方开挖和清坡采用1m^3挖掘机挖装，10t自卸汽车运输至弃渣场，坝面反滤料等的拆除由59kW推土机配合完成。拆除工程由人工利用风镐等机具完成，必要时可爆破拆除。石方开挖采用手风钻钻孔，人工装炸药爆破。渣料用1m^3挖掘机挖装，10t自卸汽车运输弃渣。

其中溢洪道石方开挖采用自上而下分层开挖，台阶爆破法施工，周边预裂爆破，建基面预留保护层。以100型履带式潜孔钻机钻孔为主，手风钻钻孔为辅，180马力推土机辅助集料，爆破石渣由1.0m^3挖掘机挖装，10t自卸汽车运输。

8.4.2 土石方填筑

本工程土方回填主要集中在坝体坝坡回填与放水洞开挖后坝体回填修复。总的回填土方约74378m^3。坝体土方填筑属于常规施工，由于本工程坝体开挖土方不能利用，土料主要利用溢洪道开挖与料场采运符合质量指标要求的土料为主，用10t自卸车运输至作业面，74kW推土机推平，平铺厚度0.3m左右，使用小型平碾进行压实，搞好层间结合及施工段落之间的结合。机械无法压实的部位，用打夯机压实，碾压干容重应达设计要求。

石渣回填主要集中在溢洪道工程，总需要石方17349m^3，溢洪道石渣回填全部采用自身开采料。

8.4.3 混凝土施工

工程混凝土工程地点分散、方量小，较大的浇筑部位包括泄水隧洞、放水隧洞、溢洪道等。其施工方法简介如下。

8.4.3.1 放水洞混凝土施工

东放水洞底板高程 156.57m，混凝土工程主要包括闸室 272m³，涵洞修复工程 124m³，交通桥 11m³，断层处理用 C15 混凝土 157m³，C20 钢筋混凝土挡土墙 54m³。总计混凝土 618m³。混凝土浇筑前，应详细检查仓内清理、模板、钢筋、预埋件、永久缝及浇筑前的准备工作，并经验收合格后方可浇筑。混凝土由拌和站提供，5t 自卸汽车运输。底部混凝土由自卸汽车直接入仓，平板式振捣器振捣密实，混凝土从一端向另一端浇筑，采用斜层浇筑法依次推进，一次成型，中间不留施工缝。待底板混凝土达到 50%设计强度进行基础固结灌浆。上部混凝土浇筑采用普通模板施工，混凝土由 QY8 型汽车起重机吊运 1m³ 吊罐入仓，钢筋等材料由 QY8 型汽车起重机吊运。涵洞修复混凝土采用泵入仓，插入式振捣器振捣密实。

西放水洞底板高程 157.07m，混凝土工程主要包括闸室 263m³，涵洞修复工程 134m³，交通桥 2m³，断层处理用 C15 混凝土 26m³，闸室进口段坝下埋涵 C25 混凝土 76m³，总计混凝土 501m³，施工方法同东放水洞。

8.4.3.2 大坝混凝土工程

大坝混凝土工程量包括土工膜与定喷墙连接混凝土 529m³、坝顶混凝土路缘石 42m³。总计混凝土 571m³。

坝顶混凝土防浪墙与土工膜与定喷墙连接混凝土施工为常规施工，施工方法不再阐述。坝顶混凝土路缘石由综合加工厂预制，由 5t 自卸汽车配合汽车吊吊装。

8.4.4 高喷墙施工

本工程大坝防渗处理需进行 7075m 的高喷墙施工，孔距 0.8～1.2m。高压喷射防渗墙施工为常规方法，以分序加密的原则按两序进行，奇数孔为Ⅰ序孔，偶数孔为Ⅱ序孔，其中每隔 20 孔在Ⅰ序孔上布置一个先导孔，施工时先钻先导孔来确定地层尺寸，后钻喷其他Ⅰ序孔，间隔一定时间后再钻Ⅱ序孔。施工流程为钻机定位、钻孔、台车定位、下管喷射、成墙、检查验收。

灌浆用水可为未受污染且不含杂质的河水，水泥采用 32.5 级各项指标检验合格的普通硅酸盐水泥，施工参数根据现场工艺试验确定，并根据施工情况随时修正。钻孔采用 1 台 150 型地质钻机钻孔，孔径 150mm，黏土泥浆护壁，孔斜不超过 1%。孔深达到设计要求后停钻，并将喷射装置下至孔底，将水、气、浆的压力都调到设计值，当冒浆比重大于 1.2g/cm³ 时，且各项指标均达到设计值时，开始按预定的提升速度边喷射边提升，由下而上进行高压喷射灌浆。灌浆结束后及时重新拌制水泥浆液对已灌过的孔进行静压回灌，回灌标准为孔口的液面不再下降。

8.4.5 复合土工膜铺设

首先按设计要求选购土工膜材料。在进场时由检测机构按《聚乙烯（PE）土工膜防渗工程技术规范》（SL/T 231—1998）的规定进行物理力学性能检测，在土工膜的物理力学性能达到规范要求后方可进场入库，其运输和贮存应符合有关规定。施工前应对坝坡进行整修，按设计坝面修整平顺、光滑，验收合格后方可进行下道工序。在铺设开始后，严禁在可能危害土工膜安全的范围内进行开挖、凿洞、电焊、燃烧、排水等交叉作业。

坝坡土工膜采用人工铺设，方向为顺坝轴向。施工工艺应按以下顺序进行：铺设→剪裁→对正、搭齐→压膜定型→擦拭尘土→焊接试验→焊接→检测→修补→复检→验收。焊缝搭接面不得有污垢、砂土、积水（包括露水）等影响焊接质量的杂质存在，否则应用干纱布擦干、擦净膜面。铺设时，土工膜应自然松弛并与支持层贴实，不宜褶皱、悬空。施工中应及时清理膜下土料中的各种有害尖锐物体，严禁扎破土工膜。工作人员严格按操作规程施工，不得将火种带入施工现场；不得穿钉鞋、高跟鞋及硬底鞋在复合膜上踩踏。车辆等机械不得碾压一布一膜膜面及其保护层。

宜在气温5～35℃、风力4级以下并在无雨天气进行土工膜施工。铺设完毕、末覆盖保护层前，应在膜的边角处每隔2～5m放1个20kg、40kg重的砂袋压边。铺膜速度与砂砾垫层及干砌石施工相对应。检测、修补、复检、验收等程序都应该按规范的要求去做。

8.4.6 灌浆工程施工

本工程需要进行固结灌浆的部位包括东放水洞基础、西放水洞基础、溢洪道工程基础灌浆、大坝帷幕灌浆。放水洞灌浆孔间距为3m，孔深3.5m；溢洪道闸室固结灌浆孔距1m，孔深6m，溢流堰固结灌浆孔深6m，孔距2m。固结灌浆孔显梅花形布置，共需固结灌浆3331m。采用YQ-80型潜孔钻钻孔，BW200型灌浆泵灌浆。

由于基础岩石条件较差，强度较低，固结灌浆应在有盖重的条件下进行。当底板混凝土达到50%设计强度以后，即可开始固结灌浆施工。固结灌浆进行全孔一次灌浆，选用循环式灌浆法施工。大坝帷幕灌浆在其上高喷桩完成后强度达到设计强度时进行，方法参照固结灌浆。

8.4.7 砌石施工

砌石主要用于上下游坝坡干砌石护坡9204m^3、防浪墙浆砌块石1389m^3、其他浆砌石685m^3。砌石工程应在基础验收合格后方可施工。砌石用石料应质地坚硬，不易风化，无剥落层或裂纹，其基本物理力学指标应符合设计规定。块石由1m^3挖掘机挖装，10t自卸汽车运输至工地后，堆存于指定地点，然后由人工按设计要求砌筑。浆砌石用水泥砂浆，采用0.4m^3砂浆搅拌机就近在使用地点拌和，人工胶轮架子车运输。

干砌石护坡施工时应先进行人工整坡。整坡完成后，先铺设砂砾石垫层，人工洒水、夯实，砂砾石垫层合格后可进行护坡砌石施工。

8.4.8 金属结构安装

本工程金属结构安装工程有闸门、启闭机等。钢闸门和启闭机制作与安装应符合《水利水电工程钢闸门制造、安装及验收规范》（DL/T 5018—1994）和《水利水电工程启闭机制造、安装及验收规范》（DL/T 5019—1994）的有关规定。

闸门由加工厂运至安装现场，放水洞进口闸门由汽车吊入检修间拼装，待启闭机安装完后吊入门槽安装。安装前应全面检查各部位总成和零部件，并符合相关规定。构件安装的偏差应符合设计和规范要求。

8.5 施工总布置

8.5.1 场内外交通

角峪水库位于山东省泰安市岱岳区角峪镇纸房村东南，水库位于牟汶河一级支流汇河上。水库大坝距国防09公路1km，水库下游3km是角峪镇政府，5km以内有青银高速公路，坝顶公路在左坝肩与当地简易公路相连，对外交通可利用当地道路。

施工区内交通可利用原坝顶道路，另需新建道路 0.5km，从溢洪道到弃渣场；改建道路 1.0km，仅对路面改善。场内道路路面宽 6.0m，碎石路面。场内施工道路特性见表 8.5－1。

表 8.5－1　　场内施工道路特性表

公路起讫点	长　度/m	路面宽度/m	路面结构	备　注
溢洪道到弃渣场	500	6.0	碎石	新建
其他	1000	6.0	碎石	改建
合计	1500			

8.5.2　施工工厂设施

工程砂石料从当地购买，工程区不设砂石料加工系统。根据工程施工需要，主要施工工厂设施有：混凝土拌和站，综合加工厂，机械停放场，仓库及风、水、电系统。

（1）混凝土拌和站。混凝土浇筑总量约 $9952m^3$，根据施工进度安排及结构施工特点，混凝土最大浇筑强度为 $25m^3/h$，工程规模较小，工程布置比较集中，因此选用 2 台 $0.4m^3$ 混凝土搅拌机拌制混凝土。混凝土拌和站占地 $1000m^2$。

（2）综合加工厂。综合加工厂包括钢木加工厂、混凝土预制厂等。混凝土预制件有条件时，可考虑利用当地企业生产。综合加工厂占地 $1200m^2$。

（3）机械停放场。工程离城镇较近，可提供一定程度的修理服务。在满足工程施工需要的前提下，本着精简现场机修设施的原则，工地仅设机械停放场，承担机械的停放和保养。占地面积 $500m^2$。

（4）风、水、电系统。施工区用水分为两处：一是主体施工区；二是施工工厂及生活区。主体施工区用水利用库水，水泵抽取，水池内澄清后使用；施工工厂及生活区用水接附近居民水管管网。

施工用电高峰负荷估约 350kW，可由大坝附近 10kV 输电线路接入，距离约 0.5km，工区内设额定容量约 250kVA 的 10/0.4kV 变压器 2 座。

（5）施工仓库。设置满足使用要求的简易仓库，用于存放施工所用物资器材，邻近综合加工厂布置，占地面积 $450m^2$。

8.5.3　施工总布置

（1）布置原则。坝后地势平坦，场地条件较好，距离近、利用方便。施工场区布置遵从以下原则：

1）方便生产生活、易于管理、经济合理。

2）施工布置紧凑，节约用地，取土和弃渣尽量少占或不占耕地。

3）尽量临近现有道路，减少施工道路工程量。

（2）生产生活设施布置。根据坝区地形、交通情况等因素，将施工工厂设施（混凝土拌和站、综合加工厂、施工车辆停放场、仓库、生活区等）集中布置在右岸坝后的平地上。各场区具体布置详见施工总布置图。

主要生产、生活设施规模见表 8.5－2。

表 8.5-2　主要生产、生活设施规模

序　号	项　目　名　称	建筑面积/m^2	占地面积/m^2
1	混凝土拌和站	150	1000
2	综合加工厂	200	1200
3	机械停放场	50	500
4	仓 库	300	450
5	办公生活区	833	1249
合计		1533	4399

（3）弃渣规划。本工程主体工程土方开挖 43537m^3、清基清坡 18041m^3、石方开挖拆除 52577m^3、围堰拆除土方 2978m^3，总计 117132m^3。其中利用土方 38306m^3，利用石方 21222m^3。坝体清坡清基用于回填土料场，折合松方 20056m^3；其余土石方全部弃渣，折合松方 81987m^3。弃渣场位于坝后，占地面积为 33482m^2。

8.5.4 施工占地

施工临时占地包括生产生活设施、料场、渣场、道路等，共 58361m^2。场内新建临时道路宽 6m，平均占压宽按 10m 计，改建道路不计占地。施工占地面积汇总见表 8.5-3。

表 8.5-3　施工占地面积汇总表

序　号	项　目	占地面积/m^2	折　合　亩
1	混凝土拌和站	1000	1.5
2	仓库	450	0.68
3	综合加工厂	1200	1.8
4	机械停放场	500	0.75
5	生活区	1249	1.87
6	施工道路	5000	7.5
7	土料场	15480	23.22
8	弃渣场	33482	50.22
合计		58361	87.54

8.6 施工总进度

8.6.1 编制原则及依据

本水库除险加固工程包括挡水大坝除险加固、东、西放水涵洞、溢洪道等项目的施工。由于工程规模较小，施工时以小型机械为主，配合人工施工。为了实现除险加固的目标，施工时应合理组织施工、加强管理。

编制本进度的主要依据为水利部编制的有关定额，根据工程特点和选用的施工方法及相应的施工机械，参照已建类似工程的资料，分析确定机械生产率，以期使施工进度经济合理。

8.6.2 施工总进度计划

工程施工总进度主要包括：准备工程、大坝加固工程、东西放水涵洞改建工程、溢洪道工程，施工总工期 20 个月。本工程的施工主要受汛期度汛限制，6～9 月为汛期。本工程属于除险加固工程，泄水通道只能选择原有的东、西放水洞泄流，导致汛期库水位较高，围堰不能全年挡水，所以选择东、西放水洞交替施工，溢洪道施工不受汛期影响。

(1) 施工准备期。主要包括进行场内道路建设及场地平整，风水电设施建设，施工临时住房以及施工工厂设施建设等，拟安排在第一年 2 月初开始，工期 1 个月，3 月初结束。

(2) 西放水洞施工。西放水洞于第一年 3 月初，准备工程结束后进行。围堰修筑 0.5 个月，之后进行洞身修复，于第一年 3 月中开始至 4 月中结束。为了避免施工干扰，原有浆砌石拆除 314m^3 待洞身修复结束后进行，拆除 10 天，于 4 月底结束。4 月底至 6 月初进行土方开挖，完成土方开挖 10478m^3。开挖完成后进行进口挡土墙浇筑，完成混凝土浇筑 118m^3，工期为半个月。土方回填与挡土墙同时施工，工期 2 个月，完成土方回填 9977m^3。闸室混凝土浇筑于第一年 7 月初开始至 9 月初结束，完成混凝土浇筑 263m^3。基础固结灌浆待底板混凝土达到 50%设计强度后进行，于 7 月中开始，8 月中结束，工期 1 个月，完成固结灌浆 303m。交通桥施工安排在闸室混凝土施工结束后进行，工期 1 个月，于第一年 9 月底结束。

(3) 东放水洞施工。东放水洞施工于第二年 3 月初进行。围堰修筑 0.5 个月，之后进行洞身修复，于第二年 3 月中开始至 4 月中结束。为了避免施工干扰，原有浆砌石拆除 269m^3 待洞身修复结束后进行，拆除 10 天，于 4 月底结束。4 月底至 6 月初进行土方开挖，完成土方开挖 11021m^3。开挖完成后进行进口挡土墙浇筑，完成混凝土浇筑 54m^3，工期为半个月。土方回填与挡土墙同时施工，工期 2 个月，完成土方回填 10348m^3。闸室混凝土浇筑于第二年 7 月初开始至 9 月初结束，完成混凝土浇筑 272m^3。基础固结灌浆待底板混凝土达到 50%设计强度后进行，于 7 月中开始，7 月底结束，工期 10 天，完成固结灌浆 76m。交通桥施工安排在闸室混凝土施工结束后进行工期 1 个月，于第二年 9 月底结束。

(4) 大坝加固施工。大坝加固工程主要包括原有坝面及防浪墙等拆除与重建，高喷墙及帷幕灌浆等。准备工程结束后首先进行原有干砌石护坡及防浪墙的拆除及清坡和土方开挖等，工期 2 个月，于第一年 3 月初开始至 4 月底结束。之后进行坝坡土方回填，工期 3 个月，7 月底结束，完成土方填筑 37975m^3。紧接着进行土工膜铺设及坝面干砌石和高喷墙等施工，其中坝坡砌石工程工期 2 个月，于 9 月底结束，完成砌石 9889 m^3；土工膜铺设于 9 月底结束，共铺设土工膜 40087m^2；高喷墙工期 3 个月，共完成定喷和旋喷 6409m。混凝土工程于 10 月初开始至 11 月中旬结束，工期 1.5 个月，共完成混凝土工程 2358m^3。

(5) 溢洪道施工。因为溢洪道修复工程不受汛期影响，为了减少与其他工程的干扰，降低施工强度，尽量利用第一年汛期进行施工。第一年 6 月中开始，12 月初结束。总工期 5.5 个月。其中土石方工程从第一年 6 月初开始至 8 月中结束，工期 2 个月，共完成土石方开挖 61306m^3；浆砌石砌筑从第一年 10 月初开始，12 月初结束，工期 2 个月，共完成砌石工程 2907m³；混凝土工程于 8 月中开始，11 月初结束，工期 2 个月，共完成混凝土浇筑 8046m³；启闭机房于 12 月初完成，工期 1 个月。

主体施工技术指标见表 8.6-1。

表 8.6-1　　主要施工技术指标表

序号	项目名称		单位	指标
1	总工期		月	20
2	清坡及土方开挖	最高月平均强度	m³/月	10491
3	石方开挖	最高月平均强度	m³/月	20469
4	混凝土浇筑	最高月平均强度	m³/月	5780
5	砌石	最高月平均强度	m³/月	4944
6	施工期高峰人数		人	350

8.7 主要技术供应

8.7.1 主要建筑材料

工程所需主要建筑材料包括：混凝土骨料约 15048m³、碎石料约 10137m³、块石料约 10828m³、水泥约 6620t、钢材约 767t、木材约 15m³，土料约 46183m³。

8.7.2 主要施工机械设备

根据施工进度表中各项工程施工时间，确定施工机械设备数量。其主要施工机械设备统计见表 8.7-1。

表 8.7-1　　主要施工机械设备统计表

机械名称	型号	单位	数量	备注
液压挖掘机	1m³	台	5	
推土机	74kW	台	3	
自卸汽车	10t	辆	15	
自卸汽车	5t	辆	5	
蛙夯机	2.8kW	台	3	
拌和机	0.8m³	台	2	
振捣器	2.2kW	台	4	
混凝土泵		台	1	
汽车起重机	8t	辆	1	
冲击钻机	KCL-100 型	套	1	
潜孔钻		套	1	
灌浆设备		套	1	
手风钻		台	3	
高喷设备		套	2	
风镐		台	2	

9 角峪水库工程征（占）地调查

9.1 工程征地区自然和社会经济概况

9.1.1 工程概况

角峪水库位于泰安市西部岱岳区峪屿镇纸房村东南的牟汶河一级支流汇河上，距泰安市25km，始建于1958年，是一座以防洪为主，结合农业灌溉、水产养殖等综合利用的中型水库。

水库枢纽主要包括大坝、溢洪道和放水洞三部分，水库总库容1890万m^3，属中（三）型工程。角峪水库已建成运行将近50年，老化失修严重，建筑物存在严重病害问题。据1983年水利工程“三查三定”核定表明，角峪水库防洪标准为100年一遇洪水设计，300年一遇洪水校核，水库防洪标准不够，大坝存在安全隐患，直接影响下游牟河和京沪高速公路特大桥的防洪安全，地理位置十分重要。

9.1.2 坝区自然和社会经济概况

角峪水库加固工程所在区域属于暖温带大陆性半湿润季风气候，寒暑适宜，光温同步，雨热同季。年平均气温13℃，多年平均降雨量700～800mm，无霜期200多天。粮食作物主要有小麦、玉米、地瓜、高粱、大豆、大麦等；经济作物主要有花生、芝麻、棉花、大麻、烟草、蔬菜等。坝址区涉及到泰安市岱岳区的角峪镇，岱岳区2005年末农业人口78.35万人，农作物总播种面积为194.76万亩，其中粮食作物播种面积107万亩，粮食总产49.96万t，农业人均638kg，农民人均纯收入4085元。

9.2 工程征地范围

角峪水库加固工程征（占）地范围包括加固工程建设征地、枢纽运行管理征地、施工临时占地（施工工厂设施占地、生活区占地、土料场占地、弃渣场占地、施工道路占地），根据工程总布置图和施工总布置图及原枢纽运行管理范围，共布置加固工程建设征地、枢纽运行管理征地及施工临时占地面积共329.17亩，其中永久征地241.63亩，临时占地87.54亩。角峪水库加固工程征（占）地情况见表9.2-1。

表9.2-1 角峪水库加固工程征（占）地情况表

序号	项目	征（占）地面积/亩	其中		
			永久征地/亩	临时占地/亩	备注
	合计	329.17	241.63	87.54	
一	加固工程建设征地	68.91	68.91		需征用
二	枢纽运行管理征地	172.72	172.72		需征用

续表

序号	项　目	征（占）地面积/亩	其　中		
			永久征地/亩	临时占地/亩	备注
三	施工占地	87.54		87.54	需征用
1	施工工厂设施			4.73	需征用
	混凝土拌和系统			1.5	需征用
	综合加工厂			1.8	需征用
	机械停放场			0.75	需征用
	中心仓库			0.68	需征用
2	生活区占地			1.87	需征用
3	土料场占地			23.22	需征用
4	弃渣场占地			50.22	需征用
5	施工道路占地			7.5	需征用

9.3　工程占压实物指标

9.3.1　调查内容及方法

根据《水利水电工程建设征地移民设计规范》（SL 290—2003）及原水电部1986年颁布的《水利水电工程水库淹没实物指标调查细则》（以下简称《细则》）的要求，结合工程征地区实际情况，将调查项目分为农村和专业项目两部分进行调查。

农村调查分为个人和集体两部分，个人部分包括人口、房屋、房屋附属建筑物、零星林木、坟墓和小型水利水电设施六部分；集体部分包括土地、房屋、房屋附属建筑物等。专业项目调查包括道路、电力等。

根据确定的工程建设征地范围和调查内容，在泰安市水务局、角峪水库管理所的配合下，于2007年11月对角峪水库加固工程征（占）地范围内的实物进行了全面调查。

9.3.1.1　人口、房屋及附属设施

（1）人口。人口是以户口簿为主要依据，现场核对户籍，逐户逐人进行调查，分姓名、身份证号、出生年月、性别、家庭关系、民族、文化程度、是否农业人口、劳动力（年满18周岁，男小于60周岁、妇女小于55周岁的具有有劳动能力的人口，在校生除外）等项登记造册。

（2）房屋及附属设施。

1）房屋按结构类型分为：框架结构、砖混结构、砖木结构、土木结构以及杂房五类。各类结构房屋的一般定义：①框架结构：以钢筋混凝土梁柱承重，砖（石）和其他建筑材料作为填充墙的结构；②砖混结构：以砖（石）墙和钢筋混凝土梁柱承重的结构；③砖木结构：以砖（石）和木承重的结构；④土木结构：以土砖或干打垒土质墙承重的结构；⑤杂房：结构不完整的房屋；⑥其他特种主房屋建筑，按特例临时立类。

2）房屋建筑面积计算及计量单位：①房屋面积调查以房屋的建筑面积计算，计量单位以m^2计算；②房屋建筑面积是指房屋勒脚线以上外墙的边缘所围的面积，不考虑屋檐

或滴水界线；③楼层面积计算：楼板、四壁完整者，楼层层高（以该层前后外墙高的平均值）2.0m以上（含2.0 m），按该楼层的整层面积计算；楼层层高1.8～2.0m（含1.8 m）者，按该楼层的0.8层计；1.5～1.8m（含1.5m）者，按该楼层的0.6层计；1.2～1.5m（含1.2m）者，按该楼层的0.4层计；1.2m以下者，不计楼层面积；④阳台面积：以阳台外围面积的一半计入该房屋面积中；⑤室外走廊面积计算：没有柱子的不计面积；有柱子的，以外柱所围面积的一半计入该房屋面积中；⑥屋内的天井，无柱的屋檐，雨篷、临时篷（盖），遮盖体等均不计算房屋面积；⑦在建房屋，根据有关审批报告（或材料）按计划建筑面积统计，并在调查表中注明。

3）房屋调查方法。调查人员实地逐单位、逐户、逐幢对房屋进行丈量计算和清点，现场登记。

4）附属设施。附属设施主要调查内容包括：围墙、厕所、蓄水池、水井等。围墙按立面面积，以 m^2 计；厕所以个计；蓄水池以 m^3/个计，水井以口计。

调查人员实地逐单位、逐户对其附属设施的数量、结构进行丈量计算和清点，现场登记。

9.3.1.2　土地类别

（1）土地利用现状的分类。土地调查主要分类包括耕地、园地、林地、水塘、建设用地和未利用地等。进行现场核对地类、地界。

各类土地的含义解释参照《山东省土地利用现状更新调查技术细则》（2004年3月16日）。

根据《中华人民共和国土地管理法》的规定，将土地用途分为三类，即农用地、建设用地和未利用地。农用地是指直接用于农业生产的土地，包括耕地、园地、林地、草地、农田水利用地、养殖水面等；建设用地是指建造建筑物、构筑物的土地，包括城乡住宅和公共设施用地、工矿用地、交通水利设施用地、旅游用地、军事设施用地等；未利用地是指农用地和建设用地以外的土地。

（2）土地计量单位。土地面积采用水平投影面积，以亩计（1亩＝666.67m^2）。

（3）调查方法。根据国土资发〔2001〕255号文划分地类，各类土地面积从1∶2000水库地形地类图上现场核对图斑，内业在1∶1000电子地形图上量算，各类土地面积以亩为计算单位。

9.3.1.3　零星果树木和坟墓

零星林木系指园地成片面积小于0.2亩和分散栽种在房前屋后、田边地角的有收益的果树、经济树木及其他树木。

零星林木分果树、经济树、其他林木三类。

（1）果树：包括柑橘、苹果、梨子、枇杷、芭蕉、桃子、核桃、板栗等。

（2）经济树：包括桑树、花椒、桐子、竹子等。

（3）其他：包括独立的用材树和其他树。

各类零星林木种类的设立根据调查范围内实际情况进行确定，所有的零星林木均以株（笼）计。

零星果树木调查“以户为单位，采用抽样调查的方法”，样本数为25%～30%，将零星果树木按果树、经济树、用材树等3大类，同时结合树种进行调查登记，并根据抽样成果推算实物指标，对其余部分树木种类和大小方面进行了实地定性调查，以保证在抽样调查成果的基础上推算出的实物指标更具有可靠性、偏差更小。

坟墓按座登记，只登记30年内的坟墓。

9.3.1.4 专业项目

包括交通道路、输电线等。按照地形地类图（比例尺为1：2000）实地调查，并收集相关资料，查清各专项等级、规模、权属等。对于公路、输电线等以长度进行数量统计的，首先核对其走向、位置、起止点，然后根据核对后的结果在图上量算其长度。

9.3.1.5 社会经济调查

主要收集角峪水库加固工程征（占）地涉及的泰安市、岱岳区、角峪镇和纸房村组等2005～2007年的统计年鉴和农业生产统计年报以及农业综合区划、林业区划、水利区划、土地详查等有关资料。

9.3.2 工程建设征地范围内实物指标

角峪水库加固工程征（占）地涉及泰安市岱岳区1个镇共2个村，征（占）地范围内没有居民点，但有2户7人，全部为农业人口（属户籍不在调查范围之内，但有产权房屋的常住人口）；征（占）土地面积为329.17亩，其中耕地267.64亩，林地31.94亩，鱼塘11.20亩，未利用地18.40亩；各类房屋面积706.36m²，其中砖木结构411.18m²，杂房295.18m²；砖围墙290.18m²，压水井1眼，厕所2个，猪羊圈3个，鸡兔窝3个；零星果树木3784棵；等外公路0.8km。主要实物指标见表9.3-1。

表9.3-1 角峪水库加固工程建设征（占）地实物指标汇总表

序号	项目	单位	合计	永久征地			临时占地
				小计	枢纽运行管理征地	坝体加固工程建设征地	施工占地
一	农村部分						
（一）	土地	亩	329.17	241.63	172.72	68.91	87.54
1	水浇地	亩	267.64	180.1	153.09	27.02	87.54
2	用材林	亩	31.94	31.94	10.12	21.82	
3	鱼塘	亩	11.2	11.2	9.52	1.68	
4	未利用地	亩	18.4	18.4	0	18.4	
（二）	房屋	m²	706.36	706.36	706.36		
1	主房	m²	411.18	411.18	411.18		
	砖（石）木结构	m²	411.18	411.18	411.18		
2	杂房	m²	295.18	295.18	295.18		
	砖（石）木结构	m²	295.18	295.18	295.18		
（三）	附属建筑物						
1	砖围	m²	290.18	290.18	290.18		
2	压水井	眼	1	1	1		

续表

序号	项　目	单位	合计	永久征地			临时占地
				小计	枢纽运行管理征地	坝体加固工程建设征地	施工占地
3	厕所	个	2	2	2		
4	猪羊圈	个	3	3	3		
5	鸡兔窝	个	3	3	3		
（四）	零星树	棵	3784	3784	3784		
	用材树	棵	3757	3757	3757		
	挂果树	棵	27	27	27		
二	专业项目		0.8	0.15	0.15		0.65
1	等外公路	km	0.8	0.15	0.15		0.65

9.4 移民安置规划

9.4.1 指导思想

兼顾国家、集体、个人三者的利益，走开发性移民的道路，贯彻前期补偿补助，后期扶持的安置方针，以大农业安置为主，以土地为依托，因地制宜，充分利用当地资源，广开安置门路，逐步形成多元化的产业结构，多行业综合安置，使移民生产有出路，劳力有安排，努力保证移民达到或超过原有生活水平。

9.4.2 基本原则

（1）坚持一靠科学；二靠政策，走开发性移民的新路子。工程征地移民安置以种植业、养殖业为主，保证基本口粮田，因地制宜，发展乡村工副业等，多渠道、多门路、多形式开发区域资源。

（2）生产开发的规模和资金，应以征用土地的补偿费和安置补助费为限额。

9.4.3 安置任务

（1）设计基准年安置任务。移民安置规划设计基准年，以编制规划的当年为基准年。角峪水库加固工程设计基准年为2007年。按安置性质，角峪水库加固工程仅有移民生产安置任务。生产安置人口计算公式如下：

生产安置人口(人)＝占压影响总耕地(亩)/占压前本村人均耕地(亩/人)

人均耕地(亩/人)＝土地详查耕地面积(亩)/农业人口(人)

（2）设计水平年安置任务。

1）设计水平年的确定。移民安置规划的设计水平年，根据工程施工进度安排及移民搬迁计划，确定工程征地移民安置设计水平年为2009年。

2）安置任务计算。水平年生产安置人口的计算，以设计基准年相应指标为基数，根据确定的人口自然增长率分村进行计算。

计算公式为：

$$Q=Q_0(1+K)^n$$

式中　Q——总人口预测数，设计水平年数，人；

Q_0——总人口现状数，设计基准年数，人；

K——规划期内人口自然增长率；

n——规划期限，即设计基准年至设计水平年增长数，年。

按照泰安市岱岳区近年来人口自然增长率 1.5‰，推算至设计水平年（2009 年），需要进行生产安置人口计算见表 9.4-1。

表 9.4-1　　角峪水库加固工程移民生产安置任务计算表

项　目		单位	合计	纸房村	柴庄村
耕地总面积		亩	4892	1860	3032
征用耕地		亩	180.1	107.84	72.26
总农业人口		人	4010	1910	2100
劳力		人	2360	1100	1260
人均耕地		亩/人	1.22	0.97	1.44
规划基准年	人口	人	161	111	50
	劳力	人	94	65	29
规划水平年	人口	人	161	111	50
	劳力	人	94	65	29

9.4.4　移民环境容量分析

移民安置区初步拟定。根据移民安置任务和地方提出的安置意见，拟定移民安置方式为本村安置。移民安置主要着眼于安置区土地资源的开发利用，安置区环境容量分析主要是研究安置区的土地承载力和水资源容量。

1）土地承载力分析是建立在土地评价的基础上，综合考虑了土地资源质量和数量及投入水平、人均消费水准等社会经济因素，选取以粮食占有量为指标的容量计算模式计算公式如下：

$$P = \sum_{i=1}^{n} P_i$$

$$P_i = Y_i / L_i$$

式中　P——区域的土地承载人口；

P_i——以村为单位的土地承载力人口；

Y_i——该区域（村）设计水平年粮食总产量；

L_i——水平年人均最低耗粮指标；

i——行政村序号；

n——行政村个数。

有关指标选取计算如下：

Y_i：设计水平年粮食总产量是以设计基准年粮食总产量为基础推算的。设计基准年粮食总产量是以2006年统计资料为基础推算的耕地亩产量和2006年初实有耕地数量为基准推算的。推算设计水平年粮食总产量时因设计基准年和设计水平年时间间隔较短，不考虑正常耕地递减及耕地单产的逐年增加等因素的影响。

L_i 采用农民家庭人均最低耗粮指标，根据工程征地区“十一五”规划、“十年”计划指标，综合选取加权平均值为460kg/人。土地环境容量分析见表9.4-2。

表9.4-2　角峪水库加固工程移民安置环境容量分析表

涉及村庄	设计基准年			设计水平年				
	人口/人	征用前耕地/亩	粮食总产量/t	人口/人	征用后耕地面积/亩	粮食总产量/t	人口容量/人	富余容量人/人
合计	4010	4892	2935.2	4022	4711.9	2827.14	6146	2124
纸房村	1910	1860	1116.00	1916	1752.16	1051.30	2285	369
柴庄村	2100	3032	1819.20	2106	2959.74	1775.84	3861	1755

根据表9.4-2显示，工程征地涉及各村的环境容量可以满足本村生产安置的要求。

2）水环境容量分析。移民生产安置在原村后靠，移民安置区为工程征地涉及到的村组，人均水资源量无变化。另外，角峪水库加固工程建设后，水库防洪标准提高，将有利于移民安置区生产生活供水，因此，不存在水资源制约因素。

9.4.5　农村移民生产安置规划

（1）种植业规划。移民生产用地划拨：根据安置区的土地资源状况，规划在安置区对生产安置人口征用生产用地，保证安置人口最低人均耗粮指标。生产用地划拨见表9.4-3。

表9.4-3　角峪水库加固工程移民安置生产用地划拨表

涉及村庄	生产安置人口/人	安置去向	划拨耕地/亩	征地单价/(元/亩)	投资/万元
		调地村庄	水浇地	水浇地	
合计	161		171.78		439.75
纸房村	111	本村	101.51	25600	259.86
柴庄村	50	本村	70.27	25600	179.89

（2）移民安置补充措施规划。移民安置补充措施是为了安置移民剩余劳动力，以恢复原有生活水平。根据移民安置区实际情况，结合当地经济发展规划和区域经济优势，综合规划下列措施：利用生产开发剩余资金，进一步提高土地利用率和优化种植业结构，适当发展商品蔬菜基地或林果业，增加移民收入，使移民生活达到或逐步超过原有水平。

9.4.6　生产安置规划综合评价

（1）移民劳力安置情况。设计水平年，角峪水库加固工程共安置移民161人，劳力94个，全部大农业安置，达到了移民生产有出路，收入有门路。

（2）移民劳力安置情况。农村移民生产安置规划是限额投资规划，生产开发投资来源于工程征地原有生产体系的生产补偿补助费，包括工程征地补偿费及安置补助费，征地范围内小型水利水电设施补偿费等。为保证移民安置后尽快恢复原有生活水平，生产安置规划投资为439.75万元，而仅用于生产安置规划的耕地的补偿费为461.06万元，尚富余21.31万元，该部分资金可用于移民发展蔬菜大棚，增加移民收入。

9.5 专项设施恢复规划

9.5.1 占压影响情况

角峪水库加固工程征（占）地范围内涉及到的专业项目只有交通道路，无电力线等专项。涉及0.80km等外公路，其中0.15km位于枢纽运行管理征地范围之内，不影响通行，不需要进行恢复改建；0.65km位于加固工程施工临时占地范围内，受占压影响，需恢复改建。

9.5.2 复建规划

按照原标准、原规模，恢复原功能的原则，对加固工程建设征地范围内影响的交通道路进行恢复改建。

对加固工程施工临时占地范围内占压影响的0.65km等外公路需进行恢复改建，改建长度0.75km。

9.6 工程建设征地移民补偿投资估算

9.6.1 编制的依据和原则

9.6.1.1 依据

（1）《大中型水利水电工程建设征地补偿和移民安置条例》，2006年7月，国务院第471号令。

（2）《中华人民共和国土地管理法》，1998年8月29日主席令第8号，2004年8月28日修订《中华人民共和国土地管理法》。

（3）《中华人民共和国耕地占用税暂行条例》国务院第511号令及中华人民共和国财政部、国家税务总局颁发的《中华人民共和国耕地占用税暂行条例实施细则》（第49号令，2008年2月26日）。

（4）国土资源部、国家经贸委、水利部文件《关于水利水电工程建设用地有关问题的通知》（国土资发〔2001〕355号），简称三部委355号文，2001年11月2日。

（5）《国务院关于深化改革严格土地管理的决定》（国发〔2004〕28号），2004年10月。

（6）财政部国家林业局文件财综字〔2002〕73号，关于印发《森林植被恢复费征收使用管理暂行办法》的通知。

（7）《水利水电工程建设征地移民设计规范》（SL 290—2003）。

（8）财政部国家林业局文件财综字〔2002〕73号，《关于印发〈森林植被恢复费征收使用管理暂行办法〉的通知》。

（9）山东省实施《中华人民共和国土地管理法》办法，1999年通过，2004年修正。

（10）山东省基本农田保护条例。

（11）山东省人民政府办公厅《关于调整征地年产值和补偿标准的通知》（鲁政办发

〔2004〕51号）。

（12）山东省物价局、财政厅《关于调整征用土地年产值和地面附着物补偿标准的批复》（鲁价费发〔1999〕314号）。

（13）角峪水库实物指标调查成果。

（14）有关统计资料、物价资料和典型调查资料。

9.6.1.2 原则

（1）凡国家和地方政府有规定的，按规定执行，无规定或规定不适用的，依据工程实际调查情况或参照类似工程标准执行，地方政府规定与国家规定不一致时，以国家规定为准。

（2）工程建设征地范围内实物指标，按补偿标准给予补偿。基础设施、专项部分规划采用恢复改建，按“原规模、原标准恢复原功能”的原则计算规划投资，不需恢复改建的占用对象，只计拆除运输费或给予必要的补助。

（3）概算编制按2008年第一季度物价水平计算。

9.6.2 概算标准的确定

9.6.2.1 土地补偿补助标准

土地分为耕地、园地、林地、鱼塘等。

（1）土地补偿补助倍数。

1）土地补偿倍数。根据《中华人民共和国土地管理法》第四十七条规定“征收耕地的土地补偿费，为该耕地被征收前三年平均年产值的六至十倍”，征用耕地的补偿倍数取10倍。

根据《中华人民共和国土地管理法》第四十七条规定“征用其他土地的土地补偿费和安置补助费标准，由省、自治区、直辖市参照土地的补偿费和安置补助费的标准规定”，结合《山东省实施〈中华人民共和国土地管理法〉办法》第二十五条“（一）征用城市规划区内的耕地（含园地、鱼塘、藕塘，下同），土地补偿费标准未贵庚的倍征用前三年平均年产值的八至十倍；（三）征用林地、牧草地、苇塘、水面等农用地，土地补偿费标准为邻近一般耕地前三年平均年产值的五至六倍；（五）征用未利用地，土地补偿费标准为邻近一般耕地前三年平均年产值的三倍。”结合当地具体情况，征用鱼塘的补偿倍数取10倍，其他土地（含林地、牧草地、苇塘、水面等农用地）的补偿倍数取6倍，未利用地的补偿倍数取3倍。

2）补助倍数。根据《中华人民共和国土地管理法》第四十七条规定“……安置补助费标准，为该耕地被征用前三年平均年产值的四至六倍”，取6倍。“征用其他土地的土地补偿费和安置补助费标准，由省、自治区、直辖市参照土地的补偿费和安置补助费的标准规定”，结合《山东省实施〈中华人民共和国土地管理法〉办法》第二十六条“征用土地的安置补助费按下列标准执行：（二）征用林地、牧草地、苇塘、水面以及农民集体所有的建设用地，每一个需要安置的农业人口的安置补助费标准为邻近一般耕地前三年平均年产值的四倍。”征用其他土地（含林地、牧草地、苇塘、水面等农用地）的补助倍数取4倍。

各类土地的补偿补助倍数见表9.6-1。

表 9.6-1　　角峪水库加固工程土地补偿补助倍数表

序号	地类	补偿补助倍数	补偿倍数	补助倍数
1	水浇地	16	10	6
2	林地	10	6	4
3	鱼塘	16	10	6
4	未利用地	3	3	

（2）亩产值。

1）耕地：角峪水库加固工程征用耕地均为水浇地，水浇地亩产值根据《山东省人民政府办公厅〈关于调整征地年产值和补偿标准的通知〉》（鲁政办发〔2004〕51号）的要求执行，角峪水库所在泰安市辖区属于二类地区，耕地每亩最低亩产值标准为1600元。

2）林地、鱼塘。根据山东省物价局、财政厅《关于调整征用土地年产值和地面附着物补偿标准的批复》（鲁价费发〔1999〕314号），“果园地、林地、塘地参照邻近耕地（粮食作物）确定”，经实地调查，该工程建设征（占）地林地、塘地邻近耕地（粮食作物）均为为水浇地，因此，林地、塘地（鱼塘）亩产值均执行水浇地亩产值标准，为1600元/亩。

（3）各地类地面附着物补偿标准。

1）林地：根据鲁价费发〔1999〕314号文件“参照邻近耕地（粮食作物）的确定，树木补偿另计”。经实地查勘，该工程建设征（占）地涉及的林地株间距1.5m，行间距2m，亩均林地树木220棵，按照鲁价费发〔1999〕314号文件“胸径10～20cm，补偿标准为30～45元/株”的标准，并结合实际，取40元/株，经计算，按照补偿标准林地地面附着物补偿标准为8800元/亩。

2）塘地：根据鲁价费发〔1999〕314号文件“参照邻近耕地（粮食作物）的确定，土石方工程及鱼苗损失另计”，参照当地类似工程，地面附着物补偿（主要包括塘地开挖，鱼塘开挖深度一般在1.2m左右，土石方开挖单价按2.5元/m^3计算，鱼塘内附属设施等）参考当地类似工程，鱼塘地面附着物补偿6000元/亩。

（4）土地补偿补助标准。

1）工程建设征地补偿补助标准按各类土地亩产值乘相应的补偿补助倍数，并综合考虑地面附着物补偿确定；角峪水库加固工程各地类土地补偿补助标准见表9.6-2。

表 9.6-2　　角峪水库加固工程土地补偿补助标准　　单位：元/亩

序号	地类	补偿补助倍数	地面附属物补偿	补偿补助标准
1	水浇地	16		25600
2	林地	10	8800	24800
3	鱼塘	16	6000	31600
4	未利用地	3		4800

2）临时占用的耕地根据使用期影响作物产值给予补偿。该工程的临时占地期限为8个月，根据占用土地类别的一年产值进行补偿，水浇地的补偿标准为1600元/亩。

9.6.2.2 房屋及附属建筑物补偿标准

(1) 房屋补偿标准。分主房和杂房，其中主房按结构类型分砖混结构、砖（石）木结构、土木结构；杂房按结构分砖木结构、土木结构、简易结构等。

根据《中华人民共和国土地管理法》第四十七条规定："被征用土地上附着物和青苗补偿标准，由省、自治区、直辖市规定"执行。而近年来山东未出台新的房屋补偿标准，且目前市场上人工、建筑材料价格涨幅较大，根据物价上涨情况参照相近区域工程房屋补偿标准分析确定。房屋补偿标准见表9.6-3。

表9.6-3　角峪水库加固工程房屋补偿标准

项　目	单　位	补偿标准/元	项　目	单　位	补偿标准/元
主房	m^2		杂房	m^2	
砖木	m^2	416	砖木	m^2	185

(2) 附属建筑物补偿标准。房屋附属物补偿标准根据鲁价费发〔1999〕314号文件，结合调查情况分析并参照相近区域附属建筑物补偿标准分析确定该工程附属建筑物补偿标准见表9.6-4。

表9.6-4　角峪水库加固工程附属物补偿标准

项　目	单　位	补偿标准/元	项　目	单　位	补偿标准/元
砖围	m^2	50	猪圈	个	124
压水井	眼	300	鸡窝	个	35
厕所	个	180			

9.6.2.3 零星树及坟墓补偿标准

(1) 零星树包括零星果木和材木。零星果木主要是杏树、苹果树等。根据鲁价费发〔1999〕314号文件及当地类似工程，果树：未结果30元/棵，初果期150元/棵，盛果期300元/棵。材树：大树45元/棵，中树30元/棵，小树20元/棵，幼树4元/棵。风景树综合价52元/株，花椒树50元/株。

(2) 根据山东省有关规定，坟墓300元/座。

9.6.2.4 迁移运输费

迁移运输费，根据加固工程建设征地范围内的实际情况，参照当地类似工程分析确定，迁移运输费标准见表9.6-5。

表9.6-5　角峪水库加固工程迁移运输费补偿标准表

项　目	单　位	单价/元
迁移运输费		
1. 物资搬迁		
个人	户	350
2. 搬迁损失	人	25
3. 误工补助	人	160
4. 车船医药	人	8
5. 临时住房补贴	户	900

9.6.2.5　土地复垦费

根据类似工程，挖地（料场）土地复垦标准按2200元/亩计列；压地（弃渣场、施工工厂、生活区及施工道路）按300元/亩计列。

9.6.2.6　过渡期生活补助

按生产安置人口300元/人进行补偿。

9.6.2.7　专业项目复建

根据工程占压专业项目的实际情况，按原标准、原规模、恢复原功能的原则复建。

专业项目补偿标准见表9.6－6。

表9.6－6　　角峪水库加固工程专业项目补偿标准表

序　号	项　目	单位	单价/元
1	等外公路	km	20000
2	桥涵	m^2	2000

9.6.2.8　其他费用

包括勘测规划设计费、实施管理费、技术培训费、监理监测费。

（1）勘测规划设计费：按直接费的3%计列。

（2）实施管理费：按直接费的3%计列。

（3）技术培训费：农村移民费的0.5%。

（4）监理监测费：按直接费的1%计列。

9.6.2.9　基本预备费

按直接费和其他费用之和的10%计列。

9.6.2.10　有关税费

（1）耕地占用税：耕地占用税：根据《中华人民共和国耕地占用税暂行条例》（国务院第511号令）及中华人民共和国财政部、国家税务总局颁发的《中华人民共和国耕地占用税暂行条例实施细则》（第49号令），山东省取22.5元/m^2（折合15000.75元/亩）计列。其中，占用原枢纽运行管理范围内的土地不计列土地占用税。

（2）耕地开垦费：根据山东省实施《中华人民共和国土地管理法》办法规定“占用基本农田的，按该耕地被征用前三年平均年产值的10倍计收，占用一般耕地的，按耕地被征用前三年平均年产值的8倍计收。”国土资源部、国家经贸委、水利部国土资发〔2001〕355号文件规定：以防洪、供水（含灌溉）效益为主的工程，所占压耕地，可按各省、自治区、直辖市人民政府规定的耕地开垦费下限标准的70%收取。本工程主要以供水（含灌溉）为主，所占耕地为一般农田。

（3）森林植被恢复费：为加强林政管理，保护和合理利用林地资源，根据财政部国家林业局文件财综字〔2002〕73号，关于印发《森林植被恢复费征收使用管理暂行办法》的通知精神执行。①征用用材林地、经济林地、薪炭林地、苗圃地，6元/m^2；②未成林造林地，4元/m^2；③防护林和特种用途林地，8元/m^2；④国家重点防护林地和特种用途林地，10元/m^2；⑤疏林地、灌木林地，3元/m^2。按占用林地的用途和类型，合理征收森林植被恢复费。其中，原枢纽运行管理范围内的林地不计列森林植被恢复费。

9.6.3 概算

根据占压影响实物指标和移民安置规划及专项处理方案，按确定的补偿补助标准计算，角峪水库加固工程征（占）处理及移民安置规划总投资为1413.70万元，其中农村移民补偿费为652.42万元；专业项目复建费1.60万元；其他费用49.04万元；基本预备费70.31万元；有关税费640.33万元。

9.7 耕地占补平衡

根据《中华人民共和国土地法》第三十一条："国家实行占用耕地补偿制度。非农业建设经批准占用耕地的，按照'占多少，垦多少'的原则，由占用耕地的单位负责开垦与所占用耕地的数量和质量相当的耕地；没有条件开垦或者开垦的耕地不符合要求的，应当按照省、自治区、直辖市的规定缴纳耕地开垦费，专款用于开垦新的耕地。"

角峪水库加固工程征（占）地范围内征用耕地按照国家和山东省的规定缴纳耕地开垦费，专款用于开垦新的耕地。

9.8 本次设计考虑范围

由于角峪水库的溢洪道征地和水库管理范围征地属于历史遗留问题，本次设计按照工程管理要求提出整个管理区的征地范围和投资，但工程建设征地、工程管理征地的投资不计入本次设计内，为了工程安全，在资金许可的情况下，尽早完成以上征地。本次设计投资仅列入临时工程征地，临时工程征地总投资为157.74万元。

10 角峪水库水土保持评价

10.1 水土流失及水土保持现状

10.1.1 水土流失现状分析

角峪水库位于山东省泰安市岱岳区角峪镇纸房村东南，是一座以防洪为主，兼顾农业灌溉、水产养殖等综合利用的中型水库。该水库坐落在牟汶河一级支流汇河上，水库及周边地区为丘陵地貌，区内海拔在151.00～172.00m之间，地势平缓，沟谷开阔。汇河呈南东—北西流向，河谷呈不对称“U”字形，坝址区河床宽80～100m。区内植被较差，多为耕种土地，土壤侵蚀类型区属北方土石山区，土壤侵蚀类型主要为水蚀，土壤侵蚀模数平均为1520t/(km^2·a)，属轻度侵蚀。项目区土壤容许流失量为200t/(km^2·a)。

10.1.2 项目建设区与水土流失重点防治区关系

根据《山东省人民政府关于发布水土流失重点防治区的通告》（1999年3月3日），项目区处于水土流失重点治理区，因此，在项目建设过程中必须处理好资源开发和生态环境保护的关系，搞好水土保持工作，有效防治水土流失。

10.2 防治责任范围

（1）项目建设区。项目建设区主要包括工程永久占地区、施工期间的临时占地区。根据本工程移民拆迁及安置专章设计，本工程不涉及移民拆迁和安置，移民生产用地划拨由于未改变其土地性质，不考虑防治措施。通过对本项工程的施工组织分析，工程建设征用土地总面积以及永久占地和工程临时占地见表10.2-1。

（2）直接影响区。直接影响区主要指工程施工及运行期间对未征、租用土地造成影响的区域。从各单项工程施工及运行情况进行分析：①主体工程永久占地区：由于主体工程施工产生的水土流失对工程占地四周会产生影响，影响区范围按照工程占地的10%计算；②施工生产生活区：根据对类比工程的调查观测和分析，施工生产生活区产生的水土流失一般影响到场地外边界约2.50m，因此，按区域周边延外2.50m作为直接影响区；③根据对类比工程和本项目的现场考察可知，弃渣场施工对周围的影响在征地范围外5m以内，据此确定本项目弃渣场直接影响区；④施工道路：施工道路两侧各5m可作为水土流失直接影响区。

综上所述：水土流失防治责任范围包括项目建设区和直接影响区，总面积为24.43hm^2，其中项目建设区面积为21.94hm^2，直接影响区面积为2.49hm^2。防治责任范围见表10.2-1。

表 10.2-1　　防治责任范围及其占地面积　　单位：hm^2

	占地用途	项目建设区面积	直接影响区面积	防治责任范围
永久占地	主体工程占地	16.11	1.61	17.72
	小计	16.11	1.61	17.72
临时占地	弃渣场	3.35	0.50	3.85
	施工生产生活区	0.44	0.07	0.51
	施工道路	0.50	0.08	0.58
	土料场	1.55	0.23	1.78
	小计	5.84	0.88	6.71
合计		21.95	2.49	24.43

10.3 项目区水土流失预测

由于项目建设将会损坏原有的地形地貌和植被，而且施工活动扰动了原有的土体结构，致使土体抗侵蚀能力降低，造成项目建设使区域内的土壤加速侵蚀，产生较大的水土流失。工程建设造成的新增水土流失量是指因开发建设导致的新的水土流失量，即项目建设区内在没有任何防护措施的情况下，建设和生产过程中产生的水土流失总量与原地面水土流失总量（背景值）的差值。工程建设造成的新增水土流失主要包括破坏原地貌造成的流失量、弃渣流失量、工程施工活动产生的水土流失量。

10.3.1 水土流失预测时段划分

预测时段分为项目建设期和自然恢复期，根据主体工程设计项目建设期 20 个月，由于项目建设跨两个汛期，故水土流失预测项目建设期按 2 年，自然恢复期根据不同工程部位按 1～2 年计算，水土流失预测项目、预测时段划分及土壤侵蚀模数表；具体见表 10.3-1。

表 10.3-1　　水土流失预测项目、预测时段划分及土壤侵蚀模数表

水土流失防治区		施工期/年	侵蚀模数背景值/[t/(km²·a)]	施工期土壤侵蚀模数/[t/(km²·a)]	自然恢复期/年	自然恢复期土壤侵蚀模数/[t/(km²·a)]
主体工程防治区		2	1000	3000	1	2000
取土场区	坡面	2	1500	4500	1	3000
	底面	2	1000	3000	1	2000
弃渣场区	坡面	2	1500	5500	2	3500
	顶面	2	1000	3500	2	2500
施工道路		2	1300	3000	1	2000
施工生产生活区		2	1000	3000	1	2000

10.3.2 预测内容

根据工程建设特点，水土流失预测内容主要包括以下几个方面：①工程施工过程中扰

动地表面积的预测；②破坏植被的面积和破坏水土保持设施量的预测；③可能产生的弃渣量预测；④新增的水土流失面积、流失量预测；⑤可能造成的水土流失危害及综合分析。

10.3.3 扰动原地貌和破坏的植被面积

扰动地表面积和破坏的植被主要发生在工程建设期，主要是项目征占地范围内的土地。扰动地表总面积为21.94hm²，破坏植被面积2.13hm²。具体土地面积及类别详见表10.3-2。

表10.3-2　项目占地类型汇总　单位：hm²

	占地类型	耕地	林地	水塘	未利用地	合计
永久占地	主体工程占地	12.01	2.13	0.75	1.23	16.12
	小计	12.01	2.13	0.75	1.23	16.12
临时占地	弃渣场	3.35				3.35
	施工生产生活区	0.44				0.44
	临时道路	0.50				0.50
	取土场	1.55				1.55
	小计	5.84				5.84
合计		17.85	2.13	0.75	1.23	21.95

10.3.4 弃渣量

根据项目设计报告、施工组织设计提供的资料，并进行挖填平衡分析，工程施工弃渣总量为14.16万m³，其中4.12万m³回填取土场，弃往弃渣场的10.04万m³。

10.3.5 损坏水土保持设施数量

通过实地查勘和对项目征地情况分析，同时根据《山东省水土保持补偿费、水土流失防治费收取标准和使用管理暂行办法》的规定，对本工程占地中损坏水土设施征收水土保持补偿费。损坏水土保持设施量为2.13hm²。

10.3.6 工区可能造成的水土流失总量预测

工程建设造成的水土流失量采用侵蚀模数法进行预测，工程造成的水土流失量预测采用的计算公式为：

$$W_{1,2}=\sum_{i=1}^{n}(F_{1i,2i}M_{1i,2i}T_{1i,2i})$$

式中　$W_{1,2}$——工程施工期、自然恢复期扰动地表所造成的总水土流失量，t；

$F_{1i,2i}$——各个预测时段各区域的面积，km²；

$M_{1i,2i}$——各预测时段各区域扰动后的土壤侵蚀模数，t/(km²·a)；

$T_{1i,2i}$——各预测时段各区域的预测年限，年；

n——水土流失预测的区域个数，包括主体工程占地区、施工生产生活区、施工道路、取土场、临时弃渣区和永久弃渣场等。

主要计算参数的确定采用类比方法，2006年黄河下游防洪工程为本项目的类比地区。

通过计算，预测新增水土流失量1473.26 t。其中主体工程区新增水土流失量占新增总量的65.60%，取土场为23.52%，弃渣场为7.25%。因此主体工程区、取土场区和弃渣场区为本次设计的防治重点。

10.3.7 水土流失危害预测

主体工程区、取土场等在施工期间，由于土方开挖，大面积的土地被扰动，破坏了原地表的地貌和植被，打破了原有土体的稳定平衡和土壤结构，如果不采取及时有效的水保措施，一遇到暴雨，就会使扰动地面有面蚀发展到沟蚀，随着沟蚀的延伸，将蚕食农田，淤积河道，影响行洪，威胁城镇居民的生产、生活安全，同时，大量的土壤流失也会影响到主体工程本身的安全。

10.3.8 预测结果和综合分析

若不采取水土保持措施，项目建设新增水土流失总量为1473.26t，工程建设产生的水土流失将会对工程安全、土地等产生严重的危害。

10.4 水土流失防治方案

10.4.1 方案编制原则和目标

方案编制贯彻“预防为主，全面规划，综合防治，因地制宜，加强管理，注重效益”的水土保持工作方针，体现“谁造成水土流失，谁负责治理”的原则。同时依据国家水土保持有关法规和技术规范，充分考虑本项目的特点，结合区域水土流失状况和当地自然条件，进行水土保持措施的布设。

本项目水土流失防治方案编制的目标主要为：①依据国家的法律法规和技术规范进行方案编制，使防治方案符合国家对水土保持、环境保护的总体要求；②水土保持方案是项目建设设计的组成部分，方案编制要为项目建设服务；③本方案根据项目建设特点，结合该项目实际情况，提出科学合理的水土保持防治体系；④使水土保持工程与主体工程同时设计、同时施工、同时投产使用；⑤方案的目标应实现技术规范中提出的水土流失防治要求。根据水土保持技术规范的规定，提出具体防治目标如下：①防止堆弃渣场、开挖面崩塌、滑坡等现象发生，消除工程隐患，保障安全；②有效控制水土流失，使项目区新增水土流失减少70%以上；③ 科学合理地布设工程措施和植物措施，通过对临时占地区绿化等措施，使可绿化面积全部进行绿化；④本工程水土保持六项防治目标量化指标如下：扰动土地的治理率达95%，总治理程度达90%以上，弃渣的拦渣率达到98%以上，水土流失控制比达到1.0以上。扰动地面的土壤侵蚀模数在施工结束后两年内恢复到扰动前的背景值。项目区植被恢复系数达到98%，林草覆盖率达到25%以上。

10.4.2 水土流失防治分区及水土保持措施总体布局

10.4.2.1 防治分区确定

根据该工程区的自然状况、工程建设时序、工程造成的水土流失特点及项目主体工程布局等，结合分区治理的规划原则，本方案将该工程水土流失防治区分为主体工程防治区、施工生产生活区、施工道路防治区、取土场区和弃渣场区。

10.4.2.2 措施总体布局

（1）主体工程防治区。由于主体工程设计满足水土保持要求，本设计只补充施工中的临时防护措施。对土方开挖、临时堆存等施工修筑临时排水沟、临时挡土埂以及临时覆盖措施。

（2）施工生产生活区。对混凝土拌和站、综合加工厂、机械停放场、工地仓库和办公生活区结合施工用地情况，空闲地进行绿化，占地周围修建临时排水沟，施工结束后对污染物质进行清理，然后对其进行土地整治，有条件的要进行复耕。

（3）施工道路。施工道路分两种情况：一种是永久占地的施工道路，在道路两侧修建浆砌石排水沟，路边0.5m范围内植树绿化；另一种是临时占地，施工结束后该道路需还原为原占地类型，对这类施工道路在道路两侧修建临时土排水沟，施工结束后进行土地整治。

（4）弃渣场。弃渣场区是本方案设计的重点区域。在方案设计中，我们对地形进一步勘察，对主体工程弃渣量复核，并对主体工程设计弃渣提出优化建议。通过复核、调整、优化设计，并根据渣场特点有针对性地采取防护措施。

弃渣场一般选择在荒沟沟头或荒沟沟道岸坡，按照"先拦后弃，上截下排"的弃渣设计原则，弃渣前先在荒沟沟口或荒坡坡底设挡渣墙，在弃渣场上游布置截水措施，对弃渣场本身布置排水设施，使弃渣场能够在施工结束后安全稳定运行，组织有序排水，防止坡面漫流产生水土流失。

（5）取土场。取土场区为本方案设计的重点区域。取土场在取土过程中破坏了原有地貌及地表植被，改变了原有的自然坡度，形成了裸露坡面，容易产生水土流失，因此在取土场取土过程中，无论采用何种取土方式，都要在取土场四周设挡水土埂，防止周边雨水冲刷取土场表面。取土结束后，要根据取土场不同地形，对取土场布设防护工程，配套防洪排水工程、土地整治工程和覆土造地工程。场内的临时施工便道和临时堆积的耕作层表土要实施施工期临时防护措施。

水土防治措施体系见表10.4-1。

表10.4-1　　水土防治措施体系

防治分区	分部水土保持措施
主体工程防治区	临时排水、临时拦挡
取土场	拦挡措施、植物护坡、排水措施、渣顶绿化
弃渣场	拦挡措施、植物护坡、排水措施、渣顶绿化
施工生产生活区	临时土排水沟、土地整治，土壤肥力恢复
施工道路	排水措施、土地整治，土壤肥力恢复：种一季苜蓿复耕

10.4.3　水土保持措施设计

主体工程设计中具有水土保持功能的措施基本满足相应的水土保持要求，为避免重复设计和重复投资，不再布置新的水土保持措施。因此，在分区防治时，应综合考虑，视具体情况有针对性的采取相应的水土保持防治措施。因而，确定本次水土保持方案重点防治区为弃渣场、取土场、施工生产生活区、施工道路。

10.4.3.1　弃渣场防护措施

本工程共设计一个弃渣场，弃渣场位于坝后200m，弃渣场的北侧70m为溢洪道的尾水渠，南侧10m左右为水库东放水渠，东侧与取土场相连。占地面积为33482m^2。该渣场为典型的缓坡地弃渣，上游边坡平均高程159.00m，下游平均高程153.00m，高差为

6m，渣场平均堆渣高度为3m，弃渣场下游边坡设计为1∶3。

(1) 工程措施。

1) 渣场截排水措施。沿弃渣场征地界限，拦渣堤外侧设置周边排水沟，排水沟与已有天然沟道相连。排水沟为梯形土排水沟，底宽80cm，高80cm，内坡坡比为1∶1，经计算修建600m。

2) 土地整治。弃渣占地为工程临时占地，工程结束后需复耕，施工结束后平整渣场，平整后地面坡度小于5°，同时将堆放的表土覆盖渣顶，覆土厚度30cm。

(2) 植物措施。

1) 护坡措施。弃渣场下游边坡设计为1∶1.2，为了防护坡面水土流失，在坡面上种植3排灌木紫穗槐，种植密度为2m×2m。林下种植狗牙根草，种植密度为120kg/hm²。

2) 渣面种草。为改善土壤肥力，在渣顶种植一季紫花苜蓿绿肥。种植方式为撒播，种植密度120kg/hm²。

(3) 临时措施弃渣场弃渣前，将表土剥离集中堆放留做复耕覆土，对临时堆土采用临时拦挡和临时排水措施，其中临时拦挡修筑梯形挡土土埂，尺寸：顶宽30cm，底宽60cm，高40cm，临时排水修建临时梯形土排水沟，尺寸为：上口宽30cm，底宽60cm，深40cm。

弃渣场工程量汇总见表10.4-2。

表10.4-2　弃渣场防治区新增水土保持措施工程量汇总表

防治区	工程措施			植物措施			临时防护措施
	排水沟	渣场顶面整治和覆土		护坡措施		绿肥种草	
	排水沟基础开挖土方/m³	渣面整治/hm²	覆土/m³	种草（狗牙根）/m²	绿化灌木（紫穗槐）/株	种植紫花苜蓿/hm²	挡水土埂/m³
弃渣场区	1418	2.99	8974	3991.38	998	2.99	43

10.4.3.2　施工生产生活区

在项目建设期，主要采取土地整治和工程护坡措施。生产生活场地在进场利用前，首先进行土地平整压实、地面硬化处理。施工单位离场前，首先对污染物质进行清除或掩埋处理，把生活垃圾和固体废弃物运送到垃圾处理厂或进行深埋，清除临时建筑，废旧机械及生产生活设施全部撤离施工场地。这些措施在主体工程设计中均已考虑，在本方案中不再重新设计。

本方案设计主要为临时排水措施，在占地四周修建临时梯形土排水沟，尺寸为：上口宽40cm，底宽40cm，深40cm，边坡1∶1。

施工结束后，采取土地整治复耕，并种植一季绿肥紫花苜蓿。施工生产生活区工程量见表10.4-3。

表 10.4-3 施工生产生活区新增水土保持措施工程量汇总表

防治区	工程措施			植物措施	临时防护措施	
	排水沟挖土方/m^3	土地整治/hm^2	覆土/m^3	种植紫花苜蓿/hm^2	挡水土埂/m^3	排水沟开挖土方/m^3
生产生活区	95.51	0.44	1319.70	0.44	50	50

10.4.3.3 施工道路

施工便道两侧采取排水措施，施工结束后进行土地平整，并种植一季绿肥紫花苜蓿进行土地熟化。

道路两侧设置梯形土排水沟，上口宽 40cm，底宽 40cm，深 40cm，边坡 1∶1。

施工道路防治区工程量见表 10.4-4。

表 10.4-4 施工道路防治区新增水土保持措施工程量汇总表

防治区	工程措施			植物措施	临时防护措施	
	排水沟挖土方/m^3	土地整治/hm^2	覆土/m^3	取土场底部绿肥种草/hm^2	挡水土埂/m^3	排水沟开挖土方/m^3
施工道路防治区	960.00	0.50	1500.00	0.50	30	30

10.4.3.4 主体工程占地区

主体工程占地区产生的水土流失主要发生在施工过程中。在建设过程中必须采取临时措施进行防治，临时防护措施包括临时拦挡和临时排水措施等。其中临时拦挡修筑梯形挡土土埂，尺寸：顶宽 30cm，底宽 60cm，高 40cm，临时排水修建临时梯形土排水沟，尺寸为：上口宽 30cm，底宽 60cm，深 40cm。经计算共开挖土方 142m^3，填筑土方 142 m^3。

10.4.3.5 取土场

本工程共设计一个取土场，取土场位于坝后 200m，西面与弃渣场相连，占地面积为 15480m^2。平均取土厚度 1m，同时回填弃渣 41174m^3，平均回填高度 3m。

（1）工程措施。弃渣拦挡措施：在取土场的北、东、南侧修建拦渣堤，与弃渣场拦渣堤相连其尺寸与弃渣场拦渣堤设计一致。

排水措施：在取土场的北、东、南建拦渣堤外侧修建排水沟，排水沟与弃渣场的排水沟相连，其尺寸与弃渣场拦渣堤设计一致。

土地整治：施工结束后进行取土场按 1∶2 坡度削坡，对底面整平，覆表土土。

（2）植物措施。为了防护坡面水土流失，在坡面上种植 3 排灌木紫穗槐，种植密度为 2m×2m。林下种植狗牙根草，种植密度为 120kg/hm^2。

取土场底面取土完毕后表土覆盖，为改善土壤肥力，在渣顶种植一季紫花苜蓿绿肥。种植方式为撒播，种植密度 120kg/hm^2。

（3）临时措施。临时覆盖措施：对取土场的因清表而临时堆放耕植层土，对临时堆土采用临时拦挡和临时排水措施，其中临时拦挡修筑梯形挡土土埂，尺寸：顶宽 30cm，底宽 60cm，高 40cm，临时排水修建临时梯形土排水沟，尺寸为：上口宽 30cm，底宽 60cm，深 40cm。

取土场防治区工程量见表 10.4-5。

10.4.4 方案实施进度安排及主要工程量

10.4.4.1 方案实施进度安排

根据水土保持“三同时”制度，规划的各项防治措施应与主体工程同时进行，在不影响主体工程建设的基础上，尽可能早施工、早治理，减少项目建设期的水土流失量，以最大限度地防治水土流失。

表 10.4-5　　取土场防治区新增水土保持措施工程量汇总表

防治区	工程措施			植物措施			临时防护措施	
	排水沟挖土方/m³	底面整治和覆土		护坡措施		取土场底部绿肥种草		
		土地整治/hm²	覆土/m³	种植灌木紫穗槐/株	坡面种草/hm²	种植紫花苜蓿/hm²	挡水土埂/m³	排水沟开挖土方/m³
取土场区	744.35	1.36	4086	520	0.21	1.36	33	33

根据水土保持方案设计，本工程水土保持措施主要有两部分内容：一是主体工程原设计具有水土保持功能的各项措施；二是水土保持新增措施。其中主体工程原设计包含的具有水土保持功能的各项措施，按主体工程提出的工程时序安排施工。新增水土保持设施应根据主体工程施工对区域影响情况及工程完工情况，在不影响主体工程施工的前提下，水保措施的实施进度安排必须与主体工程交叉进行，达到早施工，早发挥效益的目的。

新增水土保持措施中，各区域的防护措施按照工程的施工进度及时进行。各区域的绿化措施，安排在各单项工程完成后的第一个季度。施工生产生活区和其他临时占地区的复耕措施安排在工程结束后的第一个春季。各种临时防护措施与主体工程同时进行。

水土保持方案实施进度安排见表 10.4-6。

表 10.4-6　　水土保持措施实施进度安排表

措施名称	措施实施时间和顺序
1. 临时措施	工程施工期
2. 道路排水	施工道路施工期
3. 渣场平整	弃渣堆放完成后
4. 渣场护坡	渣场堆弃完成后
5. 渣场顶面覆土绿化	渣场堆弃完成后
6. 场地清理、土地整治	工程完工撤离时

10.4.4.2 方案新增水土保持工程量

水土保持方案新增措施工程量主要包括挡护坡草皮、渣场平整、复耕和临时防护工程等工程量。具体数量见表 10.4-7。

表 10.4-7　　水土保持方案工程措施工程量明细表

项目	开挖土方 /m^3	填筑土方 /m^3	种植灌木 /株	绿化种草 /hm^2	改善土壤种绿肥 /hm^2	覆土 /m^3	土地整治 /hm^2
工程量	4420.74	298	520	0.61	5.29	15879.30	5.29

10.5　水土流失监测

工程建设期要在工程建设管理局配备水土保持专职人员，负责组织水土保持方案的设计、方案实施及施工期间的水土流失监测。在工程运行期在枢纽管理局配备水土保持专职人员，主要负责对水土保持工程的管理及对工程运行期的水土流失监测。

10.5.1　监测内容

水土保持方案施工前主要监测水土流失灾害和水土流失量，方案实施后主要监测水土保持效益。

10.5.2　监测项目

结合水土保持工程情况，本方案中安排的监测项目主要有：

（1）水土流失灾害和水土流失量的监测：主要是可能产生的水土流失危害和可能产生的洪涝灾害以及主要部位产生的水土流失量的监测。

（2）水保措施实施后的效果监测：对方案实施后的各类防治措施效果、控制水土流失面积、改善生态环境的作用等进行调查分析。重点是弃渣场、取料场和场外道路措施的防护效果的监测。

10.5.3　监测方法

在工程建设期可结合工程施工管理体系进行动态检测；在项目运营期，采用定点监测，设立监测断面和监测小区，监测沟道径流及泥沙变化情况，从中判断弃渣场防护措施的作用和效果。

10.5.4　重点监测地段和重点监测项目

工程水土流失重点监测地段为弃渣场、取料场及场外施工道路两侧。水土流失重点监测项目如下：

（1）工程建设期。建设管理单位应配备专职人员负责建设期水土流失监测工作，主要工作有以下三个方面：①弃渣场边坡的稳定及弃渣流失情况；②工程开挖地段：主要监测原坝体拆除开挖时局部滚石和小规模崩塌或滑坡以及施工对周围生态环境破坏等；③工程填筑地段：主要监测坝基填筑、黏土坝胎施工过程中的土石渣的流失。

（2）工程运行期。在工程运行期，主要观测水土保持措施的防护效果。观测施工区内的植物生长情况和生态环境的变化，监测弃渣场和施工道路采取水土保持措施的水土流失量等。

10.5.5　监测时段、监测频次

监测时段：水土保持监测时段分水土保持方案施工期和自然恢复期两个阶段，水土保持监测主要在施工期。

监测频次：在水土保持方案施工期内的每月监测 1 次，方案实施后第进行两次监测。

10.6 水土保持投资概算

10.6.1 基础资料

（1）人工单价。按水土保持工程工资标准六类地区190元/月，补贴标准按水土保持工程及山东省补贴标准计算。人工预算单价：工程措施为24.01元/工日，3元/工时；植物措施为20.19元/工日，2.52元/工时

（2）电、水及砂石料等基础单价。根据主体工程施工组织设计提供的资料和数据进行计算，工程中不涉及风，水的预算价格为1.00元/m^3，电价按电网价格乘以1.06计算为0.60元/（kW·h）。

（3）主要材料价格和其他材料价格。主要材料价格参照主体工程的材料价格，其他材料（如苗木草种等）的价格根据市场调查确定。

10.6.2 费用构成

根据《开发建设项目水土保持工程概（估）算编制规定》和《关于开发建设项目水土保持咨询服务费用计列的指导意见》，水土保持方案投资概算费用构成为：①工程费（工程措施、植物措施、临时工程）；②独立费用（建设管理费、工程建设监理费、水土保持措施设计费、水土保持监测费、工程质量监督费）；③预备费（基本预备费、价差预备费）；④建设期融资利息。本水土保持方案不计建设期融资利息，因此，水土保持方案投资由工程费、独立费用和预备费以及水土保持补偿费组成。

（1）工程措施及植物措施工程费。计算方法：水土保持工程措施和植物措施工程单价由直接工程费（包括直接费、其他直接费和现场经费）、间接费、企业利润和税金组成。工程单价各项的计算或取费标准如下：①直接费：按定额计算；②其他直接费率：建筑工程按直接费的2.5%计算；③现场经费费率，见表10.6-1；④间接费费率，见表10.6-2；⑤计划利润：工程措施按直接工程费与间接费之和的7%计算，植物措施按直接工程费与间接费之和的5%计算；⑥税金：本项目属于市区和城镇以外的工程，税金按直接工程费、间接费、计划利润之和的3.22%计算。

表10.6-1　　现场经费费率表

序号	工程类别	计算基础	现场经费费率/%
1	土石方工程	直接费	4
2	混凝土工程	直接费	6
3	植物及其他工程	直接费	4

表10.6-2　　间接费费率表

序号	工程类别	计算基础	间接费费率/%
1	土石方工程	直接工程费	4
2	混凝土工程	直接工程费	4
3	植物及其他工程	直接工程费	4

（2）临时工程费。临时工程费按工程措施和植物措施费的2%计列。

(3) 独立费用。独立费用包括建设单位管理费、工程建设监理费、水土保持措施设计费、水土保持监测费、工程质量监督费。

1) 建设单位管理费。按工程措施投资、植物措施投资和临时工程投资三部分之和的2.0%计算。运行期的建设单位管理费从生产费用中列支。

2) 工程建设监理费。根据国家发展和改革委员会、建设部《关于印发〈建设工程监理与相关服务收费管理规定〉的通知》(发改价格〔2007〕670号)工程监理费8万元。

3) 水土保持措施设计费。根据《关于开发建设项目水土保持咨询服务费用计列的指导意见》(以下简称《指导意见》)中关于水土保持方案编制费的规定,可行性研究阶段方案编制费按《指导意见》中的表1取值,初步设计和施工图阶段的水土保持勘测设计费按《工程勘察设计收费管理规定的通知》(计价格〔2002〕10号)的规定计取。由于本工程现处于初步设计阶段,因此,水土保持设计费取为15万元。

4) 水土保持监测费。根据《关于开发建设项目水土保持咨询服务费用计列的指导意见》,水土保持施工期监测费为10万元。

5) 工程质量监督费。依据"国家计委收费管理司、财政部综合与改革司关于水利建设工程质量监督收费标准及有关问题的复函",按工程措施投资、植物措施投资和临时工程投资三部分之和的1.0‰计算。

(4) 预备费。

1) 基本预备费:按第一至第四部分合计的3%计,即第一部分工程措施费+第二部分植物措施费+第三部分临时工程费+第四部分独立费用之和的3%。

2) 价差预备费:暂不计列。

(5) 水土保持补偿费。根据山东省水土保持三区划分通告,项目区属重点治理区,按照《山东省水土保持补偿费、水土流失防治费征收管理办法》的规定,重点治理区损坏水土保持梯田设施和林地按1.0元/m^2征收,工程建设期间损坏水土保持设施和林草的面积为2.13hm^2,经计算,应征收的水土保持补偿费为2.13万元。

10.6.3 概算结果

根据上述费用构成计算方法和取费标准,计算各单项工程的单价,用计算的单价乘以各项措施的工程量即得出各项工程的投资,各项工程投资加上临时工程费、独立费用、基本预备费和水土保持补偿费等其他费用,构成本方案总投资。

(1) 方案总投资概算。本次设计水土保持方案总投资为53.42万元,其中工程措施投资12.38万元;植物措施投资3.40万元;临时工程费0.54万元;独立费用33.35万元;基本预备费用1.49万元,水土保持设施补偿费2.13万元。

(2) 分年度投资概算。水土保持工程建设期共2年,第一年水土保持独立费和部分工程措施费36.28万元,第二年17.15万元。

10.7 方案实施保证体系

10.7.1 组织领导及管理措施

为保证水土保持方案报告书提出的各项水土保持措施的实施和落实,应做好以下组织领导工作：①建立健全项目水土保持工作的领导体系，确保各项水土保持措施的落实；②加强《中华人民共和国水土保持法》的学习、宣传和贯彻工作，提高水土保持意识；③明确职责，做好方案实施监督工作。

10.7.2 技术保障措施

①做好本项目水土保持工程设计；②做好水土保持工程的施工；③实施水土保持工程监理。

10.7.3 资金来源及管理使用办法

工程建设区及间接影响区的各项水土保持措施所需资金均来源于工程建设投资，与主体工程建设资金同时调拨，并做到专款专用。工程的水土保持工程应尽快设计、施工，充分发挥方案的效益。

10.8 结论与建议

10.8.1 基本结论

（1）根据《开发建设项目水土保持方案技术规范》规定的编制深度要求，方案编制深度应与项目主体设计所处的阶段要求相适应，为初步设计阶段。水土保持方案设计水平年为年。

（2）项目属建设生产类项目，水土流失主要类型为水力侵蚀，水土流失的预测时段包括施工建设期2年和植被恢复期2年。该工程建设扰动原地貌、占压和损坏土地和植被面积21.94hm^2，损坏水土保持设施面积2.13hm^2；新增水土流失量1473t。

（3）根据工程外业调查，该工程水土流失防治责任范围为项目建设区和直接影响区，总面积为24.43hm^2。

（4）本方案新增水土保持工程总量为：开挖土方4420.74 m^3，填筑土方298 m^3，浆砌石2348.45 m^3，护底干砌石452.5 m^3。种植灌木1518株，绿化种草0.61hm^2，改善土壤种绿肥5.29hm^2，覆土15879.30 m^3，土地整治5.29hm^2。

（5）本次设计水土保持方案总投资为53.42万元，其中工程措施投资12.38万元；植物措施投资3.40万元；临时工程费0.54万元；独立费用33.35万元；基本预备费用1.49万元，水土保持设施补偿费2.13万元。

（6）水土保持方案实施后，工程水土保持六项防治目标：扰动土地的治理率达95%，总治理程度达90%以上，弃渣的拦渣率达到98%以上，水土流失控制比限制在1.0以下。扰动地面的土壤侵蚀模数在施工结束后两年内恢复到扰动前的背景值。项目区植被恢复系数达到98%，林草覆盖率达到25%以上均能满足。

总之，通过编报并实施本水土保持方案，可有效防治项目建设引起的新增水土流失，从水土保持角度来看，该项目是可行的。

10.8.2 有关建议

（1）在主体工程初步设计阶段，主体工程设计单位应落实水土保持方案的初步设计，将水土保持方案新增投资列入总体投资，保证各项水土保持措施顺利实施。

（2）根据对主体工程可行性研究中具有水土保持功能措施的评价结果，建议主体设计单位在初步设计阶段，进一步优化主体工程施工方案，合理确定施工进度和施工时序，更好地体现水土保持要求。

（3）施工单位施工期应划定施工活动范围，严格控制和管理车辆机械的运行范围，不得随意行驶，任意碾压。在出入口竖立保护地表及植被的警示牌，提醒作业人员。不得随意占地，防止对地表的扰动范围扩大。教育施工人员保护植被，保护地表。注意施工及生活用火安全，防止因火灾烧毁地表植被。

（4）水土保持监理机构应加强监理工作，对工程进度、工程质量及工程投资全面控制，以保证水土保持方案按照“三同时”制度顺利实施。

（5）监测机构要严格按照项目监测方案开展水土保持监测，全面反映六项水土流失防治目标落实情况，发现问题及时采取措施，尽可能降低工程建设造成的水土流失危害。

11 角峪水库环境保护评价

11.1 综述

11.1.1 环保设计的任务和内容

水库除险加固施工过程中将不可避免地产生废（污）水、废（尾）气，道路扬尘、施工噪声、生活垃圾与生产弃渣等，处理不当将会对工程区的环境造成一定的不利影响。

环境保护设计主要针对以上环境因素，结合施工组织设计、项目区环境现状和环境质量要求，通过采取环境保护措施缓解或减免项目施工所带来的环境污染、生态破坏等不利环境影响。

11.1.2 环境保护对策措施

角峪水库除险加固施工内容主要包括：准备工程，以大坝为主体的加固与修复，溢洪道加固，东、西放水涵洞加固，复合土工膜铺设（聚乙烯（PE）土工膜），安全监测设施的布设等。

主要工程量有：主体工程土方开挖 66901m³、清基清坡 30958m³、石方开挖拆除 52697m³、围堰拆除土方 2978m³，清淤 2961 m³，总计 156495 m³。其中直接利用土方 27448 m³，间接利用土方 16523 m³，间接利用石方 12142 m³。坝体清坡清基用于回填土料场，折合松方 41174 m³；其余土石方全部弃渣，折合松方 100445m³。混凝土浇筑总量约 22218 m³，最大浇筑强度为 25m³/h，选用 2 台 0.8m³ 混凝土搅拌机拌制混凝土，混凝土拌和场占地 1000m²。

本工程施工总工期 20 个月，施工总工日 1.35 万工日，施工期高峰人数 333 人。其中，施工过程主要受汛期度汛限制，6～9 月为汛期。加固工程对环境的不利影响主要在施工期，为减免施工所产生的不利影响，需要采取以下环境保护措施：

(1) 水污染防治。对施工过程中产生的生产废水和生活污水进行处理，排放废污水应达到《污水综合排放标准》(GB 8978—1996) 一级排放标准要求。

(2) 采取措施对施工过程中产生的扬尘进行控制，对大气污染物进行治理，施工期环境空气质量应达到《环境空气质量标准》(GB 3095—1996) 二级标准要求。

(3) 采取措施对噪声污染源进行治理。

(4) 对生活垃圾和建筑垃圾进行处理。

(5) 强化施工区医疗保健和卫生防疫工作。对施工人员进行体检、采取灭鼠、灭蚊蝇措施。

(6) 加强对施工区的环境监测，定期对施工区大气、噪声、水环境质量进行监测。

(7) 制定环境管理和环境监理规划。

11.1.3 环境保护设计标准

（1）《地表水环境质量标准》（GB 3838—2002）Ⅲ类标准。

（2）《环境空气质量标准》（GB 3095—1996）二级标准。

（3）《污水综合排放标准》（GB 8978—1996）一级排放标准。

（4）《大气污染物综合排放标准》（GB 16297—1996）（新污染源）二级标准。

（5）《生活饮用水卫生标准》（GB 5749—2006）。

（6）《城市区域环境噪声标准》（GB 3096—1993）2类标准。

（7）《建筑施工场界噪声限值》（GB 12523—1990）Ⅱ类标准。

11.1.4 环境保护目标

（1）生态环境保护。项目建设区生态系统的整体功能、结构不受到影响。

（2）水库水源地及坝下游水质不因本工程的建设活动而受到影响。

（3）坝下游河流水体不因工程修建而使其功能发生改变。

（4）最大程度减轻施工区废水、大气、固废和噪声等对环境的影响。

（5）移民安置区的生活水平和生活环境不因工程兴建而降低，并能得到改善。

（6）施工技术人员及工人的人群健康问题得到保护。

11.1.5 环境保护设计依据、原则

11.1.5.1 设计依据

（1）《中华人民共和国环境保护法》。

（2）《中华人民共和国水污染防治法》。

（3）《中华人民共和国大气污染防治法》。

（4）《中华人民共和国固体废物污染环境防治法》。

（5）《中华人民共和国环境噪声污染防治法》。

（6）《中华人民共和国土地管理法》。

（7）《建设项目环境保护设计规定》。

（8）《中华人民共和国水土保持法》。

（9）《建设项目环境保护管理条例》。

（10）《饮用水水源保护区划分技术规范》（HJ/T 338—2007）。

（11）《水利水电工程初步设计报告编制规程》（DL 5021—1993）。

（12）《山东角峪水库除险加固工程安全鉴定报告》（2007年4月）。

11.1.5.2 设计原则

环境保护设计应针对工程建设对环境的不利影响，采用系统分析的方法，将工程建设和地方环境保护规划目标结合起来，进行环境保护措施设计；从可持续性发展的理念出发，力求项目区经济、环境、社会相关要素之间协调和谐发展。工程环境保护设计主要遵循以下原则：

（1）预防为主、以管促治、防治结合、因地制宜、综合治理的原则。

（2）各类污染源治理，经污染控制处理措施后相关指标达到国家规定的排放标准。

（3）应尽可能减少施工活动对生态环境的不利影响，工程区环境质量得以恢复或改善。

(4) 环境保护对策措施的设计，应切合项目区实际，力求措施具有较强的可操作性。

11.2 环境保护设计

11.2.1 生活饮用水处理

根据工程建设施工现场的实际情况，项目区附近有村庄和水库管理所，生活用水结合当地饮水方式解决。在施工人员进驻之前，应委托有资质的单位对水源水质进行监测，对施工人员饮用水进行加氯消毒处理。

饮用水加氯消毒处理是防止饮用水污染危及施工人员身体健康，确保工区饮用水满足《生活饮用水卫生标准》(GB 5749—2006) 的相关要求，保障水质安全较为常用的措施之一。考虑本项目施工区生活供给水需求规模较小，推荐采用漂白粉或漂白精片的滤后加氯消毒方式。具体量化标准为：根据漂白粉的有效净氯含量指标推算，1 m^3 水中加入漂白粉 8g 左右；若使用漂白精片，1m^3 水中加入 10 片左右。在向水中加入氯制剂作用 30min 后，水中游离性余氯含量维持在 0.3～0.5mg/L。

经采取以上措施处理后，施工区饮用水应满足国家《生活饮用水卫生标准》(GB 5749—2006) 的要求。

11.2.2 生产生活污水处理

角峪水库除险加固工程主要施工生产及附属设施有：混凝土拌和站，综合加工厂，机械停放场，金属结构拼装场，仓库及风、水、电系统等。在施工总体规划布置中，综合考虑坝区地形、交通情况等因素，布设生产生活设施和施工场区，施工工厂设施（混凝土拌和站、综合加工厂、施工车辆停放场、仓库、生活区等）集中布置在右岸坝后的平地上。

(1) 生活污水处理。角峪水库除险加固工程施工总工期 20.0 个月，大坝加固工程主体施工总工日为 (r) 1.35 万工日，施工期高峰人数 333 人；施工区员工每人每日平均生活粪便污水排放量按 (w_{max}) 3L/d 计算，则生活污水总排放量 ($Q_{总}$) 为：

$$Q_{总} = rw_{max}10 = 1.35 \times 3 \times 10 = 40.5m^3$$

施工生活营区外排污水总量相对较小。生活污水处理设施（备）类型的，设施（备）数量、容积大小等相关参数，参照工程施工规模和人员集中程度、高峰期人数、施工平均人数、污水排放量等指标来确定。

对于小型生活营地设立简易厕所，洗涤废水选用简易积水坑收集处理，沉淀污水可综合利用，浇灌庭院植被或排入当地排水沟渠；规模较大且相对集中的施工生活营地外排污水，应经过污水处理设施（如化粪池等）处理后排放。

根据施工布置，拟设化粪池 2 个，推荐化粪池采用《建筑给水与排水设备安装图集》(上)(L03S001) 中的 5 号化粪池。其他污水相关处理设施（备）的选型与布设，均应保证满足《污水综合排放标准》(GB 8978—1996) 中的一级排放标准要求。

(2) 生产废水处理。本工程混凝土浇筑总量约 22218m^3，计划选用 2 台 0.8m^3 混凝土搅拌机进行混凝土拌和，混凝土最大浇筑强度为 25m^3/h。按生产每 m^3 混凝土产生废水大约 1.5m^3 推算，该项目施工混凝土生产废水总排放量为 33327m^3。生产废水的主要处理措施有：

对含有高浓度 pH 值的混凝土拌和类废水，结合施工方案布设，采用沉淀法进行处理，设置2处25m^{3}的沉淀池。在生产过程中废水进入沉淀池后，加入适量的酸性调节剂使pH值至中性，沉淀时间不宜小于2h，对沉淀池上清液可进行综合回用，如用于工程洒水等；对沉淀池定期清挖，以确保沉淀处理效果，使混凝土拌和废水满足达标排放要求。

沙石料场冲洗废水中除SS（悬浮物）含量稍高外，基本不含其他污染物，经沉淀处理后可重复循环利用或直接排入河流水体。

机械车辆检修冲洗及其他设备检修废水，除悬浮物（SS）含量较高外，还含有石油类等污染物，这类废污水必须经过相关污水设施、设备处理达标后才能排放。

根据含油废水排放量及生产设施场区的地形情况，对于生产废水的处理，拟通过沉淀池和隔油池进行处理。隔油池的相关设计参数推荐采用《建筑给水与排水设备安装图集》（上）L03S001。如果废水含油量及外排流量较小时，也可采用油水分离装置或简易的隔油板予以处理。含石油类污染废水处理工艺流程见图11.2-1。

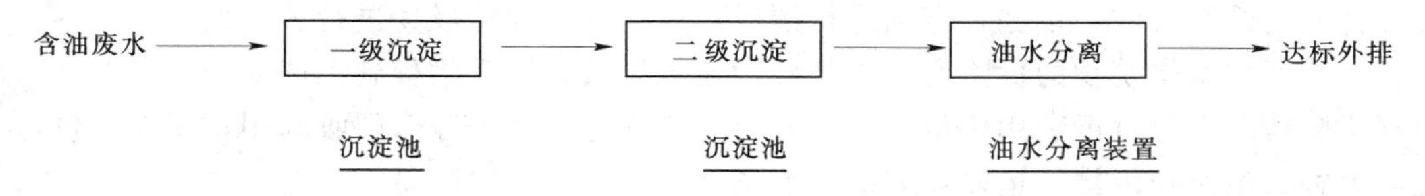

图11.2-1　机械车辆检修冲洗废水处理工艺流程图

本工程需建造1套生产废水处理设施。

经污水处理设施（备）处理后，各类生产废水排放应满足《污水综合排放标准》（GB 8978—1996）中的一级标准要求。

11.2.3　大气污染控制

施工期大气污染主要来自道路扬尘、沙石场爆破、取土料场开挖作业产生的粉尘，机动车辆/施工机械燃油排放的尾气等。对施工区的大气污染通过采取以下措施进行控制：

（1）进场机械设备尾气排放必须符合环保相关标准。

（2）加强运输车辆管理，保持良好车况，尽量减少因机械、车辆状况不佳造成的污染。

（3）土料堆放和运输时加强防护，可借助防尘网等覆盖物遮挡以避免风吹起尘及运输抛撒。临近居民区或厂区时车辆实行限速行驶，以防止道路扬尘过多。

（4）对工区道路、施工料场和施工现场定时洒水，洒水量大小和洒水频度可视施工区大气扬尘、粉尘污染的程度而定，一般情况下洒水频率每天至少要保证2次。

（5）施工场地设置围挡，工区道路尽可能硬化。

通过采取以上控制措施，各类大气污染物主要外排指标应满足《大气污染物综合排放标准》（GB 16297—1996）中，新污染源二级标准的排放限值。

11.2.4　噪声污染防治

施工区噪声主要来源于交通车辆和施工机械噪声。控制噪声污染，需从以下几个方面着手：

（1）进场设备噪声必须符合环保标准。

（2）临近城镇、乡村等居民区域噪声敏感地段，宜尽量减少夜间作业；运输车辆限速行驶，禁鸣高音喇叭。必要时在噪声敏感点的外围增设声屏障。

(3) 噪声较大的施工作业现场员工应配备防护用品，如耳罩等；现场施工车辆/机械设备尽可能加装消声装置。

采取上述控制措施后，噪声指标应满足《建筑施工场界噪声限值》(GB 12523—1990) 中的Ⅱ类标准；对靠近城镇、村庄或文教等场所的施工活动，噪声指标应满足《城市区域环境噪声标准》(GB 3096—1993) 2类标准。

11.2.5 固体废弃物处置

除原有构筑物的拆除产生的各种建筑垃圾外，固体废弃物主要为生活垃圾。该工程施工总工期20个月，施工总工日1.35万工日，施工期高峰人数333人。每人每天生活垃圾产生量按1kg计算，则施工期生活垃圾总排放量约13.5t，该工程生活废弃物量相对较少。

生产生活固体废弃物尽量做到无害化集中处理，各施工承包商在其生产、生活营区，应设置专门的固废收集设施，定期进行清运，运往指定的垃圾场进行填埋处理。

对工程原有构筑物的拆除所产生的各种建筑垃圾，以及工程施工产生的各类弃渣，应根据实际情况对仍具可利用价值的建筑材料、废渣等，予以综合回收利用；无使用价值且无毒无害的生产垃圾集中运往规划的弃渣场处理 。

11.2.6 人群健康保护

施工单位应与工程所在地卫生医疗部门取得联系，由当地卫生部门负责施工人员的医疗保健、卫生防疫及意外事故的现场救治工作。为保证工程的顺利进行，保障施工人员的身体健康，应切实提高施工参与者的环境卫生意识，加强健康知识的宣传与普及，强化传染性疾病疫情的预防与监测，控制传染病源并适时切断其传播途径。对施工区人群健康的防护采取如下措施：

(1) 对施工人员定期体检。

(2) 定期开展灭鼠活动，可采用高效、低毒残留且易于操作的毒饵法，在生活区适时投放毒饵。

(3) 加强生活营区饮用水源地和废污水排放的管理，防止病原体滋生。

(4) 强化对食品的卫生监督，集体食堂要做到严格消毒。

(5) 工程指挥部门应重视疫情监测，做到早发现，早治疗，防止疫情蔓延，对承包商严格执行疫情报告制度。

蚊蝇是疟疾乙脑的主要传播媒体，其根本防治措施在于消除蚊蝇的孳生地；夏、秋是蚊虫活动频繁的季节，施工区要加强卫生防护工作，减少蚊虫的叮咬，预防传染性疾病的流行。

11.3 环境管理规划

本建设项目的环境保护措施能否真正得到落实，工程能否充分发挥其综合效益，关键在于环境管理规划的制订和实施。

11.3.1 环境管理目标

根据国家有关环境保护法规及本项工程的特点，环境管理的总目标为：

(1) 确保本工程符合环境保护法规、条例要求。

(2) 充分利用环境保护投资促进工程潜在效益的充分发挥。

(3) 因工程所产生的不利影响逐步得以缓解或消除。

(4) 实现工程建设的经济、环境、与社会效益的同步发展。

11.3.2 环境管理机构及其职责

(1) 环境管理机构设置。在工程建设管理单位设置专职人员负责施工期的环境管理工作。

(2) 环境管理员职责。

1) 贯彻国家及有关部门的环保方针、政策、法规、条例，落实污染防治规划，对工程施工过程中各项环保措施执行情况进行监督检查。结合本工程特点，制定施工区环境管理办法，并指导、监督实施。

2) 代表业主选择有资质的单位签订合同，进行环境监测、环境监理和卫生防疫工作。

3) 做好施工期各种突发性污染事故的预防工作，准备好应急处理措施。

4) 协调处理工程建设与当地群众的环境纠纷。

5) 加强对施工人员的环保宣传教育，增强其环保意识。

6) 定期编制环境简报，及时公布环境保护和环境状况的最新动态，搞好环境保护宣传工作。

11.3.3 环境监理

为防治施工活动造成的环境污染，保障施工人员的身体健康，保证工程顺利进行，需要开展施工区环境监理工作，根据本项目的实际情况，初步考虑安排1名专职环境监理工程师，环境监理工程师职责如下：

(1) 按照国家有关环保法规和工程的环保规定，统一管理施工区环境保护工作。

(2) 监督承包商环保合同条款的执行情况，并负责解释环保条款。对重大环境问题提出处理意见和报告，责成有关单位限期纠正。

发现并掌握工程施工中的环境问题。对某些环境指标，下达监测指令。对监测结果进行分析研究，并提出环境保护改善方案。

(3) 协调业主和承包人之间的关系，处理合同中有关环保部分的违约事件。根据合同约定，按索赔程序公正的处理好环保方面的双向索赔。

(4) 每日对现场出现的环境问题及处理结果作出记录，每月向有关单位和部门提交环境月报，并根据积累的有关资料整理环境监理档案。

(5) 参加单元工程的竣工验收工作，对已完成的工程责令清理和恢复现场。

11.3.4 环境监测

环境监测结果是判断工程区环境质量和处理环境问题的依据，在开展环境监理工作的同时，必须开展环境监测工作。

施工区环境监测主要包括水质、大气、噪声、卫生防疫等环境子项目。

(1) 水质监测。在生活污水和生产废水排放口设置监测点进行监测。

监测频率：施工初期监测1次，施工高峰期监测1次

根据施工现场情况，共设置8个水质监测点。生活污水监测点3个，布置在生活营

地；生产废水监测点5个。

（2）噪声监测。噪声监测点布设：选取施工现场、及临近料场的营地区、村庄、学校等噪声敏感点。

监测频率：每季度监测1次，并根据施工现场具体情况进行不定期抽检。

按照施工现场噪声敏感点分布情况，共设置声环境监测点6个。

（3）粉尘监测。环境空气质量监测主要包括施工道路扬尘监测、取土料场粉尘监测等。环境空气质量监测点的位置按照工程施工规划的总体布置，选取在与污染排放源较近的城镇、居民聚集区，或文、教卫、等地点，即受工程施工活动环境空气影响相对较重的村镇、学校、卫生院（所）等附近。本工程拟布设大气监测点6个。

监测频率：施工初期监测1次，施工高峰期监测1次；部分施工现场区监测点的监测频率可根据需要进行不定期抽检。

（4）卫生防疫监测。监测范围：食品卫生抽检，施工区蚊蝇、鼠密度监测等。

监测频度：对食品卫生实行不定期抽检；鼠密度应适时监测；蚊蝇密度宜在蚊虫活动频繁的旺季加强监测。

11.4 环境保护投资概算

11.4.1 编制原则与依据

（1）编制原则。

1）执行国家有关法律、法规，依据国家标准、规范和规程。严格遵循“谁污染，谁治理，谁开发，谁保护”原则。对于为减缓或消除因工程兴建对环境造成不利影响需采取的环境保护、环境监测、环境工程管理等措施，其所需的投资均列入工程环境保护总投资内。

坚持“突出重点”原则。对受工程影响较大，公众关注的环境因子进行重点保护，在环保经费投资上给予优先考虑。

把握“一次性补偿”原则。对工程所造成的难以恢复的环境损失，采取替代补偿，或按有关补偿标准给予一次性合理补偿。

2）国家和地方没有适合的定额和规定时，参照类似工程资料。

3）环保投资估算采用2008年第一季度价格水平。

（2）编制依据。

1）《水利水电工程环境保护设计概（估）算编制规程》（2007年2月发布，水利部）。

2）《工程勘察设计收费标准》（2002年修订本，国家发计委、建设部）。

3）《国家计委关于加强对基本建设大中型项目概算中“价格预备费”管理有关问题的通知》（国家发改委 计投资〔1999〕1340号）。

4）《建设工程监理与相关服务收费管理规定》（发改价格〔2007〕670号）。

11.4.2 环保投资概算

环保投资概算投资包括环境监测措施费、环境保护设备费、环境保护临时措施费、保护独立费用和预备费等，环境保护总投资54.47万元，环境监测措施费、环境保护设备费、环境保护临时措施费、环境保护独立费用和基本预备费分别为8.2万元、5.5万元、

14.13 万元、25.05 万元、1.59 万元，见表 11.4-1。

表 11.4-1　　山东角峪水库除险加固工程环境保护投资估算表

序号	工程费用和名称	单位	单价	数量	投资/万元
第Ⅰ部分 环境保护措施费					
第Ⅱ部分 环境监测措施费					8.2
1	生产废水监测	点次	1000	10	1.00
2	生活污水监测	点次	1000	6	0.60
3	环境空气质量监测	点次	5000	12	6.00
4	噪声监测	点次	500	12	0.60
第Ⅲ部分 环境保护设备费					5.50
1	简易积水坑	m^3	25.92	887.03	2.30
2	简易厕所	座	1000	8	0.80
3	混凝土废水处理	个	12000	2	2.40
第Ⅳ部分 环境保护临时措施					14.13
1	生活污水处理	元/t	280	40.5	1.13
2	机修废水处理	元/辆	320	30	0.96
3	大气污染控制费	元/h	89.98	1020	9.18
4	生活垃圾处理费	元/t	150	13.5	0.20
5	人群健康保护费	元/人	80	333	2.66
第Ⅴ部分 环境保护独立费用					26.19
1	建设管理费				3.89
	管理人员经常费（第Ⅰ至第Ⅳ部分之和）		4%		1.55
	环保竣工验收费（第Ⅰ至第Ⅳ部分之和）		3%		1.17
	宣教及技术培训费（第Ⅰ至第Ⅳ部分之和）		3%		1.17
2	环境监理费（第Ⅰ至第Ⅳ部分之和）		10 万元/(人·a)		16.67
3	科研勘测设计费				5.53
4	工程质量监督费（第Ⅰ至第Ⅳ部分之和）		0.25%		0.10
第Ⅰ至第Ⅴ部分费用合计					52.89
基本预备费（第Ⅰ至第Ⅴ部分之和）			3%		1.59
环境保护总投资					54.48

12 角峪水库工程管理

12.1 工程规模与任务

角峪水库位于山东省泰安市岱岳区角峪镇纸房村东南，水库位于牟汶河一级支流汇河上，是一座以防洪为主，兼顾农业灌溉、水产养殖等综合利用的中型水库。大坝距国防09公路1km，水库下游3km是角峪镇政府，5km以内有青银高速公路，大坝以下保护农田1.0万亩，人口1.2万人，并直接影响下游牟汶河河京沪高速公路特大桥的防洪安全，地理位置十分重要。

角峪水库等别为中型Ⅲ等工程，主要建筑物大坝、溢洪道、放水洞为3级建筑物，其余次要建筑物为4级建筑物。

12.2 管理机构及人员编制

角峪水库管理所定岗人数35人，管理制度较为健全，除险加固工程竣工后管理机构以原有管理处为基础，进一步明确水库管理所专职人员。管理所现有人员数量满足规范要求，不再增加编制。对工程的大型维修考虑以社会力量承担。

配备管理人员时应选择具有水利专业知识的人员，上岗前要进行必要的培训，使管理人员掌握水库运行管理的基本知识和常识，熟练掌握各种仪器和工具的使用方法，作好观测检查记录及资料的整编保存工作。

12.3 工程管理和保护范围

12.3.1 工程管理范围

工程为除险加固工程，本次建设内容主要包括大坝改建、溢洪道改建、放水涵洞改建。根据《水库工程管理设计规范》(SL 106—1996) 及山东省水利工程管理条例相关规定，划定各建筑物的管理范围如下：

大坝：划定大坝下游坡脚外主河槽段100m范围、两侧阶地段50m范围、两坝头外30m为大坝管理区范围。管理内容主要包括坝体及其附属设施的保护、维护及保养，环境绿化等工作。

溢洪道：划定建筑物外轮廓线以外50m范围为工程管理区。

放水隧洞：隧洞出口建筑物外轮廓线在大坝管理范围内，不再重复划定。

管理设施：生产办公、生活设施、交通设施、通信设施等建筑物利用原有设施，其管理范围维持原来的不变。

上述工程管理区的土地按永久征地征用，并办理确权发证手续，待工程竣工时移交管理单位。管理区内土地及其上附着物归工程管理单位使用和管理，其他单位和个人不得擅入或侵占。

12.3.2 工程保护范围

为保证工程安全，除按上述要求设置工程管理区外，另设工程保护区。

水工建筑物保护范围在管理范围界线外延，其中大坝及溢洪道保护范围外延100m，放水隧洞建筑物保护范围为管理范围外延50m。

工程保护范围的土地不征用，参照有关法规制定保护区详细管理办法，待工程竣工后由管理单位报上级主管部门批准颁布执行。

12.4 工程运行管理

12.4.1 水库运行调度

水库运用调度原则：在保证水库过程安全的前提下，选用最优调度运用方案，综合利用水资源，充分发挥工程综合效益。

水库调度运用基本要求：山阳水库管理所应每年编制调度运用计划和指标，报上级主管部门批准后执行，同时绘制调度图表；依据批准的调度运用计划和指标，结合水库工程现状和管理运用经验，并参照近期水文、气象预报情况，进行具体最优调度运用。

按下游防洪要求制定水库防洪运用原则，当入库洪水小于100年一遇时，控制下泄流量不超过120m^3/s，当入库洪水超过100年一遇时，水库敞泄运用。

12.4.2 工程维护管理

目前水库已运行多年，对于工程维护和维修有相应的技术要求，也积累了一定的运行管理经验。除险加固工程完成后，应根据建筑物加固情况和新配备设备的情况，制定或修订相应的管理维护、操作运用等技术要求，报请上级主管部门批准后执行。今后需要加强对职工的技术培训，特别是对一些新增管理项目和管理设备要作为重点，以提高职工的管理水平。

管理单位应根据《土石坝安全监测技术规范》（SL 551—2012）及其他相关的规程、规范的要求，制定观测工作细则，包括观测项目的测次、时间、顺序、人员分工、精度要求、资料整理分析保管以及观测设备保护、率定、检修、安全操作等有关各项工作制度，作为工程管理规范的组成部分。应进行经常和特殊情况下的巡检和观测工作，并负责监测系统和全部监测设备的检查、维护、校正、更新补充、完善，监测资料的整编、监测报告的编写以及监测技术档案的建立。定期对大坝及其他建筑物的工作状态提出分析和评估，为工程的安全鉴定提供依据，如果发现异常情况，应立即编写报告及时上报上级主管部门。

大坝管理是水库管理的关键，要经常察看大坝表面有无异常变化，如裂缝、塌陷、鼠洞等，并需对大坝的观测设施进行必要的维修和保护，避免人为破坏确保观测系统正常运行，以便于及时发现问题，及时处理，避免造成重大损失。严格按《水库大坝安全管理条例》77号令第3章的有关规定执行。溢洪道、放水洞闸门启闭前应对闸门和启闭机进行认真检查，闸门停止运行后要及时进行检查、维修和养护。

12.5 工程管理设施

12.5.1 道路及交通工具

水库现有过坝顶公路可与坝后地方公路连接，对外交通方便，但连接路原路面质量差，为土路，工程竣工后对其进行路面改建，此段道路长约 2.0km。为给坝后工程管理区提供便捷的交通道路，水库加固完成后，对管理所至左坝顶之间 0.5km 的连接道路进行路面改建。上述道路按永久道路改建，采用柏油路面结构，路面宽 6m，总长度约 2.5km。

根据工程管理需要及原有设备缺少的情况，根据规范规定，配备工程管理用载重汽车 1 辆。

12.5.2 管理用房

本工程现有水库管理所现有生产、办公、仓库和职工宿舍等用房都是 20 世纪 60 年代、70 年代修建的，结构简陋、老化陈旧，不能满足目前和今后的管理需要，按规范标准计算，办公用房人均建筑面积 $15m^2$/人，共 $525m^2$；库房及辅助生产用房 $420m^2$，以上共计 $945m^2$。

12.5.3 水文设施

根据山东省水利厅《关于建设中型水库及 500 万立方米以上小型水库水文设施的通知》（鲁水规计字〔2007〕130 号）中的要求，“正在准备实施除险加固工程的中型水库及库容 500 万立方米以上的小型水库，其水文设施应与加固工程同步设计、同步实施、同步发挥效益”，本次除险加固增设水文站一处，水文站的详细设计见“泰安市岱岳区角峪水库除险加固工程水文设施工程初步设计报告”，水文设施总投资为 91.1 万元。

13 角峪水库设计概算

13.1 编制依据

（1）水利部《关于发布〈水利工程设计概（估）算编制规定〉的通知》（水总〔2002〕116号）。

（2）《关于转发水利部〈水利工程设计概（估）算编制规定〉》（鲁水定字〔2002〕2号）和相关概预算定额的通知。

（3）水利部《关于发布〈水利建筑工程预算定额〉、〈水利建筑工程概算定额〉和〈水利工程施工机械台时费定额〉》（水总〔2002〕116号）。

（4）水利部《关于发布〈水利水电设备安装工程预算定额〉和〈水利水电设备安装工程概算定额〉的通知》（水建管〔1999〕523号）。

（5）各专业提供的设计说明书、工程量及图纸。

13.2 基础单价

13.2.1 人工预算单价

根据水利部水总〔2002〕116号文和山东省水利厅鲁水定字〔2002〕2号文的规定，枢纽工程人工工时预算单价为：工长7.15元/工时、高级工6.66元/工时、中级工5.66元/工时、初级工3.05元/工时。

13.2.2 材料预算价格

概算编制价格水平年为2008年第一季度。

主要建筑材料采用工程所在地区材料价格，另计运杂费、保险费及采保费等，采保费按材料运到工程仓库价格的3%计算。主要材料预算价格如下：

钢筋：5071.57元/t；汽油：7042.02元/t；水泥425号：290.21元/t；原木：944.84元/m^3；柴油：6307.88元/t；板方材：1452.93元/m^3。

主要材料预算价格以基价（钢筋3000元/t、汽油3600元/t、柴油3500元/t、块石90元/m^3）进入工程单价，余额部分计税后作为材料价差计入独立费用中。

次要材料预算价格：按现行市场价格计取。

13.2.3 砂石料及施工用电、风、水单价

（1）砂石料外购，砂65元/m^3、碎石55元/m^3、块石60元/m^3、方块石320元/m^3、粗料石320元/m^3。

（2）施工用电：工程按95%电网电、5%自备电计算，电价0.76元/(kW·h)。

（3）施工用风：风价0.13元/m^3。

(4) 施工用水：水价0.58元/m^3。

13.2.4 费用标准

(1) 其他直接费率。建筑工程按直接费的2.5%，安装工程按直接费的3.2%计算。

(2) 现场经费及间接费费率，见表13.2-1。

(3) 企业利润按直接工程费与间接费之和的7%计算。

(4) 税金按直接工程费、间接费、企业利润之和的3.22%计算。

表13.2-1　现场经费费率表

序号	工程类别	计算基础	现场经费费率/%	计算基础	间接费率/%
1	土石方工程	直接费	9	直接工程费	9
2	砂石备料工程	直接费	2	直接工程费	6
3	模板工程	直接费	8	直接工程费	6
4	混凝土浇筑工程	直接费	8	直接工程费	5
5	钻孔灌浆及锚固工程	直接费	7	直接工程费	7
6	其他工程	直接费	7	直接工程费	7
7	设备安装工程	人工费	45	人工费	50

13.3 概算编制

13.3.1 建筑工程

(1) 主体建筑工程概算按设计工程量乘以工程单价。

(2) 内外部观测工程，按设计提供的数据计列。

(3) 永久房屋建筑工程。办公、生产用房及仓库以及生活及文化福利建筑用房，建筑面积由设计提供，室外工程按永久房屋建筑工程投资的10%计算。

房屋造价指标为：

仓库　400元/m^2

变电所、食堂　800元/m^2

调度管理中心　800元/m^2

(4) 其他建筑工程按主体建筑工程投资的0.5%计算。

13.3.2 设备及安装工程

主要设备原价采用2008年第一季度价格水平，设备费另计运杂费、保险费及采保费等。推荐方案主要设备价格如下：

平板闸门　11000元/t

埋件　10000元/t

螺杆启闭机　3万元/t

卷扬机　1.8万元/t

13.3.3 临时工程

(1) 临时交通公路。根据设计概算资料，临时新建泥结碎石道路12万元/km，改建道路 6 万元/km，10kV 供电线路按 10 万元/km。

(2) 临时房屋建筑工程。仓库按 200 元/m^2；办公、生活及文化福利建筑投资按工程一至四部分建安工作量 1.5%计算。

(3) 其他施工临时工程。按工程第一至第四部分建安工作量（不包括其他施工临时工程）之和的 3%计算。

13.3.4 独立费用

(1) 建设管理费。不计建设单位开办费；建设单位定员人数根据工程实际情况按 14 人考虑，费用指标 39640 元/人年。工程管理经常费按建设单位开办费和建设单位人员经常费的 20%计算。工程建设监理费根据《建设工程监理与相关服务收费管理规定》（发改价格〔2007〕670 号）计算。

(2) 生产准备费。管理用具购置费分别按一至四部分建安量的 0.02%计算，备品备件购置费按设备费的 0.4%计算，工器具及生产家具购置费按设备费的 0.08%计算。

(3) 科研勘测设计费。工程科学研究试验费按工程建安工作量的 0.5%计算。

工程勘测设计费计算执行计价格〔2002〕10 号文国家计委、建设部关于发布《工程勘察设计收费管理规定》的通知及水利部的相关释义。

(4) 建设及施工场地征用费。编制方法和计算标准参照移民和环境部分编制规定。

(5) 其他。定额编制管理费，按工程建安工作量的 0.13%计列；工程质量监督费，按工程建安工作量的 0.25%计列；工程保险费按第一至第四部分投资的 0.45%计列。

13.3.5 预备费

基本预备费，按第一至第五部分投资合计的 5%计算，不计价差预备费。

13.3.6 计算结果

经计算，角峪水库除险加固工程总投资 4153.99 万元；其中：工程部分投资 3797.25 万元，环境部分投资 54.48 万元，水土保持投资 53.42 万元，临时占地投资 157.74 万元，水文设施工程投资 91.1 万元。

14 角峪水库经济评价

14.1 评价方法、依据和主要参数

14.1.1 评价方法和依据

本次经济评价主要依据国家发改委和建设部2006年7月颁布的《建设项目经济评价方法与参数》（第三版）和水利部发布的《水利建设项目经济评价规范》（SL 72—1994）进行分析计算。

14.1.2 主要参数

（1）社会折现率。社会折现率是建设项目经济评价的通用参数，在评价中作为计算经济净现值时的折现率和评判经济内部收益率的基准值，是建设项目经济可行性的主要判别依据。采用8%的社会折现率进行评价。

（2）计算期。计算期包括建设期和正常运行期。本工程建设期为2年，正常运行期取40年，则计算期为42年。

（3）价格水平年和基准年。价格水平年为2008年第一季度。

经济评价基准年为项目建设期的第一年，基准点为基准年年初。

14.2 国民经济评价

14.2.1 费用计算

工程费用主要包括固定资产投资、设备更新费用、流动资金及年运行费。

（1）固定资产投资。根据投资概算结果，工程静态总投资为4154万元。国民经济评价主要对投资估算成果进行如下调整：

1）投资估算的材料价格采用的是2008年第一季度的市场价格，其主要建筑材料、人工工资接近影子价格，故不再进行材料、设备、劳动力费用的调整。因占用、淹没土地补偿费占总投资比重很小，为简化计算，这部分费用也不做调整。所以，国民经济评价的影子价格换算系数均采用1.0。

2）剔除投资估算中属于国民经济内部转移性支付的计划利润和税金。

3）调整土地费用。

4）重新计算基本预备费。

调整后，国民经济评价投资为3946万元，第一年1973万元，第二年1973万元。

（2）设备更新费用。工程机电及金属结构设备的使用年限为20年，计算期内需要更新一次，更新费用为322万元。

（3）年运行费。年运行费包括工资及福利费、综合维护费、水资源费及其他费用等。

1）工资及福利费：包括职工工资、津贴、福利费等，水库管理人员 35 人，每人每年按 3 万元计，共计管理费 105 万元。

2）综合维护费：包括工程日常养护费、岁修和大修理费，根据有关规定及类似工程运行情况，按影子投资的 2.0%计算，共计年均综合维护费 83 万元。

3）水资源费：根据当地水资源征收管理办法，农业用水不征收水资源费，本工程不征收水资源费。

4）其他费用：主要包括日常办公、差旅、会议等费用，按照上述几项费用的 10%计算，年均 19 万元。

本工程年运行费为上述各项费用合计，为 207 万元。

（4）流动资金。流动资金暂按年运行费的 10%计为 20 万元，在正常运行期的第一年投入。

14.2.2 效益计算

本项目效益包括农业灌溉效益，防洪效益，水产养殖收入效益以及外部环境效益等。外部效益不易计算，本次经济评价只计算灌区的防洪效益和灌溉效益。

（1）防洪效益估算。防洪效益包括工程可减免的洪灾损失和可增加的土地开发利用价值。本工程只计工程减免的洪灾损失。

水库保护下游角峪镇人口 1.2 万人，1.0 万亩耕地，国防 09 公路，青银高速、京沪高速等重要基础设施，地理位置重要，效益比较显著。

根据社会统计资料，分析洪灾损失见表 14.2－1。

表 14.2－1　　分析洪灾损失表

频率 p/%	无项目洪灾损失/万元	有项目洪灾损失/万元	有无工程洪灾损失差值/万元	两级洪水平均减少损失/万元	多年平均防洪效益/万元
5					
2	17600		17600	8800	264.00
1	27200		27200	22400	224.00
0.5	30400	19200	11200	19200	96.00
合计					584.00

（2）灌溉效益估算。灌溉效益采用“分摊系数法”计算，水库核定灌溉面积 1.84 万亩。灌区内粮食作物主要有小麦、玉米、地瓜、高粱、大豆、大麦等；经济作物主要有花生、芝麻、棉花、大麻、烟草、蔬菜等。

农业产出物主产品中小麦、玉米等为外贸货物，根据经济评价规定应采用影子价格。但考虑到测算影子价格有困难，且目前国内有些农副产品市场已接近国际市场价格。在不影响评价结论的前提下，本次暂按市场价格代替影子价格。

考虑该增产值的产生是水利工程和其他因素共同作用的结果，灌溉效益综合分摊系数取 0.4，水利工程还需考虑水库工程与渠道等工程的分摊，水库工程的分摊系数取 0.8。

经计算，水库产生的灌溉效益为 167 万元。

（3）水产养殖收入。水产养殖每年 2.5 万 kg，按照每公斤纯收入 0.75 元，收入约

7.5 万元，按此估计为水产养殖效益。

(4) 固定资产余值及流动资金回收。固定资产余值取工程投资的 4%，和流动资金一起在计算期末计入现金流入。

14.2.3 国民经济评价指标及结论

根据以上分析的效益和费用，编制国民经济效益费用流量表，见表 14.2-2，计算其评价指标为：经济内部收益率 12.69%，大于 8%的社会折现率；效益费用比 1.48，大于 1.0；经济净现值为 1723 万元，大于 0。因此，角峪水库除险加固工程在经济上是合理的。

表 14.2-2 国民经济效益费用流量表

序号	项目 \ 年限	1	2	3	4	5～20	21	22	23	24～40	41	42
1	效益流量			759	759	759	759	759	759	759	759	945
1.1	防洪效益			584	584	584	584	584	584	584	584	584
1.2	灌溉效益			167	167	167	167	167	167	167	167	167
1.3	水产养殖收入			7.50	7.50	7.50	7.50	7.50	7.50	7.50	7.50	7.50
1.4	固定资产余值回收											166
1.5	流动资金回收											20
2	费用流量	1973	1973	223	202	202	368	368	202	202	202	202
2.1	固定资产投资	1973	1973				166	166				
2.2	流动资金			20								
2.3	年运行费			202	202	202	202	202	202	202	202	202
3	净效益流量	-1973	-1973	536	556	556	390	390	556	556	556	743

评价指标：经济内部收益率：12.69%；经济效益费用比（i_s=8%）：1.48；经济净现值（i_s=8%）：1723 万元。

14.2.4 敏感性分析

考虑到计算期内投入物和产出物多为预测值，与实际值可能存在着偏差，对评价结果产生一定的影响，分别设定费用增加、效益减少，进行敏感性分析。

结果如下：投资增加 10%时，经济内部收益率 11.25%；效益减少 10%时，经济内部收益率 10.79%。

从计算结果看，在设定的浮动范围内，经济内部收益率均大于社会折现率 8%，满足指标要求，说明项目具有一定的抗风险能力。

14.3 财务分析

本工程主要为防洪工程，属社会公益性项目，财务收入很少，本项目只有水产养殖非常少量的收入，因此，只进行财务分析。

(1) 财务费用分析。年运行费包括工资及福利费、综合维护费、水资源费及其他费用等。工资及福利费计算同国民经济评价，为 105 万元；综合维护费按工程静态总投资的 2.0%计算，共计年均综合维护费 83 万元；水资源费不计；其他费用按照以上费用之和的

10%计取，年均19万元；本工程年运行费为上述各项费用合计，为207万元。

（2）财务收入分析。本工程以防洪为主，财务收入可有少许的农业灌溉收入和水产养殖收入，农业灌溉收入若按照20元/亩计算，灌溉收入可有36.8万元；水产养殖每年2.5kg，按照每公斤纯收入0.75元，收入约7.5万元。合计收入约有44万元。

（3）分析结论。工程财务支出207万元，财务收入较少，缺口为163万元，工程属于公益性项目，当财务收入不能满足其维持正常运行时，建议由政府财政预算支付，维持工程正常运行，发挥其效益。

15 山阳水库洪水标准复核

15.1 流域及工程概况

牟汶河为黄河的一级支流大汶河的北支，山阳水库位于牟汶河的支流八里沟上游，流域形状为扇形。山阳水库坝址以上控制流域面积为 47km^2，干流河道长 10km，平均比降为 21‰，流域内山区占 75%，丘陵占 25%，地貌为砂石山区，近年来经大规模植树造林，现可控制水土流失面积在 70%以上。

山阳水库于 1960 年建成，现水库总库容 2295 万 m^3，防洪库容 1057 万 m^3，兴利库容 1151 万 m^3，死库容 87 万 m^3，属中型水库。该水库上游有小（1）型水库 1 座，小（2）型水库 2 座，其控制流域面积 32km^2，总库容 246 万 m^3，兴利库容 170 万 m^3。

山阳水库设计主要任务为防洪、灌溉，兼顾水产养殖。水库下游防护对象有泰安市岱岳区的良庄镇和房庄镇 4.9 万人及 5 万亩农田、京沪铁路、京福高速公路、104 国道等重要交通设施；水库设计灌溉任务为 1.15 万亩，设计灌溉保证率为 50%，现有效灌溉面积为 1.15 万亩。

水库枢纽工程主要包括大坝、溢洪道、放水洞三部分。大坝为均质坝，全长 900m，坝顶高程 139.23～140.18m；溢流堰为开敞式无闸宽顶堰，堰顶高程 136.80m。2007 年泰安市水利和渔业局对水库进行了安全鉴定，鉴定结论为工程存在较多的质量问题，水库大坝防洪标准不满足规范要求，坝体、坝基渗漏严重，水库无法发挥正常效益，属三类坝，该鉴定结论通过水利部大坝安全管理中心核查。

15.2 气象

该流域处于泰山山系徂徕山前，属温带大陆性湿润半湿润气候，四季分明，春季干旱多风，夏季酷热多雨，秋季天高气爽，冬季严寒少雨雪，据泰安气象局多年实测资料统计，该地区多年平均降水量 770mm，平均气温 12.8℃，极端最高气温 40℃，极端最低气温−22.4℃，多年平均蒸发量 1081.8mm，最大冻土深 50cm，全年主要风向为东北风，多年平均风速为 2.6m/s。

15.3 水文基本资料

山阳水库所在流域及相邻地区无实测流量资料。流域内无雨量站，但在距其 6km、9km 的临近流域有楼德、天宝两处水文部门设立的雨量站，两站分别自 1952 年、1964 年开始观测至今，均按照《降水量观测规范》（SL 21—2006）的观测要求，整编资料精度满足要求，系列较为可靠；降雨系列中包括了7个丰水年（组）、8个枯水年（组），丰枯交替出现，且系列包含较大暴雨资料，系列代表性较好。

楼德、天宝与山阳水库所在河流都属大汶河南支，两站所在流域与山阳水库流域的自然地理情况、下垫面条件、暴雨成因和特性等基本相似，而且两站高程与山阳水库高程之差不超过50m，都在徂徕山以南。本次用两站降雨资料进行山阳水库水文分析计算。

1975年8月河南发生特大暴雨后，为应用全国统一的可能最大暴雨资料，山东省水利厅于1982年编制了《山东省大中型水库防洪安全复核洪水计算办法》，采用资料系列截至20世纪70年代，内容包括设计暴雨、点面关系、雨型日程及时程分配等。

另外，山东省水文水资源局绘制了新的暴雨等值线图，采用资料系列截至1999年。

15.4 径流

角峪水库所在汇河属雨源型河流，流域径流与降水量变化规律一致，年内、年际变化较大，角峪水库多年平均径流深约200mm。

山阳水库无实测水文资料，同在大汶河流域的黄前水库资料条件较好，且降水、下垫面条件与山阳水库相似，山阳水库天然径流系列采用黄前水库资料按面积比一次方计算。山阳水库上游小型水库共3座，其控制流域面积32km²，总库容246万m³，有效库容170万m³，将水库历年天然径流扣除上游水库蓄水影响得出水库现状工程下入库径流系列。

15.5 洪水

15.5.1 暴雨洪水特性

该地区暴雨特性为：暴雨量级大，历时短，发生频繁。山阳水库流域1964～2005年42年实测降雨系列中，年最大24h降雨量大于100mm的降雨有23场，最大24h降雨量占最大3日降雨量的比重平均为82.1%。

该流域洪水主要由暴雨形成，洪水主要集中在汛期，且年际变化大。该河属山溪性河流，源短流急，洪水暴涨暴落，历时较短，一次洪水总历时在24h左右，双峰型洪水历时可达2～3天。

15.5.2 设计洪水

15.5.2.1 以往成果

（1）1959年，泰安水利建设指挥部编制《山阳水库工程初步设计》，50年一遇洪峰流量552m³/s，200年一遇洪峰流量761 m³/s。

（2）1982年，泰安市水利局编制《水利工程“三查三定”大中型水库防洪安全复核计算书》，洪峰流量876 m³/s，3日洪量0.166亿m³，300年一遇洪峰流量317 m³/s，3日洪量0.062亿m³。

（3）2007年5月，泰安水文水资源勘测局编制《山东省泰安市岱岳区山阳水库安全鉴定一设计洪水复核报告》，对岣峪水库设计洪水通过实测暴雨资料和等值线图两种方法进行了计算，提出设计洪水成果：1000年一遇洪峰流量857m³/s，24h洪量0.169亿m³，3日洪量0.187亿m³；100年一遇洪峰流量551m³/s，24h洪量0.109亿m³，3日洪量

0.121 亿 m^3。

15.5.2.2 本次计算方法

山阳水库设计洪水计算采用三种方法：一是直接面雨量法；二是暴雨等值线图法，三是地区综合法。方法一和方法二通称为雨量法。

15.5.2.3 雨量法（方法一和方法二）

（1）设计面雨量计算。

1）直接面雨量法。采用年最大值选样法，选取天宝、楼德雨量站 1964～2005 年共 42 年的最大 24h、最大三日面雨量系列，采用数学期望公式计算经验频率计算公式见（2-1），统计参数中均值按算术平均计算，变差系数 C_v 用矩法公式计算计算公式见（2-2），采用 P-Ⅲ型曲线进行适线，求得山阳水库不同频率设计面雨量见表 15.5-1。

经验频率计算采用数学期望公式：

$$P_m = \frac{m}{(n+1)} \tag{2-1}$$

式中 P_m——实测系列各点经验频率；

m——实测系列按大小递减次序排列的序号；

n——实测系列年数。

变差系数 C_v 计算采用公式：

$$C_v = \frac{1}{\overline{X}} \sqrt{\frac{1}{n-1} \sum_{i=1}^{n} (x_i - \overline{X})^2} \tag{2-2}$$

式中 $\overline{X}$——n 年实测系列算术平均值；

x_i——连序系列中第 i 项变量。

表 15.5-1 直接法山阳水库设计面雨量成果表

项目	均值/mm	C_v	C_s/C_v	不同频率 P/%，设计值/mm						
				0.05	0.1	0.2	1	2	3.33	5
H_{24h}	106.0	0.47	3.5	408.6	378.5	348.4	277.3	246.3	224.2	204.8
H_{3t}	130.0	0.45	3.5	476.2	440.2	407.8	327.1	291.8	266.6	244.4

2）暴雨等值线图法。查算山东省水文水资源勘测局采用 1999 年以前资料系列绘制的该省暴雨等值线图，得山阳水库流域中心处多年平均最大 24 小时点雨量均值为 105mm、变差系数 C_v 值为 0.55；多年平均最大 3 日点雨量均值为 123mm、变差系数 C_v 值为 0.55，取 $C_s=3.5C_v$，求得水库不同频率年最大 24h、年最大 3 日设计点雨量，根据《山东省大、中型水库防洪安全复核洪水计算办法》，按流域面积查点面折减系数，得到山阳水库等值线图法设计面雨量成果见表 15.5-2。

（2）产流计算。径流深采用降雨径流关系查算，降雨径流关系线采用 4 号线（大汶河流域、津浦铁路以东，山丘地区集水面积小于 300km)，设计前期影响雨量 P_a 取 40mm，采用的 4 号线降雨径流关系见表 15.5-3。

表 15.5-2　　等值线图法山阳水库设计面雨量成果表

项目	点雨量均值/mm	C_v	C_s/C_v	不同频率 P/%，设计面雨量/mm						
				0.05	0.1	0.2	1	2	5	10
H_{24h}	105	0.55	3.5	465	427	389	302	264	213	175
H_{3t}	123	0.55	3.5	556	511	466	361	315	255	209

表 15.5-3　　山阳水库降雨径流关系

$P+P_a$/mm	50	100	200	300	400	500	600	700	800
径流深 R/mm	4	33	120	214	308	404	500	596	691

设计雨型采用泰沂山南北区雨型，时段长为 1h，计算山阳水库不同频率净雨时程分配见表 15.5-4 和表 15.5-5。

(3) 汇流计算。汇流计算采用综合瞬时单位线法。单位线参数 M 入黄山丘区综合瞬时单位线计算公式推算，公式为：

$$M=0.24F^{0.33}J^{-0.27}R^{-0.20}T_c^{0.17}$$

式中　F——流域面积，取 $47.0km^2$；

J——河道干流平均坡度，取 21‰；

R——次净雨深，mm；

T_c——净雨历时，h。

由瞬时单位线法推求的不同频率设计洪水成果见表 15.5-6，设计洪水过程线见表 15.5-7。

15.5.2.4　地区综合法（方法三）

收集同在大汶河流域的部分支流不同流域面积的雪野、大治等水库的设计洪水，见表 15.5-8，表中水库设计洪水成果经审查。水库流域暴雨洪水特性与山阳水库相似，水文分区同属大汶河流域津浦铁路以东，选取的水库面积在 88.6～444km^2 之间，各水库年最大 24h 降雨量均值接近。山阳水库流域面积 47km^2，年最大 24h 面雨量均值 104mm（暴雨等值线图）。

用大冶、雪野、金斗、东周水库 1000 年一遇、100 年一遇设计洪峰和相应流域面积点绘在双对数纸上分别建立相关关系，关系线见图 16.5-1，用此综合相关线推算山阳水库 1000 年一遇设计洪峰流量为 845m^3/s，100 年一遇设计洪峰流量为 531 m^3/s。同样，用大治、雪野、金斗水库不同频率 24h 设计洪量与面积点绘相关关系，推算山阳水库 1000 年一遇设计 24h 洪量为 1920 万 m^3，100 年一遇设计 24h 洪量为 1350 万 m^3。用地区综合法计算山阳水库设计洪水成果见表 15.5-9。

表 15.5-4　　山阳水库设计净雨时程分配表（直接面雨量法）

P/%	日程	日净雨/mm	时段（$\Delta t=1h$）净雨量分配/mm																							
			1	2	3	4	5	6	7	8	9	10	11	12	13	14	15	16	17	18	19	20	21	22	23	24
0.05	一	12.0			3.6	2.8	3.8	1.0	0.3	0.5																
	二	17.1			0.0	7.1	7.2	2.2	0.6																	
	三	354.6			3.5	1.8	0.7	0.4	3.5	3.2	2.1	2.8	3.2	5.3	15.6	31.2	20.2	57.8	88.7	45.0	23.1	9.6	13.8	11.7	11.4	
0.1	一	10.7			3.3	2.5	3.4	0.9	0.2	0.4																
	二	21.5				6.4	6.6	2.0	0.6							4.4	1.1	0.2						0.2		
	三	326.0			3.3	1.6	0.7	0.3	3.3	2.9	2.0	2.6	2.9	4.9	14.3	28.7	18.6	53.1	81.5	41.4	21.2	8.8	12.7	10.8	10.4	
0.2	一	10.2			3.1	2.4	3.3	0.8	0.2	0.4																
	二	20.6				6.2	6.3	1.9	0.5							4.2	1.1	0.2						0.2		
	三	297.2			3.0	1.5	0.6	0.3	3.0	2.7	1.8	2.4	2.7	4.5	13.1	26.1	16.9	48.4	74.3	37.7	19.3	8.0	11.6	9.8	9.5	
1	一	8.2			2.5	1.9	2.6	0.7	0.2	0.3																
	二	12.3				5.1	5.2	1.6	0.4																	
	三	230.4			2.3	1.2	0.5	0.2	2.3	2.1	1.4	1.8	2.1	3.5	10.1	20.3	13.1	37.5	57.6	29.2	15.0	6.2	9.0	7.6	7.4	
2	一	7.5			2.3	1.7	2.4	0.6	0.2	0.3																
	二	11.1				4.6	4.7	1.4	0.4																	
	三	201.1			2.0	1.0	0.4	0.2	2.0	1.8	1.2	1.6	1.8	3.0	8.9	17.7	11.5	32.8	50.3	25.6	13.1	5.4	7.8	6.6	6.4	
5	一	6.2			1.9	1.5	2.0	0.5	0.1	0.2																
	二	13.0				3.9	4.0	1.2	0.3							2.7	0.7	0.1						0.1		
	三	162.0			1.6	0.8	0.3	0.2	1.6	1.5	1.0	1.3	1.5	2.4	7.1	14.3	9.2	26.4	40.5	20.6	10.5	4.4	6.3	5.3	5.2	

表 15.5-5 山阳水库设计净雨时程分配表（等值线图法）

P/%	日程	日净雨/mm	时段（$\Delta t=1h$）净雨量分配/mm																							
			1	2	3	4	5	6	7	8	9	10	11	12	13	14	15	16	17	18	19	20	21	22	23	24
0.05	一	19.6			6.0	4.6	6.2	1.6	0.4	0.7																
	二	36.6				11.0	11.2	3.4	1.0							7.5	1.9	0.3						0.3		
	三	413.6			4.1	2.1	0.8	0.4	4.1	3.7	2.5	3.3	3.7	6.2	18.2	36.4	23.6	67.4	103.4	52.5	26.9	11.2	16.1	13.6	13.2	
0.1	一	18.1			5.5	4.2	5.7	1.5	0.4	0.7																
	二	32.6				9.8	10.0	3.1	0.8							6.7	1.7	0.3						0.3		
	三	377.3			3.8	1.9	0.8	0.4	3.8	3.4	2.3	3.0	3.4	5.7	16.6	33.2	21.5	61.5	94.3	47.9	24.5	10.2	14.7	12.5	12.1	
0.2	一	16.6			5.1	3.9	5.3	1.4	0.4	0.6																
	二	29.8				8.9	9.1	2.8	0.8							6.1	1.6	0.2						0.3		
	三	341.1			3.4	1.7	0.7	0.3	3.4	3.1	2.0	2.7	3.1	5.1	15.0	30.0	19.4	55.6	85.3	43.3	22.2	9.2	13.3	11.3	10.9	
1	一	13.1			4.0	3.0	4.2	1.1	0.3	0.5																
	二	23.3				7.0	7.1	2.2	0.6							4.8	1.2	0.2						0.2		
	三	257.8			2.6	1.3	0.5	0.3	2.6	2.3	1.5	2.1	2.3	3.9	11.3	22.7	14.7	42.0	64.5	32.7	16.8	7.0	10.1	8.5	8.3	
2	一	11.6			3.5	2.7	3.7	0.9	0.3	0.4																
	二	20.5				6.2	6.3	1.9	0.5							4.2	1.1	0.2						0.2		
	三	222.2			2.2	1.1	0.4	0.2	2.2	2.0	1.3	1.8	2.0	3.3	9.8	19.5	12.7	36.2	55.5	28.2	14.4	6.0	8.7	7.3	7.1	
5	一	9.6			2.9	2.2	3.0	0.8	0.2	0.4																
	二	16.8				5.0	5.2	1.6	0.4							3.4	0.9	0.1						0.2		
	三	174.9			1.7	0.9	0.3	0.2	1.7	1.6	1.0	1.4	1.6	2.6	7.7	15.4	10.0	28.5	43.7	22.2	11.4	4.7	6.8	5.8	5.6	

表 15.5-6　雨量法推求山阳水库设计洪水成果表　单位：Q_m m^3/s；W_i 万 m^3

方法	项目	不同频率 P/%，设计值					
		0.05	0.1	0.2	1	2	5
直接面雨量法	Q_m	853	779	712	551	482	390
	W_{6h}	1196	1098	1001	770	671	540
	W_{24h}	1672	1536	1401	1086	949	766
	W_{72h}	1847	1695	1554	1213	1065	865
等值线图法	Q_m	1000	904	817	617	531	418
	W_{6h}	1397	1277	1154	870	749	589
	W_{24h}	1949	1779	1608	1217	1049	826
	W_{72h}	2219	2022	1834	1396	1207	958

表 15.5-7　山阳水库设计洪水过程线（直接面雨量法）

时段	不同频率 P/%，设计洪水过程线/(m^3/s)				
	0.05	0.1	1	3.33	5
1	0.52	0.52	0.47	0.47	0.47
2	0.52	0.52	0.47	0.47	0.47
3	0.52	0.52	0.47	0.47	0.47
4	9.82	8.55	5.5	4.25	3.8
5	28.2	24.9	16.5	13	11.7
6	39.4	35.1	23.9	19.2	17.4
7	40.6	36.5	25.7	21	19.2
8	27.4	25.1	18.5	15.6	14.5
9	15.3	14.2	10.9	9.42	8.88
10	8.6	8.06	6.31	5.56	5.29
11	4.13	3.94	3.23	2.95	2.84
12	1.86	1.82	1.59	1.51	1.48
13	0.96	0.96	0.87	0.86	0.86
14	0.65	0.65	0.6	0.61	0.61
15	0.55	0.56	0.51	0.51	0.52
16	0.53	0.53	0.48	0.48	0.48
17	0.52	0.52	0.47	0.47	0.47
18	0.52	0.52	0.47	0.47	0.47
19	0.52	0.52	0.47	0.47	0.47
20	0.52	0.52	0.47	0.47	0.47
21	0.52	0.52	0.47	0.47	0.47
22	0.52	0.52	0.47	0.47	0.47
23	0.52	0.52	0.47	0.47	0.47
24	0.52	0.52	0.47	0.47	0.47
25	0.52	0.52	0.47	0.47	0.47
26	0.52	0.52	0.47	0.47	0.47
27	0.52	0.52	0.47	0.47	0.47

续表

时段	不同频率 P/%，设计洪水过程线/(m³/s)				
	0.05	0.1	1	3.33	5
28	0.52	0.52	0.47	0.47	0.47
29	22.7	19.4	12.8	10.1	9.04
30	65.7	57.8	39.6	31.9	28.9
31	75.5	68.4	48.5	39.9	36.8
32	50.2	46.3	34.3	29.2	27.4
33	24.0	22.6	17.7	15.7	15.1
34	9.0	8.87	7.43	6.88	6.74
35	3.09	3.26	2.89	2.76	2.77
36	1.11	1.27	1.22	1.21	1.23
37	0.63	0.67	0.65	0.69	0.70
38	0.53	0.54	0.50	0.53	0.54
39	15.6	13.3	8.86	7.05	6.31
40	33.3	29.7	20.7	16.9	15.4
41	25.4	23.5	17.1	14.3	13.4
42	12.3	11.4	8.93	7.95	7.60
43	4.54	4.48	3.82	3.58	3.51
44	1.78	1.84	1.63	1.57	1.58
45	0.81	0.9	0.84	0.82	0.83
46	0.56	0.58	0.56	0.57	0.58
47	1.19	1.09	0.85	0.79	0.76
48	1.79	1.66	1.27	1.13	1.07
49	1.25	1.21	0.98	0.91	0.88
50	0.79	0.77	0.68	0.66	0.66
51	0.59	0.59	0.54	0.54	0.54
52	22.2	19.91	11.7	8.63	7.58
53	32.7	30.1	19.2	14.9	13.3
54	22.2	20.6	13.7	11.1	10.2
55	11.7	10.8	7.53	6.26	5.76
56	26.3	23.8	14.7	11.2	9.89
57	42.2	38.8	24.4	18.8	16.8
58	39.5	36.4	23.6	18.7	16.9
59	38.0	34.9	22.4	17.7	15.9
60	42.2	38.8	24.9	19.5	17.5
61	58.3	53.2	33.5	25.9	23.2
62	135	122	74.5	56.2	49.8
63	296	270	165	124	110
64	343	316	201	157	141
65	540	491	302	231	205
66	938	857	530	404	359
67	925	855	551	433	390
68	601	556	370	299	272

续表

时段	不同频率 $P/\%$，设计洪水过程线/(m^3/s)				
	0.05	0.1	1	3.33	5
69	316	294	204	167	153
70	202	187	128	104	94.0
71	182	167	111	87.6	78.8
72	169	156	101	80	72.0
73	96.0	89.9	62.0	50.8	46.4
74	26.4	24.5	19.2	17.1	16.0
75	4.74	4.61	4.72	4.4	4.08
76	0.52	0.52	1.20	1.28	1.20
77	0.52	0.52	0.47	0.47	0.47

表 15.5-8　　山阳水库临近流域设计洪水成果表

水库	所在支流	流域面积/km^2	H_{24h}/mm	Q_m/(m^3/s)		W_{24h}/万 m^3		备注
				0.1%	1%	0.1%	1%	
大冶水库	牟汶河	163	101	2500	1624	5780	3910	H_{24h}为暴雨等值线图值
雪野水库	瀛汶河	444	103	6500	3760	12000	7760	
金斗水库	柴汶河	88.6	100	1580	932	3480	2150	
东周水库	柴汶河	189		2580	1630			

表 15.5-9　　山阳水库设计洪水成果表（地区综合法）

面积/km^2	项目	0.1%	1%
47	Q_m/(m^3/s)	845	531
	W_{24h}/万 m^3	1920	1350

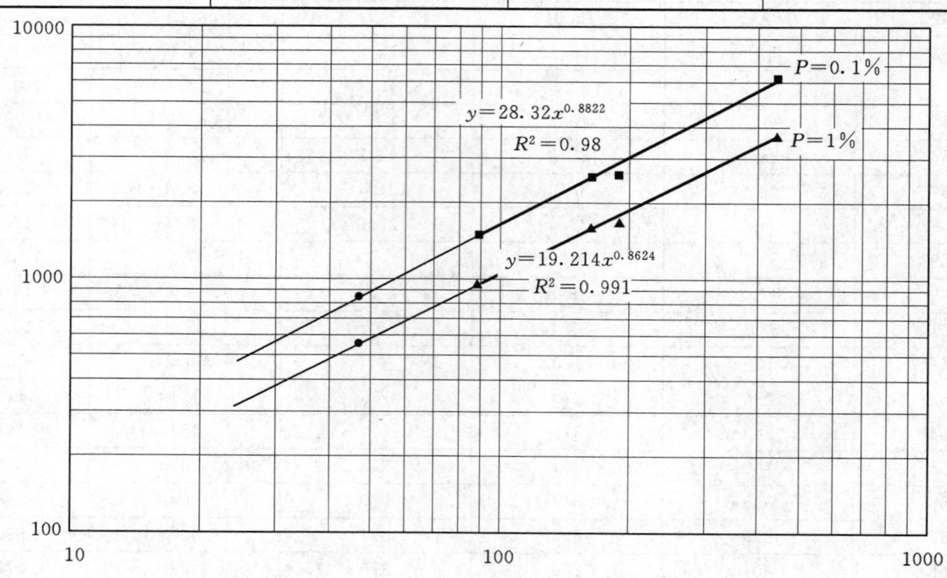

图 15.5-1　山阳水库临近流域洪峰流量—面积关系图

15.5.2.5 计算成果及合理性分析

（1）计算成果合理性分析。山阳水库设计洪水计算主要采用了雨量法计算，同时又采用周边其他水库设计洪水点绘了地区综合线进行比较分析，各方法成果见表15.5－10。

表15.5－10 山阳水库设计洪水成果比较表

方　法	项目	P	
		0.1%	1%
直接面雨量法	$Q_m/(m^3/s)$	779	551
	W_{24h}/万 m^3	1536	1086
等值线图法	$Q_m/(m^3/s)$	904	617
	W_{24h}/万 m^3	1779	1216
地区综合法	$Q_m/(m^3/s)$	845	531
	W_{24h}/万 m^3	1920	1350
直接面雨量法（P=0.1%加10%安全修正值）	$Q_m/(m^3/s)$	857	551
	W_{24h}/万 m^3	1690	1086

山阳水库设计面雨量推求采用了两种途径，直接面雨量法和等值线图法，由此推算的设计洪水等值线图法成果较直接面雨量法成果偏大，洪峰流量偏大7%～17%，最大24h洪量、3日洪量偏大1%～20%。由于两种途径推算设计洪水过程中，产、汇流计算所采用的方法完全一致，成果差别的原因在于设计面雨量结果不同（两途径计算面雨量成果比较见表15.5－11），而两方法采用面雨量均值接近，所以设计面雨量的不同关键是C_v值不同。由暴雨等值线图上查得的C_v值（0.55）较用实测暴雨资料率定的C_v值（0.47）要大。为再进一步分析该地区实测系列的代表性，分析楼德站1952～2005年共54年最大24小时降雨量的C_v值，该系列具有较好的代表性，计算的C_v值为0.50，与山阳水库以上流域直接面雨量法采用的C_v值较接近。这也说明用直接面雨量法采用的资料系列长、系列更稳定、更具代表性。

表15.5－11 山阳水库设计面雨量成果比较表

方法	项目	均值/mm	C_v	C_s/C_v	不同频率P/%，设计值/mm					
					0.05	0.1	0.2	1	2	5
直接法	H_{24h}	106	0.47	3.5	409	379	348	277	246	205
	H_{3t}	130	0.45	3.5	476	440	408	327	292	244
等值线图	H_{24h}	105	0.55	3.5	465	427	389	302	264	213
	H_{3t}	123	0.55	3.5	556	511	466	361	315	255

考虑直接面雨量法采用的雨量资料系列更长，更能具体反映该水库所在流域的暴雨洪水特性，本次推荐直接面雨量法成果。同时，从满足水库防洪安全要求方面考虑，对山阳水库流域内小型水库的溃坝对水库入库设计洪水的影响给予粗略分析。山阳水库流域内小型水库控制流域面积32km²，总库容246万m^3，兴利库容170万m^3，其防洪标准都小于1000年一遇，当发生超1000年一遇洪水时，若上游小型水库溃坝，则加大山阳水库入库

洪水，对防洪安全不利。考虑最不利情况，当发生1000年一遇洪水时，流域内小型水库兴利库容蓄满，则兴利库容占山阳水库1000年一遇最大3d洪量的10%。因此，对山阳水库1000年一遇以上设计洪水加10%的安全修正值。

(2) 推荐成果。通过以上分析，本次将直接面雨量法1000年一遇洪水加10%安全修正值后成果作为本次除险加固设计推荐成果，将该成果点距点绘于地区综合关系线上，从图15.5-1可见，该点距位于关系线略偏上位置，这说明水库设计洪水成果与临近地区洪水成果是较为协调的，是符合地区规律的。本次除险加固初步设计推荐山阳水库设计洪水成果见表15.5-12。

表 15.5-12　　山阳水库坝址设计洪水成果表

流域面积/km^2	项目	不同频率 P/%，设计值								
		0.05	0.1	0.2	1	2	3.33	5	10	20
47	Q_m/(m^3/s)	938	857	712	551	482	433	390	319	251
	W_{6h}/万 m^3	1315	1209	1001	770	671	601	540	437	342
	W_{24h}/万 m^3	1839	1690	1401	1086	949	852	766	628	497
	W_{72h}/万 m^3	2032	1866	1554	1213	1065	958	865	712	567

15.5.3 施工洪水

为配合施工导流及施工进度安排，除需要山阳水库汛期入库设计洪水成果外，还需要非汛期（10月至次年5月）设计洪水，根据资料条件，对非汛期5%、10%、20%设计洪水进行计算。

15.5.3.1 汛期施工洪水

汛期施工洪水的计算同水库入库设计洪水，成果见表15.5-12。

15.5.3.2 非汛期施工洪水

因该水库流域无实测流量资料，依据收集到的同在大汶河流域的距离山阳水库相对较近的水文站资料计算非汛期施工洪水，水文站情况见表15.5-13，对各水文站非汛期设计洪水进行计算，并建立不同频率面积—洪峰流量地区综合关系线，见图15.5-2，采用

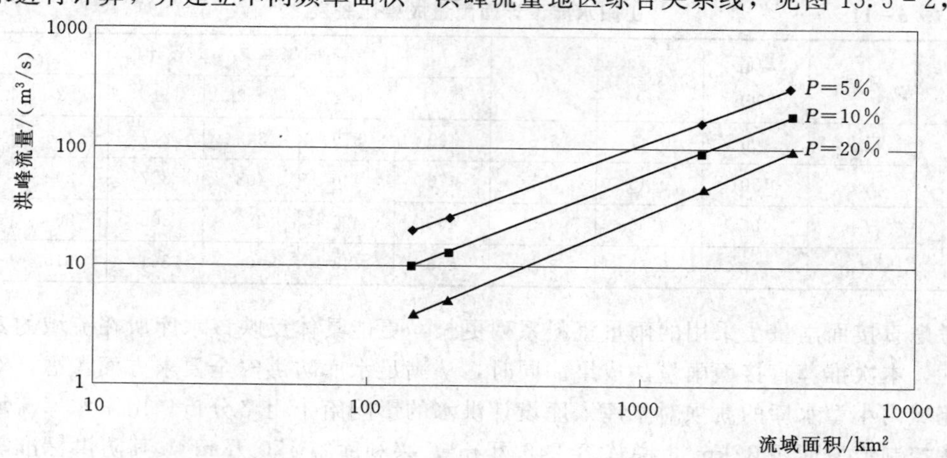

图 15.5-2　山阳水库非汛期施工洪水地区综合关系线图

此关系线推求山阳水库非汛期设计洪水；另外，采用流域面积较小、与山阳水库流域面积相对较接近的下港站非汛期设计洪水成果，按面积指数 0.67 推算山阳水库施工设计洪水。安全起见，选取两成果中较大者作为本次山阳水库非汛期施工洪水，见表 15.5－14。

表 15.5－13　　山阳水库临近水文站情况表

站名	面积/km²	系列长度/年
下港	145	12
瑞谷庄	200	10
楼德	1668	20
北望	3499	51

根据现场调研，非汛期上游小型水库均蓄水兴利，无下泄流量，山阳水库非汛期入库洪水计算采用面积为将上游小型水库控制面积扣除后的区间面积。

表 15.5－14　　山阳水库非汛期施工设计洪水成果表

水库	面积/km²			采用方法	不同频率 P/%，设计值/(m³/s)		
	总	上游小型水库	区间		5	10	20
山阳	47	32	15	地区综合	2.77	1.23	0.41
				单站（推荐）	4.56	2.38	0.95

15.6　泥沙

山阳水库控制流域面积 47km²，水库流域森林覆盖率达 65%，水土保持良好。上游 3 座小型水库控制流域面积 32km²，控制上游部分来沙量，泥沙问题不严重。

根据《山东省水文图集》中山东省多年平均年侵蚀模数分区图（悬移质泥沙），山阳水库流域多年平均年侵蚀模数为 300t/km²，安全起见，不考虑上游小型水库拦沙和山阳水库自身排沙，算得水库多年平均来沙量为 1.4 万 t，沙容重取 1.3t/m³，则水库年淤积 1.1 万 m³。

山阳水库 1981 年“三查三定”核定死库容为 87 万 m³，按水库年淤积 1.1 万 m³ 的淤积速度，至 2007 年共淤积 27 万 m³，估算水库现状死库容为 60 万 m³，水库再运行 50 年后，预测水库淤积总量为 81 万 m³，水库死库容为 6 万 m³。

因水库泥沙淤积主要受降水、径流和水库流域下垫面条件的影响，而近年水库流域降水量小，径流量小，无大洪水发生，且流域内开展了水土保持和生态建设，各水库淤积自 1975 年后都明显变小。

鉴于 1981 年库容曲线至今已有 30 余年，建议施测新的库容曲线以便更准确地掌握水库实际淤积情况。

16 山阳水库工程地质勘察研究

16.1 工程地质勘察概述

16.1.1 工程概况

山阳水库位于黄河流域大汶河水系牟汶河支流八里沟上游，徂徕山南侧，泰安市岱岳区良庄镇新庄村东300m处，距离泰安市30km，交通便利，是一座以防洪、灌溉及水产养殖等综合利用的中型水库。

水库枢纽由主坝、副坝（东、北）、溢洪道、放水洞（南、北）等建筑物组成。

主坝为均质土坝，坝长900m，坝顶高程139.23～140.18m，防浪墙高程140.89～141.20m，坝顶宽5m，最大坝高13.2m。

副坝总长1750m，其中东副长1450m，坝顶宽1～2m，高程138.46～140.14m，北副坝长300m，坝顶宽2～3m，高程138.48～139.66m，最大坝高5m。

溢洪道位于主坝右侧，为开敞式浆砌石渠，总长550m。溢流堰为平底浆砌石宽顶堰，净宽20m，堰顶高程136.80m。溢洪道原设计最大泄流量$72m^3/s$，三查三定审定溢洪道最大泄量为$188m^3/s$。

放水洞分为南、北两座，南放水洞位于主坝桩号0+250处，为单孔无压半圆砌石拱涵，拱涵长50.5m，进口底高程131.50m，设计流量$3m^3/s$。北放水洞位于北副坝桩号0+169处，为单孔无压半圆砌石拱涵，进口底高程131.70m，设计流量$2m^3/s$。南北放水洞均为平板铸铁闸门。

16.1.2 勘察主要目的及工作量

2006年12月26日，由泰安市水利勘测设计研究院针对山阳水库存在的地质病害及危害程度做了安全鉴定工作，其间总共在坝址区布孔21个，其中坝体18个，溢洪道3个（见表16.1-1），依据钻孔资料，结合大坝高密度电法CT探测成果及各项试验成果编写了《山东省泰安市岱岳区山阳水库安全鉴定工程地质勘察报告》。

根据山阳水库安全鉴定结果（《山东省泰安市岱岳区山阳水库安全鉴定工程地质勘察报告》及附图），本水库主要存在主坝坝基、坝体渗漏、副坝高度及宽度不能满足防洪要求、溢洪道泄洪能力不够、放水洞洞身溶蚀渗漏严重等问题。

地质勘察的主要任务有：①查明主坝坝体及坝基的地层岩性、水文地质条件，对大坝的坝基渗漏及渗透稳定性进行评价；②查明东副坝坝基的地层岩性、水文地质条件、岩土体物理力学指标，对坝体加高培厚提供地质资料；查明北副坝的地层岩性和岩土物理力学性质，对坝体的加宽提供地质资料；③对放水洞和溢洪道工程地质条件进行评价；④针对除险加固设计方案进行必要的岩土物理力学试验，提出设计所需的岩土物理力学参数；

⑤根据工程设计所需天然建筑材料的数量、质量，在工程区附近选择合适的土料场，并对其储量、质量和开采运输条件做出评价；对块石料、混凝土骨料进行调研。

本次工作主要依据以下技术规范：《中小型水利水电工程地质勘察规范》（SL 55—2005）；《水利水电工程地质测绘规程》（SL 299—2004）；《水利水电工程天然建筑材料勘察规范》（SL 251—2000）；《水利水电工程钻探规程》（SL 291—2003）；《土工试验规程》（SL 237—1999）。

勘察外业自 2007 年 10 月 12 日开始，至 11 月 2 日结束，完成的勘察工作量见表 16.1-1。

表 16.1-1　　泰安市山阳水库工程地质勘察完成工作量表

<table>
<tr><th rowspan="2">工作类别</th><th rowspan="2" colspan="2">工　作　项　目</th><th rowspan="2">单位</th><th rowspan="2">安全鉴定</th><th colspan="2">本阶段</th></tr>
<tr><th>工程区</th><th>天然建材</th></tr>
<tr><td rowspan="3">测量</td><td colspan="2">地质点测量</td><td>组日</td><td>41</td><td>13</td><td>25</td></tr>
<tr><td colspan="2">1/1000 地形图测量</td><td>km²</td><td></td><td>1.5</td><td></td></tr>
<tr><td colspan="2">1/2000 地形图测量</td><td>km²</td><td></td><td></td><td>0.5</td></tr>
<tr><td rowspan="6">地质</td><td colspan="2">1/1000 工程地质测绘</td><td>km²</td><td>0.5</td><td>1.5</td><td></td></tr>
<tr><td colspan="2">天然建筑材料 1/1000 工程地质测绘</td><td>km²</td><td></td><td></td><td>0.5</td></tr>
<tr><td colspan="2">1/1000 实测地质剖面</td><td>km</td><td></td><td>0.5</td><td>2</td></tr>
<tr><td colspan="2">水文地质调查</td><td>组日</td><td></td><td>5</td><td></td></tr>
<tr><td colspan="2">坑（槽）</td><td>m³</td><td></td><td>50</td><td></td></tr>
<tr><td colspan="2">骨料调研</td><td>工日</td><td></td><td></td><td>5</td></tr>
<tr><td rowspan="5">勘探</td><td colspan="2">钻孔</td><td>m/孔</td><td>349.16/21</td><td>209.3/10</td><td></td></tr>
<tr><td colspan="2">浅井</td><td>m</td><td></td><td></td><td>60</td></tr>
<tr><td colspan="2">取土样</td><td>组</td><td>64</td><td>60</td><td>23</td></tr>
<tr><td colspan="2">取水样</td><td>组</td><td>1</td><td>2</td><td></td></tr>
<tr><td colspan="2">CT 探测断面</td><td>组</td><td>5</td><td></td><td></td></tr>
<tr><td rowspan="6">试验</td><td rowspan="2">现场试验</td><td>标准贯入试验</td><td>组</td><td>131</td><td>7</td><td></td></tr>
<tr><td>压水试验</td><td>组</td><td></td><td>2</td><td></td></tr>
<tr><td rowspan="4">现场试验</td><td>水质化验</td><td>组</td><td>1</td><td>2</td><td></td></tr>
<tr><td>颗分试验</td><td>组</td><td>40</td><td>60</td><td>23</td></tr>
<tr><td>物理性质试验</td><td>组</td><td>64</td><td>60</td><td>5</td></tr>
<tr><td>力学性质试验</td><td>组</td><td>7</td><td>20</td><td>5</td></tr>
</table>

16.2　区域地质构造与地震动参数

16.2.1　区域地质构造

16.2.1.1　区域地层岩性

本区域出露的主要地层由老到新分别为太古界泰山群，新生界第三系和第四系地层，其岩性特征如下：

(1) 太古界泰山群（Art），为一套中深变质岩系，称泰山杂岩，主要岩性为黑云斜长片麻岩、角闪岩、黑云母变粒岩及各种混合岩，各岩体间为渐变接触，岩体、岩层呈北西向展布，并有石英岩脉、闪长岩脉和辉绿岩脉穿插。

(2) 新生界下第三系（E）页岩和黏土岩，风化裂隙发育，成分以黏土矿物为主。

(3) 新生界第四系（Q）为河流冲洪积物和残坡积地层，主要为卵砾、中粗砂、粉土质砂、黏土等，主要分布于河流河谷及山前，厚度变化大，工程性质各异。

16.2.1.2 区域地质构造

本区位于华北地台山东台背斜鲁中南隆起区，由于受中生代后期燕山运动、早第三纪与中新世喜马拉雅运动的影响，基底强烈褶曲，形成山地和凹陷盆地，本区有新泰盆地、泰莱盆地、肥城盆地和汶河盆地。本区断裂构造受区域应力场控制，基底构造以轴向300°～340°褶皱最为发育，其周边发育三条大断裂带。

郯庐断裂带：长约360km，呈15°～20°方向延伸，由四条大致平行的主干断裂带组成，并组成两堑夹一垒的构造形式，是长期活动的地壳构造破碎带。在库区以东约150km。

聊城—兰考断裂带：长约270km，有一系列规模不等的NE～NNE向断裂组成，其规模大，新构造活动强烈。在库区以西160km。

广齐断裂带：长约300km，呈NE65°～80°方向延伸，在第三纪时期活动强烈，第四纪早期仍有活动，全新世以来无明显活动。在库区以北约100km 。

工程处于地质构造稳定区。

16.2.2 地震动参数

根据中国地震局2001年编制的1/400万《中国地震动参数区划图》（GB 18306—2001）中《中国地震动峰值加速度区划图》和《中国地震动反应谱特征周期区划图》，工程区的地震动峰值加速度为0.05g，地震动反应谱特征周期为0.45s，相应的地震基本烈度为Ⅵ度。

16.3 水库区地质条件及环境地质问题评价

16.3.1 水库区工程地质条件

山阳水库位于牟汶河左岸支流八里沟上游，在地貌单元上为丘陵地貌和山前冲洪积平原，高程在127.00～140.00m之间，地势平缓，沟谷开阔。八里沟呈北东—南西走向，河谷呈不对称“U”字形，库区河床宽100～120m，以侧向侵蚀为主。水库上游植被相对较好，水土流失较轻，库区因开垦坡地，植被较差。河漫滩以冲洪积中粗砂为主，由粉土质砂、黏土质砂及中粗砂、砾石组成。由于人工修梯田、耕植等原因，两岸阶地形态已分辨不清。

库区出露的地层主要为下第三系页岩和第四系堆积物。下第三系页岩为灰黄色—灰白色的泥质页岩，局部夹少量砂质页岩和泥灰岩，受风化影响，表层岩体结构部分破坏，矿物成分变化显著，风化裂隙发育；第四系堆积物由粉土质砂、黏土质砂、中粗砂、残积土等组成，主要为冲洪积、残坡积成因，广泛分布于两岸冲积阶地及河漫滩。

水库区位于华北地台山东台背斜鲁中南隆起区，经野外地质调查，库区范围未发现断层分布。

根据含水介质特征、赋存条件，地下水的类型可分为第四系松散岩类孔隙水和基岩裂隙水。第四系松散岩类孔隙水主要分布在河床及两岸不同成因类型的堆积体内，一般为潜水，受降雨和地表水补给，向下游或低洼处排泄。基岩裂隙水主要接受降雨和地表水补给，向下游八里沟排泄，地下水补给河水。

库区河谷较开阔，阶地及坡洪积物较发育，地表无基岩出露，物理地质现象不发育。

16.3.2 水库区的环境地质问题评价

水库渗漏：库区两岸及库尾，地形开阔、平缓，无明显的单薄分水岭和深切邻谷存在，库盆周边无构造切割，地层岩性以泥质页岩为主，渗透条件差，水库封闭条件较好，无明显的渗漏通道，故不存在水库渗漏问题。水库经过多年运行后，没有发现通过单薄分水岭或断层向邻谷渗漏问题。

库岸稳定：水库两岸覆盖层广布，地形相对平缓，一般为5°～15°，岩层近水平分布，断裂构造不发育，无大的不利结构面组合，水库经长期运行，岸坡已基本形成稳定边坡，不存在大规模的塌岸问题。

水库浸没：水库库岸由壤土和页岩组成，为相对不透水地层；两岸为丘陵区，耕地和居民区高程高出库水位较多，水库运行期间未发现浸没问题。

水库诱发地震：区域主要断裂均在库外，距离较远，水库区构造不发育，库水无向深层渗漏的可能，地下水没有进行深部循环的条件，另外，水库蓄水后壅水高度小，因此，水库诱发地震的可能性不大。

16.4 坝址区基本地质条件

16.4.1 地形地貌

山阳水库的坝址区位于牟汶河一级支流八里沟上游，在地貌单元上为丘陵地貌，高程在127.00～140.00m之间，地势平缓，沟谷开阔。主坝址处河流走向45°，河谷呈不对称“U”字形，河谷宽700～800m，河床高程约为129.60m。

坝址区两岸地形起伏不大，高程一般134.00～140.00m之间，属低山丘陵地貌。局部范围地形起伏较大，高差可达20m。区内植被较差，多为耕种土地。区内未见基岩出露，地表多被第四系黄土覆盖，厚度为3～24m，厚度变化较大。

16.4.2 地层岩性

山阳水库坝址区地层岩性较为简单，主要为下第三系页岩和第四系堆积物。

下第三系页岩（E）：坝址区广泛分布，主要为灰黄色—灰白色的泥质页岩，局部夹少量砂质页岩和泥灰岩。受风化影响，表层岩体结构部分破坏，矿物成分变化显著，风化裂隙发育。该套地层地表未出露，主要在勘探钻孔中揭露，最小埋藏深度13.0～20.5m。

第四系堆积物（Q）：由人工填土和河流冲洪积、残坡积物组成，冲洪积物广泛分布于河流两岸阶地及河漫滩，残积物则分布于河床下基岩顶部与覆盖层之间。

（1）人工填土。①粉土质砂（rQ_4），以褐色或黄褐色粉土质砂为主，稍湿—饱和，含灰黑色铁锰质结核和灰白色钙质结核，局部含氧化铁条纹。主要分布在主坝和副坝区。②－1粉土质砂（rQ_4），在坝体中部局部分布，呈透镜体，厚度0.5～0.8m，含砂量高，砂粒含量可高达60％～70％，上下游不贯通。

（2）第四系冲洪积—残坡积物。①粉土质砂（$al+plQ_4$），黄褐色，局部呈坚硬状态。土质较均一，稍湿—湿润，切面较光滑。该层广泛分布于坝基上部与坝体接触的部位。②粉土质砂（alQ_4），黄褐、灰黄色，松散—稍密。含少量砾石，粒径1～5cm，层厚0.5～2.3m，分布于桩号0+120～0+600之间坝基，其中，从桩号0+300～0+500为古河道。该层含砂量高，砂粒含量高达69.1%，且上下游贯通性较好，故本层为库水向坝下游渗透的主要通道。③残积土（elQ_3），黄褐色，可塑—硬塑状，局部呈坚硬状态，土质均一，以黏土矿物为主，保留有原岩结构特征，局部夹有未完全风化页岩碎块。分布广泛，层位连续，厚度为2.5～7.5m不等。④页岩（E），灰黄色—灰白色，组织结构部分破坏，矿物成分已显著变化，风化裂隙发育，以黏土矿物为主，分布广泛，揭露厚度大于5.46m。

16.4.3 地质构造

地质调查及勘探资料表明，坝址区未见断层分布，仅在岩芯中偶见有短小裂隙。

16.4.4 水文地质条件

坝址区地下水根据其含水介质特征和赋存条件不同可分为第四系松散岩类孔隙水和基岩裂隙水。第四系松散岩类孔隙水主要分布在河床及两岸第四系不同成因类型的堆积体内，受大气降水补给，向下游和低洼处排泄，该类地下水水量大。基岩裂隙水主要分布于页岩风化裂隙中，主要接受降雨、松散岩类孔隙水和地表水补给，向八里沟排泄；其赋存和运移与构造和岩性组合特征有关。

水质分析成果表明（见表16.4-1），坝址区地表水（库水）为$HCO_3^- \cdot SO_4^{2-}—Ca^{2+}$型水，地下水化学类型为$HCO_3^-—Ca^{2+} \cdot (K^+ + Na^+)$型水，pH值6.95～8.49。环境水对混凝土腐蚀性判定见表16.4-2。

表16.4-1　山阳水库水质分析成果统计表

水样	编号	水化学类型	pH值	总硬度	总碱度	侵蚀性CO_2	离子含量		
							Ca^{2+}	SO_4^{2-}	HCO_3^-
				mg/L			mg/L		mmol/L
库水	SYSY01	$HCO_3 \cdot SO_4—Ca\ Mg$	8.49	115.27	71.32	0	37.23	42.70	1.125
塘水	SYSY02	$HCO_3 \cdot SO_4—Ca$	8.10	119.32	141.39	0	38.86	39.77	2.825

表16.4-2　山阳水库环境水对混凝土的腐蚀性判定表

腐蚀类别	腐蚀特征判定依据	界限指标	实测指标			判定结果
			SY1	SYSY1	SYSY2	
分解类腐蚀	HCO_3^-含量/(mg/L)	$HCO_3^- > 1$	86.86	68.65	172.38	无腐蚀
	pH值	pH>6.5	6.95	8.49	8.10	无腐蚀
	侵蚀性CO_2含量/(mg/L)	$CO_2 < 15$	0	0	0	无腐蚀
结晶类腐蚀	SO_4^{2-}含量/(mg/L)	$SO_4^{2-} < 250$	46.86	42.70	39.77	无腐蚀
结晶分解复合类腐蚀	Mg^{2+}含量/(mg/L)	$Mg^{2+} < 1000$	5.23	5.41	5.41	无腐蚀

16.5 主坝工程地质条件

16.5.1 基本地质概况

主坝为均质土坝，坝长900m，坝顶高程139.23～140.18m，防浪墙高程140.43～141.20m，溢洪道交通桥右端坝段无防浪墙，主坝左端公路路面低于坝顶约0.5m，为一防洪隐患。

依据钻孔资料，主坝部位主要为坝体人工填筑层及坝基冲洪积、坡积层。

16.5.2 坝址区岩土体物理力学性质

16.5.2.1 岩体物理力学性质

坝址区基岩主要为下第三系灰黄色泥质页岩，另有少量青灰色砂质页岩，参考《水利水电工程地质手册》和《中小型水利水电工程地质勘察规范》（SL 55—2005）及工程类比，提出坝址区岩体物理力学参数建议值见表16.5-1。

表16.5-1　坝址区岩体物理力学指标建议值表

岩性	含水率/%	块体密度/(g/cm³)			抗压强度/MPa	静变模/10^3MPa	静泊松比	弹性模量/10^3MPa	三轴压缩强度		承载力
		自然	干	饱和					c/MPa	Φ(°)	F/kPa
页岩	1.96	2.6	2.55	2.66	15	20	0.28	0.60	0.8	25	500

16.5.2.2 土体物理力学性质

根据坝址区土体分布及时代、成因的不同，从上至下将土层分为五层：①坝体粉土质砂；①-1坝体粉土质砂层；②坝基粉土质砂；③坝基粉土质砂层；④坝基残积土层。

坝址区土体的物理力学参数统计值见表16.5-2。由于第①-1层在坝体中呈透镜体出现，未取到土样，无相应的试验数据，其物理力学指标可参照第③层。

在试验资料的基础上，综合考虑各种因素，给出坝址区土体的物理力学指标建议值见表16.5-3。

16.5.3 主坝坝体质量评价

主坝坝体土层按岩性分为两层：

①粉土质砂（rQ_4），以褐色或黄褐色粉土质砂为主，夹有少量黏土质砂和重粉质壤土夹层，可塑—硬塑状，稍湿—饱和，含灰黑色铁锰质结核和灰白色钙质结核，局部含氧化铁条纹。该层在坝体分布广泛，从桩号0+000～0+900都有分布，厚度从4.1～13.2m不等。

①-1粉土质砂（rQ_4），该层夹于第①层之中，人工填筑而成，在坝体中部局部分布，分布范围纵向从桩号0+300～0+442，呈透镜体，厚度较小。该层在位于坝顶的ZKB4、ZKB5钻孔中见有，位于坝后坡的ZKB12、ZKB13两钻孔中均未见有，上下游贯通性差。在钻孔ZKB2（0+155）埋深为4.60～5.40m，在ZKB4（0+342）埋深为10.5～11.0m、在ZKB5（0+410）埋深为9.8～10.3m。

颗分试验结果（见表16.5-2）表明，坝体第①层各粒组平均含量为砂粒59.0%，粉粒21.5%，黏粒19.5%，黏粒含量范围值12.3%～32.1%，满足规范对筑坝材料粘粒含量要求。

表 16.5－2　　坝址区土体物理力学试验统计值表

土层代号及岩性	野外编号	颗粒组成						天然状态下的基本物理指标										固结试验		渗透试验	三轴试验			
		砂粒		粉粒		黏粒															CU			
		颗粒大小/mm																						
		0.5～2	0.25～0.5	0.075～0.25	0.05～0.075	0.005～0.05	<0.005	含水率 ω /%	湿密度 ρ/(g/cm³)	干密度 ρ_d/(g/cm³)	孔隙比 e	饱和度 S_r /%	液性指数 I_L	土粒比重 G_s	液限 W_l /%	塑限 W_p /%	塑性指数 I_p	压缩系数 Av_{1-2} /MPa⁻¹	压缩模量 Es_{1-2} /MPa	渗透系数 k_{20} /(cm/s)	黏聚力 C_{cu} /kPa	摩擦角 ϕ_{cu} /(°)	黏聚力 c' /kPa	摩擦角 φ' /(°)
		%																						
①坝体粉土质砂	试验组数	36	36	36	36	36	36	36	36	36	36	36	36	36	36	36	36	36	36	16	6	6	6	6
	最大值	36.0	23.0	26.7	34.9	26.0	32.1	26.6	2.21	1.90	0.775	100	0.62	2.72	40.4	22.7	17.7	0.593	10.95	7.59E-04	51.0	34.6	48.0	35.1
	最小值	12.7	8.0	15.3	3.2	0.0	12.3	10.3	1.80	1.53	0.423	42	−0.58	2.70	21.0	12.3	7.1	0.130	2.86	4.31E-06	9.0	7.2	16.0	9.6
	平均值	23.6	14.1	20.7	12.0	9.5	19.5	16.6	2.00	1.72	0.577	78	−0.05	2.70	28.7	17.2	11.5	0.341	5.19	3.89E-04	30.7	17.1	29.3	18.9
	大值均值	29.5	18.0	23.5	20.2	16.5	22.0	20.4	2.07	1.78	0.656	87	0.31	2.71	32.1	19.3	13.5	0.451	6.90	5.79E-04	42.0	32.6	39.0	33.1
	小值均值	18.4	11.4	18.1	5.4	0.5	16.9	14.3	1.93	1.63	0.520	66	−0.34	2.70	24.4	15.1	9.6	0.261	3.97	1.45E-04	19.3	9.3	24.5	11.8
②坝基粉土质砂	试验组数	23	23	23	23	23	23	23	23	23	23	23	23	23	23	23	23	23	23	8	4	4	4	4
	最大值	38.0	23.0	24.7	42.2	54.6	33.6	24.9	2.22	1.94	0.806	100	0.29	2.73	41.5	23.1	18.4	0.520	13.54	9.22E−05	51.0	23.6	52.0	26.1
	最小值	2.7	1.6	3.7	2.2	0.0	11.0	14.7	1.87	1.50	0.395	80	−0.34	2.70	21.3	12.4	8.0	0.103	3.09	4.15E−07	23.0	8.0	28.0	9.5
	平均值	20.5	12.1	16.9	15.3	12.3	22.5	18.0	2.07	1.75	0.549	89	0.00	2.71	30.9	18.2	12.7	0.257	6.80	2.83E−05	34.8	16.6	37.5	19.2
	大值均值	28.8	15.1	20.6	27.9	22.6	27.2	20.9	2.12	1.80	0.624	95	0.16	2.73	36.1	20.8	15.3	0.367	8.51	7.19E−05	43.5	21.5	52.0	24.3
	小值均值	12.8	8.8	13.4	5.6	1.1	18.2	16.5	2.03	1.67	0.501	85	−0.21	2.70	26.2	15.4	10.7	0.199	5.24	2.10E−06	26.0	11.6	32.7	14.1
③坝基粉土质砂	组数	3	3	3	3	3	3	3	3	3	3	3	3	3	3	3	3	3	3	0	1	1	1	1
	最大值	56.3	13.0	18.7	5.4	18.1	15.5	17.6	2.16	1.88	0.534	93	0.31	2.70	24.7	16.4	8.3	0.246	9.62		35.0	17.2	33.0	20.9
	最小值	40.3	7.7	8.6	2.7	9.0	13.4	15.2	2.07	1.76	0.440	89	−0.14	2.69	21.9	15.4	6.1	0.156	5.85		35.0	17.2	33.0	20.9
	平均值	46.3	10.0	12.8	4.3	12.3	14.3	16.7	2.11	1.81	0.492	92	0.13	2.70	23.0	15.9	7.1	0.193	8.03		35.0	17.2	33.0	20.9
	大值均值	56.3	13.0	18.7	5.1	18.1	15.5	17.4	2.16	1.88	0.518	93	0.27	2.70	24.7	16.4	8.3	0.246	9.12		35.0	17.2	33.0	20.9
	小值均值	41.3	8.6	9.8	2.7	9.4	13.7	15.2	2.09	1.78	0.440	89	−0.14	2.69	22.2	15.6	6.6	0.167	5.85		35.0	17.2	33.0	20.9

续表

土层代号及岩性	野外编号	颗粒组成						天然状态下的基本物理指标						土粒比重 G_s	液限 W_l /%	塑限 W_p /%	塑性指数 I_p	固结试验		渗透试验	三轴试验			
		砂粒			粉粒		黏粒														CU			
		颗粒大小/mm						含水率 ω /%	湿密度 ρ/(g/cm³)	干密度 ρ_d/(g/cm³)	孔隙比 e	饱和度 S_r /%	液性指数 I_L					压缩系数 Av_{1-2} /MPa⁻¹	压缩模量 Es_{1-2} /MPa	渗透系数 k_{20} /(cm/s)	黏聚力 C_{cu} /kPa	摩擦角 ϕ_{cu} /(°)	黏聚力 c' /kPa	摩擦角 φ' /(°)
		0.5~2	0.25~0.5	0.075~0.25	0.05~0.075	0.005~0.05	<0.005																	
		%																						
④坝基残积土	组数	5	5	5	5	5	5	5	5	5	5	5	5	5	5	5	5	5	5	1	3	3	3	3
	最大值	19.0	18.3	22.0	53.5	47.3	41.9	46.9	2.07	1.77	1.261	100	1.09	2.74	48.1	25.7	22.4	0.460	6.67	1.50E−08	52.0	17.1	50.0	20.9
	最小值	1.3	2.3	5.7	5.0	0.0	17.0	16.8	1.78	1.21	0.529	86	−0.25	2.70	26.8	16.4	10.4	0.270	4.12	1.50E−08	30.0	9.8	33.0	10.6
	平均值	8.5	7.5	12.7	25.2	14.5	30.6	28.2	1.96	1.54	0.798	94	0.37	2.72	39.2	22.1	17.1	0.349	5.28	1.50E−08	41.0	13.4	40.3	16.0
	大值均值	17.9	14.2	22.0	50.0	36.2	37.4	39.4	2.04	1.69	1.079	98	0.77	2.74	44.9	24.6	20.3	0.420	5.98	1.50E−08	52.0	17.1	50.0	18.8
	小值均值	2.2	3.1	6.6	8.7	0.0	20.5	20.7	1.84	1.32	0.611	88	−0.23	2.71	30.8	18.4	12.4	0.302	4.22	1.50E−08	30.0	9.8	35.5	10.6

表 16.5-3　坝址区土体物理力学参数建议值表

土层代号及岩性	天然状态下的基本物理指标					土粒比重 G_s	液限 W_l /%	塑限 W_p /%	塑性指数 I_p	固结试验		渗透试验	三轴试验			
													CU			
	湿密度 ρ /(g/cm³)	干密度 ρ_d /(g/cm³)	孔隙比 e	饱和度 S_r /%	液性指数 I_L					压缩系数 Av_{1-2} /MPa⁻¹	压缩模量 Es_{1-2} /MPa	渗透系数 k_{20} /(cm/s)	黏聚力 C_{cu} /kPa	摩擦角 ϕ /(°)	黏聚力 c' /kPa	摩擦角 φ' /(°)
①坝体粉土质砂（浸润线上）	1.90	1.72	0.577	66	−0.05	2.70	28.7	17.2	11.5	0.451	5.19	4.79E−04	27.6	22.4	25.8	26.3
①坝体粉土质砂（浸润线下）	2.00	1.72	0.580	87	−0.05	2.70	28.7	17.2	11.8	0.341	5.19	3.89E−04	28.7	17.4	29.1	20.0
②坝基粉土质砂	2.07	1.75	0.549	89	0.006	2.71	30.9	18.2	12.7	0.367	5.24	7.19E−05	30	15	30	20
③坝基粉土质砂	2.11	1.81	0.492	92	0.13	2.70	23.0	15.9	7.1	0.246	5.85	3.80E−03	0	30	0	32
④坝基残积土	1.96	1.54	0.798	94	0.37	2.72	39.2	22.1	17.1	0.420	4.22	4.65E−06	28	15	25	20

物理性质试验（见表 16.5－2）表明，坝体土体平均含水率 16.6%，天然孔隙比 0.423～0.775，平均 0.577。湿密度 1.80～2.21g/cm³，平均 2.00g/cm³。干密度 1.53～1.90g/cm³，平均 1.72g/cm³。饱和度 42%～100%，平均 78%。液限 21.0%～40.4%。塑限 12.3%～22.7%。塑性指数 7.1～17.7。液性指数－0.58～0.62。压实度在 71%～93%。

土的力学性质（见表 16.5－2）表明，坝体土体压缩系数 0.130～0.593MPa^{-1}。压缩模量 2.86～10.95MPa，平均 5.90MPa，属中等—高压缩性土。有效黏聚力 9.0～51.0kPa，平均 30.7kPa。有效摩擦角 7.2°～34.6°，平均 17.1°。总黏聚力 16.0～48.0kPa，平均 29.3kPa。总摩擦角 9.6°～35.1°，平均 18.9°。渗透系数范围值在 4.31×10^{-6}～7.59×10^{-4}cm/s，平均 3.89×10^{-4}，根据岩土渗透性分级，属于极微透水—中等透水层。

综上所述，主坝坝体土料为粉土质砂，土体压实度较低，干密度较小，不满足规范要求。坝体为中等—高压缩性土，局部填筑碾压质量较差，坝体土较疏松。

16.5.4 主坝坝基质量评价

主坝坝基土层按岩性分为四层：

②粉土质砂（al＋plQ_4），黄褐色，局部呈坚硬状态。土质较均一，稍湿—湿润，切面较光滑。该层分布厚度为 2.0～14.0m，广泛分布于坝基上部与坝体接触的部位。

③粉土质砂（alQ_4），黄褐、灰黄色，松散—稍密。含少量砾石，粒径 1～5cm，层厚 0.4～2.3m，分布于桩号 0＋120～0＋600 之间坝基，并形成纵向贯通，该处为古河道。本层为库水向坝下游渗透的主要通道，是造成水库渗漏的一个重要原因。

④残积土（eolQ_3），黄褐色，可塑—硬塑状，局部呈坚硬状态，土质均一，以黏土矿物为主，保留有原岩结构特征，局部夹有未完全风化页岩碎块。分布广泛，层位连续，厚度从 2.5～7.5m 不等。

⑤页岩（E），灰黄色—灰白色，组织结构部分破坏，矿物成分已显著变化，风化裂隙发育，以黏土矿物为主，分布广泛。

坝基土体颗分试验结果（见表 16.5－2）表明，②粉土质砂各粒组平均含量为砂粒 50.0%，粉粒 27.5%，黏粒 22.5%，黏粒含量范围值 11.0%～33.6%；③粉土质砂各粒组平均含量为砂粒 69.1%，粉粒 16.6%，黏粒 14.3%，黏粒含量范围值 13.4%～15.5%。

坝基土体②粉土质砂含水率 14.7%～24.9%，平均 18.0%。天然孔隙比 0.395～0.806；湿密度 1.87～2.22g/cm³。干密度 1.50～1.94g/cm³，平均 1.75g/cm³。饱和度 80%～100%，平均 85%。液限 21.3%～41.5%，平均 30.9%。塑限 12.4%～23.1%，平均 18.2%。塑性指数 8.0～18.4，平均 12.7。液性指数－0.34～0.29；③粉土质砂含水率 15.2%～17.6%。天然孔隙比 0.440～0.534；湿密度 2.07～2.16g/cm³。干密度 1.76～1.88g/cm³。饱和度 89%～93%。液限 21.9%～24.7%。塑限 15.4%～16.4%。塑性指数 6.1～8.3。液性指数－0.14～0.31。

坝基土体力学性质试验成果表明：②粉土质砂压缩系数 0.103～0.520MPa^{-1}，具中等—高压缩性。压缩模量 3.09～13.54MPa，平均 6.80MPa。有效黏聚力 23.0～

51.0kPa，平均 34.8kPa。有效摩擦角 8.0°～23.6°，平均 16.6°。黏聚力 28.0～52.0kPa，平均 37.5kPa。摩擦角 9.5°～26.1°，平均 19.2°。渗透系数范围值在 4.15×10^{-7}～9.22×10^{-5}cm/s；③粉土质砂压缩系数 0.156～0.246MPa^{-1}，具中等压缩性。压缩模量 5.85～9.62MPa。

16.5.5 主坝工程地质问题评价

16.5.5.1 坝体与坝基渗漏问题

通过勘察表明，在主坝坝体中部分布含沙量高的①-1 粉土质砂透镜体，厚度 0.50m 左右，分布于桩号 0+310～0+450，形成坝体局部渗漏。同时由于建坝时坝基清基不彻底，在桩号 0+120～0+600 的坝基存在一层厚度为 0.40～2.30m 含沙量高的③粉土质砂，形成渗漏通道，造成坝基渗水严重。坝后原河道右岸，有集中水流溢出，主坝桩号 0+380～0+450 坝后 50m 处，在坝基渗透压力作用下，坝脚外土地呈沼泽化，常年有水；水管所院内多个鱼塘常年向河道排水；主坝 0+150～0+230 段背水坡坝脚以上部位出现大面积的湿润片，坝脚排水沟出现渗水明流，坝脚处已沼泽化。

经初步勘察，造成坝体与坝基渗漏的土层主要有两层：第①-1 层和第③层。

钻探和取样试验揭示，第①-1 层分布不连续，仅在坝体中部见有，分布范围纵向从桩号 0+300～0+442；上下游贯通性差，位于坝顶的 ZKB4、ZKB5 钻孔中见有，位于坝后坡的 ZKB12、ZKB13 两钻孔中均未见有，该层疑为坝体填筑过程操作不慎填埋所致，故对坝体的渗漏不造成影响。

第③层厚度变化大，分布范围广。分布范围纵向为 ZKB2（0+155）～ZKB6（0+500）之间，横向上 ZKB8、ZKB2（0+155）、ZKB11 贯通，ZKB9、ZKB4（0+342）、ZKB12 贯通，ZKB10、ZKB5（0+410）、ZKB13 贯通。该层厚度 0.4～2.30m。

根据主坝坝基土层（第③层粉土质砂）渗透条件不同，采用分段计算，整体上分为三段：①主坝坝基层渗漏（无截水槽段），0+121～0+296；②主坝坝基层渗漏（有截水槽段），0+296～0+376 段；③主坝坝基层渗漏（无截水槽段），0+376～0+575 段。鉴于坝基渗漏主要为坝基中粗砂层的渗漏，为单体含水层，且水平厚度不大，故采用以下方法对坝基渗漏量进行估算。

主坝坝基砂渗漏量估算。

$$Q=BKHM/(2b+M)$$

式中 B——渗漏长度，m；

$2b$——坝基宽度，m；

H——坝上下游水位差，m；

M——含水层厚度，m；

K——渗透系数取，m/d。

分段计算的渗漏量见表 16.5-4。

大坝估算年渗漏量：$Q=(Q_1+Q_2+Q_3)\times365=1122422.45m^3$。

大坝兴利库容为 1151 万 m^3，经估算，大坝坝基年渗漏量约为 112.2 万 m^3，占兴利库容的 9.75%，渗漏量大，必须进行防渗处理。

表 16.5-4　分段计算的渗漏量

桩号	B/m	$2b$/m	H/m	M/m	K/(m/d)	Q/(m^3/d)
0+121～0+296	175	84	2.5	0.8	30	123.82
0+296～0+376	80	6	8.7	0.9	30	2723.48
0+376～0+575	199	84	3.6	0.9	30	227.83

16.5.5.2　坝基粉土质砂渗透变形问题

由于建坝时清基不彻底，坝基含有一层含砂量较高的粉土质砂层，造成坝体和坝基的渗透变形和坝基渗水严重。下面分别进行分析说明。

(1) 渗透变形类型判断方法。渗透变形类型应根据土的细颗粒含量，采用下列方法判断：

$$当\ P_c<\frac{1}{4(1-n)}\times 100\ 为管涌$$

$$当\ P_c\geqslant\frac{1}{4(1-n)}\times 100\ 为流土$$

式中　P_c——土的细粒颗粒含量，以质量百分率计，%；

n——土的孔隙率，%。

流土型临界水力比降采用下式计算：

$$J_{cr}=(G_s-1)(1-n)$$

式中　J_{cr}——土的临界水力比降；

G_s——土粒比重。

土的允许比降 $J_{允许}=J_{cr}/2$，安全系数取 2。

管涌型临界水力比降采用下式计算：

$$J_{cr}=2.2(G_s-1)(1-n)^2\ \frac{d_5}{d_{20}}$$

式中　d_5、d_{20}——总土重的 5% 和 20% 的土粒粒径，mm。

土的允许比降 $J_{允许}=J_{cr}/1.5$，安全系数取 1.5。

(2) 坝基粉土质砂的渗透变形分析及水力比降计算。钻探和取样试验揭示，在主坝基中第③层粉土质砂，松散—稍密，且砂粒含量较高，在坝前后形成贯通，形成渗漏通道。坝基粉土质砂的基本参数见表 16.5-5，根据土料的基本参数判断的渗透变形分析及计算的临界水力比降值见表 16.5-6。

表 16.5-5　坝基粉土质砂的基本物理参数

项目 位置	土的不均匀系数 C_u	土的细粒颗粒含量	土的孔隙率/%	土粒比重 G_s	d_5/mm	d_{20}/mm
①粉土质砂	180.7	34.1	50.2	2.73	0	0.018
②粉土质砂	79.6	41.5	35.8	2.70	0.002	0.006
③粉土质砂	7.4	43.55	29.18	2.70	0.62	3.2

表 16.5-6　坝基粉土质砂层的渗透变形类型、临界和允许水力比降值一览表

位置＼项目	渗透变形类型	临界水力比降 J_{cr}	水力比降计算值 $J_{允许}$
①粉土质砂	流土	0.86	0.57
②粉土质砂	流土	1.20	0.80
③粉土质砂	管涌	0.36	0.24

根据现场地质情况及室内渗透性试验，结合土质经验，建议第③层粉土质砂允许水力比降取 0.20。

16.5.6　防渗墙部位的工程地质条件

主坝坝基存在较严重的渗漏问题，本次工程加固采取防渗墙方案。防渗墙布置在主坝前坡桩号 0+100～0+650，顶部高程在 133.50m 平台上。

本次工作在防渗墙部位布置了四个钻孔，据钻孔揭露，防渗墙部位地层主要为下第三系页岩和第四系堆积物。下第三系页岩呈黄白色，组织结构部分破坏，在防渗墙下部地层中分布广泛；第四系堆积物由粉土质砂和残积土组成，主要为冲洪积和残坡积。

第①层为粉土质砂，属于人工填土，灰褐色，含灰黑色铁锰质结核和氧化铁条纹；第②层为粉土质砂，较湿润，土质较均一，该土层为中等—高压缩性土，属微透水—中等透水层，土质疏松，在截渗墙部位均有分布。

第③层在桩号 0+120～0+575 部位均见有。含砂量高，平均含砂量为 69.1%，分布厚度在 0.40～2.30m 之间。黄褐色—灰黄色，松散—稍密，含少量砾石，砾径 1～5cm。由于此处为古河道，建坝时清基不彻底，形成地下水和库水的天然渗漏通道，造成坝基渗漏严重。

残积土为黄褐色，可塑—硬塑状，局部呈坚硬状态，土质均一，保留有原岩结构特征，局部夹有未完全风化的页岩碎块，分布广泛，层位连续，厚度从 1.2～5.7m 不等。该层残积土组成物质以黏土矿物为主，黏粒含量高，是良好的天然隔水层。

根据压水试验资料，该处页岩透水率为 7.8～9.5Lu，按岩土渗透性分级为弱透水性，可作为相对隔水层。

由于该处土层压缩性不高，局部含砂量较高，土质疏松，且含有一层含砂量较高、连续性较好的粉土质砂层，综合考虑各岩土层渗透性大小，建议防渗墙底部位置应穿过该层粉土质砂层，进入基岩顶面以下 0.5m。

16.6　东副坝工程地质条件

16.6.1　东副坝工程地质条件

(1) 东副坝坝体质量评价。东副坝为均质土坝，坝长 1450m，坝顶宽 1～2m，高程 138.46～140.14m，最大坝高 5m，一般为 3～4m。

东副坝坝体为黄褐色粉土质砂，土质较均一，可塑—硬塑状，稍湿—饱和，含铁锰质结核或氧化铁条纹，局部含砾量较大。

根据物理力学试验结果（见表 16.6-1），东副坝体土体含水率 12.2%～25.0%，平

均19.9%。天然孔隙比0.554～0.947，平均0.740。密度1.70～1.97g/cm³，平均1.87g/cm³。干密度1.39～1.74g/cm³，平均1.57g/cm³。饱和度60%～94%，平均72.7%。液限28.6%～37.0%，平均32.4%。塑限17.9%～21.3%，平均19.4%。塑性指数10.7～15.7，平均13.0。液性指数－0.53～0.28，平均0.00。

表16.6－1　　东副坝土体物理力学性质统计表

统计值	天然状态下的基本物理指标						液限 W_l /%	塑限 W_p /%	塑性指数 I_p	压缩系数 a_{1-2} /MPa^{-1}	压缩模量 E_{s1-2} /MPa
	含水率 ω /%	湿密度 ρ /(g/cm³)	干密度 ρ_d /(g/cm³)	孔隙比 e	饱和度 S_r/%	液性指数 I_L					
组数	8	8	8	8	8	8	8	8	8	8	8
最大值	25.0	1.97	1.74	0.947	94.0	0.28	37.0	21.3	15.7	0.69	5.55
最小值	12.2	1.70	1.39	0.554	60.0	－0.53	28.6	17.9	10.7	0.31	2.82
平均值	19.9	1.87	1.57	0.740	72.7	0.00	32.4	19.4	13.0	0.45	4.27

根据颗分试验资料（见表16.6－2）：砾石含量最大为9.3%，砂粒含量为43.3%，压实度在71%～89%（山东省泰安市岱岳区山阳水库安全鉴定工程地质勘察报告，泰安市水利勘察设计研究院，2007.5），压实度较差。东副坝体土体压缩系数0.31～0.69MPa^{-1}，平均0.45MPa^{-1}。压缩模量2.82～5.55MPa，平均4.27MPa，属中—高压缩性土。室内渗透试验表明坝体土料渗透系数范围值在3.63×10^{-8}～6.61×10^{-4} cm/s，属极微透水—中等透水层。

表16.6－2　　东副坝土体颗分试验成果

统计值	颗粒组成					
	砾	砂粒			粉粒	黏粒
	颗粒大小/mm					
	2～20	0.5～2	0.25～0.5	0.075～0.25	0.005～0.075	<0.005
单位	%					
组数	8	8	8	8	8	8
最大值	9.3	13.3	11.7	19.0	31.9	28.8
最小值	2.3	11.0	15.0	14.3	27.3	15.8
平均值	6.0	12.1	12.8	16.1	31.2	21.8

综上所述，东副坝坝体土料为粉土质砂，土料渗透系数、压实度不满足规范要求。坝体土为中等压缩性，坝体局部填筑碾压较差，土较疏松，显示出施工质量的差异性和不均匀性。

（2）东副坝坝基质量评价。据钻探揭露，东副坝坝基地层主要为页岩和第四系松散堆积物。第四系堆积物主要由粉土质砂和残积土组成。粉土质砂呈黄褐色，硬塑状，局部含有砾石。残积土呈灰白色—黄白色，残留原始痕迹。

坝基土体塑性指数平均值为13.5，黄褐色，可塑—硬塑状，局部呈坚硬状态，土质较均一，稍湿—湿润。黏粒平均含量22.2%，粉粒平均含量为24.8%，天然含水量为

14.1%，干密度平均值为 1.71g/cm³。压缩系数平均值为 0.25MPa，属中等压缩性土。土体渗透系数为 1.60×10^{-6}cm/s。

16.6.2 东副坝主要工程地质问题及其评价

经现场勘察，东副坝坝顶高程最低仅有 138.46m，最大坝高 5m，坝身单薄，无防浪墙，上游坡无干砌石护坡，上下游仅有星星点点的草皮护坡。坝顶面高低不平，深陷不均，且坝身已有多处损坏，在现有坝体上，有 16 处出现缺口，缺口深 0.3～1.54m 不等，深度 1m 以上的有 6 处；完全破坏有 2 处，最大宽度 13m，致使大坝在高程 138.46m 以上失去挡水作用，满足不了防洪的要求。建议对东副坝采取工程处理进行加高培厚。

16.7 北副坝工程地质条件

(1) 北副坝坝体质量评价。北副坝为均质土坝，坝长 300m，坝顶高程 138.48～139.66m，坝顶宽 2～3m，最大坝高 5m，无防浪墙，上游坡为浆砌石挡土墙，下游坡仅有星星点点的草皮护坡，无排水沟。

勘探结果显示，坝体土质较均一，组成坝体的土料主要为粉土质砂，黄褐色，可塑—硬塑，稍湿—饱和，局部含砂量较大。

北副坝土料颗分试验成果见表 16.7-1。土体中各粒组平均含量为砾 0.8%、砂粒 59.8%、粉粒 19.5%、黏粒 19.9%。物理力学指标见表 16.7-2。

表 16.7-1　北副坝坝体粉土质砂颗分试验成果

土样编号	颗粒组成					
	砾	砂粒			粉粒	黏粒
	颗粒大小/mm					
	2～20	0.5～2	0.25～0.5	0.075～0.25	0.005～0.075	<0.005
单位	%					
ZKB14-3	0.7	18.0	16.7	27.3	16.6	20.7
ZKB15-1	1.0	19.0	15.3	23.3	22.3	19.1
平均值	0.8	18.5	16.0	25.3	19.5	19.9

表 16.7-2　北副坝坝体粉土质砂物理力学性质统计表

统计值	天然状态下的基本物理指标						液限 W_l /%	塑限 W_p /%	塑性指数 I_p	压缩系数 a_{1-2} /MPa^{-1}	压缩模量 E_{s1-2} /MPa
	含水率 ω /%	湿密度 ρ /(g/cm³)	干密度 ρ_d /(g/cm³)	孔隙比 e	饱和度 /%	液性指数					
最大值	15.5	2.04	1.77	0.636	79.2	−0.30	32.0	19.3	12.7	0.51	6.37
最小值	12.1	1.85	1.65	0.529	51.4	−0.56	30.3	18.6	11.7	0.24	3.21
平均值	13.8	1.94	1.71	0.582	65.3	−0.43	31.1	19.0	12.2	0.38	4.79

北副坝坝体土料含水率 12.1%～15.5%，平均 13.8%。天然孔隙比 0.529～0.636，平均 0.582。湿密度 1.85～2.04g/cm³，平均 1.94g/cm³。干密度 1.65～1.77g/cm³，平

均 1.71g/cm³。饱和度 51.4%～79.2%，平均 65.3%。液限 30.3%～32.0%，平均 31.1%。塑限 18.6%～19.3%，平均 19.0%。塑性指数 11.7～12.7，平均 12.2。液性指数－0.56～－0.30，平均－0.43。压实度在 84%～90%，压实度较差。压缩系数 0.24～0.51 MPa^{-1}，平均 0.38MPa^{-1}。压缩模量 3.21～6.37MPa，平均 4.79MPa，属中高压缩性。

北副坝坝体土室内渗透试验见表 16.7－3，从表中可知坝体土料渗透系数范围值在 8.86×10^{-5}～6.42×10^{-4} cm/s，平均为 3.65×10^{-4} cm/s，该土料根据岩土渗透性分级属弱—中等透水。

表 16.7－3　　北副坝土料渗透系数统计表

孔号	深度/m	渗透系数	土样分类
ZKB14－3	4.5～4.7	6.42×10^{-4}	壤土
ZKB15－1	1.5～1.7	8.86×10^{-5}	壤土

综上所述，北副坝坝体土料为粉土质砂，土料渗透系数、压实度不满足规范要求。坝体土为中等压缩性，局部填筑碾压较差，坝体土较疏松，坝体施工质量差。坝体宽度不满足防洪标准，建议进行培厚处理。

(2) 北副坝坝基质量评价。北副坝坝基根据钻孔揭露，主要由粉土质砂、残积土组成。粉土质砂为黄褐色，可塑—硬塑状，土质较均一，呈稍湿—湿润。黏粒平均含量为 20.7%，粉粒平均含量为 24.3%。天然含水率为 15.9%，干密度平均值为 1.77g/cm³。压缩系数平均值为 0.28MPa，具中等压缩性。粉土质砂渗透系数为 3.83×10^{-5} cm/s，为弱透水层。残积土呈灰白色—黄白色，破碎，残留原始痕迹。

16.8　溢洪道工程地质条件

本次加固拟在原溢流堰顶下挖 2.2m，在溢洪道与主坝连接部位建挡水闸，然后扩宽下游泄槽的宽度到 21m。按照设计方案，闸基坐落在高程 134.60m 处。

本次工作在闸基部位布置钻孔 2 个，结合原有 5 个钻孔的地质资料进行分析，闸基地层岩性主要为第②、③和④层。

第②层为粉土质砂层，黄褐色，稍湿—饱和，较光滑，含铁锰结核或氧化铁条纹，厚度在 6.0～12.1m，底板分布高程 124.00～124.80m。下部含砂量较大。土体物理力学指标建议值为：含水率为 15.9%～23.0%，密度为 2.00g/cm³，干密度为 1.70g/cm³。黏聚力为 42.17kPa，摩擦角 21.08°。有效黏聚力为 36.00kPa，有效摩擦角为 23.5°。

第③层为粉土质砂层，黄褐色，松散，饱和，含少量砾石。厚度在 2.4m 左右，底板分布高程 121.00～121.80m。标贯击数为 10 击。

第④层为残积土，灰白—黄白色，破碎，残留原始结构痕迹，混有未完全风化片状岩块。以黏土矿物为主。

经现场勘察，溢洪道沿线地形起伏较小，无影响工程施工的高陡边坡，以低矮的土质边坡为主。溢洪闸闸基存在的主要问题为地基土沉陷和承载力大小问题，相关的参数见表 16.8－1 和表 16.8－2。

表 16.8-1　溢洪道土体物理力学指标表

土层	含水率 ω /%	湿密度 ρ /(g/cm³)	干密度 ρ_d /(g/cm³)	孔隙比 e	饱和度 S_r /%	液性指数 I_L	液限 W_l /%	塑限 W_p /%	塑性指数 I_p	压缩系数 Av_{1-2} /MPa⁻¹	压缩模量 E_{s1-2} /MPa	黏聚力 c' /kPa	摩擦角 φ' /(°)
②粉土质砂	14.0	2.18	1.91	0.41	92	0.23	20.4	12.1	8.3	0.10	14.12	0	30
③粉土质砂	21.5	2.00	1.70	0.70	90.5	0.10	37.0	20.9	16.1	0.30	6.30	35	20

表 16.8-2　各层厚度和承载力建议值表

土层	厚度/m	承载力标准值/kPa
②粉土质砂	6.0～12.1	85.0～95.0
③粉土质砂	0.8～2.4	220.0
④残积土	1.5～4.5	100.0

16.9　南放水洞工程地质条件

依据钻孔资料，南放水洞坐落在土基上，外围被粉土质砂层覆盖，黄褐色，可塑—硬塑状，稍湿—饱和，切面较光滑，含铁锰质结核和氧化铁条纹，下部含砂量较大。其物理力学性质见表 16.9-1。

表 16.9-1　南放水洞土体物理力学性质表

试验指标	含水率 ω /%	湿密度 ρ /(g/cm³)	干密度 ρ_d /(g/cm³)	孔隙比 e	饱和度 S_r /%	液性指数 I_L	液限 W_l /%	塑限 W_p /%	塑性指数 I_p	压缩系数 A_{v1-2} /MPa⁻¹	压缩模量 E_{s1-2} /MPa	渗透系数 /(cm/s)
组数	6	6	6	6	6	6	6	6	6	6	6	6
最大值	32.1	2.05	1.77	0.946	92	0.60	38.9	22.1	16.8	0.31	5.78	3.29×10^{-8}
最小值	16.1	1.84	1.39	0.529	82	−0.21	29.9	18.5	11.4	0.27	4.93	5.19×10^{-5}
平均值	24.1	1.95	1.58	0.738	87	0.20	34.4	20.3	14.1	0.29	5.40	2.60×10^{-5}

南放水洞土体含水率 16.1%～32.1%，平均 24.1%。天然孔隙率 0.529～0.946，平均 0.738。湿密度 1.84～2.05g/cm³，平均 1.95g/cm³。干密度 1.39～1.77 g/cm³，平均 1.58g/cm³。饱和度 82%～92%，平均 87%。液限 29.9%～38.9%，平均 34.4%。塑限 18.5%～22.1%，平均 20.3%。塑性指数 11.4～16.8，平均 14.1。液性指数 −0.21～0.60，平均 0.20。渗透系数 3.29×10^{-8}～5.19×10^{-5}cm/s，平均 2.60×10^{-5}cm/s。各粒组平均含量分别为砾 2.0%，砂粒 34.9%，黏粒 19.1%。压实度 71%～90%。压缩系数 0.27～0.31MPa⁻¹，平均 0.29MPa⁻¹，压缩模量 4.93～5.78MPa，平均 5.4MPa，属中高压缩性土，标准贯入试验击数范围值一般在 3～6 击，8m 以上三个部位击数均在 3 击左右，壤土呈软塑—可塑状态，放水洞底部 8m 处土样试验结果：含水率高达 32.1%，干密度仅为 1.39g/cm³，结合标准贯入试验击数结果，确认为坝体软弱部位，存在接触流失的可能，建议进行工程处理。

南放水洞基础坐落在更新统粉土质砂层上，其承载力标准值为 110kPa。

根据工程现状，现南放水洞存在洞身钙化、渗漏、开裂现象，洞身断面小，启闭设备老化，对其进行修补或改造很困难。考虑现放水涵洞的病害和加固施工困难等实际情况，设计决定将现放水涵洞废弃、封堵，新增建一条放水洞。北放水洞处于报废状态，本次予以封堵。

拟建放水洞布置在原南放水洞南侧，根据设计方案，隧洞进口底板高程131.50m，出口底板高程131.18m，坐落在壤土地基上。由于新建放水洞距离现放水洞较近，土体物理力学参数可以参照南放水洞或主坝土体物理力学参数。

16.10 天然建筑材料

16.10.1 材料需求情况

本次加固工程设计需要天然建筑材料种类和数量为：土料14.3万m^3、混凝土骨料29589t、砂卵石及碎石料9368m^3、粗砂4163m^3、块石料16108m^3，除土料用于副坝加高培厚需要进行地质勘察外，其余均为外购料。

16.10.2 土料

(1) 土料场概况。山阳土料场位于右坝肩距坝址约300m的河流一级阶地和高漫滩上，地面高程142.50～145.80m，地形起伏不大，为第四系冲洪积粉土质砂、黏土质砂，开采运输较为方便，料层厚度3～4m，料场长350m，宽250m，为了查清料场的有用层厚度和地下水的埋藏深度，按照天然建筑材料详查要求布置了18个探井和10个探坑。

(2) 土料的质量指标。山阳土料场共做试验23组，颗粒中黏粒（$d<0.005$mm）平均含量19.1%；粉粒（0.005～0.05mm）平均含量19.2%；土料以黏土质砂为主，颗分结果见表16.10-1。全分析试验结果见表16.10-2，由表可知料层塑性指数平均为11.3，击实后最大干密度的平均值1.90g/cm^3，最优含水率平均12.0%。渗透系数平均值7.7×10^{-6}cm/s。$c_{平均}=54.5$kPa，$\phi_{平均}=28.2°$（见表16.10-2）。

表16.10-1　山阳土料场土的颗分成果及物理性质汇总表

野外编号	土样深度	颗粒组成						液限 W_l	塑限 W_p	塑性指数 I_p
		砂粒			粉粒		黏粒			
		颗粒大小/mm								
		0.5～2	0.25～0.5	0.075～0.25	0.05～0.075	0.005～0.05	<0.005			
单位	m	%						%	%	
KTY01	1.60～1.80	32.7	11.6	15.7	3.5	17.7	18.8	25.3	15.4	9.9
KTY02	3.40～3.60	18.3	18.7	33.0	4.4	15.1	10.5	25.4	15.9	9.5
KTY03	4.80～5.00	27.7	11.3	19.3	3.4	17.3	21.0	26.0	15.5	10.5
KTY04	6.50～6.70	31.7	12.0	19.6	2.6	13.4	20.7	25.4	15.1	10.3
KTY05	8.20～8.40	28.0	11.7	21.0	3.4	14.8	21.1	27.5	14.8	12.7
KTY06	9.90～10.10	27.0	11.7	19.3	5.3	15.0	21.7	28.2	14.7	13.5
KTY07	11.60～11.80	28.0	10.7	18.3	3.9	18.2	20.9	28.8	17.4	11.4
KTY08	1.60～1.80	23.3	12.7	22.0	5.1	18.5	18.4	27.1	15.9	11.2

续表

野外编号	土样深度	颗粒组成						液限 W_l	塑限 W_p	塑性指数 I_p
		砂粒			粉粒		黏粒			
		颗粒大小/mm								
		0.5～2	0.25～0.5	0.075～0.25	0.05～0.075	0.005～0.05	<0.005			
单位	m	%						%	%	
KTY09	3.10～3.30	32.7	12.3	18.3	3.7	12.6	20.4	26.8	16.2	10.6
KTY10	4.60～4.80	33.3	11.7	18.0	3.0	12.7	21.3	26.2	15.7	10.5
KTY11	6.10～6.30	30.0	13.7	20.3	3.7	13.5	18.8	26	15.3	10.7
KTY12	7.60～7.80	33.3	12.7	20.3	3.1	13.5	17.1	25.8	14.7	11.1
KTY13	9.10～9.30	30.0	13.3	20.0	3.1	16.3	17.3	25.8	15.7	10.1
KTY14	10.60～10.80	27.0	11.0	24.7	4.5	13.9	18.9	26.7	15.7	11.0
KTY15	12.20～12.40	33.3	11.0	18.0	4.7	14.5	18.5	25.4	16.2	9.2
KTY16	1.60～1.80	29.0	9.7	16.0	3.3	18.4	23.6	27.1	16.4	10.7
KTY17	3.10～3.30	33.7	11.3	17.0	3.5	16.1	18.4	25.0	15.2	9.8
KTY18	4.60～4.80	29.3	13.0	20.7	3.5	16.3	17.2	25.7	16	9.7
统计结果	最大值	33.7	18.7	33.0	5.3	18.5	23.6	28.8	17.4	13.5
	最小值	18.3	9.7	15.7	2.6	12.6	10.5	25.0	14.7	9.2
	平均值	29.4	12.2	20.1	3.8	15.4	19.1	26.3	15.7	10.7

根据上述分析对比可知山阳土料场土的质量指标基本满足《水利水电天然建筑材料勘察规程》(SL 251—2000)中对均质土坝土料的要求。

(3)储量计算。从探井和地形所揭露的情况来看,料场上部为0.3～0.5m含植物根系,属于耕植土,开挖时应剥去,上部为粉土质砂,疏松,料场储量计算采用平均厚度法。

$$V=SH$$

式中 S——料场面积,取 $350\times250=87500\text{m}^2$;

H——可采厚度,取3.5m。

$$V=87500\times3.5=306250\text{m}^3$$

山阳土料场总储量为30.6万m^3。

根据设计要求土料需用量14.3万m^3,本料场储量大于需用量的2倍,符合规范要求。

16.10.3 块石料、混凝土骨料、砂卵石及碎石料、粗砂料

块石料、混凝土骨料、砂卵石及碎石料、粗砂料均为外购料。块石料场有两个:邵家行子块石料场和大官庄块石料场,运距约为10km和5km;砂料场有三个:石楼砂场、北宋砂场和宣路砂场,运距约为2.5km和5km。经过现场调查,料场岩性为花岗岩,岩性坚硬,质量较好,料源丰富,为前期工程施工和附近工程建设所利用,储量和质量完全满足工程施工需求。运距近,有公路连接,交通便利。

表 16.10-2　山阳土料场土的全分析试验成果汇总表

野外编号	土样深度/m	土粒比重 G_s	液限 W_l/%	塑限 W_p/%	塑性指数 I_p	击实		制样干密度 ρ_d/(g/cm³)	制样含水量 W/%	制样压实度/%	固结试验			渗透试验	直剪试验	
						最大干密度 ρ_d/(g/cm³)	最优含水率 W_{op}/%				初始孔隙比 e_0	压缩系数 a_{v1-2}/MPa^{-1}	压缩模量 E_{s1-2}/MPa	渗透系数 k_{20}/(cm/s)	快剪 凝聚力 c/kPa	快剪 摩擦角 φ/(°)
KTTY1	0.00～2.10	2.70	25.0	13.8	11.2	1.90	12.0	1.82	12.0	96	0.480	0.187	7.91	7.80E−06	46.02	32.6
KTTY2	0.00～2.20	2.71	26.3	13.5	12.8	1.90	11.8	1.82	11.8	96	0.486	0.176	8.44	6.13E−06	47.00	26.8
KTTY3	0.00～2.50	2.70	25.7	14.9	10.8	1.90	12.0	1.82	12.0	96	0.480	0.210	7.05	8.60E−06	60.45	28.5
KTTY4	0.00～2.50	2.70	24.8	14.3	10.5	1.88	12.3	1.80	12.3	96	0.496	0.179	8.36	7.72E−06	66.06	27.0
KTTY5	0.00～2.30	2.70	24.7	13.4	11.3	1.90	12.0	1.82	12.0	96	0.480	0.226	6.55	8.20E−06	53.06	26.1
统计结果	最大值	2.71	26.3	14.9	12.8	1.90	12.3	1.82	12.3	96.0	0.496	0.226	8.44	8.6E−06	66.1	32.6
	最小值	2.70	24.7	13.4	10.5	1.88	11.8	1.80	11.8	96.0	0.480	0.176	6.55	6.1E−06	46.0	26.1
	平均值	2.70	25.3	14.0	11.3	1.90	12.0	1.82	12.0	96.0	0.485	0.200	7.7	7.7E−06	54.5	28.2

表 16.10-3　山阳土料场土的质量指标对比表

序号	项目	均质坝土料标准（SL 251—2000）	山阳土料场实验数据		对比结果
			范围值	平均值	
1	黏粒含量	10%～30%	10.5%～23.6%	19.1%	符合
2	塑性指数	7～17	9.2～13.5	10.4	符合
3	渗透系数	碾压后<1×10^{-4}cm/s	6.1×10^{-6}～8.6×10^{-6}	7.7×10^{-6}	符合
4	有机质含量（按重量计）	<5%	0.25～0.31	0.28	符合
5	水溶盐含量	<3%	0.03～0.09	0.06	符合
6	pH 值	>7	7.72～8.23	7.96	符合

块石料、混凝土骨料及砂砾料的质量检验在下一阶段补充。

料场分布见图 16.10-1 所示。

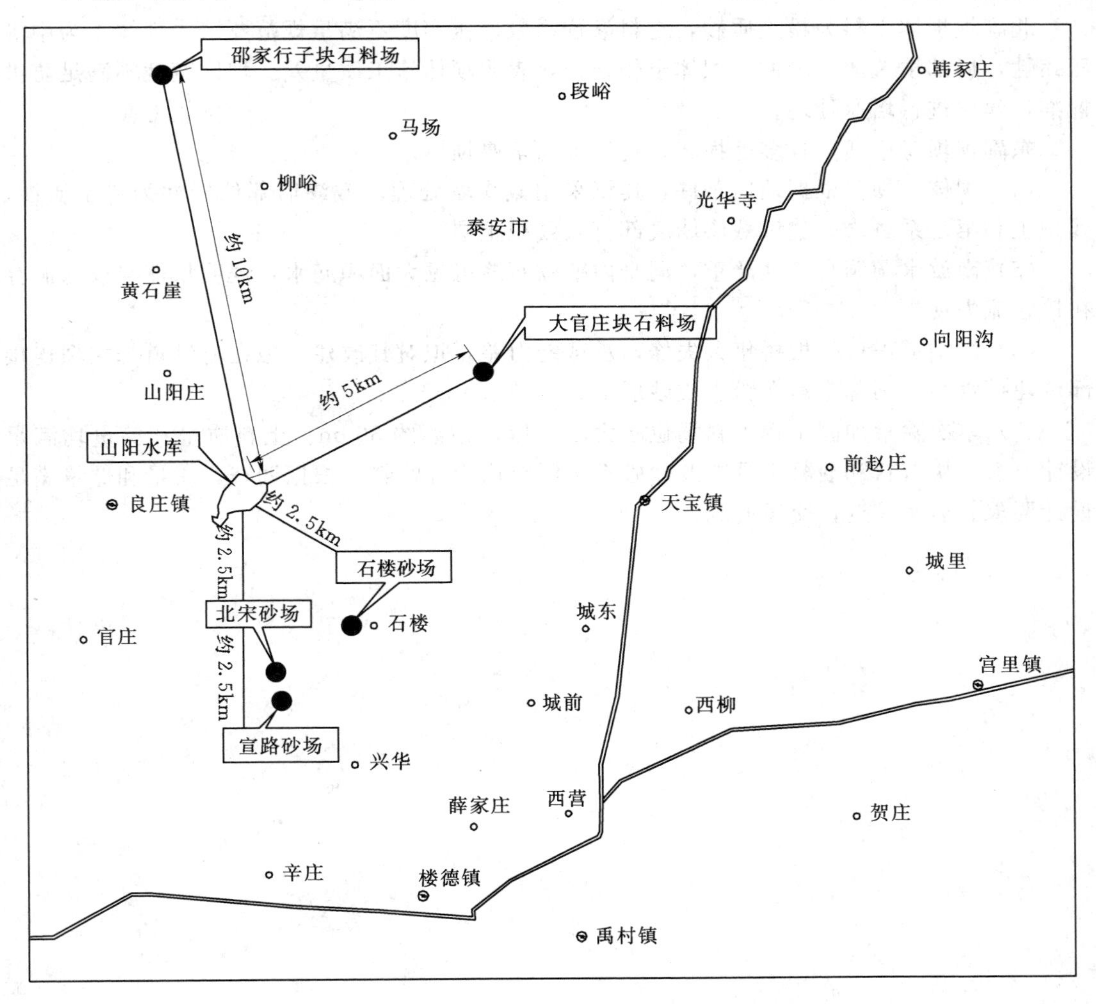

图 16.10-1　山阳水库块石料、砂砾石料料场分布示意图

16.11 结论与建议

（1）山阳水库位于鲁中山区南部边缘，徂徕山断层隆起带南部，处于地质构造稳定区。水库库区及坝址区出露的主要地层主要为新生界下第三系页岩和第四系河流冲洪积、残坡积地层，主要为卵砾、粉土质砂、残积土层，土层厚度变化大，工程性质各异。工程区地震动峰值加速度为 0.05g，地震动反应谱特征周期为 0.45s，相应的地震基本烈度为Ⅵ度。

（2）水库区不存在水库渗漏、水库塌岸和水库浸没问题，发生水库诱发地震的可能性不大。

（3）主坝坝体以粉土质砂为主，局部含有黏土质砂和重粉质壤土，坝体质量较差。坝基含有一层含砂量较高的粉土质砂层，砂粒含量高达 69.1%，导致坝基存在渗透变形和渗漏问题，建议进行工程处理。

北副坝坝体土料为粉土质砂，土料渗透系数、压实度不满足规范要求。坝体土为中等压缩性，局部填筑碾压较差，坝体土较疏松，表明坝体施工质量差。坝体宽度不满足防洪标准，建议进行培厚处理。

东副坝坝身单薄，且多处损坏，建议加高培厚坝体。

（4）坝体、坝基根据地质条件，建议采用截渗墙处理。截渗墙部位岩性为粉土质沙、残积土和第三系页岩。建议截渗墙底部打入残积土层。

（5）南放水洞洞身溶蚀严重，洞身内壁砌石缝可见大面积滴水，说明坝体与放水洞存在接触流失现象。

（6）溢洪道进口处板桥年久失修，承载能力差，拟对其改建。拟在溢洪道与主坝连接部位建挡水闸，闸基坐落在粉土质砂层上。

（7）本次除险加固工程土料场位于大坝右岸，距离约 300m。土料质量和储量均满足设计要求。块石料和混凝土骨料及砂砾石垫层料均为外购料。根据调查，质量和储量满足设计要求。运距较近，交通便利。

17 山阳水库工程任务和规模论证

17.1 社会经济概况及工程建设的必要性

17.1.1 社会经济现状

山阳水库加固工程所在区域属于暖温带大陆性半湿润季风气候，寒暑适宜，光温同步，雨热同季。年平均气温13℃，多年平均年降雨量700～800mm，无霜期200多天。粮食作物主要有小麦、玉米、地瓜、高粱、大豆、大麦等；经济作物主要有花生、芝麻、棉花、大麻、烟草、蔬菜等。坝址区涉及到泰安市岱岳区的良庄镇，岱岳区2005年末农业人口78.35万人，农作物总播种面积为194.76万亩，其中粮食作物播种面积107万亩，粮食总产49.96万t，农业人均638kg。农民人均纯收入4085元。

17.1.2 工程现状和存在的主要问题

17.1.2.1 概述

山阳水库于1959年10月开始兴建，1960年6月基本建成蓄水，1961年春发挥灌溉效益。1972年对大坝进行了加高培厚0.5m，1974～1975年修建了现溢洪道，1979年对坝基进行防渗处理。

水库建成40多年来，最高水位发生在1990年8月19日，水位137.00m，最低水位发生在1980年9月6日为127.4m。最大泄洪水量是2004年的676万m^3，其次为2005年的407.8万m^3，多年平均泄洪水量48万m^3。水库原设计灌溉面积4万亩，“三查三定”核算设计灌溉面积1.42万亩，农业设计灌溉保证率50%，目前有效面积1.15万亩，多年平均灌溉用水量345万m^3。

山阳水库现状主要建筑物包括：主坝（均质坝）、东副坝（均质坝）、北副坝、开敞式无闸控制溢洪道、南放水洞、北放水洞。

17.1.2.2 防洪标准及防洪能力

水库总库容2201万m^3（本次复核值），根据《水利水电工程等别划分及洪水标准》(SL 252—2000）的要求，工程规模为中型，工程等别为Ⅲ等，其主要建筑物级别为3级、次要建筑物为4级。设计洪水标准为百年一遇，校核洪水标准为千年一遇。设计洪水位138.13m，最大下泄流量191m^3/s；校核洪水位138.95m，最大下泄流量263m^3/s；坝顶高程复核结果为141.10m，比现状坝顶高程139.90m高1.2m。防浪墙顶高程140.43～141.20m，由于防浪墙质量差，与防渗体连接质量差，不能起到防渗作用，故水库防洪能力不满足1000年一遇校核洪水、100年一遇设计洪水的坝顶超高要求。

17.1.2.3 主坝

主坝为均质土坝，长900m，坝顶高程139.77～140.18m。防浪墙顶高程140.43～

141.20m，最大坝高13.2m，坝顶宽5m。上游坡为干砌石护坡，在高程133.00m设5m宽平台，平台以上坡度为1∶2.4，以下坡度为1∶3。下游坡为草皮护坡，在136m、131m高程分别设1.16m和2.4m宽的马道，高程136.00m以上坡度为1∶2.2，高程131.00～136.00m之间坡度为1∶2.8，高程131.00m以下为贴坡排水，坡度为1∶3。水库自建成后，存在严重的沉陷、变形及裂缝等险情，自水库竣工蓄水至今，一直带病运行，大部分年份不能达到正常蓄水位，给下游防洪和灌区生产造成巨大损失。主要问题为：

(1) 主坝防浪墙为浆砌块石结构，全长800m，顶宽0.7m。防浪墙未设沉陷缝，经多年运行，由于不均匀沉陷产生多条裂缝，缝宽一般为3～5mm。砌筑砂浆强度较低，平均值仅为4.6MPa。在坝顶挖探坑揭示，防浪墙基础与防渗体结合紧密，但防浪墙基础砂浆不饱满，起不到防渗作用。

(2) 坝体填筑质量差。受当时筑坝技术限制，山阳水库在施工时全是人抬肩扛，上坝土料不均，冻土上坝，碾压不实，施工分缝多，造成坝体土料差异性大。组成坝体的土料主要为粉土质砂①，局部夹杂有含砂量较高的粉土质砂①-1。

主坝坝体材料主要为粉土质砂①，黏粒含量19.5%，粉粒21.5%，砂粒59.0%，天然含水量平均值16.6%，压实干密度1.53～1.90g/cm^3，平均值1.72g/cm^3，填筑压实度仅为71%～93%，孔隙比为0.423～0.775，压缩模量2.86～10.95MPa，平均值5.90MPa，属中等压缩性土。壤土渗透系数范围值4.31×10^{-6}～7.59×10^{-4}cm/s，平均3.89×10^{-4}cm/s，属于极微透水—中等透水层，有接近84.6%大于1×10^{-4}cm/s。由此可知，坝体土质混杂，碾压质量差，局部软弱。

由于坝体填筑质量普遍较差，特别是0+300～0+450段和0+150～0+230段，筑坝质量最差，土质松散，含沙量大，渗水性强。现场检查库水位135.70m时，主坝桩号0+150～0+230段下游坡坝脚以上部位出现大面积的浸润片，坡脚排水沟出现渗水明流，坝脚处已沼泽化。

桩号0+152～0+162段，高程135.50m处，上游坡出现一平行于坝轴线长8m、宽3m的椭圆形塌坑，只进行了回填处理。1990年水库溢洪，大坝在高水位137.00m运行时，浸润线较高，下游坝坡出现浸润面，高程132.00～136.00m坝体沉陷量在3%以上，进行了回填处理。

(3) 坝体裂缝。经过几十年长期运行，坝顶无硬化处理，由于沉陷不均匀和汛期来往车辆碾压，坝顶凹凸不平。

大坝第一期高程结束后，坝顶高程达到139.00m，1960年大坝建成蓄水后，大坝下沉0.8m，在桩号0+260～0+310段出现纵向裂缝，宽10cm，采取腾空库容自压灌浆处理后，以后再未出现明显的沉陷和裂缝。

(4) 坝基渗漏严重。主坝坝基清基不彻底，含一层含沙量高的粉土质砂层③，松散—稍密，分布在桩号0+100～0+650段，在坝前后形成贯通，厚0.4～4.6m，平均厚度1.61m。坝基粉土质砂③无黏粒，颗粒级配不良，透水性较强，试坑抽水试验测得渗透系数为3.8×10^{-2}cm/s，没有彻底清除的坝基高含沙量的粉土质砂是坝基渗漏的主要通道。主坝下游6个鱼池，均由坝基渗水形成，水深在1.5～2.0m，据勘探时水位135.7m观测，鱼池水面满溢，且涌水量有逐年上升的趋势，危及大坝安全。

主坝坝基原河槽左岸30m，清基深3～4m，达到泥质页岩，右半部基础仍有部分含沙量高的粉土质砂层③未清除，就开始回填坝体，大坝蓄水后，坝下渗水量大0.01m^3/s，主坝坝基及截水槽坝基③清除不彻底，坝基渗水严重，特别是在桩号0＋280、0＋380处排水体坝脚外4m处水塘边出现渗水通道，直径10cm左右，冒水翻砂流出，砂土流失严重。针对坝基渗漏及存在的问题，1980年对大坝坝基进行了截渗处理，设计在上游坡脚开挖基槽至泥质页岩，用黏土回填至戗台高程133.00m，自桩号0＋175～0＋535，长360m。经与现场施工人员座谈及查阅资料核实，实际施工时由于基槽内渗水量较大，又没有排水设备，基槽开挖深度没有达到设计的泥质页岩，只挖除了坝基表层的部分③层、覆盖层，其下的③层没有全部清除。

(5) 大坝上游护坡为干砌石，桩号0＋150～0＋250段高程134.00～137.00m之间，0＋250～0＋500段高程133.00～137.00m之间为干砌块石护坡，其余段为干砌乱石护坡。护坡平均厚度18～25cm。

大坝0＋140～0＋410m段上游护坡为应急翻修部分，原护坡石曾发生脱坡，后来重新进行了护砌。护坡实测厚度20～25cm，平均厚度23.6cm，平均直径24.2cm，护坡下无反滤层，仅有10～30cm的碎石和毛石垫层。从库水位以上观察，护坡局部存在塌陷、架空现象，现场监测水面以上面积6800m^2，存在塌陷和损害的面积为480m^2，测量10处，最大塌陷深度28.6cm，平均塌陷19.6cm。

大坝0＋000～0＋140和0＋410～0＋800段，护坡局部塌陷严重，护坡厚度18～20cm，平均厚度18.5cm，护坡下无反滤，仅有10～20cm的碎石垫层。护坡塌陷、架空现象严重，现场监测水面以上面积1200m^2，存在塌陷和损害的面积为258m^2，测量10处，最大塌陷深度28.6cm，平均塌陷14.6cm。

(6) 大坝下游坡为天然草皮护坡，护坡质量极差，大部分坝坡裸露，少部分坝坡分布有稀疏草皮；坝后凹凸不平，存在多处雨淋冲沟现象，冲沟最大深度0.6m。

(7) 大坝0＋280～0＋400段下游坝坡设有干砌石贴坡排水，坡比1∶3，排水体顶高程131.0m。排水体表面凹凸不平，局部位置塌陷，石料风化较严重，块径小，探槽发现排水体干砌石内侧无碎石夹砂层，垫层直接与坝壳接触，反滤层结构不合理，不能保护坝体。

坝后排水设施不完善，大坝在高程134.50m及131.00m设有两条浆砌石纵向排水沟，每隔50m设一条横向排水沟。排水沟砌筑质量差，大部分已坍塌和缺失，没有坍塌的部分淤积严重，基本失去排水作用。

(8) 根据安全鉴定报告，大坝下游坡脚存在渗透破坏。

(9) 坝顶高程不能满足要求。

(10) 水库建成后，没有安装监测设备。1990年11月安装了测压管和量水堰，随即开始对坝体进行浸润线监测和渗流监测。大坝坝基测压管及位移监测设施一直未安装。

现有测压管6支，其中，0＋332断面3支，0＋382断面3支。目前，坝体测压管和量水堰监测设施均已损坏，无法继续对大坝进行正常监测。

17.1.2.4 副坝

山阳水库副坝包括东副坝和北副坝。

东副坝为均质土坝，长1450m，设计坝顶高程140.00m，无防浪墙，最大坝高5m，设计坝顶宽度2.0m，现坝顶宽1.0～2.0m，坝顶高程138.46～140.14m，绝大部分没有达到设计高程。上下游边坡均为1：2，现坝坡上下游均植满树，对工程安全极为不利。坝体土料为粉土质砂，黏粒含量21.8%，粉粒31.2%，砂砾41.0%，砾石6%，天然含水量12.2%～25.0%，平均值19.9%，压实干密度1.39～1.74g/cm^3，平均值1.57g/cm^3，渗透系数范围值3.63×10^{-8}～6.61×10^{-4}cm/s，平均值5.36×10^{-4}cm/s，属极微透水—中等透水，有接近66.7%大于1×10^{-4}cm/s。由此可知，坝体填筑质量差，压实度低，渗透系数偏高。

北副坝为均质土坝，长300m，设计坝顶高程140.00m，无防浪墙，最大坝高5m，设计坝顶宽度3.0m，现坝顶宽2.0～3.0m，坝顶高程138.48～139.66m，均未达到设计高程。上游坡为1：0.3的浆砌石挡土墙，下游坡度1：2，零星分布有天然草皮护坡。坝体土料为粉土质砂，黏粒含量19.9%，粉粒19.5%，砂砾59.8%，砾石0.8%，天然含水量12.1%～15.5%，平均值13.8%，压实干密度1.65～1.77g/cm^3，平均值1.71g/cm^3，渗透系数范围值8.86×10^{-5}～6.42×10^{-4}cm/s，平均值3.65×10^{-4}cm/s，属极微透水—中等透水，有接近66.7%大于1×10^{-4}cm/s。由此可知，坝体填筑质量差，压实度低，渗透系数偏高。

17.1.2.5 放水洞

（1）南放水洞。南放水洞位于主坝桩号0+250处，1960年建成，为单孔无压半圆砌石拱涵洞，洞底进口高程131.50m，砌石拱涵总长50.5m，底坡0.01。涵洞宽1.0m，墩高1.0m，拱高0.5m，基础坐落在粉土质砂层上。设计引水流量3.0m^3/s，闸孔尺寸1.0m×1.0m，闸门为平板铸铁闸门，尺寸1.4m×1.4m，采用螺杆启闭机。存在的主要问题：

经过40多年的运行，洞身内壁浆砌石砌筑缝处可见大面积的水泽，墙壁溶蚀现象严重，洞内可见大面积的碳酸钙结晶物析出，拱涵内部有20%左右的面积被碳酸钙结晶物所覆盖。拱涵内壁存在裂缝并渗水，且伴有大量结晶物覆盖表面，这将造成拱涵结构强度的下降。

由于不均匀沉陷等的影响，放水洞浆砌石拱涵存在一条横向裂缝，位于放水洞闸门下游10m处，裂缝最大宽度3.0mm，该断裂已贯穿整个放水洞洞身，浆砌块石也被剪断，影响其整体稳定性。由于放水洞竖井基础沉陷，放水洞启闭机房与坝体间的引桥已断裂，存在一条宽3.6mm的断裂缝，危及竖井和引桥的安全。

放水洞闸门为平板铸铁闸门，无检修闸门，门体锈蚀较严重，部分锈蚀点结瘤闸门关闭不严，不能正常运行。该设备陈旧老化，属淘汰产品。砖混结构启闭机房墙体破损严重，门窗损坏，雨天漏水，不能正常运行。

安鉴报告复核，拱涵拱圈结构强度和稳定性满足规范要求，竖井的地基承载力和稳定性满足规范要求。

（2）北放水洞。北放水洞位于北副坝桩号0+169m处，为单孔无压半圆砌石拱涵洞，基础坐落在粉土质砂层上。由于长期闲置，放水洞砖混结构启闭机房门窗缺失，房屋破烂不堪，雨天房顶漏水。启闭机已损坏无法使用，竖井爬梯钢筋锈断，人员无法进入底部进行检查。由于灌渠未开挖，北放水洞处于报废状态，放水洞洞身未经任何封堵措施处理，是大坝安全的严重隐患。

17.1.2.6　溢洪道

溢洪道位于主坝右岸阶地段桩号0＋800～0＋822.4处，为正槽无控制开敞式，坐落在土基上，总长550m，由进水渠、溢流堰、泄槽、跌水消力池、尾水渠五部分组成。溢洪道桩号以溢流堰中心线为0＋000。原溢洪道设计最大流量72m^3/s，“三查三定”审定最大泄量为188m^3/s。

（1）进水渠长6.6m，桩号0－010.35～0－003.75，上游宽29.5m，下游宽22.4m，两岸为浆砌石八字墙，无浆砌石护底，底坡$i=0$，底高程136.80m。引水渠八字墙及护底浆砌石砂浆强度低，勾缝脱落，八字墙压顶石损坏脱落，与主坝护坡石结合不紧密，墙后护坡石坍塌、脱坡。泄洪时危及八字墙和大坝安全。

（2）溢流堰为平底浆砌石宽顶堰，净宽20m，顺水流方向长7.5m，桩号0－003.75～0＋003.75，堰顶高程136.80m，坐落在粉土质砂上，堰上为交通桥，共5孔，每孔净宽4m，中墩宽0.6m，总宽22.4m。交通桥为现浇钢筋混凝土板桥，荷载设计标准为汽－10级，板厚0.3m，桥墩为浆砌石结构，桥面总宽7.5m，净宽7m，两侧各设置现浇混凝土护轮带及预制混凝土栏杆。溢流堰净宽仅20m，泄流能力不足，交通桥设计标准低，且桥板及栏杆柱混凝土老化严重，钢筋裸露锈蚀，桥墩浆砌石砂浆标号低，表面风化，勾缝脱落，不能满足防汛抢险交通要求。桥边墩设计断面小，没有设置防渗刺墙嵌入坝体内，溢洪道泄洪时桥边墩与坝体间易形成接触渗漏、冲刷，危及大坝安全。

（3）泄槽长50m，桩号为0＋003.75～0＋053.75，矩形断面，分两段，第一段长10m，上游宽22.4m，下游宽20m，底坡$i=0$。第二段长40m，宽20m，上游端高程136.80m，下游端高程136.10m，底坡$i=0.0175$。泄槽底板为浆砌石结构，厚0.3m，边墙为重力式浆砌石结构，墙顶宽0.5m，顶部有高0.5m直墙段。泄槽过流能力不足，抗冲刷能力差，边墙及护底浆砌石砌筑砂浆强度低，勾缝剥落，老化严重，边墙排水孔堵塞，存在重大安全隐患。

跌水消力池长10m，桩号0＋053.75～0＋063.75，宽20m，矩形断面，跌水墙为垂直式，墙顶高程136.10m，跌坎高3.5m，消力池深1m，底高程132.60m。

尾水渠长475.9m，矩形断面，0＋063.75～0＋093.75段为渐变段，宽度由20m渐变到10m，以下渠道宽度均为10m。桩号0＋376m以上渠底采用浆砌石护砌，厚度0.2～0.3m，以下无护底，为壤土基础。尾水渠边墙为重力式浆砌石结构，高1.5m。尾水渠过流能力不足，抗冲刷能力差，边墙及护底浆砌石砌筑砂浆强度低，勾缝剥落，老化严重。溢洪道桩号0＋376.65～0＋389.65处的泗良路公路桥为平拱桥，桥宽13m，拱脚处净高0.8m，拱顶处净高1.5m，严重阻水。尾水渠出口无消能防冲设施，水流直接冲八里沟对岸边坡，尾水渠出口对岸护堤石墙40m，现已倒塌。

17.1.2.7　安全鉴定结论

根据水利部大坝安全管理中心的安全鉴定复核意见，水库存在的主要问题有：

（1）水库防洪标准不满足要求。

（2）主坝防浪墙、上游护坡质量差，破损严重，护坡无垫层，坝后排水体反滤层不满足要求，部分坝段无排水体。

（3）东副坝坝顶宽度严重不足，坝坡太陡，主坝河槽段清基不彻底，坝体填筑质量差，坝后渗漏严重，下游坡大面积散浸。

（4）开敞式溢洪道进口无导墙，泄槽边墙高度不足，消能防冲设施不完善，公路桥严重阻水，泄流直冲对岸农田，交通桥混凝土老化锈蚀严重。

（5）南放水洞洞身存在环向裂缝，渗漏严重，与坝体土间存在接触冲刷，启闭机房引桥断裂。

（6）北放水洞已报废，但未封堵；闸门及启闭设备陈旧、老化不能正常运行。

（7）主坝与副坝间无防汛公路，管理房简陋，监测设施不完善。

大坝安全鉴定指出的工程问题存在，不能按设计正常运行。同意三类坝鉴定结论意见。

17.1.3 除险加固的必要性

山阳水库是一座集防洪、灌溉、养殖等综合利用的中型水库，水库大坝距京沪铁路12km，距京福高速公路、104国道13.5km，距泰良公路2.5km，距泰楼公路0.8km，距良庄镇1km。水库下游主要保护良庄镇、房村镇4.9万人和5.0万亩农田及京沪铁路、京福高速公路、104国道等重要交通设施。地理位置重要，防洪任务十分艰巨。水库原设计灌溉面积4万亩，“三查三定”核算设计灌溉面积1.42万亩，农业设计灌溉保证率50%，目前有效面积1.15万亩。水库建成以来，对下游农田灌溉和促进当地经济发展发挥了重要作用。

由于该工程存在较多的质量问题，尤其是水库防洪标准低，坝体、坝基渗漏严重，水库无法发挥正常效益。经水利部大坝安全管理中心鉴定为三类坝。

为确保水库下游广大人民群众及城镇、交通安全，尽早对该库进行除险加固，消除隐患，达到设计标准，保证水库安全运行，充分发挥其防洪、灌溉、水产养殖等方面的经济效益和社会效益，缓解当地水资源供需矛盾，促进经济快速发展，提高当地人民群众的生活水平，对山阳水库进行除险加固是十分必要的。

17.2 除险加固任务

本次除险加固的主要任务是在批准的大坝安全鉴定报告的基础上，确定坝体、坝基、放水洞、溢洪道及其他建筑物的除险加固方案，完善防汛路、水库管理和监测设施，使水库能够充分发挥经济效益和社会效益。

本次除险加固设计方案的确定按以下原则进行：

（1）本次除险加固的重点是解决水库的渗漏、稳定、输水洞和溢洪道的安全问题。

（2）兴利指标尽量和原设计方案一致，水库规模基本不变。

（3）加固治理措施应做到技术先进，经济合理，安全可靠，便于管理，并为以后提高水资源的利用程度创造有利条件。

17.3 工程规模

17.3.1 死水位

本次除险加固初步设计水库死水位采用原设计值 131.5 m，死库容 87 万 m^3。

17.3.2 正常蓄水位

山阳水库现正常蓄水位 136.8 m，设计兴利库容为 1151 万 m^3，水库现状供水用户为农业用水，灌区原设计灌溉面积 1.42 万亩，有效灌溉面积 1.15 万亩，实灌面积 1.0 万亩。水库灌区多年平均灌溉净定额为 170m^3/亩，现状灌溉水利用系数为 0.55。

借用黄前水库蒸发深资料，山阳水库多年平均蒸发深取 870mm（E601）。水库现状渗漏损失水量按月库容的 0.5%计算。

水库水位—面积—库容曲线采用 1982 年成果，见表 17.3－1。

表 17.3－1　　山阳水库水位—面积—库容曲线

水位/m	面积/km^2	库容/万 m^3	水位/m	面积/km^2	库容/万 m^3
127.61	0	0	133.35	1.58	295
128.00	0.018	0.2	134.00	1.957	413.3
129.00	0.063	4	134.50	2.28	517
130.30	0.204	16.7	135.00	2.64	642.3
131.00	0.562	53.5	135.50	3.01	787
131.50	0.745	87	136.00	3.453	946
132.00	0.948	128.2	136.80	3.945	1238
133.00	1.414	245.5	137.00	4.047	1320.6

采用时历法进行水库调节计算，调算结果见表 17.3－2。农业灌溉面积按原设计 1.42 万亩，灌溉水利用系数按 0.55，现状兴利库容下，水库供水保证率为 70%。水库除险加固后，若对水库灌区进行改造配套，使灌溉水利用系数提高到 0.65，灌溉面积为 1.42 万亩时灌溉用水保证率可达近 100%。

调算结果表明，山阳水库有效库容可满足现状供水需求，且供水保证率较高，若经过灌区改造提高灌溉水利用系数，则农业灌溉保证率有较大提高。

表 17.3－2　　山阳水库兴利调节计算成果表

项目	渠系利用系数	水库来水/万 m^3	农业需水/万 m^3	蒸发渗漏水量/万 m^3	弃水/万 m^3	农业供水保证率/%
加固前	0.55	441	439	17	15	70
加固后	0.55	441	439	17	15	70
	0.65	441	371	31	39	100

本次除险加固初步设计水库正常蓄水位采用原设计值 136.8 m，兴利库容 1151 万 m^3。

17.3.3 防洪特征水位

水库设计洪水标准为100年一遇，校核洪水标准为1000年一遇。

17.3.3.1 溢洪道泄洪能力

山阳水库泄洪建筑物为溢洪道，原为开敞式无闸宽顶堰，堰顶高程136.80m，堰顶净宽20m；本次除险加固设计溢流堰为带闸门正槽平底宽顶堰，堰顶高程134.60m，堰顶净宽18m。除险加固设计溢洪道泄流能力见表17.3-3。

表17.3-3 山阳水库溢洪道泄洪能力

水位/m	库容/万 m^3	泄量/(m^3/s)	水位/m	库容/万 m^3	泄量/(m^3/s)
134.50	517		137.50	1522	143
135.00	642	1	138.00	1750	186
135.50	787	16	138.50	1982	233
136.00	946	39	139.00	2225	283
136.80	1238	89	139.50	2472	337
137.00	1321	104	140.00	2741	

17.3.3.2 库容曲线

根据泥沙估算及现场查勘，水库泥沙淤积问题不严重，对水库防洪库容未产生影响，本次调洪计算采用的库容曲线同安全鉴定一样，为1982年由山东省水利厅以（82）鲁水文字第5号通知启用的水位—库容曲线，见表17.3-1。

17.3.3.3 调洪原则

按下游防洪要求制定水库防洪运用原则，当入库洪水小于20年一遇时，控制下泄流量不超过57.7m^3/s，当入库洪水超过20年一遇时，水库敞泄运用。

17.3.3.4 设计、校核洪水位

汛限水位取正常蓄水位136.80m，按水库汛期运用方式，运用水量平衡原理对水库入库洪水进行调洪演算，计算水库设计、校核洪水位，见表17.3-4，本次水库除险加固设计阶段设计洪水位为138.13m，水库最大下泄流量为191m^3/s，校核洪水位138.95m，水库最大下泄流量263m^3/s。

表17.3-4 山阳水库调洪成果表

计算时间	P/%	最大入库/(m^3/s)	最大出库/(m^3/s)	最高水位/m
本次除险加固	1	551	191	138.13
	0.1	857	263	138.95

18 山阳水库工程布置及主要建筑物

18.1 工程等别、建筑物级别及洪水标准

18.1.1 工程等别

根据《水利水电工程等级划分及洪水标准》(SL 252—2000) 第2.1.1条规定：水利水电工程等别，应根据其工程规模、效益及在国民经济中的重要性，按表18.1-1确定。

表18.1-1　水利水电工程分等指标

工程等别	工程规模	水库总库容/亿m^3	防洪		治涝	灌溉	供水	发电
			保护城镇及工矿企业的重要性	保护农田/万亩	治涝面积/万亩	灌溉面积/万亩	供水对象重要性	装机容量/万kW
Ⅰ	大(1)型	≥10	特别重要	≥500	≥200	≥150	特别重要	≥120
Ⅱ	大(2)型	1.0～10	重要	100～500	60～200	50～150	重要	30～120
Ⅲ	中型	0.10～1.0	中等	30～100	15～60	5～50	中等	5～30
Ⅳ	小(1)型	0.01～0.10	一般	5～30	3～15	0.5～5	一般	1～5
Ⅴ	小(2)型	0.001～0.01		<5	<3	<0.5		<1

山阳水库是一座以防洪为主，兼顾灌溉、养殖的综合型水库。水库总库容2201万m^3，下游保护农田5.0万亩，人口4.9万人，灌溉耕地面积1.42万亩，由此确定水库等别为中型Ⅲ等工程。

18.1.2 永久性建筑物级别

永久性建筑物是指工程运行期间使用的建筑物，按其在工程中发挥的作用和失事后对整个工程安全的影响程度的不同，分为主要建筑物和次要建筑物。

《水利水电工程等级划分及洪水标准》(SL 252—2000) 第2.2.1条规定：水利水电工程永久性水工建筑物级别，根据其所在工程的等别和建筑物的重要性，按表18.1-2确定。

表18.1-2　永久性水工建筑物级别

工程等别	主要建筑物	次要建筑物
Ⅰ	1	3
Ⅱ	2	3
Ⅲ	3	4
Ⅳ	4	5
Ⅴ	5	5

山阳水库等别为中型Ⅲ等工程，因此根据以上规定，主要建筑物大坝、溢洪道、放水洞均为3级建筑物，其余次要建筑物为4级建筑物。

18.1.3 洪水标准

根据《水利水电工程等级划分及洪水标准》(SL 252—2000) 第3.1.1的规定：水利水电工程永久性水工建筑物的洪水标准，应按山区、丘陵地区和平原、滨海区分别确定。

山阳水库位于鲁中山区南部，工程区属山区，其洪水标准应按山区和丘陵区水利水电工程永久性水工建筑物洪水标准确定。具体见表18.1-3。

表18.1-3 山区、丘陵区水利水电工程永久性水工建筑物洪水标准 单位：重现期（年）

项目		水工建筑物级别				
		1	2	3	4	5
设计		500～1000	100～500	50～100	30～50	20～30
校核	土石坝	可能最大洪水（PMF）或5000～10000	2000～5000	1000～2000	800～1000	200～800
	混凝土坝、浆砌石坝	2000～5000	1000～2000	500～1000	200～500	100～200

根据以上标准，对于山阳水库3级永久性水工建筑物，设计洪水重现期应为50～100年，校核洪水重现期应为1000～2000年。山阳水库历经多次改建和续建，洪水标准也多次改变，安全鉴定认定的设计洪水标准为：设计洪水重现期为100年（$P=1\%$），校核洪水重现期为1000年（$P=0.1\%$），符合《水利水电工程等级划分及洪水标准》(SL 252—2000) 规定，因此本次设计，洪水标准仍采用现状标准即：设计洪水重现期为100年（$P=1\%$），校核洪水重现期为1000年（$P=0.1\%$）。

18.2 设计依据

18.2.1 标准及规范

本次除险加固设计采用的主要技术规范、规程有：《水利水电工程等级划分及洪水标准》(SL 252—2000)；《防洪标准》(GB 50201—94)；《碾压式土石坝设计规范》(SL 274—2001)；《水利水电工程土工合成材料应用技术规范》(SLT 225—98)；《水工混凝土结构设计规范》(SL/T 191—96)；《溢洪道设计规范》(SL 253—2000)；《水闸设计规范》(SL 265—2001)；《水工挡土墙设计规范》(SL 379—2007)；《水工建筑物荷载设计规程》(DL 5077—1997)；《土石坝安全监测技术规范》(SL 60—94)。

18.2.2 设计依据的文件

设计过程参考和依据的相关文件有：《山东省泰安市岱岳区山阳水库安全鉴定大坝综合评价报告》(泰安市水利勘测设计研究院)；《山东省泰安市岱岳区山阳水库安全鉴定设计洪水复核报告》(泰安水文水资源勘测局)；《山东省泰安市岱岳区山阳水库安全鉴定工程地质勘察报告》(泰安市水利勘测设计研究院)；《山东省泰安市岱岳区山阳水库安全鉴定大坝渗流、边坡稳定分析报告》(泰安市水利勘测设计研究院)；《山东省泰安市水库大坝安全鉴定岱岳区山阳水库溢洪道、放水洞安全监测评估报告》（山东省水利科学研究院、山东省水利工程建设质量与安全监测中心站）；《山东省泰安市岱岳区山阳水库安全鉴定运行管理报告》（泰安市岱岳区水务局）；《山东省泰安市水库大坝安全鉴定岱岳区山阳水库大坝老化病害检测评估报告》（山东省水利科学研究院、山东省水利工程建设质量与安全监测中心站）；《山东省泰安市岱岳区山阳水库安全鉴定放水洞、溢洪道安全复核报告》（泰安市水利勘测设计研究院）；《山东省泰安市岱岳区山阳水库大坝安全鉴定报告书》（泰安市水利和渔业局）；《山阳水库三类坝鉴定成果核查意见表》（水利部大坝安全管理中心）。

18.3 基本资料

（1）水库特征水位。

正常蓄水位　136.80m

设计洪水位（P=1%）　138.13m

校核洪水位（P=0.1%）　138.95m

汛限水位　136.80m

死水位　131.50m

（2）库容。

总库容　2201 万 m^3

兴利库容　1151 万 m^3

死库容　87 万 m^3

（3）入库洪峰流量。

设计洪水流量（P=1%）　551m^3/s

校核洪水流量（P=0.1%）　857m^3/s

（4）气象资料。

多年平均气温　12.8℃

最高气温　40.7℃

最低气温　−22.4℃

多年平均最大风速　14.6m/s

（5）地震烈度。根据中国地震局2001年编制的1∶400万《中国地震动参数区划图》（GB 18306—2001）中，《中国地震动峰值加速度区划图》和《中国地震动反应谱特征周期区划图》，工程区地震动峰值加速度为0.05g，地震动反应谱特征周期0.45s，相当于地震基本烈度为Ⅵ度。

根据《水工建筑物抗震设计规范》（SL 203—97）第1.0.6条规定，水工建筑物抗震设计的设计烈度一般采用基本烈度作为设计烈度，因此本工程各水工建筑物抗震设计烈度为Ⅵ度。根据《水工建筑物抗震设计规范》（SL 203—97）第1.0.2条规定，设计烈度为Ⅵ度时，可不进行抗震计算。

（6）基本地质参数。

1）大坝。大坝基本参数见表18.3-1。

表 18.3-1 大坝基本参数表

名　称	湿容重 /(kN/m³)	浮容重 /(kN/m³)	强度指标 (CD)		渗透系数 /(cm/s)
			c/kPa	φ/(°)	
原坝体粉土质砂①	20.1	11.3	20	20.5	4×10^{-4}
坝基粉土质砂②	19.8	10.6	21.5	20	1×10^{-5}
坝基粉土质砂③	20.4	11.8	0	27	4×10^{-2}
坝基残积土④	19.5	10	19	18	5×10^{-6}
坝体新填土	21.3	13	25	16	5×10^{-6}
棱体排水	18.9	14.5			1.0×10^{-1}
土工膜	—	—			1.0×10^{-9}
高压定喷墙	—	—			1.0×10^{-7}

2）放水洞。南放水洞基础坐落在更新统粉土质砂层上，土体承载力标准值为110kPa。

3）溢洪道。溢洪道闸基部位地层为粉土质砂和残积土，各层的厚度和承载力见表18.3-2。

表 18.3-2 各层厚度和承载力表

土层	厚度/m	承载力标准值/kPa
坝基粉土质砂②	6.0～12.1	85.0～95.0
坝基粉土质砂③	0.8～2.4	220.0
坝基残积土④	1.5～4.5	100.0

18.4 工程布置

山阳水库现状主要建筑物包括主坝、东副坝、北副坝、开敞式无控制溢洪道、南放水洞、北放水洞。

鉴于本次主坝加固主要内容为坝体防渗体系，上下游护坡改建，坝顶防浪墙重建等，所以，工程布置采取现坝轴线位置不变，原位加固方案。

东副坝坝顶高程和坝顶宽度都不满足规范要求，本次设计采用上游坡回填黏土质砂方案，这样既解决了坝顶高程和宽度问题，又解决了坝体防渗问题。

北副坝主要是坝顶宽度不足，现上游坡为浆砌石挡土墙，采取下游坡加宽方案。

在北小新庄的西北方向有一处垭口，此处高程只有137.50m左右，不能满足水库挡水的要求，在此修建一座副坝。为了尽可能少的影响此地交通，利用靠近库区的一条道路，从其北侧路面开始起坡填筑坝体，坝轴线直线布置，一直延伸到两侧岸边。

溢洪道位于主坝右岸阶地段桩号0+800～0+822.4处，为正槽无控制开敞式，坐落在粉土质砂和残积土层上，总长550m，由进水渠、溢流堰、泄槽、跌水消力池、尾水渠五部分组成。根据鉴定意见，本次溢洪道加固的主要内容是增加闸门调控下泄流量、解决泄槽泄流能力不足、增加消力池，所以，采取现溢洪道位置不变，原位加固方案。

由于山阳水库仅有一条南放水洞可以放空水库，在水库加固过程中，此放水洞要作为施工期导流洞使用，所以，只有重新修建南放水洞。为了便于与下游灌溉渠连接，减少连接长度，在满足施工要求的前提下，新建放水洞尽量靠近现状放水洞，布置在现放水洞左岸。

18.5 主坝加固

18.5.1 主坝现状

主坝为均质土坝，长 900m，坝顶高程 139.77～140.18m。防浪墙顶高程 140.43～141.20m，最大坝高 13.2m，坝顶宽 5m。上游坡为干砌石护坡，在高程 133.00m 设 5m 宽平台，平台以上坡度为 1：2.4，以下坡度为 1：3。下游坡为草皮护坡，在 136m、高程 131.00m 分别设 1.16m 和 2.4m 宽的马道，高程 136.00m 以上坡度为 1：2.2，高程 131.00～136.00m 之间坡度为 1：2.8，高程 131.00m 以下为贴坡排水，坡度为 1：3。

水利部大坝安全管理中心角屿水库大坝安全鉴定结论如下：主坝坝顶高程不满足规范要求，上游护坡破损严重，质量不满足规范要求，部分坝段无反滤层；上游坝基清基不彻底，坝基渗漏严重，下游有冒水翻砂现象，虽经截渗处理，坝体填筑质量差，坝后渗漏严重，下游坡大面积散浸；坝基高含沙量的粉土质砂③存在渗透变形破坏的可能。

18.5.2 主坝加固项目

根据主坝现状和存在的主要问题，以及大坝安全鉴定结论，确定主坝加固项目如下：

（1）主坝体型修整：原大坝坝坡变形严重，应对其进行整修。整修原则是在保证坝坡稳定的前提下，为了减少工程投资，原坝坡基本不变，仅对坝坡进行整修。坝顶高程统一为 139.90m；坝顶宽度统一为 5.0m。

（2）坝体坝基防渗加固：原坝体填筑质量差，坝基清基不彻底，渗漏严重，应对其进行全面防渗处理。上游坝坡铺设两布一膜复合土工膜进行防渗，复合土工膜铺设到高程 133.20m，此高程以下采用高压定喷墙作为坝基防渗，顶部与复合土工膜连接，底部深入残积土下 1m。

（3）上下游护坡全部拆除重建：原上下游护坡存在大面积塌陷，护坡质量极差，上游护坡拆除重建，采用干砌石，其下设置砂砾石垫层；下游护坡全部采用厚 0.3m 的耕植土，其上植草护坡。

（4）坝体排水系统拆除重建：现下游坝脚贴坡排水坍塌严重，需拆除重建。大坝原排水沟坍塌、淤积严重，全部予以拆除重建。分别重新设置了 A、B、C 型三种纵横向排水沟。

（5）新建坝顶道路及上坝步梯：原水库防汛道路不完善、标准低，增建宽 5.0m，厚 0.35m 的沥青路面。大坝增加了二道上坝步梯。

18.5.3 坝顶高程复核

根据《碾压式土石坝设计规范》（SL 274—2001）的规定，坝顶高程等于水库静水位与坝顶超高之和。坝顶超高计算公式（18.5-1）为：

$$y=R+e+A \tag{18.5-1}$$

式中 y——坝顶超高，m；

R——平均波浪爬高，m；

e——风壅水面高度，m；

A——安全加高，m，设计工况取 0.7m，校核工况取 0.4m。

(1) 风壅水面高度。风壅水面高度 e 按式 (18.5-2) 计算：

$$e=\frac{KW^2D\cos\beta}{2gH_m} \tag{18.5-2}$$

式中 K——综合摩阻系数，$K=3.6\times10^{-6}$；

β——风向与水域中线的夹角，$\beta=0°$；

D——风区长度，m；

W——计算风速，m/s；

H_m——水域平均水深，m；

g——重力加速度，为 9.81m/s^2。

(2) 平均波高和平均波周期。平均波高和平均波周期采用莆田试验站公式 (18.5-3)、式 (18.5-4) 计算，即：

$$\frac{gh_m}{W^2}=0.13\text{th}\left[0.7\left(\frac{gH_m}{W^2}\right)^{0.7}\right]\text{th}\left\{\frac{0.0018\left(\frac{gD}{W^2}\right)^{0.45}}{0.13\text{th}\left[0.7\left(\frac{gH_m}{W^2}\right)^{0.7}\right]}\right\} \tag{18.5-3}$$

$$T_m=4.438h_m^{0.5} \tag{18.5-4}$$

式中 h_m——平均波高，m；

T_m——平均波周期，s。

(3) 平均波长。平均波长 L_m 计算公式 (18.5-5) 为：

$$L_m=\frac{gT_m^2}{2\pi}\text{th}\left(\frac{2\pi H}{L_m}\right) \tag{18.5-5}$$

式中 H——坝迎水面前水深，m。

(4) 平均波浪爬高。主坝体迎水面坡度系数为 2.5，正向来波在坡度系数为 1.5～5.0 的单一斜坡上的平均爬高按式 (18.5-6) 计算：

$$R_m=\frac{K_\Delta K_w}{\sqrt{1+m^2}}\sqrt{h_mL_m} \tag{18.5-6}$$

式中 R_m——平均波浪爬高，m；

K_Δ——斜坡的糙率渗透性系数，查《碾压式土石坝设计规范》(SL 274—2001) 附表 A.1.12-1，干砌石护坡 $K_\Delta=0.80$；

K_w——经验系数，查《碾压式土石坝设计规范》(SL 274—2001) 附表 A.1.12-2 可查得。

设计波浪爬高值应根据工程等级确定，工程等级为 3 级的坝采用累积频率为 1% 的爬高值 $R_{1\%}$。

根据《碾压式土石坝设计规范》(SL 274—2001)，坝顶高程等于水库静水位与坝顶超高之和，根据本工程运行情况，分别按以下组合计算，取其最大值：①设计洪水位加正常运用条件的坝顶超高；②正常蓄水位加正常运用条件的坝顶超高；③校核洪水位加非常运用条件的坝顶超高。

根据泰安市气象站的观测资料统计分析，多年平均最大风速为 14.6m/s，吹程 3320m。根据《碾压式土石坝设计规范》(SL 274—2001)，正常运用情况下设计风速取为多年平均最大风速的 1.5 倍，即为 21.9m/s。坝顶高程计算结果见表 18.5-1。

表 18.5-1　主坝坝顶高程计算结果表　单位：m

运用工况	水位	设计波浪爬高 R	风壅水面高度 e	安全加高 A	坝顶超高 y	计算坝顶高程
正常	136.80	2.261	0.027	0.7	2.988	139.79
设计	138.13	2.237	0.024	0.7	2.961	141.09
校核	138.95	1.359	0.010	0.4	1.769	140.72

由表 18.5-1 知，设计洪水位加正常运用条件工况控制坝顶高程，计算的坝顶高程为 141.09m。

根据测量结果，现大坝坝顶高程 139.77～140.18m。防浪墙为浆砌石结构，未设沉陷缝，经多年运行，由于不均匀沉陷产生多条裂缝，缝宽一般为 3～5mm。砌筑砂浆强度较低，平均值仅为 4.6MPa。在坝顶挖探坑揭示，防浪墙基础砂浆不饱满，起不到防渗作用。故现坝顶高程不满足要求，比计算值低 1.2m。采取在坝顶加高 1.2m 防浪墙，现坝顶高程不变的加高方案。

最低处比需要的坝顶高程低 1.32m，可采取在坝顶加高 1.2m 的防浪墙，坝顶局部加高方案。加高后防浪墙顶高程 141.10m，坝顶高程 139.90m。

从表 19.5-1 看出，校核工况控制坝顶高程，计算的坝顶防浪墙高程 168.50m。

现坝顶高程 167.50m，部分基础下为全风化料，且砂浆不饱满，局部位置为砂灰砌筑，与防渗体连接不紧密，起不到防渗作用。故现坝顶高程不满足要求，比计算值低 1.0m。采取在坝顶加高 1m 防浪墙，现坝顶高程不变的加高方案。

18.5.4　防渗系统设计

18.5.4.1　方案比选

山阳水库经过多次加高加固改建，现坝体存在较多的质量缺陷，主要表现为坝体填筑质量差，干密度为 1.53～1.90g/cm³，平均值 1.72g/cm³，填筑压实度仅为 71%～93%。坝体防渗性能差，坝体填土渗透系数范围值 4.31×10^{-5}～7.59×10^{-3}cm/s，平均值 3.89×10^{-4}cm/s，有接近 84.6%大于 1×10^{-4}cm/s；0+300～0+450 段和 0+150～0+230 段坝脚以上出现大面积浸润片，坝脚处已沼泽化。坝体产生裂缝、塌坑，桩号 0+152～0+162 段，高程 135.50m 处，上游坡出现一平行于坝轴线长 8m、宽 3m 的椭圆形塌坑，只进行了回填处理；1960 年大坝建成蓄水后，大坝下沉 0.8m，在桩号 0+260～0+310 段出现纵向裂缝，宽 10cm，采取腾空库容自压灌浆处理后。主坝坝基清基不彻底，含一层高含沙量的粉土质砂层③，松散—稍密，分布在桩号 0+100～0+650 段，在坝前后形成贯通，厚 0.4～4.6m，平均厚度 1.61m，试坑抽水试验测得渗透系数为 3.8×10^{-2}cm/s，坝基渗漏严重。为防止坝体、坝基发生大面积的渗透破坏，进而危及大坝安全，因此需对坝体和坝基进行防渗处理。

地质资料显示，坝址区岩土体共分五层，自上而下有坝体粉土质砂①（坝体中部局部分布有含沙量高的粉土质砂①－1）、坝基粉土质砂②、坝基含沙量高的粉土质砂③、残积土④及页岩⑤。其中坝体粉土质砂①的渗透系数平均值为 3.89×10^{-4}cm/s，属弱透水—中等透水，有接近 84.6％大于 1×10^{-4}cm/s；坝基粉土质砂②的渗透系数平均值为 1×10^{-4}cm/s，属弱透水—中等透水；坝基含沙量高的粉土质砂③的渗透系数为 3.8×10^{-2}，透水性较强，为库水向坝下游渗透的主要通道；粉土质砂③下残积土层土质均一，以黏土矿物为主，保留有原岩结构特征，局部夹有未完全风化页岩碎块，其分布广泛，层位连续，厚度从 2.5～7.5m 不等，该层渗透系数为 4.65×10^{-6}cm/s，透水性较弱，可做为坝基相对不透水层。在防渗墙部位，残积土厚为 1.2～5.7m，为了保证防渗墙与相对不透水层的连接质量，将防渗墙底部嵌入残积土下部页岩 0.5m。

针对上述存在的问题和坝基材料情况，比较了两种防渗方案。

(1) 方案一：上游坝坡铺复合土工膜＋坝基高压定喷灌浆防渗墙。结合上游护坡改建，在拆除现干砌石护坡后，将坝面整平压实，铺设复合土工膜（两布一膜 200g/0.5mm/200g）。复合土工膜上部与坝顶防浪墙连接，左右两岸埋入土内。结合施工导流、施工规划论证，复合土工膜下部铺设至高程 133.50m。高程 133.50m 以下，布设高压定喷灌浆防渗墙，防渗墙底部嵌入基岩顶以下 0.5m，左右两端至两坝肩。坝面复合土工膜和下部坝体、坝基的防渗墙形成了完整的防渗体系。

(2) 方案二：坝顶高压定喷灌浆防渗墙。坝体与坝基均采用高压定喷桩防渗墙，即在坝顶向下做高压定喷墙，直至基岩顶以下 0.5m。

针对以上两个方案，主要从以下几个方面进行了比较：

(1) 方案一复合土工膜铺设在主坝上游坡坡面，可以降低上游坝坡浸润线，减少高水位情况下的坝体变形，有利于上游坝坡稳定，且复合土工膜具有适应变形能力强，防渗性能好的特点，而且在近几年的病险水库加固处理中得到了广泛的应用，施工工艺成熟；结合坝坡修整、护坡改建，进行复合土工膜铺设，施工环节可以减少；由于本工程可用于导流的放水洞规模较小，泄水降低库水位和施工期导流受水库来流影响较大，并会在一定程度上影响工期，因此本方案施工会有一些风险。

方案二防渗体布置在坝顶，在工程投入运用后，定喷墙上游的坝体在长时间的高水位下，坝体处于饱和状态，坝体浸润线高，对水位降落工况下的坝坡稳定十分不利，尤其在现坝体压实度仅有 71％～93％的情况下，加固工程完成投入后的上游坝体的变形极可能引起坝体裂缝，危及大坝安全；施工工艺单一，防渗墙施工基本无导流问题、风险相对较小。

(2) 由于两个方案主坝施工均不控制总工期，施工工期也基本一样，故工期不决定两个方案的比较。

(3) 方案一与方案二的直接工程投资比较表 18.5－2。

由表 18.5－2 可看出方案一比方案二工程投资低 43.7 万元，占坝体加固总投资的 7.3％，且方案一运用条件较好，故本阶段推荐方案一即坝体采用复合土工膜、基础采用高压定喷桩防渗方案。

表 18.5-2　　　　　　　　　　主坝坝顶高程计算结果表

编号	材　　料	单位	方案一工程量	方案二工程量
1	浆砌石	m^3	429	429
2	混凝土		1232	884
3	钢筋	t	42	42
4	回填土	m^3	15482	14052
5	干砌石	m^3	6701	6701
6	砂砾石	m^3	4554	4554
7	粗砂	m^3	352	352
8	上游坝坡复合土工膜 200g/0.5mm/200g	m^2	28759	
9	上下游坝面整平、碾压	m^2	28875	28875
10	坝顶沥青路面（沥青碎石＋封层，厚 0.05m）	m^3	228	228
11	坝顶沥青路面（厚 0.3m 灰土基层）	m^3	1369	1369
12	干砌石拆除	m^3	4857	4857
13	浆砌石拆除	m^3	1517	1517
14	定喷墙顶凿除（高 0.3m）	m^3	54	
15	上游护坡垫层拆除（0.2m）	m^3	2495	2495
16	清基	m^3	11773	8416
17	下游草皮护坡	m^2	16401	16401
18	高压定喷墙（壤土内）	m	5969	11553
19	土工布与混凝土连接处橡皮板面积（厚 6mm，宽 12cm）	m^2	176	
20	土工布与混凝土连接处钢板面积（厚 10mm，宽 8cm）	m^2	56	
21	土工布与混凝土连接处膨胀螺栓	套	2926	
工程直接投资		万元	598.7	642.4

18.5.4.2　防渗方案设计

结合上游护坡改建，拆除原干砌石护坡，整平坡面后全部铺设两布一膜复合土工膜，以防止库内水位升高后坝体浸润线的升高，从而降低坝体渗透变形、阻止沿坝体裂缝可能产生的集中渗漏。

定喷墙位于主坝上游坡，上部与复合土工膜连接，下部根据基础透水性确定底高程。由于现水库在低水位时仅有南放水洞可以泄流，南放水洞底高程 131.50m，根据施工洪水验算，施工期围堰顶高程应为 133.50m，为了保证施工期定喷墙不受库水影响，定喷墙顶高程与施工围堰顶高程相同，取 133.50m。虽然坝基残积土的渗透系数较小，可以作为坝基不透水层，但由于其厚度仅为 1.2～5.7m，为了保证防渗墙与相对不透水层的连接质量，将防渗墙底部嵌入残积土下部页岩 0.5m。

根据主坝坝轴线地质纵剖面图和定喷墙地质纵剖面图，坝基从桩号 0＋120～0＋630 之间存在一层厚 0.4～4.6m 的高含沙量粉土质砂，平均厚度 1.61m，为了封堵坝基主要渗漏通道，定喷墙的设计范围为桩号 0+100～0+650 之间。高压定喷墙注浆孔距 1.2m，墙体最小厚度 0.1m。

复合土工膜从坝顶开始铺设，其顶端埋于坝顶上游防浪墙底；与放水涵洞混凝土和定喷墙连接采用锚固连接；与两岸壤土边坡的连接，在岸坡的连接处挖深 2.0m，底宽 4.0m 的槽，把土工膜埋入槽内，再用土回填密实；与底部壤土连接处挖深 1.0m，底宽 1.5m 的槽，把土工膜埋入槽内，再用土回填密实。

由于顶部定喷墙施工质量难以保证，施工中，定喷墙顶高程按照 133.50m 控制，在土工膜连接时，将顶部高 0.3m 的部分凿除，再将墙周边的壤土挖深 0.3m，浇筑混凝土与定喷墙顶齐平，宽度根据两侧包住定喷墙，选为 0.7m。土工膜锚固在现浇的混凝土上，锚固后上部再浇筑厚 0.3m 混凝土，保证定喷墙与土工膜的连接可靠。锚固方法是先将连接处混凝土表面清理干净，涂上一层沥青，贴上橡胶垫片后再铺膜，土工膜上再贴橡胶垫片，并用厚 10mm 钢板压平，每隔 25cm 用膨胀螺栓固定，最后用混凝土或砂浆覆盖封闭。

18.5.5 坝顶加高及结构设计

主坝防浪墙为浆砌块石结构，顶宽 0.7m。防浪墙未设沉陷缝，经多年运行，由于不均匀沉陷产生多条裂缝，缝宽一般为 3～5mm。砌筑砂浆强度较低，平均值仅为 4.6MPa。在坝顶挖探坑揭示，防浪墙基础与防渗体结合紧密，但防浪墙基础砂浆不饱满，起不到防渗作用。复核后坝顶高程不满足要求，本次结合上游坝坡改建和坝顶路面硬化，将原防浪墙拆除重建。根据计算，坝顶高程应为 141.09m。测量结果显示，现大坝坝顶高程为 139.77～140.18m，最低处比需要的坝顶高程低 1.32m，采取在坝顶加高 1.2m 的防浪墙，坝顶局部加高方案。加高后防浪墙顶高程 141.10m，坝顶高程 139.90m，高出坝顶 1.2m，墙身采用 M10 浆砌粗料石结构，厚 0.4m，基础采用 M10 浆砌石，并在墙顶设 M10 浆砌粗料石帽石。

原坝顶宽 5m，凹凸不平，未作硬化处理，为了防汛安全、交通方便和坝体美观，本次对其作整平、硬化处理。坝顶清基 0.3m，然后碾压整平。硬化路面宽度 4.7m，为沥青路面，厚 0.34m，其中灰土基层厚 0.3m，沥青碎石层厚 0.04m。路面设倾向下游的单面排水坡，坡度为 2%。

18.5.6 上、下游坝坡复核及加固

18.5.6.1 上游坝坡

现上游坝坡为干砌石护坡，大坝 0+140～0+410 段上游护坡为应急翻修部分，原护坡石曾发生脱坡，后来重新进行了护砌。护坡实测厚度 20～25cm，平均厚度 23.6cm，平均直径 24.2cm，护坡下无反滤层，仅有 10～30cm 的碎石和毛石垫层。从库水位以上观察，护坡局部存在塌陷、架空现象，现场监测水面以上面积 6800m^2，存在塌陷和损害的面积为 480m^2，测量 10 处，最大塌陷深度 28.6cm，平均塌陷 19.6cm。

大坝 0+000～0+140 和 0+410～0+800 段，护坡局部塌陷严重，护坡厚度 18～20cm，平均厚度 18.5cm，护坡下无反滤，仅有 10～20cm 的碎石垫层。护坡塌陷、架空现象严重，现场检查水面以上面积 1200m^2，存在塌陷和损害的面积为 258m^2，测量 10 处，最大塌陷深度 28.6cm，平均塌陷 14.6cm。

由于坝坡损坏严重，厚度不足，部分护坡下无反滤层，在水位下降时造成坝体渗透破坏，故需对其进行拆除重建。

主坝上游坝面由于采用复合土工膜防渗，须对上游坝面进行清基，故与上游护坡改造相结合，统一考虑。

为了保证复合土工膜与坝体连接质量、避免其他材料对土工膜的破坏，上游坝面应清除干砌石护坡及其垫层，并应对清基面进行整平压实，保持坝面平顺。

复合土工膜直接铺设在原坝坡上。为防止波浪淘刷、风沙的吹蚀、紫外线辐射以及膜下水压力的顶托而浮起等因素对土工膜的影响，需在土工膜上设保护层。保护层分为面层和垫层。

由于当地石料丰富，可采用干砌方块石护坡。根据《碾压式土石坝设计规范》（SL 274—2001）中护坡计算，砌石护坡在最大局部波浪压力作用下所需的换算球形直径和质量、平均粒径、平均质量和厚度按式（18.5-7）～式（18.5-9）计算。

$$D=0.85D_{50}=1.018K_t\frac{\rho_w}{\rho_k-\rho_w}\times\frac{\sqrt{m^2+1}}{m(m+2)}h_p \tag{18.5-7}$$

$$Q=0.85Q_{50}=0.525\rho_k D^3 \tag{18.5-8}$$

$$t=1.82D/K_t \tag{18.5-9}$$

式中 D——石块的换算球形直径，m；

Q——石块的质量，t；

D_{50}——石块的平均粒径，m；

Q_{50}——石块的平均质量，t；

t——护坡厚度，m；

K_t——随坡率变化的系数；

ρ_k——块石密度，t/m³，取2.6；

ρ_w——水的密度，t/m³，取1；

h_p——累积频率为5%的坡高，m。

计算结果见表18.5-3。

表18.5-3　上游干砌方块石护坡厚度计算表　　单位：m

运用工况	平均波高 h_m	累积概率5%波高 $h_{5\%}$	块石所需直径 D	块石平均块径 D_{50}	干砌石护坡厚度 t
正常	0.560	1.091	0.216	0.254	0.277
设计	0.563	1.099	0.217	0.256	0.304
校核	0.365	0.713	0.141	0.166	0.181

经计算，上游干砌方块石护坡厚度取0.3m。现状干砌石护坡厚度不满足要求。设计方块石尺寸：厚0.3m，宽度为厚度的1.0～1.5倍，长度为厚度的1.5～2.0倍。要求石料坚硬，抗风化能力强。为了保护坝坡上游复合土工膜，复合土工膜上游面铺设一层0.1m后的粗砂，粗砂山不铺设厚0.2m砂砾石垫层，为了保证垫层不被波浪淘刷，粒径范围取10～40mm的连续级配。

18.5.6.2　下游坝坡加固

（1）坡面整修。现大坝下游坡为天然草皮护坡，护坡质量极差，大部分坝坡裸露，少部分坝坡分布有稀疏草皮；坝后凹凸不平，存在多处雨淋冲沟现象，冲沟最大深度0.6m，需要对其进行整修。在保证坝坡稳定的前提下，为减少工程投资，原坝坡基本不变，仅对坝坡进行整修。

下游坝面采用草皮护坡。为了保证草皮护坡的成活率，在坝坡填筑垂直厚度为0.3m的耕植土。

（2）贴坡排水。现下游坝脚排水体表面凹凸不平，局部位置塌陷，石料风化较严重，块径小，探槽发现排水体干砌石内侧无碎石夹砂层，垫层直接与坝壳接触，反滤层结构不合理，不能保护坝体，需进行整修。为了保证排水畅通和坝体填土的渗透稳定，将现贴坡排水体挖除，在清除后的下游面，分别铺设垂直厚度为0.2m的两层反滤料和厚0.3m的干砌石。

原排水棱体桩号0＋280～0＋400，本次加固增加了排水棱体范围，桩号为0＋248～0＋411。

棱体排水顶高程与原设计基本相同，为131.00m，顶宽2m，外坡1：3。

（3）坝坡排水。原坝后排水设施不完善，排水沟坍塌、淤积严重，现全部予以拆除重建。在下游坝坡高程136.00m马道内侧设置一排纵向排水沟，在下游坝坡上，每100m设置一道横向排水沟，与高程136.00m马道上的排水沟连同。下游坝坡排水汇入坝下游坝脚排水沟，形成完整的排水系统。下游坝脚的排水最终汇集到位于河漫滩最低处的渗流监测处，然后流入下游河道。横向排水沟宽0.2m，深0.2m，马道内侧纵向排水沟宽0.3m，深0.3m，下游坝脚纵向排水沟宽0.4m，深0.4m，均采用浆砌石。

（4）上坝步梯。为了方便管理人员上下坝坡，在大坝下游坝坡设置两道上坝步梯。步梯采用浆砌石结构，宽1.2m。

18.5.6.3　坝体裂缝处理

受当时筑坝技术限制，山阳水库在施工时全是人抬肩扛，上坝土料不均，冻土上坝，碾压不实，施工分缝多，造成坝体土料差异性大。组成坝体的土料主要为含砾壤土，局部夹杂有中粗砂。

桩号0＋152～0＋162段，高程135.50m处，上游坡出现一平行于坝轴线长8m、宽3m的椭圆形塌坑，只进行了回填处理。1990年水库溢洪，大坝在高水位137.00m运行时，浸润线较高，下游坝坡出现浸润面，高程132.00～136.00m坝体沉陷量在3%以上，进行了回填处理。

大坝第一期高程结束后，坝顶高程达到139.00m，1960年大坝建成蓄水后，大坝下沉0.8m，在桩号0＋260～0＋310段出现纵向裂缝，宽10cm，采取腾空库容自压灌浆处理后，以后再未出现明显的沉陷和裂缝。

针对已发现和未发现的裂缝，在上下游坝坡清坡完成后，出露的裂缝采取以下处理方法：①深度不超过1.5m的裂缝，可顺裂缝开挖成梯形断面的沟槽；②深度大于1.5m的裂缝，可采用台阶式开挖回填；③横向裂缝开挖时应作垂直于裂缝的结合槽，以保证其防渗性能。

坝体裂缝处理，开挖前需向裂缝内灌入白灰水，以利于掌握开挖边界。开挖时顺裂缝开挖成梯形断面的沟槽，根据开挖深度可采用台阶式开挖，确保施工安全。裂缝相距较近时，可一并处理。裂缝开挖后防止日晒、雨淋。回填土料与坝体土料相同，应分层夯实，达到原坝体的干密度。回填时要注意新老土的结合，边角处用小榔头击实，同时保证槽内不发生干缩裂缝。

18.5.7 材料设计

（1）坝体填筑土料。土料场位于右坝肩距坝址约300m的河流一级阶地和高漫滩上，土料以黏土质砂为主，颗粒中黏粒（$d<0.005$mm）平均含量19.1%；粉粒（0.05～0.005mm）平均含量19.2%；塑性指数平均为11.3，天然干密度的平均值1.9g/cm^3，最优含水率平均12.0%。渗透系数平均值7.7×10^{-6}cm/s。此土料可作为均质坝的填筑土料。填筑土料级配曲线见图18.5-1。

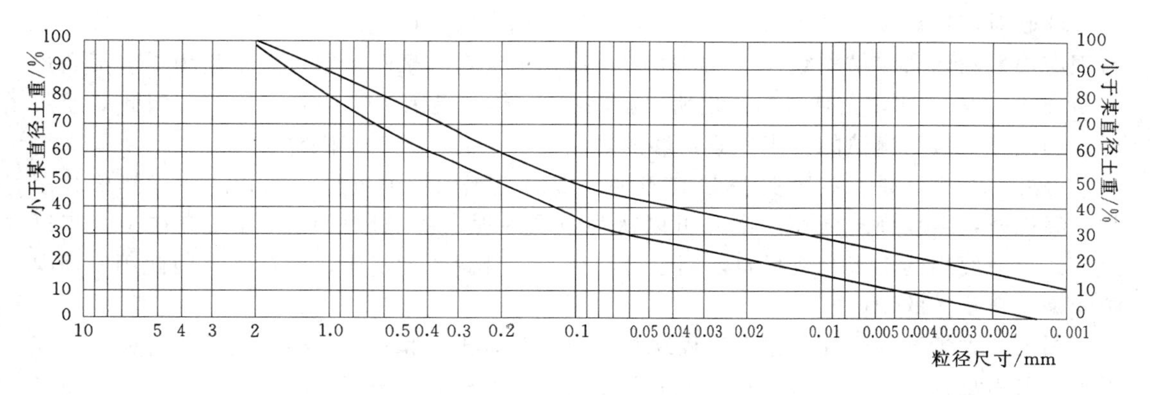

图18.5-1 上坝土料级配曲线图

主坝、副坝填筑均可采用此料场土料，压实度控制98%。

（2）反滤料设计。保护坝体土料的反滤料设计方法采用《碾压式土石坝设计规范》（SL 274—2001）中《附录B 反滤料设计》，通过计算，反滤料级配曲线见图18.5-2。

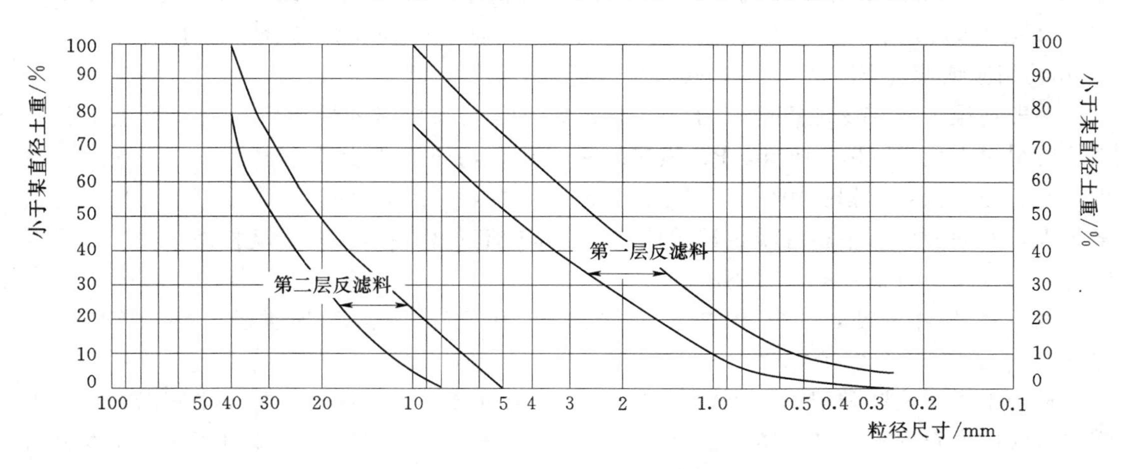

图18.5-2 反滤料级配曲线图

保护坝体填土的第一层反滤级配为0.25～10mm，第二层反滤级配为5～40mm。

(3) 复合土工膜的耐老化性能和选材。

1) 土工膜的耐老化性能。土工膜应用于水工建筑物，其使用寿命有多长，这是工程技术人员最关心的问题。要比较全面和准确地测定和评价土工膜在各种条件下的耐老化性能，最好的方法是进行自然老化试验。国外坝工中应用土工膜已有40多年的历史，国内也有30多年。国内外工程长期运行情况表明，土工膜其耐老化性能是可信的。

美国、南非和纳米比亚从20世纪60年代起就进行试验室研究和野外试验，得到的结论是：不论在寒冷地区、干热地区，土工膜的强度和伸长率都变化甚微。有关实测资料还表明，埋设在坝内的PE膜在15年中，抗拉强度只降低5%，极限伸长率只降低15%。因而可以推估，土石保护下的薄膜使用寿命可达60年（按伸长率估算）或180年（按强度估算）。

苏联对聚乙烯膜作老化试验，根据推算认为用在坝内可使用100年。苏联能源部《土石坝应用聚乙烯防渗结构须知》(BCH 07—74) 中规定：聚乙烯膜可用于使用年限不超过50年的建筑物。苏联文献认为：之所以限制在50年，是因为观测时间不长，因此对使用寿命的结论是极为谨慎的。当积累足够的观测资料以后，这个年限将延长。

另外一个旁证是：英国从1860年开始，混凝土坝内的伸缩缝止水片应用天然橡胶制品，经检查，至今尚未损坏。由此可以认为，坝内埋设的橡胶膜使用寿命应在100年以上。而目前使用的土工合成材料，属聚合物橡胶，其耐久性优于天然橡胶，因此用于坝内防渗是安全耐久的。

国内外大量试验研究和原型工程观测资料表明，土工膜具有足够长的使用寿命。巴家咀土坝采用复合土工膜防渗，膜位于上游坝坡，其上覆盖土石保护层，应力较小且避免了紫外线的照射，其使用寿命可达到50年以上。

2) 复合土工膜选材。工程常用土工膜有聚氯乙烯(PVC)和聚乙烯(PE)两种。PVC膜比重大于PE膜；PE膜较PVC膜易碎化；PE膜成本价低于PVC膜；两者防渗性能相当；PVC膜可采用热焊或胶粘，PE膜只能热焊；PVC膜和PE膜还有一个突出差别，就是膜的幅宽，PVC复合土工膜一般为1.5～2.0m，PE复合土工膜可达4.0～6.0m，相应地接缝PE膜比PVC膜减少一倍以上。

一般情况下，在物理性能、力学性能、水力学性能相当的情况下，大面积土工膜施工，应尽量选用PE膜。而且，PE膜接缝采用热焊，施工质量较稳定，焊缝质量易于检查，施工速度快，工程费用低。PVC膜虽然可焊接，可胶粘，但胶粘施工质量受人为因素较大，大面积施工中粘缝质量较难控制，成本较高；采用焊接时温度控制很关键，温度较高，易碳化，较低，则焊接不牢。

因此经综合分析，本工程初步确定采用PE膜。根据工程类比，PE膜厚度初选0.5mm。

复合土工膜是膜和织物热压粘合或胶粘剂粘合而成。土工织物保护土工膜以防止土工膜被接触的卵石碎石刺破，防止铺设时被人和机械压坏，亦可防止运输时损坏。织物材料选用纯新涤纶针刺非织造土工织物。复合土工膜采用两布一膜，规格为200g/0.5mm/200g。

3）复合土工膜厚度验算。土工膜厚度可按《水利水电工程土工合成材料应用技术规范》（SL/T 225—98）中的公式计算。

$$T=0.204\frac{pb}{\sqrt{\varepsilon}}$$

式中 T——薄膜的单宽拉力，kN/m；

p——薄膜上承受的水压力荷载，kPa；

b——预计膜下地基可能产生的裂缝宽度，m；

ε——薄膜发生的拉应变。

计算土工膜的厚度时，考虑土工膜垫层采用中细砂、砾石，最大作用水头按最大水头5.5m计，即 $p=55\text{kPa}$，根据运行资料分析，在裂缝宽度为25mm时，5.5m水头的水压力荷载得到土工膜的拉应力—拉应变曲线为：

$$T=\frac{0.2805}{\sqrt{\varepsilon}}$$

此曲线应与选用土工膜材料厚度的拉应力—拉应变曲线对比，求出应力安全系数和应变安全系数，要求安全系数为5。如不满足，应选较厚膜。

根据国内已建工程经验，以及土工合成材料生产厂家的能力，设计要求厚0.5mm的土工膜极限抗拉强度为8kN/m，许可应变为10%，进行验算得 $T=0.89\text{kN/m}$，安全系数 $F_s=8/0.89=8.99>4\sim5$（满足《水利水电工程土工合成材料应用技术规范》（SL/T 225—98）规范要求的数值）。

18.5.8 坝的计算分析

18.5.8.1 渗流计算

（1）计算方法。渗流计算采用河海大学工程力学研究所编制的《水工结构分析系统》（AutoBANK v5.0）程序，计算选用二维有限元法，按各向同性介质建立分析模型。

（2）计算断面。主坝总长940m，沿坝轴线选择了桩号为0+100m、0+300m、0+500m三个有代表性的断面进行渗流计算。上游正常蓄水位为136.80m，下游水位与地面平。

（3）基本参数选取。根据地质勘探资料，结合工程的材料特性，采用的坝身、坝基材料渗流计算参数见表18.5-4。

表18.5-4 渗流计算材料参数表

名　称	湿容重/(kN/m³)	浮容重/(kN/m³)	渗透系数/(cm/s)
坝体粉土质砂①	20.1	11.3	4×10^{-4}
坝基粉土质砂②	19.8	10.6	1×10^{-5}
坝基粉土质砂③	20.4	11.8	4×10^{-2}
坝基残积土④	19.5	10	5×10^{-6}
坝体新填土	21.3	13	5×10^{-6}
棱体排水	18.9	14.5	1.0×10^{-1}
土工膜	—	—	1.0×10^{-9}
高压定喷墙	—	—	1.0×10^{-7}

（4）渗流计算成果及分析。各断面渗流计算成果见图 18.5-3～图 18.5-5 及表 18.5-5。

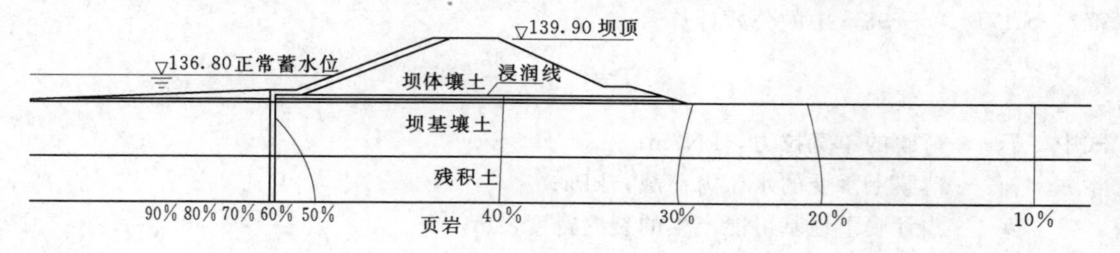

图 18.5-3　主坝 0+100 渗流计算成果图

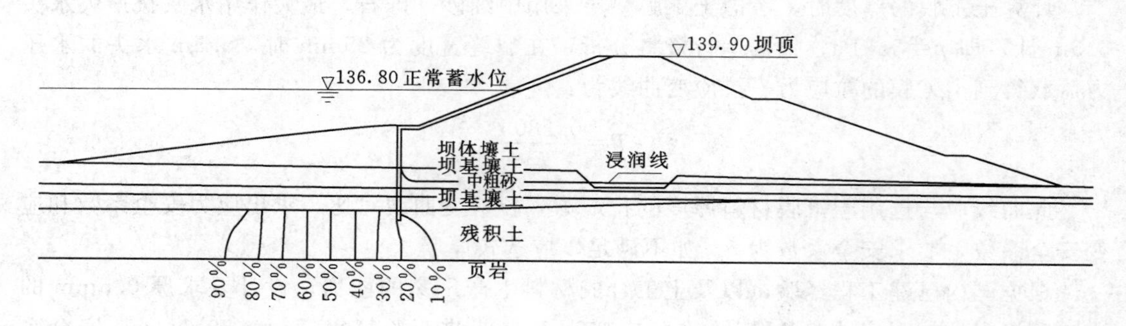

图 18.5-4　主坝 0+300 渗流计算成果图

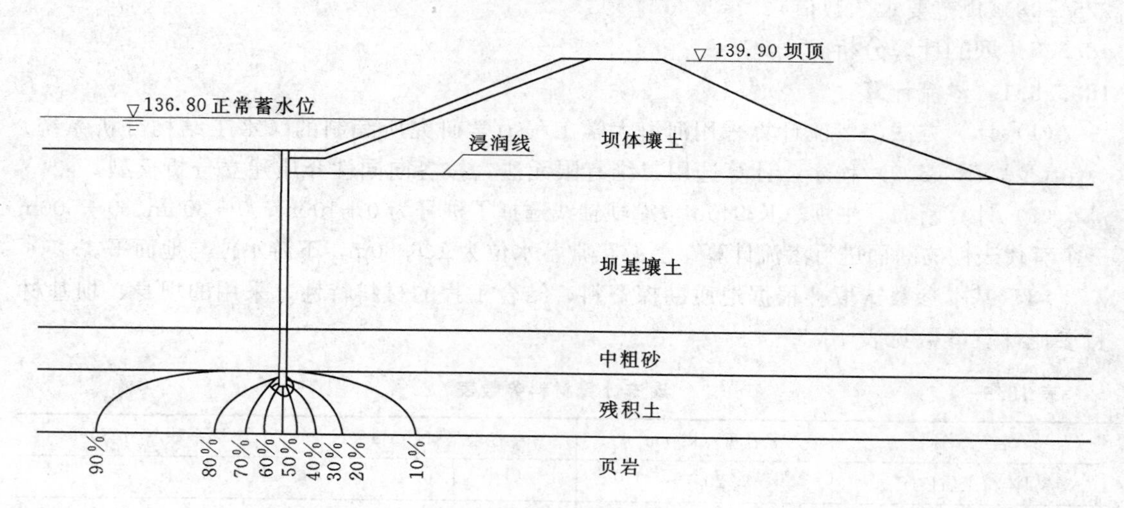

图 18.5-5　主坝 0+500 渗流计算成果图

表 18.5-5　　二维渗流计算成果表

桩号	工况	单宽渗流量 /[m³/(d·m)]	出逸点高度 /m	出逸比降	允许比降
主坝 0+100	正常蓄水位	0.002	0	0.01	0.54
	不利水位	0.002	0	0.01	

续表

桩号	工况	单宽渗流量 /[m³/(d·m)]	出逸点高度 /m	出逸比降	允许比降
主坝 0+300	正常蓄水位	0.018	0	0.04	0.54
	死水位	0.006	0	0.04	
主坝 0+500	正常蓄水位	0.013	0	0.01	0.54
	不利水位	0.005	0	0.01	0.54

从渗流计算结果看：由于坝体采用复合土工膜，坝体浸润线位置均较低，对大坝稳定有利。

坡脚处的最大渗透坡降为 0.04，小于压实壤土的允许水力比降，因此，不会发生渗透破坏。

18.5.8.2　坝坡稳定计算分析

大坝为 3 级建筑物，根据《碾压式土石坝设计规范》（SL 274—2001）的要求及本工程情况，大坝抗滑稳定应包括正常情况和非常情况，计算情况及要求如下。

正常运用条件：①水库水位处于正常蓄水位和设计洪水位与死水位之间的各种水位稳定渗流期的上游坝坡，规范要求安全系数不应小于 1.30。②水库水位处于正常蓄水位和设计洪水位稳定渗流期的下游坝坡，规范要求安全系数不应小于 1.30。③水库水位的非常降落，每年灌溉期，库水位从正常蓄水位降落到死水位，规范要求安全系数不应小于 1.30。

非常运用条件Ⅰ：本次加固未改变原坝体体型，因此不再复核施工期的稳定。

非常运用条件Ⅱ：大坝地震动峰值加速度为 $0.05g$，相应的地震基本烈度为Ⅵ度，按照《碾压式土石坝设计规范》（SL 274—2001）和《水工建筑物抗震设计规范》（SL 203—97）的要求，不再进行抗震设防的验算。

稳定计算采用黄河勘测设计有限公司与河海大学工程力学研究所联合研制的《土石坝稳定分析系统》，计算方法选用计及条块间作用力的简化毕肖普圆弧法。

简化毕肖普法公式：

$$K=\frac{\sum\{[(W\pm V)\sec\alpha-ub\sec\alpha]\tan\varphi'+c'b\sec\alpha\}[1/(1+\tan\alpha\tan\varphi')/K]}{\sum[(W\pm V)\sin\alpha+M_C/R]} \tag{18.5-10}$$

式中　W——土条重量；

V——垂直地震惯性力（向上为负，向下为正）；

u——作用于土条底面的孔隙压力；

α——条块重力线与通过此条块底面中点的半径之间的夹角；

b——土条宽度；

c'、φ'——土条底面的有效应力抗剪强度指标；

M_C——水平地震惯性力对圆心的力矩；

R——圆弧半径。

稳定计算各材料物理力学指标见表 18.5-6。

表 18.5-6　　坝体和坝基材料物理力学指标表

部位	湿容重 /(kN/m³)	浮容重 /(kN/m³)	强度指标（CD）	
			c/kPa	φ/(°)
坝体粉土质砂①	20.1	11.3	20	20.5
坝基粉土质砂②	19.8	10.6	21.5	20
坝基粉土质砂③	20.4	11.8	0	30
坝基残积土④	19.5	10	19	18
坝体新填土	21.3	13	25	16

各断面稳定计算分析成果见表 18.5-7 及图 18.5-6～图 18.5-8。计算结果表明各断面坝坡在各计算工况下均满足抗滑稳定要求。

表 18.5-7　　坝体稳定计算成果汇总表

断面桩号	坝坡	滑裂面位置	计 算 工 况	规范要求安全系数	计算安全系数
主坝 0+100	上游坡	(1)	不利水位 136.43m	1.30	3.22
		(2)	上游水位降落（正常蓄水位降落到不利水位 136.43m）	1.30	3.21
	下游坡	(3)	正常蓄水位 136.80m	1.30	2.70
		(4)	不利水位 136.43m	1.30	2.71
主坝 0+300	上游坡	(1)	死水位 131.50m	1.30	2.54
		(2)	上游水位降落（正常蓄水位降落到死水位 131.50m）	1.30	2.49
	下游坡	(3)	正常蓄水位 136.80m	1.30	2.04
		(4)	死水位 131.50m	1.30	2.04
主坝 0+500	上游坡	(1)	不利水位 135.60m	1.30	2.80
		(2)	上游水位降落（正常蓄水位降落到不利水位 135.60m）	1.30	2.79
	下游坡	(3)	正常蓄水位 136.80m	1.30	1.70
		(4)	不利水位 135.60m	1.30	1.93

注　(1)～(4) 位置见图 18.5-6～图 18.5-8。

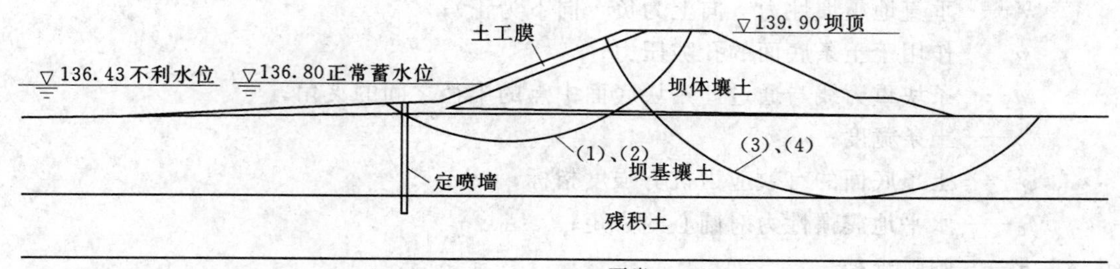

图 18.5-6　主坝 0+100 稳定计算成果图

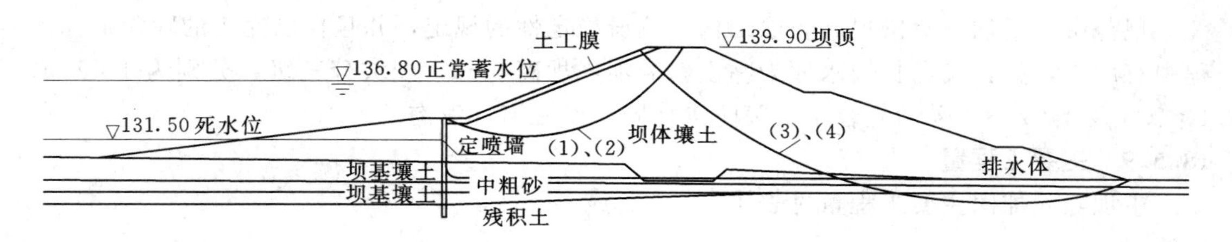

图 18.5-7　主坝 0+300 稳定计算成果图

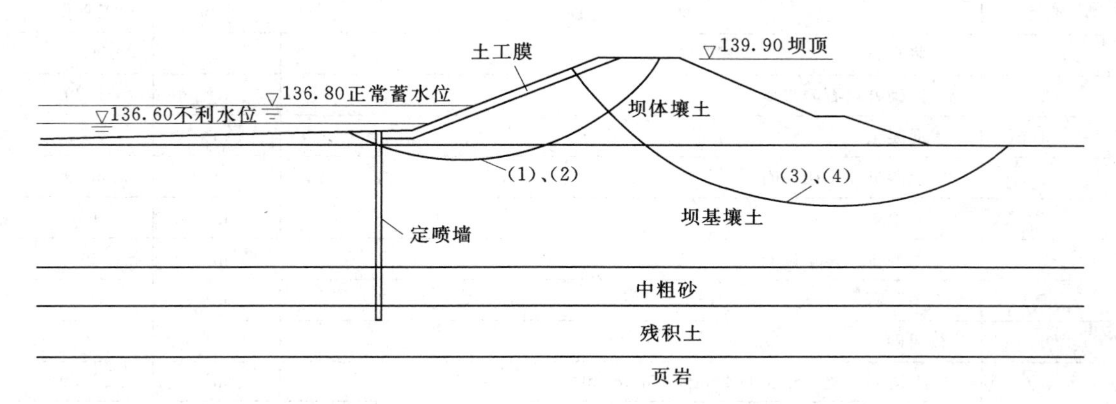

图 18.5-8　主坝 0+500 稳定计算成果图

18.5.8.3　复合土工膜的稳定分析

根据《水利水电工程土工合成材料应用技术规范》(SL/T 225—98) 的规范，需验算水位骤降时，防护层与土工膜之间的抗滑稳定性。采用该规范附录 A 中推荐的计算方法，即极限平衡法。坝坡复合土工膜上面铺设了厚 20cm 的砂砾石和厚 30cm 干砌石护坡，为等厚保护层，因此抗滑稳定安全系数可按式 (18.5-11) 计算：

$$F_s=\frac{\tan\delta}{\tan\alpha}=\frac{f}{\tan\alpha} \tag{18.5-11}$$

式中　δ、f——上垫层土料、下卧土层与复合土工膜之间的摩擦角、摩擦系数；

α——复合土工膜铺放坡角。

根据工程经验，土工织物与砂砾石之间的摩擦角取 28°。上游坝坡坡度为 1∶2.5。边坡计算的抗滑安全系数为 1.18，边坡复合土工膜与砂砾石之间的抗滑稳定安全系数不满足《碾压式土石坝设计规范》(SL 274—2001) 所规定的 3 级建筑物骤降情况下安全系数不小于 1.30 的要求。但考虑复合土工膜铺设高度仅有 7m，边坡为 1∶2.5，工程实例中 1∶1.5的边坡铺设复合土工膜，运行状态良好，故认为土工织物与砂砾石之间是稳定的。

复合土工膜直接铺设在主坝材料土坡上。土工织物与土的摩擦系数为 0.43 左右，取 0.43 计算，上游坝坡坡度为 1∶2.5，按此计算的土工织物与大坝边坡的抗滑稳定安全系数为 1.08，安全系数不满足规范要求。为增强复合土工膜的抗滑稳定性，在高程 133.00m 及坡脚 136.9m 处设止滑槽。

山阳水库的主要功能是灌溉，水位降落速度较慢，随着库水位的降落，坝坡干砌石后的水位也会随之下降，对坝坡稳定不会造成危害。

规范中有增加止滑槽提高防渗结构的抗滑稳定性的规定，并且在已完工的除险加固工程中有应用，如：义乌长堰水库为黏土斜墙坝，坝高37m，坝坡分三级，分别为1：1.5、1：2.6及1：2.8，采用复合土工膜防渗加固，设三道抗滑沟。

18.5.9 主要工程量

主坝除险加固主要工程量见表18.5-8。

表18.5-8 主坝除险加固工程量表

编号	材料	单位	工程量
1	浆砌石	m^3	429
2	浆砌方块石防浪墙	m^3	1170
3	混凝土	m^3	674
4	上游护坡干砌块石	t	5809
5	回填土	m^3	11745
6	下游排水体干砌石	m^3	669
7	砂砾石	m^3	4523
8	粗砂	m^3	1744
9	上游坝坡复合土工膜200g/0.5mm/200g	m^2	28759
10	上下游坝面整平、碾压	m^2	28875
11	坝顶沥青路面（沥青碎石＋封层，厚0.05m）	m^3	228
12	坝顶沥青路面（厚0.3m灰土基层）	m^3	1369
13	干砌石拆除	m^3	4857
14	浆砌石拆除	m^3	1517
15	定喷墙顶凿除（高0.3m）	m^3	54
16	上游护坡垫层拆除（0.2m）	m^3	2495
17	清基	m^3	9233
18	下游草皮护坡	m^2	16401
19	高压定喷桩（粉土质砂内）	m	6307
20	高压定喷桩（页岩内）	m	303
21	土工布与混凝土连接处橡皮板面积（厚6mm，宽12cm）	m^2	176
22	土工布与混凝土连接处钢板面积（厚10mm，宽8cm）	m^2	56
23	土工布与混凝土连接处膨胀螺栓	套	2926

18.6 副坝加固设计

18.6.1 东副坝加固设计

18.6.1.1 加固方案

东副坝为均质土坝，长1450m，设计坝顶高程140.00m，无防浪墙，最大坝高5m，设计坝顶宽度2.0m，现坝顶宽1.0～2.0m，坝顶高程138.46～140.14m，绝大部分没有达到设计高程。上下游边坡均为1：2，现坝坡上下游均植满树，对工程安全极为不利。

坝体土料为粉土质砂，黏粒含量21.8%，粉粒31.2%，砂粒41.0%，砾石6%，天然含水量12.2%～25.0%，平均值19.9%，压实干密度1.39～1.74g/cm^3，平均值1.57g/cm^3，渗透系数范围值3.63×10^{-8}～6.61×10^{-4}cm/s，平均值5.36×10^{-4}cm/s，属极微透水—中等透水，有接近66.7%大于1×10^{-4}cm/s。由此可知，坝体填筑质量差，压实度低，渗透系数偏高。部分坝体存在缺口。

安全鉴定结论为：东副坝坝顶高程不满足规范要求；坝顶宽度严重不足，上游无护坡，坝坡太陡。

针对以上存在的问题，对东副坝采取上游加高加宽回填黏土质砂方案，这样既解决了坝顶高程和宽度问题，又解决了坝体防渗问题。上游坝坡采取干砌石护坡，其下设置具有反滤功能的垫层料。

18.6.1.2 坝顶高程确定

坝顶高程计算与主坝计算方法相同，吹程2990m，多年平均最大风速14.6m/s，风向与上游坝坡夹角为45°，上游边坡1∶2.5，计算结果见表18.6－1。

表18.6－1 东副坝坝顶高程计算结果表 单位：m

运用工况	水位	设计波浪爬高R	风壅水面高度e	安全加高A	坝顶超高y	计算坝顶高程
正常	136.80	1.239	0.146	0.7	2.085	138.89
设计	138.13	1.566	0.084	0.7	2.350	140.48
校核	138.95	1.122	0.030	0.4	1.551	140.50

由表18.6－1知，设计工况与校核工况计算的坝顶高程非常接近，最大为140.50m，以此作为坝顶设计高程。现大坝坝顶高程为138.46～140.14m，故坝顶需要加高0.36～1.54m。

18.6.1.3 结构设计

加高加宽以后的东副坝仍为均质坝，由于现坝坡质量较差，采取在上游加宽加高方案，新填筑的土压实度高，透水性低，在坝体上游可以起到主要防渗作用。

经稳定计算上游坝坡为1∶2.5，下游坝坡为1∶2，为了防汛和交通便利，坝顶宽度取5.0m。上游采用干砌石护坡，由于风向与东副坝上游坡面夹角为45°，且此处水深较小，护坡厚度取0.2m，为了保证在水位降落时上游坝坡不发生渗透破坏，护坡下设两层具有反滤作用的垫层，厚度分别为0.15m，粒径范围与主坝下游反滤料相同，分别为0.25～15mm和5～80mm，连续级配。要求石料坚硬，抗风化能力强。

现大坝下游坝坡变形严重，坡面遍布冲沟，应对其进行整修。在保证坝坡稳定的前提下，为了减少工程投资，原坝坡基本不变，仅对坝坡进行整修。清除现坝坡表面0.5m厚树、杂草等，然后碾压整平。整修后下游坝坡在距离下游坡脚处填至排水沟顶一样高。下游坝面采用草皮护坡。为了保证草皮护坡的成活率，在下游坝坡填筑垂直厚度为0.3m的耕植土。

原坝顶宽1～2m，凹凸不平，未作硬化处理，为了防汛、交通方便和坝体美观，本次对其作整平、加宽、硬化处理。坝顶清基0.3m，然后碾压整平。整修后下游坝坡为1∶2，坡脚与排水沟顶齐平。坝脚处设贴坡排水，排水高1.0m、顶宽1.34m。硬化路面宽

5.0m，为沥青路面，厚0.34m，其中灰土基层厚0.3m，沥青碎石层厚0.04m，路两侧设路缘石。路面设倾向上游的单面排水坡，坡度为2%。

18.6.1.4 坝体稳定计算分析

(1) 渗流计算。渗流分析与主坝体计算方法相同，东副坝总长1411.51m，由于坝高较低，坝基地质条件相差不大，故本次选择桩号为0+890断面进行渗流计算。上游正常蓄水位136.80m，下游水位与地面平。

根据地质勘探资料，结合工程的材料特性，坝身、坝基材料采用的计算参数见表18.5-4。

渗流计算结果见图18.6-1及表18.6-2。

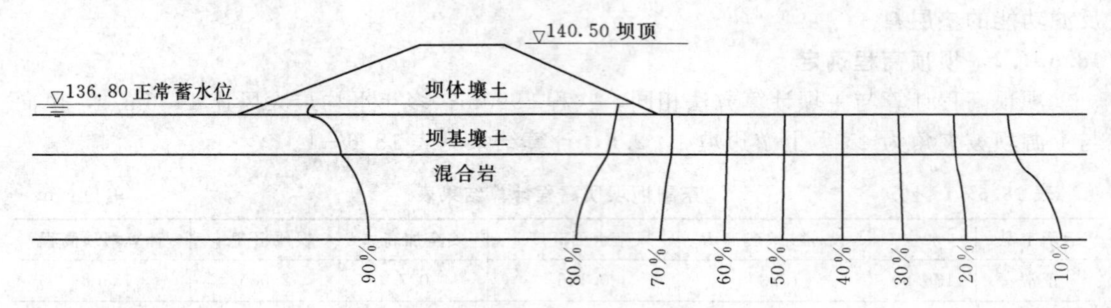

图18.6-1 副坝0+890渗流计算成果图

表18.6-2 二维渗流计算成果表

桩号	工况	单宽渗流量 /[m³/(d·m)]	出逸点高度 /m	出逸比降	允许比降
副坝0+890m	正常蓄水位	0.013	0	0.05	0.54

渗流计算结果显示，坝体浸润线位置较低，对坝体稳定有利。坡脚处的最大渗透坡降为0.05，小于压实壤土的允许水力坡降，因此不会发生渗透破坏。

(2) 坝坡稳定计算分析。坝坡稳定计算情况、计算方法同主坝计算分析，稳定计算各材料物理力学指标见表18.5-4。

稳定计算结果见表18.6-3及图18.6-2。计算结果表明坝坡在各计算工况下均满足抗滑稳定要求。

表18.6-3 坝体稳定计算成果汇总

桩号	坝坡	滑裂面位置	计算工况	规范要求安全系数	计算安全系数
副坝0+890m	上游坡	(1)	正常蓄水位136.80m	1.30	2.74
	下游坡	(2)	正常蓄水位136.80m	1.30	2.22

18.6.2 北副坝加固设计

18.6.2.1 坝体现状

北副坝为均质土坝，长300m，设计坝顶高程140.00m，无防浪墙，最大坝高5m，设

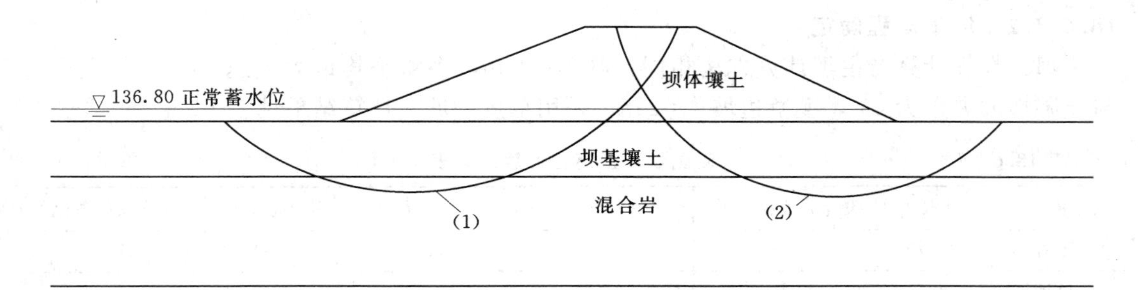

图 18.6-2 副坝 0+890 稳定计算成果图

计坝顶宽度 3.0m，现坝顶宽 2.0～3.0m，坝顶高程 138.48～139.66m，均未达到设计高程。上游坡为 1∶0.3 的浆砌石挡土墙，下游坡度 1∶2，零星分布有天然草皮护坡。坝体土料为粉土质砂，坝体填筑质量差，压实度低，渗透系数偏高。

18.6.2.2 坝顶高程确定

坝顶高程计算与主坝计算方法相同，计算结果见表 18.6-4。

表 18.6-4 北副坝坝顶高程计算表 单位：m

运用工况	水位	设计波浪爬高 R	风雍水面高度 e	安全加高 A	坝顶超高 y	计算坝顶高程
正常	136.80	0.530	0.015	0.7	1.245	138.04
设计	138.13	0.588	0.008	0.7	1.296	139.43
校核	138.95	0.347	0.003	0.4	0.750	139.70

由表 18.6-4 知，校核工况控制坝顶高程，计算的坝顶高程 139.70m，设计坝顶高程 139.70m。现大坝坝顶高程 138.48～139.66m，故坝顶需要加高。

18.6.2.3 大坝加固及护坡设计方案

北副坝坝体上游的浆砌石挡墙比较完好，坝顶宽 2～3m，凹凸不平，未作硬化处理，下游坝体部分缺失。为了防汛、交通方便和坝体稳定，本次向下游加宽坝体，坝顶加宽至 5.0m，并作硬化处理。坝顶路面采用沥青路面，厚 0.34m，其中灰土基层厚 0.3m，沥青碎石层厚 0.04m。路面设倾向下游的单面排水坡，坡度为 2%。

加固后坝下游坡度为 1∶2，坝面采用草皮护坡。为了保证草皮护坡的成活率，在下游坝坡填筑垂直厚度为 0.3m 的耕植土。

现北副坝长 450m，为了与周围建筑物及地形较好衔接，在现坝体左、右两侧分别加长 80.0m 和 69.85m，加长坝段均采用壤土填筑，上、下游坡均为 1∶2，坝顶高程 139.70m，顶宽 5.0m。加长坝段上、下游均作草皮护坡，为了保证草皮护坡的成活率，在上、下游坝坡填筑垂直厚度为 0.3m 的耕植土。

18.6.3 新建副坝

18.6.3.1 工程布置

在北小新庄的西北方向有一处垭口，此处高程只有 137.50m 左右，不能满足水库挡水的要求，在此修建一座副坝。为了尽可能少的影响此地交通，利用靠近库区的一条道路，从其北侧路面开始起坡填筑坝体，坝轴线直线布置，一直延伸到两侧岸边。

18.6.3.2 坝顶高程确定

坝顶高程计算与主坝计算方法相同，吹程 490m，多年平均最大风速 14.6m/s，风向与上游坝坡夹角为 45°，上游边坡 1：2.5，采用草皮护坡。计算结果见表 18.6-5。

表 18.6-5 新副坝坝顶高程计算结果表 单位：m

运用工况	水位	设计波浪爬高 R	风壅水面高度 e	安全加高 A	坝顶超高 y	计算坝顶高程
正常	136.80	0.738	0.062	0.7	1.499	138.30
设计	138.13	1.033	0.021	0.7	1.755	139.88
校核	138.95	0.690	0.007	0.4	1.097	140.04

由表 18.6-5 知，校核工况控制坝顶高程，计算的坝顶高程 140.04m，取坝顶高程 140.00m。

18.6.3.3 结构设计

由于坝址区土料丰富，可作为坝体填筑土料，采用黏土质砂均质坝，为了满足防洪要求和坝顶交通要求，坝顶宽度取 5m，采用泥结碎石路面。上下游坝坡边坡均为 1：2，采用草皮护坡，为了保证草皮护坡的成活率，在上、下游坝坡填筑垂直厚度为 0.3m 的耕植土。

18.6.4 北副坝与主坝间路面设计

北副坝与主坝之间的道路，路面凹凸不平，没有硬化，影响防汛期间的交通。现状路面高程约 140.0m，可满足水库要求的高程，故不需加高，仅将路面硬化。现路面清基、碾压整平后作硬化处理，路面宽度 5.0m，为沥青路面，厚 0.34m，其中灰土基层厚 0.3m，沥青碎石层厚 0.04m。

18.6.5 副坝除险加固主要工程量

副坝除险加固主要工程量见表 18.6-6。

表 18.6-6 副坝除险加固工程量表

山阳水库东副坝工程量			
编号	材料	单位	工程量
1	填土	m^3	94697
2	坝坡清基	m^3	18889
3	坝基清基	m^3	20467
4	干砌石	m^3	4408
5	砂卵石	m^3	3305
6	粗砂	m^3	3261
7	坝顶沥青路面（沥青碎石＋封层，厚 0.05m）	m^3	296
8	坝顶沥青路面（厚 0.3m 灰土基层）	m^3	1779
9	混凝土路缘石	m^3	104
10	草皮护坡	m^2	5879
11	耕植土	m^3	1764

续表

编号	材料	单位	工程量
山阳水库北副坝工程量			
1	填土	m^3	7538
2	清基	m^3	2732
3	坝顶沥青路面（沥青碎石＋封层，厚0.05m）	m^3	98
4	坝顶沥青路面（厚0.3m灰土基层）	m^3	586
5	混凝土路缘石	m^3	22
6	草皮护坡	m^2	3776
7	耕植土	m^3	1133
山阳水库北副坝与主坝连接路面工程量			
1	填土	m^3	211
2	坝顶沥青路面（沥青碎石＋封层，厚0.05m）	m^3	40
3	坝顶沥青路面（厚0.3m灰土基层）	m^3	241
4	混凝土路缘石	m^3	14
山阳水库新加副坝工程量			
1	填土	m^3	10454
2	清基	m^3	1796
3	上下游草皮护坡	m^2	1342
4	坝顶泥结碎石路面干压碎石	m^3	119
5	坝顶泥结碎石路面水泥石灰土	m^3	357
6	耕植土	m^3	402

18.7 溢洪道加固

18.7.1 改建目标及基本方案确定

18.7.1.1 存在问题

山阳水库原溢洪道位于主坝右岸阶地段桩号0＋800～0＋822.4处，溢流堰为平底浆砌石宽顶堰，净宽20m，顺水流方向长7.5m，桩号0－003.75～0＋003.75，堰顶高程136.80m，坐落在土基上，堰上为交通桥，共5孔，每孔净宽4m，中墩宽0.6m，总宽22.4m。溢洪道总长550m，由进水渠、溢流堰、泄槽、跌水消力池、尾水渠五部分组成。原溢洪道设计最大流量72m^3/s，“三查三定”审定最大泄量为188m^3/s。

水利部大坝安全管理中心大坝安全鉴定结论为：开敞式溢洪道进口无导墙，泄槽边墙高度不足，消能防冲设施不完善，溢流堰、泄槽、尾水渠过流及抗冲刷能力不满足规范要求，溢流堰护底砌石强度低于设计要求，反滤、边墙稳定性均不满足规范要求，下游泗良路石拱桥阻水，泄流直冲对岸农田，交通桥混凝土老化、锈蚀严重。

18.7.1.2 改建目标

鉴于溢洪道存在的上述问题，溢洪道改建的目标为：

(1) 恢复水库原设计功能，并在汛期有足够能力宣泄洪水，保证大坝安全。

(2) 下游河道防洪标准为20年一遇，现状河道过流能力为57.7m³/s。控制20年一遇洪水的最大泄量57.7m³/s，以充分发挥水库防洪功能，保证下游生产和生活安全。

(3) 控制下泄洪水对泄槽段及下游的冲刷，保证大坝安全。

18.7.1.3 改建方案选择

根据鉴定意见，本次溢洪道加固的主要内容是增加闸门调控下泄流量、解决泄槽泄流能力不足、增加消力池，所以，采取现溢洪道位置不变，原位加固方案。

根据改建目标，进行了开敞式无闸门控制溢洪道和开敞式有闸门控制溢洪道两种形式的方案比较：

(1) 开敞式无控制溢洪道扩建方案。采用开敞式无控制溢洪道，为了保证兴利库容，溢流堰顶高程与正常蓄水位相同，为136.80m，保证20年一遇洪水下泄不超过57.7m³/s，则闸孔尺寸为18m，设计洪水最大泄量87.69m³/s，相应水库最高水位138.89m；校核洪水最大泄量为150.46m³/s，相应水库最高水位139.80m。这样，坝顶需加高0.8m，对于山阳水库，水位升高后，水库周围需要增加大量的副坝，工程投资较大，且实施起来困难。若降低溢流堰顶高程，可以降低设计洪水位和校核洪水位，不加高坝高，但却无法满足兴利库容的要求。虽然开敞式无控制溢洪道运用方便，但不能同时满足下游河道的防洪要求和水库的兴利库容，故本次设计不推荐此方案。

(2) 开敞式有闸门控制溢洪道改建方案。为了满足水库的防洪功能，溢洪道需要设置闸门控制下泄流量，控制标准为20年一遇洪水标准以下洪水控泄最大泄量57.7m³/s，超20年一遇洪水标准敞泄。

综上所述，山阳水库溢洪道改建方案推荐采用"开敞式有闸门控制溢洪道改建方案"。该方案工程措施主要包括：新建引渠工程，新建控制工程，改建泄槽工程，改建泗良路交通桥工程，改建消能、防冲工程，增建与八里沟交汇处的防护工程等。

18.7.2 总布置方案比选

在现有开敞式溢洪道基础上进行改建，首先考虑紧密结合现状溢洪道的布置和结构，尽量利用其合理的和有利的部分，降低工程投资。

根据改建工程特点，本工程改建后溢洪道轴线相对明确，采用与原溢洪道轴线平行方案。需对闸孔宽度、堰顶高程、消能位置进行比选。

18.7.2.1 控制段结构型式的比选

原山阳溢洪道为开敞式宽顶堰，堰顶宽度20m，由4个浆砌石中墩和2个浆砌石边墩分为5孔，根据改建方案的比选结果，需要在溢洪道上设控制闸以控制下泄流量。因此控制段结构形式的比选主要就是溢流堰堰顶高程、闸孔尺寸和闸孔数目的选择。而控制段结构形式方案比选的最终目标是在坝体不加高条件下控制不同标准洪水条件下的最大下泄流量。

根据甲方提供资料，下游20年一遇洪水标准安全泄量为57.7m³/s，因此控泄目标为20年一遇洪水标准时控泄最大泄量为57.7m³/s，且需要同时满足校核洪水标准时大坝不加高。由此可以确定在满足上述条件时，溢流堰堰顶必须降低，本次设计共比较了以下几种方案，见表18.7-1。

表 18.7-1 控制段结构方案比较表

方案	堰顶高程/m	闸孔数目	闸孔宽度/m	设计洪水位/m	校核洪水位/m
方案一	135.00	5	4	138.21	139.04
方案二	134.60	5	4	138.11	138.87
方案三	135.00	3	6	138.24	139.09
方案四	134.60	3	6	138.13	138.95

从表 18.7-1 可以看出，同样闸孔尺寸条件下，随控制段闸底板高程升高，控制段过流能力降低，设计洪水位升高，堰顶高程升高，校核洪水过程综合泄流能力降低，校核洪水位相应增加；同样闸底高程条件下，随闸孔尺寸增加过流能力增加，设计洪水位降低，堰顶高程降低，校核洪水过程综合泄流能力增加，校核洪水位相应降低。

经坝顶高程计算，方案一、方案三不满足大坝不加高条件，予以废除；方案二、四满足控制段结构型式方案比选目标：在大坝不加高条件下，充分利用大坝除险加固后具备的防洪能力（防洪库容）。但方案二同方案四相比增加了中墩数目，使底板宽度增大，相应增加了工程量和投资。

综上所述，控制段结构型式的比选结果为方案四，即闸底高程为 134.60m，控制段采用 3 孔×6m 净宽闸门控制。

18.7.2.2 消能位置比选及确定

由于是改建工程，为减少工程量，溢洪道轴线采用与原溢洪道轴线平行方案，在桩号 Y0＋253.46～Y0＋318.92 之间存在转弯段。溢洪道改建后，溢流堰堰顶高程 134.60m，较原溢流堰降低 2.2m，溢洪道与下游八里沟交汇处高程 126.00m，相对高差 8.60m，对溢洪道消能设施的布置，本次进行了两个方案的比较：

（1）转弯段前部消能方案。该方案是将消力池设在转弯段前，其优点是泄槽内无弯段，从而避免在泄槽内产生不利流态，减少混凝土衬砌长度；缺点是由于消能后水头降低，要保证消力池后尾水渠能下泄校核洪水，必须加大尾水渠过流面积，增加下游征地面积及工程量，对控制投资不利。

（2）入河道处消能方案。该方案是将消力池设在泗良路桥与八里沟间，其优点是可充分利用溢洪道上下游水头差，减小溢洪道征地面积和工程量；缺点是在泄槽内出现弯道，影响水流流态，增加溢洪道混凝土衬砌长度。

采用在转弯段前消能，若消力池后尾水渠保留一定的纵向坡度，可以缩减尾水渠下泄校核洪水所需的过流面积，这样不但可以适当控制尾水渠的征地面积及工程量，而且可以避免在入河道处消能所带来的泄槽内存在转弯段、影响水流流态问题。综合考虑工程投资和水力条件，推荐转弯段前消能方案。

18.7.3 建筑物设计

山阳水库溢洪道位于主坝桩号 0＋807 处右阶地坝段，总长 869.7m，由进水渠段、翼墙段、交通桥段、闸室段、泄槽段、消力池段、海漫段及防冲墙段组成。

进水渠长 300.2m，底宽 31.50m，底板高程为 134.60m，由直段、转弯段、衬砌段和渐变段组成。桩号 Y0－307.70～Y0－244.24 之间为直段，两侧边坡 1：2.0；桩号 Y0－

244.24～Y0－122.20之间为转弯段，转弯半径150.0m，两侧边坡1：2.0；桩号Y0－030.00～Y0－017.50之间为浆砌石衬砌段，衬砌厚度0.3m，两侧边坡1：2.0；桩号Y0－017.50～Y0－007.50之间为渐变段，首端的浆砌石衬砌厚0.3m、边坡1：2.0，末端为浆砌石重力式挡土墙。

八字翼墙段长7.5m，为浆砌石重力式挡土墙。首端底宽31.5m，末端与交通桥桥墩相接，底宽21.0m，渠底板高程134.60m。翼墙顶宽0.5m，顶部与上游坝坡齐平。

交通桥段长8m、底宽26.4m，被桥墩自然分为3孔，每孔净宽6.0m，桥中墩厚1.5m，边墩顶宽1m，在顶面以下1m处以1：0.25的坡与底面相接，桥墩底厚1.5m，两桥墩之间底板厚0.5m。

闸室段长8m、宽25.15m，溢流堰为无坎宽顶堰，分为3孔，每孔净宽6.0m。中墩厚1.5m，边墩顶部厚1.0m，底板厚1.0m。Y0＋008.00～0＋016.00之间为闸室，闸室设工作门，闸墩顶与坝顶齐平，上部设机架桥层和启闭机层，机架桥顶高程145.90m，顺水流向跨度6.2m，垂直水流方向跨度7.5m。

桩号Y0＋016.00～Y0＋180.00之间为泄槽段，长度为164.00m，为钢筋混凝土结构，底宽21.00m；其中桩号Y0＋016.00～Y0＋024.00间泄槽两侧填土较高，采用钢筋混凝土悬臂式挡土墙，挡土墙高5.30m，底板厚0.30m；桩号Y0＋024.00～Y0＋180.00间泄槽两侧填土较低，为减少工程量，采用受力条件较好的钢筋混凝土U形槽结构，U形槽结构底板衬砌厚度为0.4m。桩号Y0＋016.00～Y0＋018.00间为平段，泄槽底板高程134.60m；桩号Y0＋018.00～Y0＋180.00之间纵向坡度为$i=0.04$，末端高程128.12m。

桩号Y0＋180.00～Y0＋200.00间为消力池段，池底高程126.12m，为钢筋混凝土结构。消力池段长20.0m，池深2m，池底板厚1.0m。消力池段边墙为钢筋混凝土U形槽结构。

桩号Y0＋200.00～Y0＋562.00间为尾水渠段，总长362.00m。桩号Y0＋200.00～Y0＋210.00之间为渐变段，渠道断面由矩形渐变为梯形，采用浆砌石衬砌，底板衬砌厚度0.3m。桩号Y0＋210.00～Y0＋398.00之间为梯形渠道，其中桩号Y0＋253.46～Y0＋318.92间为转弯段，转弯半径150.00m，圆心角为25.00°；渠道底宽21.00m，边坡为1：1.5，渠深2.50m，Y0＋210.00～Y0＋225.00段采用浆砌石衬砌，厚度0.30m，下部设0.20m厚的级配碎石垫层；Y0＋225.00～Y0＋388.00段两侧边墙采用浆砌石衬砌，厚度0.3m，底板不衬砌。桩号Y0＋408～Y0＋418.00之间原为泗良路跨溢洪道拱桥，因阻水严重，本次予以拆除，在原址新建跨度21.00m的预应力钢筋混凝土T形梁桥，桥面高程130.76m，较现状桥面高程129.10m抬高1.66m，桥下为钢筋混凝土矩形渠道，其前后各设10m长浆砌石渐变段与梯形渠道相连，为了防止水流对桥梁基础的冲刷破坏，上游渐变段及以上10m范围采用浆砌石护坡及护底，厚度0.3m，下游渐变段及以下30m范围采用浆砌石护坡及护底，厚度0.3m；桩号Y0＋458.00～Y0＋562.00间渠道断面为梯形，边坡采用浆砌石衬砌，厚度0.3m，渠底不衬砌，其中在桩号Y0＋458.00～Y0＋463.00间渠深由2.50m均匀降至1.50m，尾水渠在桩号Y0＋562.00处汇入八里沟。尾水渠起点高程128.12m，桩号Y0＋200.00～Y0＋503.00间纵坡为0.007，桩号Y0＋

503.00～Y0+562.00 间为平段，底高程为 126.00m。

18.7.4 下泄流量及相应水位

根据泰安市岱岳区山阳水库除险加固资料和泰安市水利局提供资料，确定溢洪道的下泄流量和相应水位如下：

20 年一遇洪水下泄流量 $Q=57.7m^3/s$，相应库水位 137.90m，相应下游水位 127.20m。

30 年一遇洪水下泄流量 $Q=174m^3/s$，相应库水位 137.90m，相应下游水位 127.50m。

100 年一遇洪水下泄流量 $Q=191m^3/s$，相应库水位 138.13m。

1000 年一遇洪水下泄流量 $Q=263m^3/s$，相应库水位 138.95m。

18.7.5 水力计算

18.7.5.1 溢洪道泄量

宽顶堰自由溢流的泄流能力可按式（18.7-1）计算：

$$Q=mnb\sqrt{2g}H_0^{3/2} \tag{18.7-1}$$

式中 Q——流量，m^3/s；

b——溢流堰每孔净宽，m；

H_0——计入行进流速的堰顶水头，m；

g——重力加速度，为 $9.81m/s^2$；

m——自由溢流的流量系数，根据溢流堰布置型式，计算得 $m=0.364$；

n——溢流堰孔数。

溢流堰共分 3 孔，每孔净宽 6m，中墩厚 1.5m，边墩与前部八字形翼墙连接，八字形翼墙段始端渠道宽 31.5m，至闸墩处渐变为 21m，采用上式，溢流堰的水位流量计算成果见表 18.7-2。

表 18.7-2 溢洪道泄量与库水位关系表

水位/m	134.60	136.70	136.80	136.90	137.00	137.10	137.20	137.30	137.40	137.50	137.60
流量/(m^3/s)	0.00	88.32	94.70	101.23	107.90	114.71	121.67	128.75	135.97	143.32	150.80
水位/m	137.70	137.90	138.00	138.13	138.47	138.77	138.95	139.10	139.30	139.70	139.90
流量/(m^3/s)	158.40	173.97	181.94	192.47	220.94	247.12	263.30	277.03	295.70	334.24	354.10

18.7.5.2 泄槽段设计

泄槽段沿程水面线可按式（18.7-2）进行计算：

$$\Delta S=\frac{E_{sd}-E_{su}}{i-\overline{J}} \tag{18.7-2}$$

式中 ΔS——计算流段长度，m；

E_{sd}——ΔS 流段的下游断面的断面比能，m；

E_{su}——ΔS 流段的上游断面的断面比能，m；

$\overline{J}$——流段的平均水力坡度；

i——泄槽段纵坡。

波动及掺气水深计算公式（18.7-3）为：

$$h_b=\left(1+\frac{\xi v}{100}\right)h \quad (18.7-3)$$

式中 h——不计入波动及掺气的水深，m；

h_b——计入波动及掺气的水深，m；

v——不计入波动及掺气的计算断面上的平均流速，m/s；

ξ——修正系数，可取 1.0～1.4s/m，视流速和断面收缩情况而定，当流速大于 20m/s 时，宜采用较大值，因渠道流速较小，此处取为 1.1。

依据上述公式，泄槽在下泄千年一遇洪水时水面线及边墙高度的计算成果见表 18.7-3。

表 18.7-3　　水面线计算成果表

计算断面/m	0+018	0+024	0+040	0+080	0+100	0+140	0+160	0+180
流量/(m^3/s)	263	263	263	263	263	263	263	263
水深/m	2.52	2.00	1.67	1.36	1.28	1.18	1.15	1.12
流速/(m/s)	4.97	6.27	7.51	9.21	9.78	10.62	10.93	11.19
掺气水深/m	2.66	2.14	1.81	1.50	1.42	1.32	1.28	1.26
超高/m	2.64	3.16	0.69	1.00	1.08	1.18	1.22	1.24
边墙高度/m	5.3	5.3	2.5	2.50	2.50	2.50	2.50	2.50

18.7.5.3 消能防冲设计

（1）设计标准。消能防冲按 30 一遇洪水标准（$P=3.33\%$）设计，相应溢洪道泄量为 174m^3/s，下游水位为 127.50m。

（2）消力池。消力池深度 d 按《溢洪道设计规范》（SL 253—2000）所给式（18.7-4）计算，即

$$d=\sigma h_c''-h_t-\Delta z \quad (18.7-4)$$

式中 h_c''——共轭水深，m；

h_t——下游水深，m，相应泄量 174m^3/s 时下游水深为 1.50m；

Δz——消力池出口水面落差，m；

σ——安全系数，此处取 $\sigma=1.05$。

共轭水深计算式（18.7-5）为：

$$h_c''=\frac{h_c}{2}\left(\sqrt{1+8\frac{q^2}{gh_c^3}}-1\right) \quad (18.7-5)$$

式中 h_c——收缩水深，m；

q——单宽流量，m^3/(s·m)。

收缩水深按式（18.7-6）计算：

$$h_c^3-T_0h_c^2+\frac{\alpha q^2}{2g\varphi^2}=0 \quad (18.7-6)$$

式中　T_0——以消力池底板为基准的消力池上游总能头；

φ——水流自消力池出流的流速系数，此处取 $\varphi=0.95$。

采用以上各式计算得下泄 30 年一遇洪水时消力池深为 1.35m，设计消力池深为 2.0m，则消力池底板高程为 128.12－2＝126.12mm。

消力池长度计算公式（18.7－7）为：

$$L_K=0.8L_J \tag{18.7-7}$$

式中　L_K——消力池长度，m；

L_j——水跃长度，m，$L_j=10.8h_c\left(\sqrt{\frac{q^2}{gh_c^3}}-1\right)^{0.93}$。

由公式（18.6－7）计算得消力池长度为 19.15m，取消力池长度为 20m。

（3）下游河道防冲墙。溢洪道与下游八里沟河道交角近 50°，原防冲墙已部分损坏，为避免下泄水流对河岸冲刷，在八里沟溢洪道水流顶冲部位、原防冲墙的基础上建一新防冲墙，新防冲墙厚 1.0m、高 3.0m、长 50m。

18.7.6　闸室稳定计算

18.7.6.1　荷载及荷载组合

作用在水闸上的竖直向荷载主要有闸室自重、设备自重、水重、扬压力等，水平向荷载主要有静水压力。荷载组合分基本组合与特殊组合，其中基本组合包括完建情况、正常蓄水位情况及设计洪水位情况，特殊组合包括检修情况及校核洪水位情况，荷载组合情况见表 18.7－4。

表 18.7－4　　荷载组合表

荷载组合	计算情况	荷载				
		结构自重	设备自重	静水压力	扬压力	土压力
基本组合	完建工况	√	√			√
	正常蓄水位情况	√	√	√	√	√
	设计洪水位情况	√	√	√	√	√
特殊组合	检修情况	√	√	√	√	√
	校核洪水位情况	√	√	√	√	√

18.7.6.2　计算公式及标准

根据《水闸设计规范》（SL 265—2001），闸室沿基础底面抗滑安全系数 K_c 计算公式（18.7－8）为

$$K_c=\frac{f\sum G}{\sum H} \tag{18.7-8}$$

式中　$\sum G$——作用在闸室上的全部竖向荷载，kN；

$\sum H$——作用在闸室上的全部水平向荷载，kN；

f——闸室基底面与地基之间摩擦系数，采用式（18.7－9）计算：

$$f=\frac{\tan\varphi_0\sum G+c_0A}{\sum G} \tag{18.7-9}$$

式中　φ_0——闸室基底面与土质地基之间摩擦角，按 0.9 倍粉土质砂摩擦角计取；

c_0——闸室基底面与土质地基之间黏结力，按 0.2 倍粉土质砂黏结力计取。

根据粉土质砂物理力学指标，计算得综合摩擦系数在 0.42～0.43 之间，根据工程类比最终采用取 $f=0.35$。

闸室基底应力计算采用以公式（18.7-10）：

$$P_{\substack{\max\\\min}}=\frac{\sum G}{A}\pm\frac{\sum M}{W} \tag{18.7-10}$$

式中　$P_{\substack{\max\\\min}}$——基底应力的最大值和最小值；

$\sum G$——作用在闸室上的全部竖向荷载；

$\sum M$——作用在闸室上的全部荷载对于基础底面垂直于水流方向的形心轴的力矩；

A——闸室基底面的面积；W 为闸室基底面对于垂直于水流方向的形心轴的截面矩。

闸室抗浮稳定计算公式（18.7-11）为：

$$K_f=\frac{\sum V}{\sum U} \tag{18.7-11}$$

式中　K_f——闸室抗浮稳定安全系数；

$\sum V$——作用在闸室上全部向下的铅直力之和；

$\sum U$——作用在闸室基底面上的扬压力。

溢洪道为 3 级建筑物，按 100 年一遇洪水设计，1000 年一遇洪水校核。稳定分析取 3 孔整体进行计算。闸室底板高程 134.60m，闸室段长 8.0m，宽 25.15m。地基为粉土质砂，地基承载力为 85～95kPa，闸室基础高程 133.60m。根据《水闸设计规范》（SL 265—2001）的规定，建在土基上的闸室稳定计算应满足下列要求：

（1）在各种计算情况下，闸室平均基底应力不大于地基允许承载力，最大基底应力不大于地基允许承载力的 1.2 倍。

（2）闸室基底应力的最大值与最小值比不大于 2.00（基本组合）、2.50（特殊组合）。

（3）沿闸室基底面的抗滑稳定安全系数不大于 1.25（基本组合）、1.10（特殊组合）。

（4）闸室抗浮稳定安全系数不应小于 1.10（基本组合）、1.05（特殊组合）。

18.7.6.3　计算结果

各类工况闸基的抗滑稳定安全系数、抗浮稳定安全系数和基底应力的计算成果见表 18.7-5。

表 18.7-5　　基底应力、抗滑稳定安全系数汇总表

计算工况		抗滑稳定安全系数	应力/kPa		P_{max}/P_{min}	抗浮稳定安全系数
			P_{max}	P_{min}		
基本组合	完建工况	稳定	79.92	79.44	1.01	稳定
	正常运用	3.94	81.16	62.93	1.29	5.50
	设计工况	3.25	80.57	43.29	1.86	2.61
特殊组合	校核工况	2.21	75.53	44.65	1.69	2.33

由表 18.7-5 可见，闸室的基底应力在基础承载力范围内，满足规范要求；闸基抗滑稳定和抗浮稳定均满足规范要求。

18.7.7 闸底板内力及配筋计算

18.7.7.1 计算方法

根据《水闸设计规范》（SL265—2001），对于开敞式闸室底板的应力分析，黏性土地基或相对密度大于的砂土地基可采用弹性地基梁法进行计算。山阳溢洪道闸室地基为粉土质砂，符合以上条件，因此，闸底板应力分析采用弹性地基梁计算。

计算采用中国建筑科学研究院 PKPM CAD 软件计算，计算过程采用该软件《结构平面计算机辅助设计》PMCAD 和《基础工程计算机辅助设计》JCCAD 两大模块。采用结构计算模块建模并布置荷载，经荷载传导计算，由基础工程计算机辅助设计模块按照弹性地基筏板基础板元法计算（按广义文克尔假定）。根据基床反力系数推荐值表，对于中等密实的黏土和亚黏土 $K=10000\sim40000\text{kN/m}^3$，本工程 K 取 10000kN/m^3。

18.7.7.2 计算结果

闸底板内力计算结果见图 18.7-1。

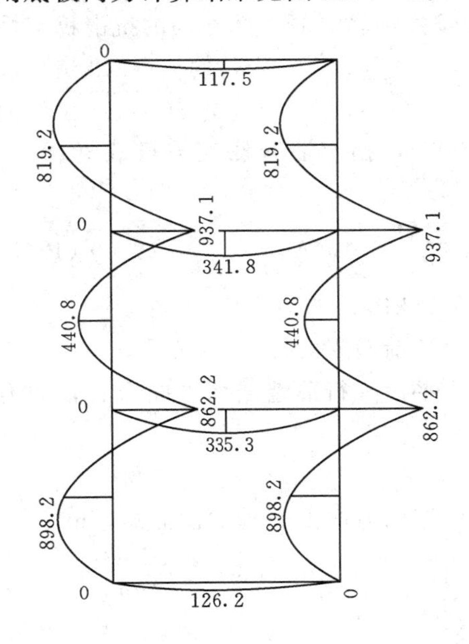

(a)地梁弯矩(kN-m)(1.2 恒+1.4 活)

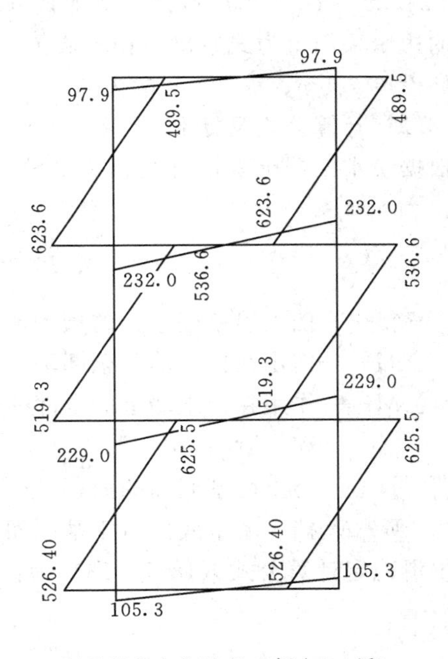

(b)地梁剪力(kN)(1.2 恒+1.4 活)

图 18.7-1 闸底板内力计算结果图

底板配筋根据以上弯矩包络图按钢筋混凝土结构计算配筋，经计算，地梁（板带每延米）配筋面积为 2000mm^2，实配 Φ 25 @ 200，闸底板单位长度实配钢筋面积为 2454.37mm^2。

18.7.8 挡土墙设计

18.7.8.1 设计参数

根据地质资料，挡土墙主要坐落在粉土质砂基础上，挡土墙断面与土层对应关系见表

18.7-6，断面设计指标详见附图，各土层力学参数见表18.7-7。

表18.7-6 挡土墙计算断面与土层对应关系表

土层	桩号	断面	计算编号
②粉土质砂	Y0－007.50	3	R3
	Y0＋000.00	4	R4
	Y0＋016.00～Y0＋024.00	5	R5

表18.7-7 挡土墙基底各土层力学参数表

土层	湿容重 /(kN/m³)	饱和容重 /(kN/m³)	c' /kPa	φ' /(°)	承载力标准值 /kPa
②粉土质砂	20.0	21.4	35	20	85～95

桩号Y0＋016.00～Y0＋024.00之间的泄槽边墙采用悬臂式钢筋混凝土挡土墙，桩号Y0＋024.00～Y0＋180.00之间的泄槽采用钢筋混凝土U形槽结构，引渠渐变段、八字翼墙段的边墙采用重力式浆砌石挡土墙。为提高悬臂式钢筋混凝土挡土墙的抗滑稳定性，在墙踵处设厚0.5m、深0.5m的齿墙。

18.7.8.2 计算公式及标准

根据《水工挡土墙设计规范》（SL 379—2007），挡土墙基底应力按式（18.7-12）计算：

$$P_{\min}^{\max}=\frac{\sum G}{A}\pm\frac{\sum M}{W} \tag{18.7-12}$$

式中 $P_{\min}^{\max}$——挡土墙基底应力的最大值和最小值，kPa；

$\sum G$——作用在挡土墙上全部垂直于水平面的荷载，kN；

$\sum M$——作用在挡土墙上的全部荷载对于水平面平行前墙墙面方向形心轴的力矩之和，kN·m；

A——挡土墙基底面的面积，m²；

W——挡土墙基底面对于基底面平行前墙墙面方向形心轴的截面矩，m³。

抗滑稳定计算公式（18.7-13）为：

$$K_C=\frac{f\sum G}{\sum E} \tag{18.7-13}$$

式中 K_C——挡土墙沿基底面的抗滑稳定安全系数；

$\sum E$——各水平力之和，以水平土压力的正向为正；

f——挡土墙基底面与地基之间的摩擦系数，按式（18.7-9）计算。

抗倾覆稳定安全系数K_0计算公式（18.7-14）为：

$$K_0=\frac{\sum M_V}{\sum M_H} \tag{18.7-14}$$

式中 $\sum M_V$——对挡土墙基底前趾的抗倾覆力矩，kN·m；

$\sum M_H$——对挡土墙基底前趾的倾覆力矩，kN·m。

《水工挡土墙设计规范》（SL 379—2007）中对挡土墙各种工况的抗滑和抗倾覆稳定安

全系数以及最大、最小应力的比值的规定见表 18.7-8。

表 18.7-8　　挡土墙抗滑、抗倾覆稳定安全系数允许值表

计算工况	抗滑稳定	抗倾稳定	P_{max}/P_{min}
设计工况	1.25	1.50	2.00
校核工况	1.10	1.40	2.50

18.7.8.3　荷载及计算工况

主动土压力采用朗肯理论进行计算，公式（18.7-15）为：

$$K_a=\cos\beta\frac{\cos\beta-\sqrt{\cos^2\beta-\cos^2\varphi}}{\cos\beta+\sqrt{\cos^2\beta-\cos^2\varphi}} \tag{18.7-15}$$

式中　K_a——主动土压力系数；

β——墙后回填土表面与水平面的夹角；

φ——土的内摩擦角。

按以下三种工况分析挡墙的稳定：完建工况，挡土墙前后均无水；校核工况，挡土墙前后均为校核水面高程；不利工况，挡土墙前无水，墙后水位离底板 1.0m。

18.7.8.4　计算结果

采用依据上述公式编制的《水利水电工程设计计算程序集 V3.0》中相关程序计算挡土墙的稳定，各工况下不同断面的计算成果见表 18.7-9。

表 18.7-9　　挡墙稳定计算分析汇总表

计算工况	计算编号	K_C	K_0	P_{max}/kPa	P_{min}/kPa	P_{max}/P_{min}
完建工况	R3	1.58	7.32	53.34	49.65	1.07
	R4	1.61	7.04	103.25	100.37	1.03
	R5	2.22	10.70	112.70	108.50	1.04
校核工况	R3	1.60	7.40	28.95	26.71	1.08
	R4	1.45	3.30	68.38	57.68	1.19
	R5	1.85	3.17	96.10	81.30	1.18
不利工况	R3	1.33	3.83	55.25	35.38	1.56
	R4	1.50	5.08	102.22	90.36	1.13
	R5	2.02	6.73	113.20	99.10	1.14

由计算结果可知，拟定的钢筋混凝土悬臂式挡土墙和浆砌石重力式挡土墙均满足抗滑、抗倾稳定要求，R4 计算断面对应的最大基底压应力为 103.25kPa，R5 计算断面对应的基底最大压应力为 113.20kPa，依据《水工挡土墙设计规范》（SL 379—2002）第 6.3.1 条土质地基挡土墙基底应力应满足最大基底应力不大于地基允许承载力的 1.2 倍，山阳溢洪道地基允许承载力的 1.2 倍为 114kPa，大于各计算断面的最大基底应力。可见拟定的挡土墙尺寸满足要求。

18.7.9　泄槽排水设计

由现场勘察可知，溢洪道泄槽地下水位较高，在转弯段后均有地下水出露。为防止地

下水位过高，影响泄槽底板的稳定，在闸室段后（桩号 Y0＋018.00～Y0＋024.00）、泗良路桥（桩号 Y0＋408.00～Y0＋418.00）分别设置底板排水区，底板排水区从下往上依次为 400g/m^2 土工布、厚 0.2m 砂砾石、厚 0.1mC10 素混凝土垫层、厚 0.5mC20 钢筋混凝土底板，在素混凝土和钢筋混凝土之间采用 ϕ＝0.1m 无砂混凝土柱排水，无砂混凝土柱长 0.6m，采用等边三角形布置，间距 1.5m。

为防止降雨使泄槽外侧水位增加，影响挡土墙的抗滑稳定性，在泄槽两侧挡土墙内各设一排 ϕ80mm 的 PVC 排水管，排水管间距 2.0m，排水管出口位于挡土墙趾端、距底板 0.3m 处，为防止墙外侧杂物随水流进入排水管造成堵塞，在排水管外侧设一条宽 0.3m，高 0.5m 的纵向反滤带，反滤带构成从外到内依次为土工布（400g/m^2）、厚 0.2m 砂砾石（1～4mm 粒径级配）、厚 0.3m 碎石（20mm 粒径级配）。为防止溢洪道泄水时，水流沿排水管向墙外倒灌，排水管沿挡墙倾斜向下游布置。

18.7.10　交通桥设计

山阳水库共有两座交通桥，跨溢洪道闸室交通桥和跨泄槽段泗良路交通桥。交通桥设计标准为公路－Ⅱ（相当于原汽－20）。

（1）坝顶交通桥。根据枢纽总体布置和交通需要，在闸室前部设交通桥与坝顶公路相接，设计交通桥宽 7.5m，桥上路面宽 6.0m，两侧设人行道和混凝土栏杆。交通桥为钢筋混凝土预制空心板桥，根据溢洪道闸墩的布置型式，桥分 3 跨，每跨 7.5m。

（2）泗良路交通桥。溢洪道与泗良路交汇处原桥净宽 13m，桥面较低，阻水严重，根据本次除险加固要求，决定此桥拆除重建。重建后的泗良路交通桥为预制预应力钢筋混凝土 T 形梁结构，桥宽 12.5m，跨度 22.0m，桥路面净宽 9.0m，路两侧设人行道和钢筋混凝土栏杆，由于新建泗良路桥较原桥面抬高 1.66m，为与原路面平顺连接，桥两侧 34m 范围重新填筑，铺设纵坡为 0.05 的沥青混凝土路将原路面与桥相接。

18.7.11　主要工程量

山阳水库溢洪道改建、加固主要工程量见表 18.7－10。

表 18.7－10　　溢洪道改建、加固主要工程量表

项目	编号	材　　料	单位	工程量
拆除工程	1	浆砌石拆除	m^3	3008
	2	混凝土拆除	m^3	203
	3	房屋拆除	m^2	312
土方工程	1	土方开挖	m^3	54201
	2	土方回填	m^3	21462
浆砌石			m^3	2795
混凝土	1	C20 混凝土	m^3	3972
	2	C25 混凝土	m^3	132
	3	钢筋	t	286
	4	C10 混凝土垫层	m^3	532
	5	无砂混凝土	m^3	5

续表

项目	编号	材　　料	单位	工程量
其他材料	1	单层砖混结构	m^2	192
	2	橡胶止水	m	642
	3	排水管	m	550
	4	土工布	m^2	1017
	5	砂砾石	m^3	230
	6	碎石	m^3	1128
交通桥	1	C25 混凝土	m^3	314
	2	钢筋	t	58
	3	沥青混凝土	m^3	67
	4	灰土垫层	m^3	501

18.8 放水洞设计

18.8.1 加固方案

南放水洞位于主坝桩号 0+250 处，1960 年建成，为单孔无压半圆砌石拱涵洞，洞底进口高程 131.50m，砌石拱涵总长 50.5m，底坡 0.01。涵洞宽 1.0m，墩高 1.0m，拱高 0.5m，基础坐落在粉土质砂上。设计引水流量 3.0m^3/s，闸孔尺寸 1.0m×1.0m，闸门为平板铸铁闸门，尺寸 1.4m×1.4m，采用螺杆启闭机。存在的主要问题：

经过 40 多年的运行，洞身内壁浆砌石砌筑缝处可见大面积的水泽，墙壁溶蚀现象严重，洞内可见大面积的碳酸钙结晶物析出，拱涵内部有 20%左右的面积被碳酸钙结晶物所覆盖。拱涵内壁存在裂缝并渗水，且伴有大量结晶物覆盖表面，这将造成拱涵结构强度的下降。

由于不均匀沉陷等的影响，放水洞浆砌石拱涵存在一条横向裂缝，位于放水洞闸门下游 10m 处，裂缝最大宽度 3.0mm，该断裂已贯穿整个放水洞洞身，浆砌块石也被剪断，影响其整体稳定性。由于放水洞竖井基础沉陷，放水洞启闭机房与坝体间的引桥已断裂，存在一条宽 3.6mm 的断裂缝，危及竖井和引桥的安全。

鉴于南放水洞存在以上问题，应对其进行加固处理。由于现洞身断面小，在内部加固施工困难，再加上山阳水库仅有一条南放水洞可以放空水库，在水库加固过程中，此放水洞要作为施工期导流洞使用，所以，只有重新修建南放水洞。现南放水涵洞作为施工期导流洞使用，待施工结束后对其进行封堵处理。北放水洞处于报废状态，本次予以封堵。

根据水库地形条件，新建放水洞仍按坝下埋涵方式设计。

18.8.2 放水涵洞布置

为减少工程量并考虑与下游渠道合理连接，新建放水洞布置在原南放水洞左侧，其轴线与原放水洞轴线夹角近 15°，与坝轴线夹角 73°，在满足工程施工条件下紧靠现输泄水涵洞布置。新建涵洞坐落在粉土质砂地基上，为钢筋混凝土结构，断面型式仍采用城门洞型，按明流涵洞设计，设计流量与原南放水洞相同，为 3.0m^3/s。

新建放水洞主要由进口段、闸室段、洞身段、出口消力池、干渠连接段五部分组成，总长130.96m。

进口段由9.00m长的浆砌石引渠和6.00m长的钢筋混凝土引渠组成，平面布置为八字翼墙，渠底高程131.50m。

闸室段采用塔式进水口，为钢筋混凝土结构，混凝土强度等级C25。闸室底板长8.0m，宽5.0m，底板下铺10cm强度等级为C10的素混凝土。闸室内设置检修及工作2道闸门，检修门闸孔尺寸1.5m×1.5m，工作门闸孔尺寸1.0m×1.0m。检修门和工作门之间设置胸墙一道，检修门启闭机室布设在闸室上部，底板与坝顶平，高程为139.90m，启闭机室内设可以顺水流向移动的单轨移动启闭机作为检修门的启门设备，并可以作为工作门及启闭机检修的起吊设备。工作门启闭机室布置于前后胸墙之间，底板高程为134.00m，设固定螺杆启闭机作为工作门的启闭设备，该层与检修门启闭机室之间设置爬梯供操作人员通行。

涵洞全长32.0m，受现状下游灌溉渠道高程的限制和最大限度的利用库内水量，进口底板高程确定为131.50m，出口底板高程131.18m，纵坡为1/100。涵洞断面在满足设计流量的前提下，还应保证运用期的正常检查、维修尺寸1.5m×2.0m圆拱直墙式城门洞型，钢筋混凝土结构，断面净宽1.5m，侧墙高1.57m，顶拱中心角120°，半径0.866m。

涵洞出口处设置消力池，为钢筋混凝土结构，总长10.3m，其中陡坡水平长4.8m、坡度为0.1，池长5.2m、宽4.0m、深0.3m，池底高程130.70m，池边墙为重力式挡土墙。

消力池与东干渠间连接段长65.66m，其中消力池后19.0m长渠道采用浆砌石衬砌，渠底宽4.00m，渠道边坡为1∶1；其余渠道为土渠，渠顶宽1.5m，渠道内、外边坡均为1∶1.5。

18.8.3 水力计算

(1) 正常水深及临界坡度。洞内正常水深按式（18.8-1）计算：

$$Q=\frac{1}{n}Ai^{1/2}R^{2/3} \tag{18.8-1}$$

式中 R——水力半径；

n——渠道糙率系数，取$n=0.015$；

i——渠道比降；

A——过流面积。

临界坡度i_K计算公式（18.8-2）为：

$$i_K=\frac{g\chi_K}{\alpha C_K^2 B_K} \tag{18.8-2}$$

式中 g——重力加速度；

α——流量不均匀系数取$\alpha=1.1$；

χ_K——湿周；

C_K——谢才系数；

B_K——断面宽。

设计流量为 $3m^3/s$ 时洞内正常水深 h_t＝0.617m，临界水深为 0.765m，临界坡度 i_K＝0.0056。涵洞坡度大于临界坡度，为陡坡。正常水深时，洞内过水流速为 3.24m/s。

（2）闸门开启度。当水库水位在 133.50m 以上时，放水洞自由泄流量将大于设计流量，此时应按设计流量通过闸门控制放水。因进口段设置有压短洞，设下游水位不影响隧洞的泄流能力，此时，其泄流量可由闸孔自由出流的公式（18.8－3）计算：

$$Q=\sigma_s \mu Be\sqrt{2g(H-\varepsilon e)} \tag{18.8-3}$$

式中 e——闸门开启高度；

B——水流收缩断面处的底宽；

H——由有压短洞出口的闸孔底板高程起算的上游水深；

ε——垂直收缩系数；

μ——短洞有压段的流量系数，计算公式（18.8－4）为：

$$\mu=\frac{\varepsilon}{\sqrt{1+\sum\zeta_i\left(\frac{\omega_c}{\omega_i}\right)^2+\frac{2gl_a}{C_a^2R_a}\left(\frac{\omega_c}{\omega_a}\right)^2}} \tag{18.8-4}$$

式中 ω_c——收缩断面面积，$\omega_c=\varepsilon eB$；

ζ_i——局部能量损失系数；

ω_i——与 ζ_i 相应的过水断面面积；

l_a——有压短洞长度；

ω_a、R_a、C_a——有压短管的平均过水断面面积、相应的水力半径和谢才系数。

由以上公式计算不同水位的闸门开启高度见表 18.8－1。

表 18.8－1　新建放水洞闸门开启高度验算表

水位/m	水头/m	开启高度/m	流量/(m^3/s)
133.5	2.0	0.785	3.0
134.0	2.5	0.702	3.0
134.5	3.0	0.637	3.0
135.0	3.5	0.590	3.0
135.5	4.0	0.551	3.0
136.0	4.5	0.517	3.0
136.5	5.0	0.489	3.0
136.8	5.3	0.475	3.0

由于为陡坡，洞内临界水深大于正常水深，闸后水深将由正常水深及下游渠道水深决定，而正常水深为 0.617m，下游渠道水位为 131.97m 时涵洞末端水深为 0.79m，因此洞内水深将不超过 0.79m。洞内水面线以上的空间大于涵洞断面面积的 15%，且涵洞内净空超过 40cm，故涵洞过流能力满足《水工隧洞设计规范》（SL 279—2002）的规范要求。

（3）消力池。消力池尺寸按《溢洪道设计规范》（SL 253—2000）规定方法计算，计算公式见溢洪道消力池计算公式（18.7－4）、式（18.7－5）和式（18.7－7），而自由水

跃长度 L_j 按式（18.8－5）计算：

$$L=6.9(h_2-h_1) \tag{18.8-5}$$

式中 h_1——跃前水深；

h_2——池中发生临界水跃时的跃后水深。

经计算，跃长 3.9m，池深为 0.13cm，故所设计的池长 5.2m、底坎高 30cm 满足消能要求。

（4）海漫。海漫长度 L_p 按《水闸设计规范》（SL 265—2001）所给公式（18.8－6）计算，即：

$$L_p=K_s\sqrt{q_s\sqrt{\Delta H'}} \tag{18.8-6}$$

式中 q_s——消力池末端单宽流量；

K_s——海漫长度计算系数，取 $K_s=11$；

$\Delta H'$——上下游水位差。

按该公式计算，海漫长度为 15.5m，设计海漫长为 19.0m，满足要求。

18.8.4 结构设计

18.8.4.1 闸室稳定分析

（1）荷载组合。作用在水闸上的竖直向荷载主要有闸室自重、启闭机自重、水重、扬压力、浪压力、风压力等，水平向荷载主要有静水压力、填土压力等。荷载组合分基本组合与特殊组合，其中基本组合包括完建情况、正常蓄水位情况及设计洪水位情况，特殊组合包括检修情况及校核洪水位情况，荷载组合情况参见表 18.7－4。

（2）计算公式及标准。与溢洪道闸室稳定计算方法相同，闸室抗滑稳定、基底应力、闸室抗浮稳定分别按公式（18.7－10）、式（18.7－12）、式（18.7－13）计算。根据粉土质砂物理力学指标，由公式（18.7－11）计算得闸基底面与粉土质砂间摩擦系数为 0.32～0.35，取 $f=0.32$。

新建闸室为 3 级建筑物，闸底宽 5.0m，长 8.0m。基础为更新统壤土，其允许承载力为 110kPa。根据《水闸设计规范》（SL 265—2001）规定，建在土基上的闸室稳定计算应满足下列要求：

①在各种计算情况下，闸室平均基底应力不大于地基允许承载力，最大基底应力不大于地基允许承载力的 1.2 倍；②闸室基底应力的最大值与最小值比不大于 2.00（基本组合）、2.50（特殊组合）；③沿闸室基底面的抗滑稳定安全系数不大于 1.25（基本组合）、1.10（特殊组合）；④闸室抗浮稳定安全系数不应小于 1.10（基本组合）、1.05（特殊组合）。

（3）计算结果。各类工况下抗浮稳定安全系数为 2.19～2.85，基底应力及抗滑稳定安全系数计算结果见表 18.8－2。

由表 18.8－2 可见，抗浮稳定安全系数均大于规范规定的允许值，闸室满足抗浮要求；抗滑稳定安全系数均大于规范规定的允许值，闸室稳定能满足要求；完建情况下闸室基底平均应力大于地基允许承载力，最大应力也大于地基允许承载力的 1.2 倍，不满足规范要求，需要做基础处理。

表 18.8-2　　　　　　　　基底应力、抗滑稳定安全系数汇总表

计算工况	基底应力分析					抗滑稳定分析	
	基底应力/kPa			P_{max}/P_{min}		安全系数计算值	允许值
	P_{max}	P_{min}	允许值	计算值	允许值		
完建情况	165.6	145.8	110.0	1.14	2.00	1.28	1.25
正常蓄水位	117.9	98.0	110.0	1.20	2.00	1.96	1.25
设计洪水位	111.3	86.9	110.0	1.28	2.00	1.85	1.25
校核洪水位	107.2	80.0	110.0	1.34	2.50	1.78	1.10
检修情况	127.3	88.4	110.0	1.44	2.50	1.96	1.10

18.8.4.2　复合地基承载力计算

地基采用旋喷桩进行加固处理，依《建筑地基基础设计规范》（GB 50007—2002），深层搅拌桩的复合地基承载力按式（18.8-7）计算：

$$f_{sp,k}=m\frac{R_k^d}{A_p}+\beta(1-m)f_{s,k} \tag{18.8-7}$$

式中　$f_{sp,k}$——复合地基的允许承载力，kPa；

m——桩土面积置换率；

R_k^d——单桩竖向允许承载力；

A_p——单桩横截面面积；

β——桩间土的承载力折减系数；

$f_{s,k}$——桩间土的允许承载力，kPa。

本阶段采用公式（18.8-8）、式（18.8-9）估算单桩允许承载力 R_k^d：

$$R_k^d=\eta f_{cu,k}A_p \tag{18.8-8}$$

$$R_k^d=q_sU_pl+\alpha A_pq_p \tag{18.8-9}$$

式中　$f_{cu,k}$——搅拌桩桩深加固土相同配比的室内加固土试块立方体 28d 龄期的无侧限抗压强度平均值，kPa；

η——强度折减系数；

U_p——桩周长，m；

q_s——桩周土允许侧阻力的加权平均值；

α——桩端土承载力折减系数；

q_p——桩端土的允许承载力；

l——桩的长度，m。

根据两式的计算值，取其中最小值作为设计值 R_k^d，施工前应通过现场单桩载荷试验验证单桩竖向承载力。

设计旋喷桩直径 0.6m，桩间距 1.6m，桩做至页岩岩面，长 9.3m。采用梅花形布置 36 根旋喷桩时，复合地基承载力达 194.1kN，满足基底应力要求。

18.8.4.3　涵洞衬砌结构计算

（1）荷载组合。作用在涵洞上的荷载主要有衬砌自重、填土压力、外水压力、内水压

力、地基抗力等，本次主要计算了衬砌自重、填土压力、外水压力、地基抗力等荷载共同作用下衬砌的内力。各类荷载分项系数按《水工混凝土结构设计规范》（SL/T 191—96）及《水工建筑物荷载设计规范》（DL 5077—1997）的规定确定。

（2）计算方法及结果。按荷载结构法计算涵洞衬砌内力，采用衬砌边值问题的数值解法，即计算衬砌的内力和变形时，不需事先对抗力作出假设，而由程序自动迭代求出。

设计衬砌厚0.30m，混凝土强度等级为C25，衬砌的内力计算结果见表18.8-3。

表18.8-3　衬砌内力统计表

位置名称	轴力/kN	剪力/kN	弯矩/(kN·m)
拱顶	−161.0	0.5	3.3
拱与直墙交汇处	−196.5	1.4	10.9
直墙腰部	−178.8	4.7	22.5
直墙与底板交汇处	−186.5	144.1	53.3
底板中央	−147.4	2.5	30.8

注　表中轴力拉为正、压为负。

计算结果显示在直墙与底板交汇处，衬砌内力较大。衬砌按正常使用极限状态限裂设计，取衬砌最大裂缝宽度允许值为0.25mm，依此进行配筋计算。

18.8.5　主要工程量

山阳水库新建放水洞及原洞封堵主要工程量见表18.8-4。

表18.8-4　新建放水洞及原洞封堵主要工程量表

序号	工程项目	单位	数量	备　注
一	新建工程			
1	土方开挖	m^3	6761	
2	土方回填	m^3	5754	
3	引渠混凝土C25	m^3	18.6	
4	闸室混凝土C25W4	m^3	240.6	
5	启闭机房梁柱混凝土C30	m^3	9.5	
6	放水洞衬砌混凝土C25W4	m^3	78.1	
7	消力池混凝土C25	m^3	36.3	
8	工作桥混凝土C25	m^3	5.0	
9	钢筋	t	30.42	
10	浆砌石M7.5	m^3	124.5	
11	素混凝土垫层C10	m^3	18.8	
12	砂砾石垫层	m^3	39.1	
13	铜片＋塑性填料止水	m	37.74	
14	铁栏杆	m	27.8	
15	钢爬梯	m	5.87	

续表

序号	工程项目	单位	数量	备　注
16	启闭机房	m^2	39.31	
17	旋喷桩	m	342	桩径0.6m，桩间距1.6m
二	封堵工程			
1	原闸室拆除	m^3	56.66	
2	浆砌石M7.5	m^3	3.74	
3	堆石	m^3	68.74	
4	回填灌浆	m^3	20.62	按堆石孔隙率30%计

18.9 工程监测

18.9.1 监测设计原则

本工程监测设计的主要原则是：

（1）突出重点、兼顾全局，既密切结合工程具体情况，以危及建筑物安全的因素为重点监测对象，做到少而精，同时兼顾全局，又要能全面反映工程的运行状况。

（2）由于本工程为已建工程，因此以外部变形和坝体渗流为主。监测项目的设置和测点的布设应满足监测工程安全资料分析的需要。

（3）对于监测设备的选择要突出长期、稳定、可靠。

18.9.2 监测项目选择

为确保大坝的安全运行，掌握大坝的工作状态，根据《土石坝安全监测技术规范》（SL 60—94）的要求，结合本工程的实际情况以及类似工程的经验，本工程设置了如下监测项目：

（1）坝体水平位移和垂直位移监测。

（2）坝体浸润线监测。

（3）坝基渗透压力、绕坝渗流和渗流量监测。

（4）南放空洞与坝体结合部的渗流监测。

（5）溢洪道的安全监测。

（6）库水位、气温和降雨量监测。

18.9.3 大坝安全监测

（1）已有安全监测项目。山阳水库1960年建成后，没有安装观测设备。1990年11月安装了6支浸润线测压管和量水堰观测设施。由于年久失修，测压管已经严重淤堵，量水堰已损坏，原有观测设施均不能正常使用。鉴于上述情况，在本次改造中不考虑对原有的观测设施进行利用，所有项目均为新设项目。

（2）监测布置。

1）坝体的水平位移和垂直位移监测。外部变形监测是判断大坝是否正常运行的重要指标。根据本水库自身的特点以及运行情况，在主坝的平行坝轴线方向上布设两条测线，分别位于坝顶和坝下游一级马道上，每条测线上每间隔50m左右设置一个位移标点，监测坝体的水平位移和沉降，共 18 个测点。

2）坝体浸润线监测。对土石坝而言，坝体浸润线的高低是大坝稳定与否的关键，为监测坝体浸润线的分布情况，主坝沿坝轴方向共布设五个监测断面进行监测，分别位于坝轴线桩号 0＋180、0＋280、0＋380、0＋500 和 0＋600 处，每个监测断面上布设三个测压管，分别位于坝顶、坝下一级马道、马道下的边坡上，每个测压管内放置 1 支渗压计，共 15 支。除此之外，为监测复合土工膜和高喷混凝土墙的防渗效果，在上述监测断面的高喷混凝土墙后、复合土工膜下的坝体高程 133.00m 附近布设 1 支渗压计，共 5 支。渗压计通过电缆引向观测站。

3）坝基渗透压力、绕坝渗流和渗流量观测。为监测坝基的渗流情况，在上述 5 个监测断面上，坝顶和坝下一级马道的测压管底部的坝基内，分别布设 1 支渗压计，共 5 支。

为监测主坝的绕坝渗流状况，在主坝两侧坝肩分别布设 3 支测压管，每个测压管内放置 1 支渗压计，共 6 支。

另外，在坝后 300m 处的公路桥下，布设一个量水堰，用以监测坝体的渗流量情况。

4）南放空洞与坝体结合部的渗流监测。为监测南放空洞与坝体结合部的渗流状况，在其结合部布设 5 支渗压计。

5）溢洪道的安全监测。在本次除险加固中，溢洪道属于重建工程，为监测溢洪道底板渗透压力，在沿底板中心线上布置 3 支渗压计，为监测溢洪道与坝体结合部的接触渗流，沿溢洪道与坝体结合部布设 5 支渗压计，左侧 2 支，右侧 3 支，共计 8 支。渗压计通过电缆引向监测站。

另外，为监测溢洪道的不均匀沉陷情况，在溢洪道闸室及挡墙左右两侧各布置 6 个垂直位移标点，共 12 个。

6）库水位、气温和降雨量监测。根据本水库目前现状，水位计拟放在主坝上游坡库水位比较平稳的部位，通过水压力的变化来测定库水位的高低。同时，在南放水洞闸室侧面布设一个水尺，用以进行人工观测。

为监测库区附近的大气温度和降雨量，拟在监测房顶设一个百叶箱和一个雨量计。

由于本工程规模不大，监测仪器电缆引设距离不长，为了便于管理，拟将所有的监测仪器电缆均引到水库管理所内。

18.9.4 监测工程量表

监测工程量见表 18.9－1。

表 18.9－1　安全监测工程量表

序号	项　目	单位	数量
1	渗压计	支	44
2	水位计	支	1
3	温度计	支	1
4	雨量计	支	1
5	水尺	m	10
6	量水堰	套	1

续表

序号	项　　目	单位	数量
8	四芯屏蔽水工电缆	m	25000
9	位移标点	个	18
10	工作基点	个	4
11	垂直位移测点	个	12
12	垂直位移工作基点	个	1
13	镀锌钢管	m	200
14	电缆保护管（ϕ50mmPVC 管）	m	2000
15	经纬仪	台	1
16	水准仪	台	1
17	振弦式读数仪	台	1
18	平尺水位计	台	1

19 山阳水库机电及金属结构

19.1 电气一次

19.1.1 现状

山阳水库位于山东省泰安市岱岳区良庄境内，该水库是一座集防洪、灌溉、养殖等综合利用的中型水库。

现有变电站1976年建造，电气设备运行年久，已严重老化，变压器型号为S7－50/10kVA，型号老、容量小、损耗大，运行的安全性和可靠性较差，不符合节能要求，属于淘汰产品；跌落式熔断器已损坏无法使用，该站已无法进行停电检修。变电站现有低压配电盘1面，为自制的“三无”产品；动力箱小，进、出线混乱且不规范，低压线路均为架空裸线、部分地段较低、存在严重安全隐患、对人身安全构成威胁；坝顶照明电源线路、灯具及放水洞电源线路已被盗，供电设施已不存在；柴油发电机组型号老，容量为7.5kW，该容量已不能满足此次改造所需要的容量，且漏油严重，启动不可靠；变电站无补偿设备、变电站房子十分破旧，属危房等。

此次更新改造将原有电气设备、线路全部更换，变电站重建。

19.1.2 电源引接方式

本次属除险加固改造，根据《供配电系统设计规范》（GB 50052—95）的规定，本工程按二级负荷设计。主供电源利用原有10kV电源，从原“T”接杆处“T”接经电缆（YJV22－3×358.7/10kV）引至变电站；备用电源由柴油发电机组发电经电缆（ZR－YJV22－3×70＋1×35 1kV）引至变电站0.4kV母线；变电站主要为溢洪道、放水洞闸门启闭机负荷、照明负荷、检修负荷、计算机监控负荷及管理房原有负荷等负荷供电。电网与柴油发电机组通过SQG1-200-3PF自动电源转换开关，完成双回路供电系统的电源自动转换，以保证重要负荷供电的可靠性。

19.1.3 电气接线

该变电站属永久变电站，电压等级：10kV/0.4kV，高压均采用组合式变电站1台，变压器容量为100kVA。

10kV进线1回，0.4kV进、出线采用MNS组合式低压开关柜2面；电容补偿柜1面，补偿装置容量：15×2＝30kvar。另设1台柴油发电机组作为外来电源失去时的备用电源，为重要闸用负荷供电。本站10kV侧采用单母线接线，0.4kV侧亦采用单母线接线，高压侧1回进线接入10kV母线，经主变压器至0.4kV母线，考虑到负荷功率不大，距离较近，在低压母线上采用集中补偿装置补偿。

19.1.4 主要电气设备选择

（1）组合式变电站。变压器容量选择：按最大运行工况为 2 台 7.5kW 启闭机运行、正常照明加 1 台 7.5kW 启闭机启动，经计算选择变压器容量为 100kVA。

型式	ZBN－100/10 户内型
高压单元	
额定电压	10kV
最高工作电压	11.5kV
额定电流	630A
额定短时耐受电流	16kA
额定峰值耐受电流	40kA
变压器单元	
型式	SC10－100/10 环氧树脂浇注干式变压器
额定容量	100kVA
额定电压	10/0.4kV
绝缘水平	LI175AC35/LI0AC3
高压分接范围	±2×2.5％
联接组别	D，yn11
阻抗电压	U_k＝4％

（2）氧化锌避雷器。

型号	Y5WS5－17/50
系统额定电压	10kV
避雷器额定电压	17kV
避雷器持续运行电压	13.6kV
雷电冲击残压	50kV
爬电比距	＞2.4cm/kV

（3）跌落式熔断器。

型号	RW9－10
额定电压	10kV
额定电流	100A
额定断流容量	100kVA

（4）低压开关柜。

型式	MNS 型低压抽出式开关柜
额定工作电压	380V
额定绝缘电压	660V
水平母线额定工作电流	4000A
垂直母线额定工作电流	1000A
水平母线短时耐受电流	100kA
垂直母线短时耐受电流	60kA

外壳防护等级　　　　　　IP4X

(5) 柴油发电机。柴油发电机容量选择：按 2 台 7.5kW 启闭机运行，正常照明加 1 台 7.5kW 启闭机起动，选择柴油发电机容量为 68kW。

额定输出功率　　　　　　68kW

额定电压　　　　　　　　400V 三相四线

额定频率　　　　　　　　50Hz

额定功率因数　　　　　　0.8

噪声水平 (dB)　　　　　≤92

19.1.5 主要电气设备布置

变电站在原站位置布置，与 10kV“T”接杆、溢洪道、放水洞、管理房均相对合理，且地势相对较高，不易集水、便于值班人员巡视的地方。组合式变压器、低压柜、无功补偿柜布置在变电站内。柴油发电机布置在柴油发电机房内。变电站布置见配电房电气设备布置图。

溢洪道、放水洞启闭机控制箱布置在启闭房内，为方便溢洪道、放水洞启闭机检修，溢洪道、放水洞房内各布置一个配电箱、一个照明箱。

从变电站至溢洪道，管理房，放水洞电缆均采用穿管直埋；溢洪道、放水洞房内电缆穿管暗敷。

19.1.6 照明

为降低损耗，采用节能型高效照明灯具。启闭机房照明布置工矿灯，事故照明灯采用带蓄电池灯具；变电站、柴油发电机房、管理房办公楼照明布置荧光灯、吸顶灯，事故照明灯采用带蓄电池灯具。坝顶道路照明灯具布置在坝顶上游侧，灯杆采用钢管杆、杆高 8m，安装间距为 30m、电缆穿管直埋。

19.1.7 过电压保护及接地

为防止雷电波侵入，在变电站 10kV 电源进线处，即原 10kV 架空线“T”接杆上装设一组氧化锌避雷器。

接地系统以人工接装置（接地扁钢加接地极）和自然接装置相结合的方式；人工接地装置包括：变电站、溢洪道、管理房、放水洞等处设的人工接地装置。自然接装置主要是利用结构钢筋等自然接地体，人工接装置与自然接装置相连，所有电气设备均与接地网连接。接地网接地电阻不大于 1Ω，若接地电阻达不到要求时，采用高效接地极或降阻剂等方式有效降低接地电阻，直至满足要求。

19.1.8 电缆防火

根据《水利水电工程设计防火规范》(SDJ 278—90) 的要求，所有电缆孔洞均应采取防火措施，根据电缆孔洞的大小采用不同的防火材料，比较大的孔洞选用耐火隔板、阻火包和有机防火堵料封堵，小孔洞选用有机防火堵料封堵。电缆沟主要采用阻火墙的方式将电缆沟分成若干阻火段，电缆沟内阻火墙采用成型的电缆沟阻火墙和有机堵料相结合的方式封堵。

19.1.9 主要工程量

电气一次主要工程量见表 19.1-1。

表 19.1-1　　　　主要电气工程量表

序号	名　称	型号规格	单位	数量	备注
1	组合式变电站	ZBN-100/10，100，kVA	台	1	
2	氧化锌避雷器	Y5WS5-17/50	组	1	
3	跌落式熔断器	RW9-10，10kV，100A	套	1	
4	户外三芯电缆终端	5601PST-G1，15kV	套	1	
5	户内三芯电缆终端	5623PST-G1，15kV	套	1	
6	低压配电盘	MNS	面	3	
7	照明配电箱		面	3	
8	检修箱		面	2	
9	灯具		项	1	
10	10kV 电缆	YJV22-3×35，8.7/10kV	m	100	终端杆至变压器
11	电缆	YJV22-3×70+1×35，0.6/1kV	m	30	发电机至低压盘
12	电缆	VV22-3×35+1×16，0.6/1kV	m	250	变电站至启闭机室
13	电缆	VV22-3×25+1×16，0.6/1kV	m	100	变电站至启闭机室
14	电缆	VV22-3×16+1×10，0.6/1kV	m	1100	变电站至启闭机室
15	电缆	VV22-4×10，0.6/1kV	m	300	至照明箱
16	电缆	VV22-3×10+1×6，0.6/1kV	m	400	变电站至启闭机室
17	电缆	VV22-3×6+1×4，0.6/1kV	m	200	变电站至启闭机室
18	电缆	VV22-3×4+1×2.5，0.6/1kV	m	50	
19	导线	BV-16	m	3200	
20	导线	BV-6	m	800	
21	导线	BV-4	m	1000	
22	导线	BV-2.5	m	400	
23	护管	ϕ32	m	400	
24	护管	ϕ20	m	600	
25	接地装置		项	1	
26	电缆封堵防火材料		项	1	
29	水煤气管	ϕ40	m	1000	
30	水煤气管	ϕ100	m	300	
31	柴油发电机	68kW，0.4kV	台	1	
32	坝顶照明	含灯柱	套	25	

19.2 电气二次

19.2.1 控制范围

山阳水库闸门自动控制系统的控制范围包括放水洞工作闸门 1 扇、溢洪道工作闸门 3 扇，其中放水洞工作闸门配套螺杆式启闭机，电机功率为 3kW；溢洪道工作闸门配套固定卷扬启闭机，电机功率为7.5kW。

19.2.2 控制方式及系统组成

闸门控制拟采用由上位计算机系统及现地控制单元组成的分层分布式控制系统。

上位计算机系统由监控计算机、不间断电源、以太网交换机、打印机等设备组成，设于水库管理处办公室内。

现地控制单元设于启闭机房，与上位计算机系统通过以太网连接，由PLC控制屏、动力屏、自动化元件构成。

PLC控制屏内装设可编程序逻辑控制器（PLC）、触摸屏、信号显示装置、网络服务器等。PLC具有网络通信功能，采用标准模块化结构。PLC由电源模块、CPU模块、I/O模块、通信模块等组成。

动力屏装设主回路控制器件，主要包括空气开关、接触器、热继电器等。

为了配合实施闸门控制系统的功能要求，实现闸门的远方监控，启闭机均装设闸门开度传感器、荷重传感器和水位传感器，将闸门位置信号、荷载信号及水位信号传送至现地控制单元和上位机系统，为闸门控制提供重要参数。

19.2.3 上位计算机系统的功能

（1）数据采集和处理。

a. 模拟量采集：闸门启闭机电源电流、电压、闸前水位、闸后水位、闸门开度、闸门荷载；

b. 状态量采集：闸门上升或下降接触器状态、闸门启闭机保护装置状态、动力电源、控制电源状态、有关操作状态等。

（2）实时控制。通过监控计算机对闸门实施上升或下降的控制，所有接入闸门控制系统的闸门均采用现地控制与远方控制两种控制方式，互为闭锁，并在现地切换。

（3）安全运行监视。

1）状态监视。对电源断路器事故跳闸、运行接触器失电、保护装置动作等状态变化进行显示和打印。

2）过程监视。在控制台显示器上模拟显示闸门升降过程，并标定升降刻度。

3）监控系统异常监视。监控系统中硬件和软件发生故障时立即发出报警信号，并在显示器显示记录，同时指示报警部位。

4）语音报警。利用语音装置，按照报警的需要进行语言的合成和编辑。当事故和故障发生时，能自动选择相应的对象及性质语言，实现汉语语音报警。

（4）事件顺序记录。当供电线路故障引起启闭机电源断路器跳闸时，电气过负荷、机械过负荷等故障发生时，应进行事件顺序记录，进行显示、打印和存档。每个记录包括点的名称、状态描述和时标。

（5）管理功能。

1）打印报表。闸门启闭情况表，闸门启闭事故记录表。

2）显示。以数字、文字、图形、表格的形式组织画面在显示器上进行动态显示。

3）人机对话。通过标准键盘、鼠标可输入各种数据，更新修改各种文件，人工置入各种缺漏的数据，输入各种控制命令等，实现各涵闸运行的监视和控制。

（6）系统诊断。主控级硬件故障诊断：可在线和离线自检计算机和外围设备的故障，故障诊断应能定位到电路板。主控级软件故障诊断：可在线和离线自检各种应用软件和基本软件故障。

（7）软件开发。应能在在线和离线方式下，方便地进行系统应用软件的编辑、调试和修改等任务。

19.2.4 现地控制单元的功能

（1）实时数据采集和处理。模拟量采集：闸门启闭机电源电流、电压、闸前水位、闸后水位、闸门开度、闸门荷载。状态量采集：闸门行程开关状态、启闭机运行故障状态等。

涵闸监控系统通过在不同点安装一定数量的传感器进行以上数据的信号采集，并对数据进行整理、存储与传输。

（2）实时控制。

1）运行人员通过触摸屏在现场对所控制的闸门进行上升、下降、局部开启等操作。闸门开度实时反映，出现运行故障能及时报警并在触摸屏上显示。

2）通过通信网络接受上位机系统的控制指令，自动完成闸门的上升、下降、局部开启。

（3）安全保护。闸门在运行过程中，如果发生电气回路短路电源断路器跳闸，当发生电气过负荷，电压过高或失压，启闭机荷重超载或欠载时，保护动作自动断开闸门升/降接触器回路，使闸门停止运行。如果由于继电器、接触器接点粘连，或发生其他机械、电气及环境异常情况时，应自动断开闸门电源断路器，切断闸门启闭机动力电源。

（4）信号显示。在PLC控制屏上通过触摸屏反映闸门动态位置画面、电流、电压、启闭机电气过载、机械过载、故障等信号。

（5）通信功能。现地控制单元将采集到的数据信息上传到上位机系统，并接收远程控制命令。

19.3 金属结构

19.3.1 概况

山阳水库除险加固金属结构设备主要布置在新建南放水洞和溢洪道控制闸。金属结构设备包括平面闸门5扇，螺杆启闭机1台、单轨移动式启闭机1台、固定卷扬式启闭机3台，总工程量约为45.3t。

19.3.2 工程现状和存在的主要问题

山阳水库始建于20世纪60年代，由主坝、东副坝、北副坝、南北放水涵洞和开敞式溢洪道组成。金属结构设备布置在南北放水涵洞进口。

南放水洞进口设有活动式拦污栅一扇，上游坝肩竖井内设工作闸门一扇，闸门为平面铸铁闸门，孔口尺寸为1.4m×1.4m，采用启闭容量为80kN的螺杆启闭机启闭。

北放水洞上游坝肩竖井内设工作闸门一扇，闸门为平面铸铁闸门，孔口尺寸为1.0m×1.0m，采用启闭容量为50kN的螺杆启闭机启闭。

南放水洞的闸门和启闭设备运行已30年以上，北放水洞因灌渠未开挖，闸门和启闭设备处于报废状态。2条放水洞闸门和启闭设备均已陈旧，锈蚀、破损严重，操作困难，不能正常运行。放水洞进口没有设置检修门，工作闸门无法进行正常维修。运行管理存在安全隐患，已不能满足运行要求。

大坝安全鉴定结论是北放水洞已报废，但未封堵；2条放水洞的闸门和启闭设备陈旧、老化不能正常运行。

19.3.3 设备选型与布置

南放水洞进口增设检修闸门，更换工作闸门及启闭机。封堵北放水洞。

由于溢洪道下游河道防洪能力低，为控制下泄流量，溢洪道增设控制闸门及启闭设备。

19.3.3.1 放水洞

新建南放水洞的主要任务是灌溉引水，依次设进口检修闸门、工作闸门及其启闭设备。

（1）检修闸门及启闭设备。检修闸门选用平面滑动门，孔口尺寸为1.5m×1.5m，闸门尺寸2.04m×2.0m，设计水头5.3m，底坎高程131.50m。运用条件为静水启闭，采用门顶充水阀充水平压。闸门平时锁定在塔顶高程139.90m，当工作门槽需要检修时闭门挡水。闸门主要材料采用Q235B，主支承材料为油尼龙。

启闭设备选用单轨移动式启闭机，同时兼顾工作闸门及其启闭机的检修；启闭容量为50kN，扬程12m。

（2）工作闸门及启闭设备。工作闸门选用平面滑动闸门，孔口尺寸为1.0m×1.0m，闸门尺寸1.54m×1.4m，设计水头6.63m。运用方式为动水启闭，有局部开启要求，闸门平时根据灌溉引水流量要求局开运用，汛期或不引水时闸门闭门挡水。闸门主要材料采用Q235B，主支承材料为油尼龙。

启闭设备选用螺杆启闭机，启闭容量为50kN/30kN，扬程3.0m。

19.3.3.2 溢洪道控制闸

根据水工布置，新建溢洪道控制闸设在原溢洪道处，共3孔；由于水库水位一般低于正常蓄水位，闸门检修可安排在低水位时进行，故不设检修闸门，仅设工作闸门，工作闸门每孔1扇。

工作闸门孔口尺寸6.0m×2.53m，闸门尺寸6.9m×3.0m，底坎高程为134.60m，根据闸门控制泄量57.7m^3/s的要求，设计水头2.53m，闸门运用方式为动水启闭，有局部开启要求。工作闸门选用平面滑动闸门。门体主要材料采用Q345B，埋件采用Q235B，主支承为自润滑复合材料。

启闭设备选用固定卷扬启闭机，1门1机布置，共3台。启闭容量2×100kN，扬程7m。

19.3.4 启闭设备及控制要求

螺杆式启闭机和固定卷扬式启闭机均可现地与远方控制。

启闭机设有荷载限制器，具有自动报警及切断电路功能。当荷载达到90%额定起重量时自动报警，达到110%额定起重量时自动切断起升机构电路，确保运行安全。

启闭机设有行程限位开关，用于控制闸门的上、下极限位置，具有闸门到位自动切断电路的功能。

启闭机设有闸门开度传感器，用于显示和控制闸门的起升高度，与行程限位开关一起控制闸门的运行，其接收装置具有数字动态显示功能，可安装于现场，对于要求远方控制的启闭机其信号可传至远方控制中心。该装置可控制闸门停在预先设定的任意位置，满足工作闸门的局部开启要求。

19.3.5 金属结构工程量表

金属结构工程量详见表19.3-1。

表19.3-1　山阳水库除险加固工程金属结构工程量表

<table>
<tr><th colspan="5">基本资料</th><th colspan="5">闸门</th><th colspan="7">启闭机</th></tr>
<tr><th colspan="2" rowspan="2">闸门名称</th><th rowspan="2">闸门—设计水头
（宽×高—水头）
/m</th><th rowspan="2">孔口数量</th><th rowspan="2">扇数</th><th rowspan="2">闸门型式</th><th colspan="2">门体重量</th><th colspan="2">埋件重量</th><th rowspan="2">型式</th><th rowspan="2">容量
/kN
（行程）</th><th rowspan="2">数量</th><th rowspan="2">单重
/t</th><th rowspan="2">共重
/t</th><th rowspan="2">抓梁
/t</th><th rowspan="2">轨道
/t</th></tr>
<tr><th>单重
/t</th><th>共重
/t</th><th>单重
/t</th><th>共重
/t</th></tr>
<tr><td rowspan="2">放水洞</td><td>检修闸门</td><td>2.14×2.0—5.3</td><td>1</td><td>1</td><td>平面滑动</td><td>1.5</td><td>1.5</td><td>3.5</td><td>3.5</td><td>单轨移动式启闭机</td><td>50
(12m)</td><td>1</td><td>1.0</td><td>1.0</td><td></td><td>0.5</td></tr>
<tr><td>工作闸门</td><td>1.54×1.4—6.63</td><td>1</td><td>1</td><td>平面滑动</td><td>1</td><td>1</td><td>0.8</td><td>0.8</td><td>螺杆机</td><td>50/30
(3m)</td><td>1</td><td>1.0</td><td>1.0</td><td></td><td></td></tr>
<tr><td>溢洪道</td><td>工作闸门</td><td>6.9×3.0—2.53</td><td>3</td><td>3</td><td>平面滑动</td><td>4</td><td>12</td><td>3.5</td><td>10.5</td><td>固定卷扬启闭机</td><td>2×100
(7m)</td><td>3</td><td>4.5</td><td>13.5</td><td></td><td></td></tr>
<tr><td colspan="2">合计</td><td></td><td></td><td></td><td></td><td></td><td>14.5</td><td></td><td>14.8</td><td></td><td></td><td></td><td></td><td>15.5</td><td></td><td>0.5</td></tr>
<tr><td colspan="2">总计</td><td colspan="15">45.3t</td></tr>
</table>

20 山阳水库消防与节能设计

20.1 工程概况

山阳水库除险加固工程主要建筑物包括新建南放水洞和溢洪道控制闸。根据运行要求和结构特点，溢洪闸3孔设进口工作闸门3套，工作闸门用固定卷扬式启闭机，上面布置卷扬启闭机室。放水洞设进口检修门、工作门各1套，上面设闸门启闭机室。溢洪闸附近有变电站和柴油发电机房、集中控制室等建筑物。

20.2 消防设计

20.2.1 消防设计依据和设计原则

（1）设计依据：《水利水电工程设计防火规范》（SL 329—2005）；《建筑设计防火规范》（GB 50016—2006）；《建筑灭火器配置设计规范》（GB 50140—2005）。

（2）设计原则。本工程消防设计贯彻“预防为主，防消接合”和“确保重点，兼顾一般，便于管理，经济实用”的原则。

20.2.2 消防部位

本工程中需要消防的部位有：放水洞的启闭机房、溢洪闸的卷扬式启闭机室、柴油发电机房、变压器房、闸门集中控制室、值班及生活用房等。

根据《水利水电工程设计防火规范》（SL 329—2005）的规定，上述各部位的火灾危险性及耐火等级见表20.2-1。

表20.2-1　建筑物的火灾危险性及耐火等级

部　位	火灾危险性类别	耐火等级	火灾危险等级
柴油发电机房	丙	二	中
干式变压器室	丁	二	中
中控室、通信室、继电保护盘室等	丙	二	严重
卷扬式启闭机室	戊	三	轻
水工观测仪表室	丁	二	轻
值班及生活用房	丁	二	轻

因本工程涉及的建筑物比较简单，消防面积相对较小，大多为混凝土结构，耐火等级高，易燃物较少。故根据不同的耐火等级、火灾危险性类别和火灾危险等级，配备适当的移动灭火器即可满足防火要求。

灭火器配置见表20.2-2。

表 20.2-2 灭火器配置表

序号	部位	火灾危险等级	灭火器型号	数量
1	放水洞启闭机房	轻	MT5	2
2	卷扬式启闭机室	轻	MT5	2
3	柴油发电机房	中	MT5	2
4	干式变压器室	中	MT5	2
5	集中控制室	严重	MT5	3
6	水工观测仪表室	轻	MT5	2
7	值班及生活用房	轻	MT5	2

20.3 节能设计

20.3.1 电气设备

在整个配电系统中，变压器的能源消耗所占比重最大，因而选用低损耗变压器可以降低能源消耗。山阳水库原有1台S7-50/10型三相油浸站用电力变压器，为20世纪70年代生产，属超期服务，其技术参数落后，能耗指标偏高，运行的安全性和可靠性较差，不符合节能要求，属于淘汰产品。本次改造将该站变压器更新为1台ZBN-100/10型干式变压器，变压器参数按《三相配电变压器能效限定值及节能评价值》(GB 20052—2006)控制。

为提高电网潮流功率因数、减少无功潮流、降低电网损耗，在变电站设计中增设无功补偿装置。

新站高、低压母线均采用铜母线，与铝母线相比电能损耗降低，节约了能源。

在此次改造中，为降低损耗，照明均采用节能型灯具和节能控制系统等高效产品。

在闸门控制系统设计中，控制设备在选型时充分考虑安全可靠，经济合理，节约运行费用并选择节能产品。控制系统采用PLC控制，采用弱电集成模块，较常规继电器接线回路节省了设备，降低了电能损耗，节约了能源。

20.3.2 金属结构

在金属结构设备运行过程中，操作闸门的启闭设备消耗了大量的电能，降低启闭机的负荷，就能减少启闭机的功电能消耗，实现节能。

闸门启闭力的大小与闸门重量、闸门的支承和止水的摩阻力有关。因此，在闸门设计中选用摩擦系数较小的自润滑复合材料作为主滑块的材质；闸门的止水采用摩擦系数小、耐磨性强的橡塑复合材料。这些设计和新材料的选用降低了闸门的启闭力，从而减少了启闭机的容量，在保证设备安全运行的情况下减少电能消耗。

20.3.3 施工机械

本工程主要施工项目有：原大坝、水闸等建筑物的混凝土、砌石拆除和重建，基础固结灌浆、土工膜铺设及高喷防渗墙、土石方挖装和运输、混凝土拌和和浇筑、金属结构和机电设备运输和安装等，均需要施工机械、设备和配套设施。施工期从机械设备使用与管理等方面应尽量采用节能新工艺、新技术、新材料和新产品，并采用以下节能措施：

（1）限制并淘汰落后的施工机械和设备。

（2）施工期夜间照明，采用节能型灯具和节能控制系统。

（3）尽量采用生物柴油、乙醇类燃料汽车和机械。

（4）尽量采用高效节能水泵和空压机。

（5）使用逆变式焊接电源焊机、自动和半自动焊接设备、CO_2 气体保护焊机等。

（6）建立一套完善的施工机械设备技术状况检查方法及管理制度，推广燃油节能添加剂、燃油清净剂、润滑油节能添加剂、子午线轮胎等汽车节能新技术产品。

（7）推广节能驾驶操作培训，提高驾驶员技术素质。

（8）更新改造老化的大中型拖拉机、推土机等施工机械，加强柴油机的节能技术改造。

21 山阳水库施工组织设计

21.1 施工条件

21.1.1 工程条件

（1）工程概况及对外交通条件。山阳水库位于黄河流域大汶河北支八里沟上游，徂徕山南侧，泰安市岱岳区良庄镇新庄村东300m处，是一座以防洪、灌溉及水产养殖综合利用的中型水库。水库大坝距京沪铁路12km，距京福高速公路、104国道13.5km，距泰良公路2.5km，距泰楼公路0.8km，距良庄镇1km。坝顶公路在主坝左坝肩与当地简易公路相连，对外交通比较方便。

水库枢纽由主坝、东副坝、北副坝、南放水涵洞、北放水涵洞和溢洪道等组成。

山阳水库等别为中型Ⅲ等工程，主要建筑物大坝、溢洪道、放水洞为3级建筑物，其余次要建筑物为4级建筑物。

（2）主要施工内容及工程量。本次除险加固的主要任务是对坝体、坝基、南放水洞、溢洪道及其他建筑物进行除险加固，完善防汛路、水库管理和监测设施等。

除险加固工程土方总开挖63631m^3、清基清坡50449m^3、土方总填筑161038m^3、混凝土浇筑总量6263m^3、砌石18765m^3，钢筋419t、复合土工膜28759m^2、高喷桩6952m。

（3）主要建材供应。工程所需的主要建筑材料有水泥、钢材、木材等，因施工现场距泰安等市县较近，在工程建设期间，上述物资均可由当地建材市场购买。水泥、钢材、木材运距均为30km，汽油、柴油在附近加油站购买，运距15km。

工程区附近土料丰富，质量满足需要，可就近选定料场开采。混凝土粗细骨料、块石料可由附近生产企业处购买成品料。

（4）施工供水、供电条件。本工程附近有村庄和水库管理所，施工生产用水可自行抽取河水处理后使用，生活用水有条件时结合当地饮水方式解决，否则可拉水使用。施工供电考虑从附近网电引接，距离约1.0km。

21.1.2 自然条件

21.1.2.1 气象、水文

（1）气象。该流域处于泰山山系徂徕山前，属温带大陆性湿润半湿润气候，四季分明，春季干旱多风，夏季酷热多雨，秋季天高气爽，冬季严寒少雨雪，据泰安气象局多年实测资料统计，该地区多年平均降水量770mm，平均气温12.8℃，极端最高气温40℃，极端最低气温－22.4℃，多年平均蒸发量1081.8mm，最大冻土深50cm，全年主要风向为东北风，多年平均风速为2.6m/s。

（2）水文。

1）设计洪水。根据水文计算结果，山阳水库设计洪水成果见表21.1-1。

表21.1-1　　山阳水库设计洪水成果表

项目	不同频率 P/%，设计值								
	0.05	0.1	0.2	1	2	3.33	5	10	20
$Q_m/(m^3/s)$	938	857	712	551	482	433	390	319	251
W_{6h}/万 m^3	1315	1209	1001	770	671	601	540	437	342
W_{24h}/万 m^3	1839	1690	1401	1086	949	852	766	628	497
W_{72h}/万 m^3	2032	1866	1554	1213	1065	958	865	712	567

2）施工洪水。

汛期施工洪水的计算同水库入库设计洪水，成果见表21.1-1。

非汛期施工洪水，根据水文计算结果，山阳水库施工洪水成果见表21.1-2。

表21.1-2　　山阳水库非汛期施工设计洪水成果表

采用方法	不同频率 P/%，设计值/(m^3/s)		
	5	10	20
地区综合	2.77	1.23	0.41
单站（推荐）	4.56	2.38	0.95

21.1.2.2　地形地质

坝址区位于牟汶河一级支流八里沟上游，高程在127.00～140.00m之间，地势平缓，沟谷开阔。主坝址处河谷呈不对称“U”字形，宽700～800m。

坝址区地形起伏不大，高程一般134.00～140.00m之间，属低山丘陵地貌。局部范围地形起伏较大，高差可达20m。区内植被较差，多为耕种土地。区内未见基岩出露，地表多被第四系黄土覆盖，厚度3～24m，厚度变化较大。

大坝为均质土坝。主坝部位地层共分六层：①人工填土；②中粗砂；③壤土；④中粗砂；⑤残积土；⑥页岩。局部缺失第②层和第④层；东副坝坝基地层主要为页岩和第四系松散堆积物。第四系堆积物主要由壤土和残积土组成。壤土呈黄褐色，硬塑状，局部含有砾石。残积土呈灰白色—黄白色，残留原始痕迹；北副坝坝基由壤土和残积土组成。

溢洪道位于主坝右侧，为浆砌石渠，总长550m。溢洪道地层岩性主要为壤土、中粗砂和残积土。

放水洞位于主坝桩号0+250处，为单孔无压半圆砌石拱涵，拱涵长50.5m，放水洞坐落在土基上，外围被壤土层覆盖，壤土为黄褐色，可塑—硬塑状，稍湿—饱和。

21.1.3　施工特点

该除险加固工程施工是在原有的水库大坝上进行施工，为此必须一边低水位运行一边施工，在施工时间上会受到一定限制，因此应合理安排施工进度，要协调好施工时段与水库泄水两者关系。

21.2 施工导流

21.2.1 导流标准

山阳水库除险加固工程主要是对大坝进行加固、防渗处理，对溢洪道进行改建，同时修建了一条新的输水涵洞，将原输水涵洞废除。为了降低导流难度，保证施工期间能够干地施工，施工前应首先放空水库，施工期必须解决好施工导流问题。

山阳水库是一座以防洪为主，兼顾灌溉、养殖的综合型水库。水库等别为中型Ⅲ等工程，主要建筑物大坝、溢洪道、放水洞为3级建筑物，其余次要建筑物为4级建筑物。根据《水利水电工程施工组织设计规范》（SL 303—2004）的规定，导流临时建筑物级别为5级，相应的土石类导流建筑物设计洪水标准为重现期5～10年。

因施工期间围堰主要保护新建的放水涵洞，围堰使用时间短，仅为一个枯水期，故本工程采用导流标准的下限值，即选择枯水期5年一遇设计洪水标准，相应的设计洪水流量为0.95m^3/s。考虑放水洞建筑物在原大坝上开口施工，为保证建筑物施工安全，需考虑超标准设防，按20年一遇考虑临时度汛，可采用临时修筑子堰等措施加高围堰。

21.2.2 导流方式

因山阳水库改建工程需要修建一条新的放水涵洞，将原放水涵洞废除，故施工期间可以利用清淤后的原放水涵洞过流，在新的放水涵洞前修建土石围堰临时挡水，待放水涵洞完成后，将其拆除。

对于溢洪道的施工，其高程较高为134.60m，可以将其安排在枯水期进行施工，利用清淤后的原放水涵洞过流，可以保证其干地施工，不需要修建施工临时围堰，汛期过流度汛。

对于大坝上游坝脚处的基础防渗处理，处理平台高程133.50m，可以将其安排在枯水期进行施工，利用清淤后的原放水涵洞过流，可以保证其干地施工，不需要修建施工临时围堰。

故本工程推荐利用围堰一次截断，利用清淤后的原放水涵洞泄流的导流方式。

21.2.3 导流建筑物设计

本工程施工期间，仅有新建放水涵洞期间需要修建土石挡水围堰，故本工程导流建筑物仅为新建放水涵洞前的施工临时围堰。为保证泄水通畅，加大输水能力，应对放水涵洞洞前和洞内清淤。

围堰采用均质土围堰，由土料堆筑而成，堰基采用土工膜防渗。围堰前水位为132.4m，超高1.0m，即堰顶高程133.40m；围堰堰顶宽3.0m，最大高度3.0m，围堰背水面边坡1：2.0，迎水面边坡为1：2.0。

导流建筑物工程量见表21.2-1。

21.2.4 导流工程施工

围堰土石混合料筑料采用8t自卸汽车运输至工作面，59kW推土机铺筑、碾压；编织袋装土采用8t自卸汽车运输至工作面，人工堆筑。待新的输水涵洞完成后人工将其拆除。

表 21.2-1　　施工导流临建工程量

序号	项目名称	单位	工程量
1	土料堆筑	m^3	1828
2	编织袋装土堆筑	m^3	500
3	土工膜（200g/0.5）	m^2	1200
4	输水涵洞清淤	m^3	800
5	围堰拆除	m^3	2328

21.3　料场选择与开采

山阳水库除险加固工程需要的天然建筑材料为：工程所需主要建筑材料包括：混凝土骨料约14467t、砂卵石及碎石料约10306m^3、粗砂6112m^3、块石料约23779m^3。其中块石料、砂石料拟选用商品料，土料场选定山阳土料场。

21.3.1　土料场选择与开采

山阳土料场位于右坝肩距坝址约300m的河流一级阶地和高漫滩上，地面高程142.50～145.80m，地形起伏不大，为第四系冲洪积壤土，开采运输较为方便，料层厚度3～4m，料场长350m，宽250m，料场总储量约26.25万m^3。

颗粒中粘粒（d<0.005mm）平均含量19.1%；粉粒（0.005～0.05mm）平均含量19.2%；土料以壤土为主。土样塑性指数为11.3。渗透系数平均值7.7×10^{-6}cm/s。料场质量储量各项指标均符合规程要求，详见本报告地质部分。

土料开挖采用1m^3挖掘机挖装，10t自卸汽车运输至填筑工作面，综合平均运距约0.7～3.5km。

21.3.2　块石料、砂砾料与混凝土骨料

本次除险加固工程所需块石料、人工骨料、砂砾料用量较少，全部采用商品料。经地质调查，料场岩性为灰岩，岩性坚硬，质量较好，料源丰富，为前期工程施工和附近工程建设所利用。运距近，交通便利。质量和储量均能满足设计要求。

21.4　主体工程施工

为了减少河水对施工干扰，保证施工质量、进度与安全，施工单位应严格按照有关技术规范、规程，合理安排、精心施工。

21.4.1　土方开挖、回填

土方开挖采用1m^3挖掘机挖装，10t自卸汽车运输至附近堆土场或弃渣场。

土方填筑属于常规施工，土料首先利用自身开挖土方，不足部分从料场采运符合质量指标要求的土料，用10t自卸车运输至坝作业面，74kW推土机推平，平铺厚度0.5m左右，使用小型平碾进行压实，搞好层间结合及施工段落之间的结合。机械无法压实的部位，用打夯机压实，碾压干容重应达设计要求。

21.4.2　复合土工膜铺设

首先按设计要求选购土工膜材料。在进场时由检测机构按《聚乙烯（PE）土工膜防

渗工程技术规范》(SL/T 231—98)标准进行物理力学性能检测，在土工膜的物理力学性能达到规范要求后方可进场入库，其运输和贮存应符合有关规定。施工前应对坝坡进行整修，按设计坝面修整平顺、光滑，验收合格后方可进行下道工序。在铺设开始后，严禁在可能危害土工膜安全的范围内进行开挖、凿洞、电焊、燃烧、排水等交叉作业。

主坝坝坡土工膜采用人工铺设，方向为顺坝轴向。施工工艺应按以下顺序进行：铺设→剪裁→对正、搭齐→压膜定型→擦拭尘土→焊接试验→焊接→检测→修补→复检→验收。焊缝搭接面不得有污垢、砂土、积水（包括露水）等影响焊接质量的杂质存在，否则应用干纱布擦干、擦净膜面。铺设时，土工膜应自然松弛并与支持层贴实，不宜褶皱、悬空。施工中应及时清理膜下土料中的各种有害尖锐物体，严禁扎破土工膜。工作人员严格按操作规程施工，不得将火种带入施工现场；不得穿钉鞋、高跟鞋及硬底鞋在复合膜上踩踏。车辆等机械不得碾压一布一膜膜面及其保护层。

宜在气温5～35℃、风力4级以下并在无雨天气进行土工膜施工。铺设完毕、未覆盖保护层前，应在膜的边角处每隔2～5m放1个20kg、40kg重的砂袋压边。铺膜速度与砂砾垫层及干砌石施工相对应。检测、修补、复检、验收等程序都应该按规范的要求去做。

21.4.3 干砌石护坡施工

护坡施工时应先进行人工整坡。整坡完成后，先铺设砂砾石垫层，人工洒水、夯实，砂砾石垫层合格后可进行上游护坡砌石施工。砌石用石料应质地坚硬，不易风化，无剥落层或裂纹，其基本物理力学指标应符合设计规定。

21.4.4 混凝土施工

混凝土浇筑前，应详细检查仓内清理、模板、钢筋、预埋件、永久缝及浇筑前的准备工作，并经验收合格后方可浇筑。混凝土采用2台0.75m^3拌和机拌和，10t自卸汽车运输。底板混凝土由10t自卸汽车直接入仓，平板式振捣器振捣密实，混凝土从一端向另一端浇筑，采用斜层浇筑法依次推进，一次成型，中间不留施工缝。边墙、顶拱、板梁、防浪墙等其他部位混凝土采用组合钢模立模浇筑混凝土，采用15t履带吊配1.5m^3罐入仓，插入式振捣器振捣密实。

21.4.5 浆砌石施工

砌石工程应在基础验收合格后方可施工。砌石用石料应质地坚硬，不易风化，无剥落层或裂纹，其基本物理力学指标应符合设计规定。块石由1m^3挖掘机挖装，10t自卸汽车运输至工地后，堆存于指定地点，然后由人工按设计要求砌筑。浆砌石用水泥砂浆，采用0.4m^3砂浆搅拌机就近在使用地点拌和，人工胶轮架子车运输。

21.4.6 高喷防渗墙施工

高压喷射防渗墙施工为常规方法，以分序加密的原则按两序进行，奇数孔为Ⅰ序孔，偶数孔为Ⅱ序孔，其中每隔20孔在Ⅰ序孔上布置一个先导孔，施工时先钻先导孔来确定地层尺寸，后钻喷其他Ⅰ序孔，间隔一定时间后再钻Ⅱ序孔。施工流程为钻机定位、钻孔、台车定位、下管喷射、成墙、检查验收。

灌浆用水可为未受污染且不含杂质的河水，水泥采用32.5级各项指标检验合格的普通硅酸盐水泥，施工参数根据现场工艺试验确定，并根据施工情况随时修正。钻孔采用1台150型地质钻机钻孔，孔径150mm，黏土泥浆护壁，孔斜不超过1%。孔深达到设计要求后停钻，并将喷射装置下至孔底，将水、气、浆的压力都调到设计值，当冒浆比重大于1.2g/cm³ 时，且各项指标均达到设计值时，开始按预定的提升速度边喷射边提升，由下而上进行高压喷射灌浆。灌浆结束后及时重新拌制水泥浆液对已灌过的孔进行静压回灌，回灌标准为孔口的液面不再下降。

21.4.7 金属结构安装

本工程金属结构安装工程有闸门、启闭机等。钢闸门和启闭机制作与安装应符合《水利水电工程钢闸门制造、安装及验收规范》(DL/T 5018—94）和《水利水电工程启闭机制造、安装及验收规范》(DL/T 5019—94）的有关规定。

闸门由加工厂运至安装现场，在门槽部位搭设拼装平台，进行组装，然后用汽车起重机吊装。启闭机安装时应全面检查各部位总成和零部件，并符合相关规定。构件安装的偏差应符合设计和规范要求。

21.5 施工总布置

21.5.1 场内外交通

山阳水库位于黄河流域大汶河北支八里沟上游，泰安市岱岳区良庄镇新庄村东 300m 处。水库大坝距京沪铁路 12km，距京福高速公路、104 国道 13.5km，距良庄镇 1km。坝顶公路在主坝左坝肩与当地简易公路相连，对外交通可利用当地道路。

施工区内主坝与东副坝间坝顶不连通，施工道路利用当地路，但局部需改造路面，计约 1.5km；新建副坝与北副坝间无连接道路，为满足土石料等材料运输，拟修建连接路约 1.5km，工程竣工后作为永久管理道路使用；从施工工厂到主坝新建 0.3km 施工道路，另需新建 0.7km 场内其他道路，路面宽 6.0m，碎石路面，见表 21.5-1。

表 21.5-1 场内施工道路特性表

公路起讫点	长度/m	路面宽度/m	路面结构	备注
施工工厂到主坝	300	6.0	碎石	新建
新建副坝—北副坝	1500	6.0	碎石	新建
主坝—东副坝	1500	6.0	碎石	改建
其他	700	6.0	碎石	新建
合计	4000			

21.5.2 施工工厂设施

本工程砂石料从当地购买，工程区不设砂石料加工系统。根据工程施工需要，主要施工工厂设施有：混凝土拌和站，综合加工厂，机械停放场，仓库及水、电系统。

(1) 混凝土拌和站。混凝土浇筑总量约 6263m³，根据施工进度安排及结构施工特点，混凝土最大浇筑强度为 20m³/h，工程规模较小，工程布置比较集中，因此选用 2 台 0.8m³ 混凝土搅拌机拌制混凝土。混凝土拌和站占地 1000m²。

(2) 综合加工厂。综合加工厂包括钢木加工厂、混凝土预制厂等。混凝土预制件有条件时，可考虑利用当地企业生产。综合加工厂占地 1200m²。

(3) 机械停放场。本工程离城镇较近，可提供一定程度的修理服务。在满足工程施工需要的前提下，本着精简现场机修设施的原则，工地仅设机械停放场，承担机械的停放和保养。占地面积 500m²。

(4) 水、电系统。施工区用水分为两处，一是主体施工区；二是施工工厂及生活区。主体施工区用水利用库水，水泵抽取，水池内澄清后使用；施工工厂及生活区用水接附近居民水管管网。

施工用电高峰负荷估约 350kW，可由大坝附近 10kV 输电线路接入，距离约 1.0km，工区内设额定容量约 250kVA 的 10/0.4kV 变压器两座。

(5) 工地仓库。设置满足使用要求的简易仓库，用于存放施工所用物资器材，邻近综合加工厂布置，占地面积 450m²。

21.5.3 施工总布置

(1) 布置原则。坝后地势平坦，场地条件较好，距离近、利用方便。施工场区布置遵从以下原则：

1) 方便生产生活、易于管理、经济合理。

2) 施工布置紧凑，节约用地，取土和弃渣尽量少占或不占耕地。

3) 尽量临近现有道路，减少施工道路工程量。

(2) 生产生活设施布置。根据坝区地形、交通情况等因素，将施工工厂设施（混凝土拌和站、综合加工厂、施工车辆停放场、仓库、生活区等）集中布置在坝后的平地上。各场区具体布置详见施工总布置图。

主要生产、生活设施规模见表 21.5-2。

表 21.5-2　　主要生产、生活设施规模表

序号	项目名称	建筑面积/m²	占地面积/m²
1	混凝土拌和站	150	1000
2	综合加工厂	200	1200
3	机械停放场	50	500
4	仓 库	300	450
5	办公生活区	1350	1800
6	合计	2050	4950

(3) 弃渣规划。本工程主体工程土方开挖 63631m³、清基清坡 50449m³、石方拆除 11165m³、围堰拆除土方 2328m³，清淤 800m³，总计 128373m³。其中土方 42674m³ 作为回填料利用，其余土方和清坡清基用于回填土料场，折合松方 99129m³；工程拆除石方全部弃渣，折合松方 17083m³。弃渣场位于 2.5km 远处，占地面积为 5694m²。土石方平衡见表 21.5-3。

21.5.4 施工占地

施工临时占地包括生产生活设施、料场、渣场、道路等，共 61514m²。场内新建临时道路宽 6m，平均占压宽按 10m 计，支线和改建道路不计占地。施工占地面积见表 21.5-4。

表 21.5-3　　土石方平衡表　　单位：m^3

项目	开挖类别	工程量	松方	利用量（松方）		弃渣（松方）	
				副坝	放水洞	土场回填	弃于渣场
主坝	土方开挖	2668	3548			3548	
	清基清坡	6564	8731			8731	
	石方拆除	7898	12083				12083
副坝	清基清坡	43884	58366			58366	
溢洪道	土方开挖	54202	72088	50462		21626	
	石方拆除	3211	4913				4913
放水洞	土方开挖	6761	8992		6295	2698	
	石方拆除	57	87				87
围堰	土方开挖	2328	3096			3096	
	清基清坡	800	1064			1064	
合计		128373	172968	50462	6295	99129	17083

表 21.5-4　　施工占地面积汇总表

序号	项　目	占地面积/m^2	折合亩/亩
1	混凝土拌和站	1000	1.50
2	仓库	450	0.68
3	综合加工厂	1200	1.80
4	机械停放场	500	0.75
5	办公生活区	1800	2.70
6	施工道路	3000	4.50
7	土料场	47869	71.80
8	弃渣场	5694	8.54
	合计	61513	92.27

21.6　施工总进度

21.6.1　编制原则及依据

本水库除险加固工程包括挡水大坝除险加固、副坝除险加固、改建溢洪道、新建放水洞等项目的施工。由于工程规模较小，施工时以中小型机械为主，配合人工施工。为了实现除险加固的目标，施工时应合理组织施工、加强管理。

编制本进度的主要依据为水利部编制的有关定额，根据工程特点和选用的施工方法及相应的施工机械，参照已建类似工程的资料，分析确定机械生产率，以期使施工进度经济合理。

21.6.2　施工总进度计划

主体工程主要工程量汇总见表 21.6-1。

表 21.6-1　　　　　　　　　　**主体工程主要工程量汇总表**

序号	项目	单位	数量
1	砌石、混凝土等拆除	m^3	12084
2	清基、清坡	m^3	50449
3	土方开挖	m^3	63631
4	土方回填	m^3	161038
5	碎石、粗砂	m^3	14925
6	干砌石	m^3	12601
7	浆砌石	m^3	6164
8	混凝土	m^3	6263
9	高喷桩	m	6952
10	钢筋	t	419
11	复合土工膜	m^2	28759
12	草皮护坡	m^2	26056

本工程施工总进度主要包括：准备工程，主坝加固工程、东副坝加固工程、北副坝加固工程、新增副坝加固工程、新建放水洞工程、改建溢洪道工程等，施工总工期 15.0 个月。考虑工程导流度汛要求，枯水期进行主坝上游坡施工、东副坝施工、北副坝施工、新增副坝施工，汛期进行下游坡施工。

（1）准备工程。准备工程主要进行场内道路建设及场地平整，风水电设施建设，施工临时住房以及施工工厂设施建设等，拟安排在第一年 10 月施工。

（2）主坝加固工程。大坝加固工程主要包括干砌石拆除、浆砌石拆除、坝顶清基、上游坡脚开挖及回填、高压定喷防渗墙施工、坝面整平碾压、复合土工膜铺设、砂卵石垫层及干砌石施工、下游排水棱体施工、下游护坡、排水沟以及坝顶道路施工、防浪墙施工等。

上游坝坡及岸坡施工安排在第一年 11 月至次年 5 月，共完成清基、拆除及土方开挖 120048m^3，土方回填 3544m^3，碎石垫层 5212m^3，干砌方块石护坡 5809m^3，高压定喷防渗墙 6610m，复合土工膜铺设 28759m^2。

下游坝坡施工安排在第二年 6～12 月，主要完成清基和下游棱体排水拆除 6420m^3，土方回填 3280m^3，耕植土填筑 4920m^3，排水棱体 1056m^3。

（3）东副坝加固。东副坝加固主要包括坝基坝坡清基、土方回填、垫层及干砌石施工、草皮护坡以及坝顶道路等。安排在第一年 11 月至次年 6 月，共完成清基清坡 39356 m^3，土方回填 94697 m^3，耕植土填筑 1764 m^3，垫层及干砌石 13796 m^3。

（4）北副坝加固及连接路面工程。北副坝加固工程主要包括清基、土方回填、草皮护坡以及坝顶路面施工，安排从第二年 4～6 月施工，共完成清基 2732m^3，土方回填 7749m^3，耕植土填筑 1133m^3。

（5）新增副坝工程。新增副坝工程主要包括清基、土方回填、草皮护坡以及坝顶路面施工，安排从第二年 4～6 月施工，共完成清基 1796m^3，土方回填 10454 m^3，耕植土填筑

402m³。

（6）放水洞工程。放水洞工程主要包括导流系统施工、土方开挖、基础旋喷桩施工、混凝土浇筑、土方回填、原闸室拆除以及原放水洞封堵。

放水洞施工安排在第一年 11 月至次年 5 月，共完成土方开挖 6761m³，混凝土浇筑 402 m³，土方回填 5754m³。

原放水洞封堵、原闸室及围堰拆除、新建消力池及护坦施工安排在新建涵洞完成后进行，安排在第二年 4 月中旬至 5 月底施工。

（7）溢洪道工程。溢洪道工程主要包括浆砌石及混凝土拆除、土方开挖、浆砌石施工、混凝土浇筑、土方回填及交通桥施工。

溢洪道土方开挖与东副坝土方回填同时进行，有用料直接运输上坝，安排在第一年 12 月至次年 2 月施工，混凝土浇筑及土方回填安排在第二年 3～12 月施工，共完成土方开挖 54202 m³，土方回填 21463m³，混凝土浇筑 5008m³，浆砌石 4441m³。

主体施工技术指标见表 21.6－2。

表 21.6－2　主要施工技术指标表

序号	项目名称		单位	指标
1	总工期		月	15.0
2	清基及土方开挖	最高月平均强度	m³/月	52000
3	土石方填筑	最高月平均强度	m³/月	48944
4	混凝土浇筑	最高月平均强度	m³/月	928
5	砌石	最高月平均强度	m³/月	3023
6	施工期高峰人数		人	410

21.7　主要技术供应

21.7.1　主要建筑材料

工程所需主要建筑材料包括：混凝土骨料约 14467t、砂卵石及碎石料约 10306m³、粗砂 6112m³、块石料约 26353m³、水泥约 5490t、钢材约 438t、木材约 30m³、土料约 161461m³。

21.7.2　主要施工机械设备

根据施工进度表中各项工程施工时间，确定施工机械设备数量。其主要施工机械设备统计见表 21.7－1。

表 21.7－1　主要施工机械设备统计表

机械名称	型　号	单　位	数　量	备　注
液压挖掘机	1m³	台	4	
推土机	74kW	台	1	
自卸汽车	10t	辆	21	
蛙夯机	2.8kW	台	2	

续表

机械名称	型　号	单　位	数　量	备　注
拌和机	0.75m^3	台	2	
振捣器	2.2kW	台	3	
履带吊	15t	辆	1	
高喷设备		套	3	

22 山阳水库工程征（占）地调查

22.1 工程征地区自然和社会经济概况

22.1.1 工程概况

山阳水库位于山东省泰安市，处于黄河流域大汶河水系牟汶河支流八里沟上游，徂徕山南侧，控制流域面积 $47km^2$。是一座以防洪、灌溉及水产养殖等综合利用的多年调节中型水库。

水库枢纽主要包括大坝、溢洪道和放水洞三部分，水库总库容 2201 万 m^3，属中（3）型工程。山阳水库已建成运行 40 多年，老化失修严重，建筑物存在严重病害问题。据 2007 年 4 月水利工程“三查三定”核定表明，山阳水库防洪标准为 100 年一遇洪水设计，300 年一遇洪水校核，水库防洪标准不够，大坝存在安全隐患。

22.1.2 坝区自然和社会经济概况

山阳水库加固工程所在区域属于暖温带大陆性半湿润季风气候，寒暑适宜，光温同步，雨热同季。年平均气温 13℃，多年平均年降雨量 700～800mm，无霜期 200 多天。粮食作物主要有小麦、玉米、地瓜、高粱、大豆、大麦等；经济作物主要有花生、芝麻、棉花、大麻、烟草、蔬菜等。坝址区涉及到泰安市岱岳区的良庄镇，岱岳区 2005 年末农业人口 78.35 万人，农作物总播种面积为 194.76 万亩，其中粮食作物播种面积 107 万亩，粮食总产 49.96 万 t，农业人均 638kg。农民人均纯收入 4085 元。

22.2 工程征地范围

山阳水库加固工程征（占）地范围包括加固工程建设征地、枢纽运行管理征地、施工临时占地（施工工厂设施占地、生活区占地、土料场占地、弃渣场占地、施工道路占地），根据工程总布置图和施工总布置图及山阳水库原枢纽运行管理范围，共布置加固工程建设征地、枢纽运行管理征地及施工临时占地面积共 343.05 亩，其中永久征地 250.78 亩（其中有 22.36 亩位于原枢纽运行管理范围内，不需征用），临时占地 92.27 亩（其中有 11.93 亩位于原枢纽运行管理范围内）。山阳水库加固工程征（占）地情况详见表 22.2－1。

表 22.2－1　　山阳水库加固工程征（占）地情况表

序号	项　目	征（占）地面积/亩	其中		
			永久征地/亩	临时占地/亩	备　注
	合计	343.05	250.78	92.27	
一	加固工程建设征地	81.40	59.04		需重新征用
			22.36		山阳水库原枢纽运行管理范围

续表

序号	项目	征（占）地面积/亩	其中		
			永久征地/亩	临时占地/亩	备注
二	枢纽运行管理征地	169.38	169.38		需重新征用
三	施工占地	92.27		92.27	
1	施工工厂设施	4.73		4.73	山阳水库原枢纽运行管理范围
	混凝土拌和系统	1.5		1.5	山阳水库原枢纽运行管理范围
	综合加工厂	1.8		1.8	山阳水库原枢纽运行管理范围
	机械停放场	0.75		0.75	山阳水库原枢纽运行管理范围
	中心仓库	0.68		0.68	山阳水库原枢纽运行管理范围
2	生活区占地	2.7		2.7	山阳水库原枢纽运行管理范围
3	土料场占地	71.8		71.8	需重新征用
4	弃渣场占地	8.54		8.54	需重新征用
5	施工道路占地	4.5		4.5	山阳水库原枢纽运行管理范围

22.3 工程占压实物指标

22.3.1 调查内容及方法

22.3.1.1 调查内容

根据《水利水电工程建设征地移民设计规范》（SL 290—2003）及《水电工程建设征地实物指标调查规范》（DL/T 5377—2007）的要求，结合工程征地区实际情况，将调查项目分为农村和专业项目两部分进行调查。

农村调查分为个人和集体两部分，个人部分包括人口、房屋、房屋附属建筑物、零星林木、坟墓和小型水利水电设施六部分；集体部分包括土地、房屋、房屋附属建筑物等。专业项目调查包括道路、电力等。

根据确定的工程建设征地范围和调查内容，在泰安市水务局、山阳水库管理所的配合下，我公司于 2007 年 11 月对山阳水库加固工程征（占）地范围内的实物进行了全面调查。

22.3.1.2 人口、房屋及附属设施

（1）人口。人口是以户口簿为主要依据，现场核对户籍，逐户逐人进行调查，分姓名、身份证号、出生年月、性别、家庭关系、民族、文化程度、是否农业人口、劳动力（年满 18 周岁，男小于 60 周岁、妇女小于 55 周岁的具有劳动能力的人口，在校生除外）等项登记造册。

（2）房屋及附属设施。

1）房屋按结构类型分为：框架结构、砖混结构、砖木结构、土木结构以及杂房五类。

各类结构房屋的一般定义：

a. 框架结构：以钢筋混凝土梁柱承重，砖（石）和其他建筑材料作为填充墙的结构；

b. 砖混结构：以砖（石）墙和钢筋混凝土梁柱承重的结构；

c. 砖木结构：以砖（石）和木承重的结构；

d. 土木结构：以土砖或干打垒土质墙承重的结构；

e. 杂房：结构不完整的房屋；

f. 其他特种主房屋建筑，按特例临时立类。

2）房屋建筑面积计算及计量单位。

a. 房屋面积调查以房屋的建筑面积计算，计量单位以 m^2 计算。

b. 房屋建筑面积是指房屋勒脚线以上外墙的边缘所围的面积，不考虑屋檐或滴水界线。

c. 楼层面积计算：楼板、四壁完整者，楼层层高（以该层前后外墙高的平均值）2.0m 以上（含 2.0m），按该楼层的整层面积计算；楼层层高 1.8～2.0m（含 1.8m）者，按该楼层的 0.8 层计；1.5～1.8m（含 1.5m）者，按该楼层的 0.6 层计；1.2～1.5m（含 1.2m）者，按该楼层的 0.4 层计；1.2m 以下者，不计楼层面积。

d. 阳台面积：以阳台外围面积的一半计入该房屋面积中。

e. 室外走廊面积计算：没有柱子的不计面积；有柱子的，以外柱所围面积的一半计入该房屋面积中。

f. 屋内的天井，无柱的屋檐，雨篷、临时篷（盖），遮盖体等均不计算房屋面积。

g. 在建房屋，根据有关审批报告（或材料）按计划建筑面积统计，并在调查表中注明。

3）房屋调查方法。调查人员实地逐单位、逐户、逐幢对房屋进行丈量计算和清点，现场登记。

4）附属设施。附属设施主要调查内容包括：围墙、厕所、蓄水池、水井等。

围墙按立面面积，以 m^2 计；厕所以个计；蓄水池以 m^3/个计，水井以口计。

调查人员实地逐单位、逐户对其附属设施的数量、结构进行丈量计算和清点，现场登记。

22.3.1.3　土地类别

（1）土地利用现状的分类。土地调查主要分类包括耕地、园地、林地、水塘、建设用地和未利用地等。进行现场核对地类、地界。

各类土地的含义解释参照《山东省土地利用现状更新调查技术细则》（2004 年 3 月 16 日）。

根据《中华人民共和国土地管理法》的规定，将土地用途分为三类，即农用地、建设用地和未利用地。农用地是指直接用于农业生产的土地，包括耕地、园地、林地、草地、农田水利用地、养殖水面等；建设用地是指建造建筑物、构筑物的土地，包括城乡住宅和公共设施用地、工矿用地、交通水利设施用地、旅游用地、军事设施用地等；未利用地是指农用地和建设用地以外的土地。

(2) 土地计量单位。土地面积采用水平投影面积，以亩计（1 亩＝666.67m^2）。

(3) 调查方法。根据国土资发〔2001〕255 号文划分地类，各类土地面积从 1：2000 水库地形地类图上现场核对图斑，内业在 1：1000 电子地形图上量算，各类土地面积以亩为计算单位。

22.3.1.4　零星果树木和坟墓

零星林木系指园地成片面积小于 0.2 亩和分散栽种在房前屋后、田边地角的有收益的果树、经济树木及其他树木。

零星林木分果树、经济树、其他树木三类。果树包括柑橘、苹果、梨子、枇杷、芭蕉、桃子、核桃、板栗等。经济树包括桑树、花椒、桐子、竹子等。其他树木包括独立的用材树和其他树。

各类零星林木种类的设立根据调查范围内实际情况进行确定，所有的零星林木均以株（笼）计。

根据规范要求，零星果树木调查"以户为单位，采用抽样调查的方法"，样本数为 25%～30%，将零星果树木按果树、经济树、用材树等三大类，同时结合树种进行调查登记，并根据抽样成果推算实物指标，对其余部分树木种类和大小方面进行了实地定性调查，以保证在抽样调查成果的基础上推算出的实物指标更具有可靠性、偏差更小。

坟墓按座登记，只登记 30 年内的坟墓。

22.3.1.5　专业项目调查

包括交通道路、输电线等。按照地形地类图（比例尺为 1：2000）实地调查，并收集相关资料，查清各专项等级、规模、权属等。对于公路、输电线等以长度进行数量统计的，首先核对其走向、位置、起止点，然后根据核对后的结果在图上量算其长度。

22.3.1.6　社会经济调查

主要收集山阳水库加固工程征（占）地涉及的泰安市、乡、村组 2005—2007 年的统计年鉴和农业生产统计年报以及农业综合区划、林业区划、水利区划、土地详查等有关资料。

22.3.2　工程建设征地范围内实物指标

山阳水库加固工程征（占）地涉及泰安市岱岳区 1 个镇共 5 个村，征（占）地范围内人口为 2 户 7 人，全部为农业人口（属户籍不在调查范围之内，但有产权房屋的常住人口）；征（占）土地面积为 343.05 亩，其中耕地 195.86 亩，园地 4.1 亩，林地 49.59 亩，塘地 1 亩，未利用土地 73.02 亩，建设用地（水利设施用地）19.48 亩；各类房屋面积 204.75m^2，其中砖混结构 48.00m^2，砖木结构 123.75m^2，杂房 33.00m^2；围墙 45.50m^2，大口井 2 口，厕所 1 个，指示牌 1 个，蔬菜大棚 5384m^2；零星果树木 2930 棵，坟墓 24 座；机井 2 眼；10kV 输电线路 0.20km；四级公路 0.1km。主要实物指标见表 22.3－1。

表 22.3-1　　　　山阳水库实物指标表

序号	项目	单位	合计	永久征地					临时占地	
				需征用			不需征用		需征用	不需征用
				小计	枢纽运行管理征地	坝体加固工程建设征地	溢洪道加固工程建设征地	部分坝体工程建设征地	原枢纽运行管理范围之外	原枢纽运行管理范围内
一	农村部分									
(一)	土地	亩	343.05	250.78	169.38	59.04	19.48	2.88	80.34	11.93
	耕地	亩	195.86	181.11	128.34	49.89		2.88	7.32	7.43
1	水浇地	亩	181.11	181.11	128.34	49.89		2.88		
	菜地	亩	14.75		0.00	0.00			7.32	7.43
2	果园	亩	4.1	4.1	2.55	1.55				
	林地	亩	49.59	45.09	37.84	7.25				4.5
3	用材林	亩	42.08	37.58	31.46	6.12				4.5
	苗圃	亩	7.51	7.51	6.38	1.13				
4	水塘	亩	1	1	0.65	0.35				
5	水利设施用地	亩	19.48	19.48	0.00	0.00	19.48			
6	未利用地	亩	73.02						73.02	
(二)	房屋	m²	204.75	156.6	156.6				48.15	
	主房	m²	171.75	123.6	123.6				48.15	
1	砖混结构	m²	48	48	48					
	砖(石)木结构	m²	123.75	75.6	75.6				48.15	
2	杂房	m²	33	33	33					
	砖(石)木结构	m²	33	33	33					
(三)	附属建筑物									
1	砖围	m²	45.5	45.5	45.5					
2	大口井	口	2	2	2					
3	厕所	个	1	1	1					
4	指示牌	个	1	1	1					
5	温室蔬菜大棚	m²	5384	5384	5384					
(四)	零星树及坟墓									
1	用材树	棵	2930	2930	322	2608				
2	坟墓	座	24	24	24					
(五)	小型水利水电设施									
	机井	座	2	2	2					
二	专业项目									
(一)	交通设施									

续表

序号	项目	单位	合计	永久征地					临时占地	
				小计	需征用		不需征用		需征用	不需征用
					枢纽运行管理征地	坝体加固工程建设征地	溢洪道加固工程建设征地	部分坝体工程建设征地	原枢纽运行管理范围之外	原枢纽运行管理范围内
1	四级公路	km	0.1	0.1	0.1					
2	等外公路	km	0.86	0.69	0.19	0.5			0.17	
3	桥、涵									
	交通桥	座	1	1			1			
	桥涵	m^2	83.06	83.06	20.69	62.37				
(二)	输变电设施									
1	10kV 线路	km	0.2	0.2	0.16	0.03	0.01			

22.4 移民安置规划

22.4.1 指导思想

兼顾国家、集体、个人三者的利益，走开发性移民的道路，贯彻前期补偿补助，后期扶持的安置方针，以大农业安置为主，以土地为依托，因地制宜，充分利用当地资源，广开安置门路，逐步形成多元化的产业结构，多行业综合安置，使移民生产有出路，劳力有安排，努力保证移民达到或超过原有生活水平。

22.4.2 基本原则

(1) 坚持一靠科学；二靠政策，走开发性移民的新路子。工程征地移民安置以种植业、养殖业为主，保证基本口粮田，因地制宜，发展乡村工副业等，多渠道、多门路、多形式开发区域资源。

(2) 生产开发的规模和资金，应以征用土地的补偿费和安置补助费为限额。

22.4.3 安置任务

(1) 设计基准年安置任务。移民安置规划设计基准年，以编制规划的当年为基准年。山阳水库加固工程设计基准年为 2007 年。按安置性质，山阳水库加固工程仅有移民生产安置任务。生产安置人口计算公式如下：

生产安置人口(人)=占压影响总耕地(亩)/占压前本村人均耕地(亩/人)

人均耕地(亩/人)=土地详查耕地面积(亩)/农业人口(人)

(2) 设计水平年安置任务。

1) 设计水平年的确定。移民安置规划的设计水平年，根据工程施工进度安排及移民搬迁计划，确定工程征地移民安置设计水平年为 2009 年。

2) 安置任务计算。水平年生产安置人口的计算，以设计基准年相应指标为基数，根据确定的人口自然增长率分村进行计算。

计算公式为：

$$Q=Q_0(1+K)^n$$

式中　Q——总人口预测数，设计水平年数，人；

　　Q_0——总人口现状数，设计基准年数，人；

　　K——规划期内人口自然增长率；

　　n——规划期限，即设计基准年至设计水平年增长数，年。

按照泰安市岱岳区近年来人口自然增长率1.5‰，推算至设计水平年（2009年），需要进行生产安置人口计算见表22.4-1。

表22.4-1　山阳水库加固工程移民生产安置任务计算表

项目		单位	合计	辛庄村	凤凰村	良庄东村	良庄南村	山阳南村
耕地总面积		亩	11100	330	3459	2680	1420	3211
征用耕地		亩	178.23	10.73	103.68	2.63	19.85	41.33
总农业人口		人	8412	394	2296	2098	1306	2318
劳力		人	5354	300	1774	1080	750	1450
人均耕地		亩/人	1.32	0.84	1.51	1.28	1.09	1.39
规划基准年	人口	人	132	13	69	2	18	30
	劳力	人	83	8	44	1	11	19
规划水平年	人口	人	132	13	69	2	18	30
	劳力	人	83	8	44	1	11	19

22.4.4　移民环境容量分析

（1）移民安置区初步拟定。根据移民安置任务和地方提出的安置意见，拟定移民安置方式为本村安置。移民安置主要着眼于安置区土地资源的开发利用，安置区环境容量分析主要是研究安置区的土地承载力和水资源容量。

1）土地承载力分析是建立在土地评价的基础上，综合考虑了土地资源质量和数量及投入水平、人均消费水准等社会经济因素，选取以粮食占有量为指标的容量计算模式

计算公式如下：

$$P=\sum_{i=1}^{n}P_i$$

$$P_i=Y_i/L_i$$

式中　P——区域的土地承载人口；

　　P_i——以村为单位的土地承载力人口；

　　Y_i——该区域（村）设计水平年粮食总产量；

　　L_i——水平年人均最低耗粮指标；

　　i——行政村序号；

　　n——行政村个数。

有关指标选取计算如下：

Y_i 设计水平年粮食总产量是以设计基准年粮食总产量为基础推算的。设计基准年粮食总产量是以2006年统计资料为基础推算的耕地亩产量和2006年初实有耕地数量为基准

推算的。推算设计水平年粮食总产量时因设计基准年和设计水平年时间间隔较短，不考虑正常耕地递减及耕地单产的逐年增加等因素的影响。

L_i 采用农民家庭人均最低耗粮指标，根据工程征地区“十一五”规划、“十年”计划指标，综合选取加权平均值为460kg/人。土地承载容量分析见表22.4-2。

表22.4-2　　山阳水库加固工程移民安置环境容量分析表

涉及村庄	设计基准年			设计水平年				
	人口/人	征用前耕地/亩	粮食总产量/t	人口/人	征用后耕地面积/亩	粮食总产量/t	人口容量/人	富余容量人/人
合计	8412	11100	5849.24	8437	10921.78	5755.01	12512	4075
辛庄村	394	330	191.40	395	319.27	185.17	403	8
凤凰村	2296	3459	1817.13	2303	3355.32	1762.66	3832	1529
良庄东村	2098	2680	1407.89	2104	2677.37	1406.51	3058	954
良庄南村	1306	1420	745.97	1310	1400.15	735.54	1599	289
山阳南村	2318	3211	1686.85	2325	3169.67	1665.13	3620	1295

根据表22.4-2显示，工程征地涉及各村的环境容量可以满足本村生产安置的要求。

2）水环境容量分析。移民生产安置在原村后靠，移民安置区为工程征地涉及到的村组，人均水资源量无变化。另外，山阳水库加固工程建设后，水库防洪标准提高，将有利于移民安置区生产生活供水，因此，不存在水资源制约因素。

22.4.5　农村移民生产安置规划

（1）种植业规划。移民生产用地划拨：根据安置区的土地资源状况，规划在安置区对生产安置人口征用生产用地，保证安置人口最低人均耗粮指标。划拨生产用地见表22.4-3。

表22.4-3　　山阳水库加固工程移民安置生产用地划拨表

涉及村庄	生产安置人口/人	安置去向	划拨耕地/亩	征地单价/(元/亩)	投资/万元
		调地村庄	水浇地	水浇地	
合计	132		173.73		444.72
辛庄村	13	本村	10.51	25600	26.90
凤凰村	69	本村	100.53	25600	257.35
良庄东村	2	本村	2.55	25600	6.52
良庄南村	18	本村	19.24	25600	49.25
山阳南村	30	本村	40.90	25600	104.70

（2）移民安置补充措施规划。移民安置补充措施是为了安置移民剩余劳动力，以恢复原有生活水平。根据移民安置区实际情况，结合当地经济发展规划和区域经济优势，综合

规划下列措施：利用生产开发剩余资金，进一步提高土地利用率和优化种植业结构，适当发展商品蔬菜基地或林果业，增加移民收入，使移民生活达到或逐步超过原有水平。

22.4.6 生产安置规划综合评价

山阳水库加固工程共安置移民 132 人，劳力 83 个，全部大农业安置，达到了移民生产有出路，收入有门路。

农村移民生产安置规划是限额投资规划，生产开发投资来源于工程征地原有生产体系的生产补偿补助费，包括工程征地补偿费及安置补助费，征地范围内小型水利水电设施补偿费等。为保证移民安置后尽快恢复原有生活水平，生产安置规划投资为 444.72 万元，而仅用于生产安置规划的耕地补偿费为 463.64 万元，尚富余 18.92 万元，该部分资金可用于移民发展蔬菜大棚及蔬菜基地。

22.5 专项设施恢复规划

22.5.1 占压影响情况

(1) 交通道路。

1) 四级公路：涉及到的 0.1km 全部位于枢纽运行管理征地（溢洪道运行管理征地）范围之内，工程建设期和工程建设后均不影响通行，不需要进行恢复改建。

2) 等外公路：涉及到 0.86km 等外公路，其中 0.19km 位于枢纽运行管理征地范围之内，不影响通行，不需要进行恢复改建；0.5km 位于加固工程建设征地范围内，受占压影响，需进行恢复重建；0.17km 位于加固工程施工临时占地（料场）范围内，受占压影响，需恢复改建。

3) 桥（涵）：涉及桥涵 4 座，1 座位于枢纽运行管理征地范围之内，工程建设期和工程建设后均不影响通行，不需要进行恢复改建；3 座位于加固工程建设征地范围内，其中 1 座虽不影响通行，但需要做防护工程，另 2 座受占压影响，需恢复重建。

(2) 电力线。涉及 10kV 电力线 0.20km，其中 0.17km 在工程建设期和工程建设后均不影响正常通电，不需要恢复改建，0.03km 位于加固工程建设征地范围内，受占压影响，需恢复改建。

22.5.2 复建规划

按照原标准、原规模，恢复原功能的原则，对加固工程建设征地范围内影响的交通道路及电力线进行恢复改建。

(1) 交通道路。

1) 等外公路：对加固工程建设征地范围内占压影响的 0.5km 需进行恢复重建，重建长度为 1.0km；对加固工程施工临时占地范围内占压影响的 0.17km 恢复重建，重建长度为 0.4km。

2) 桥（涵）：位于加固工程建设征地范围内占压影响的 2 座桥涵需进行恢复重建；1 座桥涵进行防护加固处理，根据调查情况分析，需计列防护加固费用 50 万元。

(2) 电力线：需要对加固工程建设征地范围内的占压影响 0.03km10kV 输变电线路加高改建，改建长度为 0.2km。

专项设施占压影响及恢复改（重）建情况见表 22.5-1。

表 22.5-1　山阳水库加固工程征（占）地专项设施影响及处理情况表

序号	项目	单位	小计	永久征地									临时占地		
				需征用						不需征用			需征用		
				枢纽运行管理征地			加固工程建设征地			溢洪道加固工程建设征地			料场		
				数量	影响情况	处理情况	数量	影响情况	处理情况	数量	影响情况	处理情况	数量	影响情况	处理情况
一	交通道路														
1	四级公路	km	0.1	0.1	0.1km不影响通行	不需进行恢复改建									
2	等外公路	km	0.86	0.19	0.19km不影响通行	不需进行恢复改建	0.5	占压影响	恢复重建，重建长度1.0km				0.17	占压影响	恢复重建，重建长度0.4km
3	桥、涵														
	交通桥	座	1							1	工程施工影响	防护工程			
	桥涵	m^2	83.06	20.69	不影响通行	不需进行改建恢复	62.37	占压影响	恢复重建，重建62.37m^2						
二	输变电设施														
1	10kV线路	km	0.2	0.16	不影响通电	不需进行改建恢复	0.03	占压影响	恢复改建，抬高4杆（0.2km）	0.01	不影响	不需恢复改建			

22.6 工程建设征地移民补偿投资估算

22.6.1 编制的依据和原则

22.6.1.1 依据

(1)《大中型水利水电工程建设征地补偿和移民安置条例》，2006年7月，国务院第471号令。

(2)《中华人民共和国土地管理法》，1998年8月29日主席令第8号，2004年8月28日修订《中华人民共和国土地管理法》。

(3)《中华人民共和国耕地占用税暂行条例》国务院第511号令及中华人民共和国财政部、国家税务总局颁发的《中华人民共和国耕地占用税暂行条例实施细则》(第49号令，2008年2月26日)。

(4) 国土资源部、国家经贸委、水利部文件，国土资发〔2001〕355号，"关于水利水电工程建设用地有关问题的通知"，简称三部委355号文，2001年11月2日。

(5)《国务院关于深化改革严格土地管理的决定》(国发〔2004〕28号)，2004年10月。

(6) 财政部国家林业局文件财综字〔2002〕73号，关于印发《森林植被恢复费征收使用管理暂行办法》的通知。

(7)《水利水电工程建设征地移民设计规范》(SL 290—2003)。

(8) 财政部国家林业局文件财综字〔2002〕73号，关于印发《森林植被恢复费征收使用管理暂行办法》的通知。

(9) 山东省实施《中华人民共和国土地管理法》办法，1999年通过，2004年修正。

(10) 山东省基本农田保护条例。

(11) 鲁政办发〔2004〕51号山东省人民政府办公厅《关于调整征地年产值和补偿标准的通知》。

(12) 鲁价费发〔1999〕314号山东省物价局、财政厅《关于调整征用土地年产值和地面附着物补偿标准的批复》文件。

(13) 山阳水库实物指标调查成果。

(14) 有关统计资料、物价资料和典型调查资料。

22.6.1.2 原则

(1) 凡国家和地方政府有规定的，按规定执行，无规定或规定不适用的，依据工程实际调查情况或参照类似工程标准执行，地方政府规定与国家规定不一致时，以国家规定为准。

(2) 工程建设征地范围内实物指标，按补偿标准给予补偿。基础设施、专项部分规划采用恢复改建，按"原规模、原标准恢复原功能"的原则计算规划投资，不需恢复改建的占用对象，只计拆除运输费或给予必要的补助。

(3) 概算编制按2008年第一季度物价水平计算。

22.6.2 概算标准的确定

22.6.2.1 土地补偿补助标准

土地分为耕地、园地、林地、水塘等。

（1）土地补偿补助倍数。

1）土地补偿倍数。根据《中华人民共和国土地管理法》第四十七条规定“征收耕地的土地补偿费，为该耕地被征收前三年平均年产值的六至十倍”，征用耕地的补偿倍数取10倍。

根据《中华人民共和国土地管理法》第四十七条规定“征用其他土地的土地补偿费和安置补助费标准，由省、自治区、直辖市参照土地的补偿费和安置补助费的标准规定”，结合《山东省实施〈中华人民共和国土地管理法〉办法》第二十五条“（三）征用林地、牧草地、苇塘、水面等农用地，土地补偿费标准为邻近一般耕地前三年平均年产值的五至六倍；（五）征用未利用地，土地补偿费标准为邻近一般耕地前三年平均年产值的三倍。”结合当地具体情况征用其他土地（含林地、牧草地、苇塘、水面等农用地）的补偿倍数取6倍。

2）补助倍数。根据《中华人民共和国土地管理法》第四十七条规定“……安置补助费标准，为该耕地被征用前三年平均年产值的四至六倍”，取6倍。“征用其他土地的土地补偿费和安置补助费标准，由省、自治区、直辖市参照土地的补偿费和安置补助费的标准规定”，结合《山东省实施〈中华人民共和国土地管理法〉办法》第二十六条“征用土地的安置补助费按下列标准执行：（二）征用林地、牧草地、苇塘、水面以及农民集体所有的建设用地，每一个需要安置的农业人口的安置补助费标准为邻近一般耕地前三年平均年产值的四倍。”征用其他土地（含林地、牧草地、苇塘、水面等农用地）的补助倍数取4倍。

各类土地的补偿补助倍数见下表22.6－1。

表22.6－1　　山阳加固工程土地补偿补助倍数表

序号	地类	补偿补助倍数	补偿倍数	补助倍数
1	耕地			
	水浇地	16	10	6
	菜地	16	10	6
2	园地	16	10	6
3	林地	10	6	4
4	水塘	10	6	4

（2）亩产值。

1）水浇地：山阳水库加固工程征用耕地基本为水浇地，水浇地亩产值根据鲁政办发〔2004〕51号《山东省人民政府办公厅〈关于调整征地年产值和补偿标准的通知〉》执行，山阳水库所在泰安市辖区属于二类地区，耕地每亩最低亩产值标准为1600元。

2）菜地：根据鲁价费发〔1999〕314号山东省物价局、财政厅《关于调整征用土地年产值和地面附着物补偿标准的批复》文件，“常年种菜地年亩值为1200～2000元/亩，最高不超过2400元/亩”，考虑近几年物价增长因素，菜地亩产值取2400元/亩。

3）园地、林地、塘地。根据鲁价费发〔1999〕314号山东省物价局、财政厅《关于调整征用土地年产值和地面附着物补偿标准的批复》文件，“果园地、林地、塘地参照邻近耕地（粮食作物）确定”，经实地调查，该工程建设征（占）地园地、林地、塘地邻近耕地（粮食作物）均为水浇地，因此，园地、林地、塘地亩产值均执行水浇地亩产值标准，为1600元/亩。

（3）各地类地面附着物补偿标准。

1）园地：根据鲁价费发〔1999〕314号文件“果园地参照邻近耕地（粮食作物）确定，树木补偿另计。”经实地查勘，该工程建设征（占）地涉及的园地每亩种植果树40棵（梨园），按照鲁价费发〔1999〕314号文件“盛果期每株补偿标准200～400元/株”的标准，并结合实际，取300元/株，确定园地地面附着物补偿标准为12000元/亩。

2）林地：根据鲁价费发〔1999〕314号文件“参照邻近耕地（粮食作物）的确定，树木补偿另计”。经实地查勘，该工程建设征（占）地涉及的林地株间距1.5m，行间距2m，亩均林地树木220棵，按照鲁价费发〔1999〕314号文件“胸径10～20cm，补偿标准为30～45元/株”的标准，并结合实际，取40元/株，经计算，按照补偿标准林地地面附着物补偿标准为8800元/亩。

3）苗圃：根据鲁价费发〔1999〕314号文件“苗圃苗木，根据苗木树种及培育期，移栽及损失费2000～6000元/亩”，经实地查勘，该工程建设征（占）地涉及的苗圃为景观苗圃，考虑现有市场价格较高，确定苗圃地面附着物补偿标准为10000元/亩。

4）水塘：根据鲁价费发〔1999〕314号文件“参照邻近耕地（粮食作物）的确定，土石方工程（主要是水塘开挖）损失另计”。经实地查勘，该工程建设征（占）地涉及水塘深度为2m，参考当地类似工程，土方开挖单价市场价以2.5元/m^3计，经计算，水塘土石方损失费为3335元/亩。

（4）土地补偿补助标准。

1）工程建设征地补偿补助标准按各类土地亩产值乘相应的补偿补助倍数，并综合考虑地面附着物补偿确定；山阳水库加固工程各地类土地补偿补助标准见表22.6-2。

表22.6-2　山阳水库加固工程土地补偿补助标准表

序号	地类	补偿补助倍数	地面附属物补偿/(元/亩)	补偿补助标准/(元/亩)
1	耕地			
	水浇地	16		25600
	菜地	16		38400
2	园地	16	12000	37600
3	林地			
	用材林	10	8800	24800
	苗圃	10	10000	26000
4	水塘	10	3335	19335

2）临时占用的耕地根据使用期影响作物产值给予补偿。该工程的临时占地期限为8个月，根据占用土地类别的一年产值进行补偿，水浇地的补偿标准为1600元/亩，菜地的补偿标准为2400元/亩。

另外，考虑到征（占）地实际情况，对于征（占）用原枢纽运行管理范围内的耕地，只按一季青苗费（各地类产值的1/2）进行补偿，工程土地补偿补助标准见表22.6-2。

22.6.2.2 房屋及附属建筑物补偿标准

（1）房屋补偿标准。分主房和杂房，其中主房按结构类型分砖混结构、砖（石）木结构、土木结构；杂房按结构分砖木结构、土木结构、简易结构等。

根据《中华人民共和国土地管理法》第四十七条规定："被征用土地上附着物和青苗补偿标准，由省、自治区、直辖市规定"执行。而近年来山东未出台新的房屋补偿标准，且目前市场上人工、建筑材料价格涨幅较大，根据物价上涨情况参照相近区域工程房屋补偿标准分析确定。房屋补偿标准见表22.6-3。

表22.6-3　　山阳水库加固工程房屋补偿标准表

项目	单位	补偿标准/元
主房	m^2	
砖混	m^2	455
砖木	m^2	416
杂房	m^2	
砖木	m^2	185

（2）附属建筑物补偿标准。房屋附属物补偿标准根据鲁价费发〔1999〕314号文件，结合调查情况分析并参照相近区域附属建筑物补偿标准分析确定该工程附属建筑物补偿标准见表22.6-4。

表22.6-4　　山阳水库加固工程附属物补偿标准表

项目	单位	补偿标准/元
砖围	m^2	50
机井	眼	5000
厕所	个	180
指示牌	个	3000
温室大棚	m^2	40

22.6.2.3 零星树及坟墓补偿标准

（1）零星树包括零星果木和材木。零星果木主要是杏树、苹果树等。根据鲁价费发〔1999〕314号文件及当地类似工程，果树：未结果30元/棵，初果期150元/棵，盛果期300元/棵。材树：大树45元/棵，中树30元/棵，小树20元/棵，幼树4元/棵。风景树综合价52元/株，花椒树50元/株。

（2）根据山东省有关规定，坟墓300元/座。

22.6.2.4 小型水利设施补偿标准

包括大口井、机井。根据山东省有关规定并参照当地类似工程分析确定为机井5000元/眼，大口井3000元/眼。

22.6.2.5 迁移运输费

迁移运输费，根据加固工程建设征地范围内的实际情况，参照当地类似工程分析确定，迁移运输费标准见表22.6-5。

表22.6-5 山阳水库加固工程迁移运输费补偿标准表

项目	单位	补偿标准/元
迁移运输费		
1. 物资搬迁		
个人	元/户	350
2. 搬迁损失	元/人	25
3. 误工补助	元/人	160
4. 车船医药	元/人	8
5. 临时住房补贴	元/户	900

22.6.2.6 土地复垦费

根据类似工程，挖地（料场）土地复垦标准按2200元/亩计列；压地（施工工厂、生活区及施工道路）按300元/亩计列。鉴于原枢纽运行管理范围内的土地要收归山阳水库管理局所有，因此，该部分临时占地不予复垦。

22.6.2.7 过渡期生活补助

按生产安置人口300元/人进行补偿。

22.6.2.8 专业项目复建

根据工程占压专业项目的实际情况，按原标准、原规模恢复原功能的原则复建，专业项目补偿标准见表22.6-6。

表22.6-6 山阳水库加固工程专业项目补偿标准表

序号	项目	单位	补偿标准/元
1	道路		
	四级公路	元/km	400000
	等外公路	元/km	20000
	桥涵	元/m^2	2000
2	输变电		
	10kV线路	元/km	73000

22.6.2.9 其他费用

包括勘测规划设计费、实施管理费、技术培训费、监理监测费。

（1）勘测规划设计费：按直接费的3%计列。

（2）实施管理费：按直接费的3%计列。

（3）技术培训费：农村移民费的0.5%。

（4）监理监测费：按直接费的1%计列。

22.6.2.10 基本预备费

按直接费和其他费用之和的10%计列。

22.6.2.11 有关税费

（1）耕地占用税：根据《中华人民共和国耕地占用税暂行条例》（国务院第511号令）及中华人民共和国财政部、国家税务总局颁发的《中华人民共和国耕地占用税暂行条例实施细则》（第49号令），山东省取22.5元/m^2（折合15000.75元/亩）计列。其中，占用原枢纽运行管理范围内的土地不计列土地占用税。

（2）耕地开垦费：根据山东省实施《中华人民共和国土地管理法》办法规定占用基本农田的，按该耕地被征用前三年平均年产值的10倍计收，占用一般耕地的，按耕地被征用前三年平均年产值的8倍计收。国土资源部、国家经贸委、水利部国土资发〔2001〕355号文件规定：以防洪、供水（含灌溉）效益为主的工程，所占压耕地，可按各省、自治区、直辖市人民政府规定的耕地开垦费下限标准的70%收取。本工程主要以供水（含灌溉）为主，所占耕地为一般农田。其中，工程建设征地为原枢纽运行管理范围内的也不计列土地开垦费。

（3）森林植被恢复费：为加强林政管理，保护和合理利用林地资源，根据财政部国家林业局文件财综字〔2002〕73号，关于印发《森林植被恢复费征收使用管理暂行办法》的通知精神执行。①征用用材林地、经济林地、薪炭林地、苗圃地，6元/m^2；②未成林造林地，4元/m^2；③防护林和特种用途林地，8元/m^2；④国家重点防护林地和特种用途林地，10元/m^2；⑤疏林地、灌木林地，3元/m^2。按占用林地的用途和类型，合理征收森林植被恢复费。其中，占用原枢纽运行管理范围内的林地不计列森林植被恢复费。

22.6.3 概算

根据工程征（占）地范围内的实物指标和移民安置规划及专项处理方案，按确定的补偿补助标准计算，山阳水库加固工程征（占）处理及移民安置规划总投资为1375.97万元，其中农村移民补偿费为640.53万元；专业项目复建费73.72万元；其他费用53.57万元；基本预备费76.78万元；有关税费531.37万元。概算详见表22.6-7。

表22.6-7　山阳水库加固工程征（占）地处理及移民安置规划概算表

序号	项目	单位	补偿标准/元	实物及规划	概算/万元
第一部分	农村移民补偿费				640.53
一	土地补偿补助费				589.22
(一)	集体				588.10
1	永久征地				586.34
①	耕地	亩			456.27
	水浇地	亩	25600	178.23	456.27
	菜地	亩	38400		0
②	园地	亩	37600	4.1	15.42

续表

序号	项目	单位	补偿标准/元	实物及规划	概算/万元
③	林地	亩			112.73
	用材林	亩	24800	37.58	93.20
	苗圃	亩	26000	7.51	19.53
④	塘地	亩			1.93
	灌溉水塘	亩	19335	1	1.93
2	临时占地				1.76
①	挖地	亩			1.76
	菜地（补1年）	亩	2400	7.32	1.76
	未利用地（不补）	亩		64.48	0
②	填地（未利用地，不补）	亩		8.54	0
（二）	水库管理所				1.12
1	永久征地				0.23
	水浇地		800	2.88	0.23
2	临时占地				0.89
①	压地	亩			0.89
	菜地	亩	1200	7.43	0.89
二	房屋及附属物				30.62
（一）	房屋补偿				7.94
1	主房				7.33
	砖混房	m^2	455	48	2.18
	砖木房	m^2	416	123.75	5.15
2	杂房				0.61
	砖木房	m^2	185	33	0.61
（二）	附属物补偿				22.69
1	砖围	m^2	50	45.5	0.23
2	大口井	口	3000	2	0.60
3	厕所	个	180	1	0.02
4	指示牌	个	3000	1	0.30
5	温室蔬菜大棚	m^2	40	5384	21.54
三	零星树及坟墓				13.91
1	用材树	棵	45	2930	13.19
2	坟墓	座	300	24	0.72
四	小型水利水电设施				1.00
	机井	眼	5000	2	1.00
五	迁移运输费				0.21

续表

序号	项目	单位	补偿标准/元	实物及规划	概算/万元
1	物资搬迁	户	350	2	0.07
2	搬迁损失	人	25	7	0.02
3	误工补偿	人	160	7	0.11
4	车船医药	人	8	7	0.01
六	土地复垦费	亩			1.61
	挖地	亩	2200	7.32	1.61
	压地	亩	300		0
七	过渡期生活补助费	人	300	132	3.96
第二部分	专业项目复建费				73.72
一	道路复建费				72.33
1	四级公路	km	400000	0.1	4.00
2	等外公路	km	20000	0.86	1.72
3	桥涵				66.61
	交通桥	座			50.00
	桥涵	m^2	2000	83.06	16.61
二	输变电工程复建费				1.39
1	10kV 线路	km	73000	0.19	1.39
第一、第二部分之和					714.25
第三部分	其他费用				53.57
1	勘测规划设计科研费		3%		21.43
2	实施管理费		3%		21.43
3	技术培训费		0.50%		3.57
4	监理检测费		1%		7.14
第一、第二、第三部分之和					767.81
第四部分	基本预备费		10%		76.78
第五部分	有关税费				531.37
1	耕地占用税	亩	15000.75	235.74	353.63
2	耕地开垦费	亩	8960	178.23	159.69
3	森林植被恢复费				18.05
	用材林	亩	4002	37.58	15.04
	苗圃	亩	4002	7.51	3.01
总投资					1375.96

其中管理区永久占地需要征用土地的概算详见表22.6-8。

表 22.6-8 山阳水库加固工程管理范围征（占）地概算表

序号	项目	单位	补偿标准/元	实物及规划	概算/万元
第一部分	农村移民补偿费				470.20
一	土地补偿补助费				434.24
(一)	集体				434.01
1	永久征地			169.38	434.01
①	耕地	亩		128.34	328.55
	水浇地	亩	25600	128.34	328.55
	菜地	亩	38400	0	0
②	园地	亩	37600	2.55	9.59
③	林地	亩		37.84	94.61
	用材林	亩	24800	31.46	78.02
	苗圃	亩	26000	6.38	16.60
④	塘地	亩		0.65	1.26
	灌溉水塘	亩	19335	0.65	1.26
(二)	水库管理所				0.23
1	永久征地				0.23
	水浇地		800	2.88	0.23
二	房屋及附属物				28.62
(一)	房屋补偿				5.94
1	主房				5.33
	砖混房	m^2	455	48	2.18
	砖木房	m^2	416	75.6	3.14
2	杂房				0.61
	砖木房	m^2	185	33	0.61
(二)	附属物补偿				22.68
1	砖围	m^2	50	45.5	0.23
2	大口井	口	3000	2	0.60
3	厕所	个	180	1	0.02
4	指示牌	个	3000	1	0.30
5	温室蔬菜大棚	m^2	40	5384	21.54
三	零星树及坟墓				2.17
1	用材树	棵	45	322	1.45
2	坟墓	座	300	24	0.72
四	小型水利水电设施				1.00
	机井	眼	5000	2	1.00
五	迁移运输费				0.21

续表

序号	项　目	单位	补偿标准/元	实物及规划	概算/万元
1	物资搬迁	户	350	2	0.07
2	搬迁损失	人	25	7	0.02
3	误工补偿	人	160	7	0.11
4	车船医药	人	8	7	0.01
六	土地复垦费	亩			0
	挖地	亩	2200		0
	压地	亩	300		0
七	过渡期生活补助费	人	300	132	3.96
第二部分	专业项目复建费				9.69
一	道路复建费				8.52
1	四级公路	km	400000	0.1	4.00
2	等外公路	km	20000	0.19	0.38
3	桥涵				4.14
	交通桥	座		1	0
	桥涵	m^2	2000	20.69	4.14
二	输变电工程复建费				1.17
1	10kV 线路	km	73000	0.16	1.17
第一、第二部分之和					479.88
第三部分	其他费用				35.99
1	勘测规划设计科研费		3%		14.40
2	实施管理费		3%		14.40
3	技术培训费		0.50%		2.40
4	监理检测费		1%		4.80
第一、第二、第三部分之和					515.88
第四部分	基本预备费		10%		51.59
第五部分	有关税费				384.22
1	耕地占用税	亩	15000.75	169.38	254.08
2	耕地开垦费	亩	8960	128.34	114.99
3	森林植被恢复费				15.14
	用材林	亩	4002	31.46	12.59
	苗圃	亩	4002	6.38	2.55
总投资					951.68

坝区工程建设征（占）地概算详见表22.6-9。

表22.6-9　山阳水库加固工程坝区建设征（占）地概算表

序号	项　目	单位	补偿标准/元	实物及规划	概算/万元
第一部分	农村移民补偿费				164.07
一	土地补偿补助费				152.33
(一)	集体				152.33
1	永久征地			59.04	152.33
①	耕地	亩		49.89	127.71
	水浇地	亩	25600	49.89	127.71
	菜地	亩	38400	0	0
②	园地	亩	37600	1.55	5.83
③	林地	亩		7.25	18.11
	用材林	亩	24800	6.12	15.18
	苗圃	亩	26000	1.13	2.93
④	塘地	亩		0.35	0.68
	灌溉水塘	亩	19335	0.35	0.68
二	零星树及坟墓				11.74
	用材树	棵	45	2608	11.74
第二部分	专业项目复建费				63.69
一	道路复建费				63.47
1	四级公路	km	400000		0
2	等外公路	km	20000	0.5	1.00
3	桥涵				62.47
	交通桥	座			50.00
	桥涵	m^2	2000	62.37	12.47
二	输变电工程复建费				0.22
1	10kV线路	km	73000	0.03	0.22
第一、第二部分之和					227.76
第三部分	其他费用				17.08
1	勘测规划设计科研费		3%		6.83
2	实施管理费		3%		6.83
3	技术培训费		0.50%		1.14
4	监理检测费		1%		2.28
第一、第二、第三部分之和					244.84
第四部分	基本预备费		10%		24.48
第五部分	有关税费				136.17

续表

序号	项　目	单位	补偿标准/元	实物及规划	概算/万元
1	耕地占用税	亩	15000.75	59.04	88.56
2	耕地开垦费	亩	8960	49.89	44.70
3	森林植被恢复费				2.90
	用材林	亩	4002	6.12	2.45
	苗圃	亩	4002	1.13	0.45
总投资					405.49

临时占地需要征用土地的概算详见表22.6-10。

表22.6-10　　山阳水库加固工程临时征（占）地概算表

序号	项　目	单位	补偿标准/元	实物及规划	概算/万元
第一部分	农村移民补偿费				6.26
一	土地补偿补助费				2.65
(一)	集体				1.76
1	临时占地				1.76
①	挖地	亩			1.76
	菜地（补1年）	亩	2400	7.32	1.76
	未利用地（不补）	亩		64.48	0
②	填地（未利用地，不补）	亩		8.54	0
(二)	水库管理所				0.89
1	临时占地				0.89
	菜地	亩	1200	7.43	0.89
二	房屋及附属物				2.00
(一)	房屋补偿				2.00
1	主房				2.00
	砖混房	m^2	455		0
	砖木房	m^2	416	48.15	2.00
三	土地复垦费	亩			1.61
	挖地	亩	2200	7.32	1.61
	压地	亩	300		0
第二部分	专业项目复建费				0.34
一	道路复建费				0.34
1	等外公路	km	20000	0.17	0.34
第一、第二部分之和					6.60
第三部分	其他费用				0.50
1	勘测规划设计科研费		3%		0.20

续表

序号	项　目	单位	补偿标准/元	实物及规划	概算/万元
2	实施管理费		3%		0.20
3	技术培训费		0.50%		0.03
4	监理检测费		1%		0.07
第一、第三部分之和					7.10
第四部分	基本预备费		10%		0.71
第五部分	有关税费				10.98
1	耕地占用税	亩	15000.75	7.32	10.98
总投资					18.79

22.7　耕地占补平衡

根据《中华人民共和国土地法》第三十一条："国家实行占用耕地补偿制度。非农业建设经批准占用耕地的，按照'占多少，垦多少'的原则，由占用耕地的单位负责开垦与所占用耕地的数量和质量相当的耕地；没有条件开垦或者开垦的耕地不符合要求的，应当按照省、自治区、直辖市的规定缴纳耕地开垦费，专款用于开垦新的耕地。"

山阳水库加固工程征（占）地范围内征用耕地按照国家和山东省的规定缴纳耕地开垦费，专款用于开垦新的耕地。

23 山阳水库水土保护评价

23.1 水土流失及水土保持现状

23.1.1 水土流失现状分析

山阳水库位于黄河流域大汶河北支八里沟上游，徂徕山南侧，泰安市岱岳区良庄镇新庄村东300m处，坝址区地形起伏不大，高程一般134.00～140.00m之间，属低山丘陵地貌。局部范围地形起伏较大，高差可达20m。区内植被较差，多为耕种土地，土壤侵蚀类型区属北方土石山区，土壤侵蚀类型主要为水蚀，土壤侵蚀模数平均为1520t/(km^2·a)，属轻度侵蚀。项目区土壤容许流失量为200t/(km^2·a)。

23.1.2 项目建设区与水土流失重点防治区关系

根据《山东省人民政府关于发布水土流失重点防治区的通告》（1999年3月3日），项目区处于水土流失重点预防保护区，因此，在项目建设过程中必须处理好资源开发和生态环境保护的关系，搞好水土保持工作，有效防治水土流失。

23.2 防治责任范围

（1）项目建设区。项目建设区主要包括工程永久占地区、施工期间的临时占地区。根据本工程移民拆迁及安置专章设计，本工程不涉及移民拆迁和安置，移民生产用地划拨由于未改变其土地性质，不考虑防治措施。通过对本项工程的施工组织分析，工程建设征用土地总面积以及永久占地和工程临时占地详见表23.2-1。

表23.2-1　防治责任范围及其占地面积　单位：hm^2

	占地用途	项目建设区面积	直接影响区面积	防治责任范围
永久占地	主体工程占地	16.64	1.66	18.30
	小计	16.64	1.66	18.30
临时占地	弃渣场	0.57	0.09	0.65
	施工生产生活区	0.50	0.07	0.57
	施工道路	0.30	0.05	0.35
	土料场	4.79	0.72	5.51
	小计	6.16	0.93	7.09
合计		22.8	2.59	25.39

（2）直接影响区。直接影响区主要指工程施工及运行期间对未征、租用土地造成影响的区域。从各单项工程施工及运行情况进行分析：

1）主体工程永久占地区：由于主体工程施工产生的水土流失对工程占地四周会产生影响，影响区范围按照工程占地的10%计算。

2）施工生产生活区：根据对类比工程的调查观测和分析，施工生产生活区产生的水土流失一般影响到场地外边界约2.50m，因此，按区域周边延外2.50m作为直接影响区。

3）根据对类比工程和本项目的现场考察可知，弃渣场施工对周围的影响在征地范围外5m以内，据此确定本项目弃渣场直接影响区。

4）施工道路：施工道路两侧各5m可作为水土流失直接影响区。

综上所述：水土流失防治责任范围包括项目建设区和直接影响区，总面积为25.38 hm^2，其中项目建设区面积为22.79hm^2，直接影响区面积为2.59hm^2。防治责任范围见表23.2-1。

23.3 项目区水土流失预测

由于项目建设将会损坏原有的地形地貌和植被，而且施工活动扰动了原有的土体结构，致使土体抗侵蚀能力降低，造成项目建设使区域内的土壤加速侵蚀，产生较大严重的水土流失。工程建设造成的新增水土流失量是指因开发建设导致的新的水土流失量，即项目建设区内在没有任何防护措施的情况下，建设和生产过程中产生的水土流失总量与原地面水土流失总量（背景值）的差值。工程建设造成的新增水土流失主要包括破坏原地貌造成的流失量、弃渣流失量、工程施工活动产生的水土流失量。

23.3.1 水土流失预测时段划分

预测时段分为项目建设期和自然恢复期，根据主体工程设计项目建设期10个月，由于项目建设跨1个汛期，故水土流失预测项目建设期按1年，自然恢复期根据不同工程部位按1～2年计算，具体见表23.3-1水土流失预测项目、预测时段划分及土壤侵蚀模数表。

表23.3-1　　水土流失预测项目、预测时段划分及土壤侵蚀模数表

水土流失防治区		施工期/年	侵蚀模数背景值/[t/(km²·a)]	施工期土壤侵蚀模数/[t/(km²·a)]	自然恢复期/年	自然恢复期土壤侵蚀模数/[t/(km²·a)]
主体工程防治区		1	1000	3000		2000
取土场区	坡面	1	1500	4500	1	3000
	底面	1	1000	3000	1	2000
弃渣场区	坡面	1	1500	5500	2	3500
	顶面	1	1000	3500	2	2500
施工道路		1	1300	3000	1	2000
施工生产生活区		1	1000	3000	1	2000

23.3.2 预测内容

根据工程建设特点，水土流失预测内容主要包括以下几个方面：①工程施工过程中扰动原地貌、破坏植被的面积和破坏水土保持设施量；②可能产生的弃渣量；③新增的水土

流失面积、流失量；④可能造成的水土流失危害及综合分析。

23.3.3 扰动原地貌和破坏的植被面积

扰动地表面积和破坏的植被主要发生在工程建设期，主要是项目征占地范围内的土地。扰动地表总面积为22.79hm^2，破坏植被面积3.31hm^2，具体土地面积及类别详见表23.3-2。

表23.3-2　　项目占地类型汇总　　单位：hm^2

占地类型		耕地	果园	林地	水塘	未利用地	合计
永久占地	主体工程占地	12.00	0.27	3.01	0.07		15.35
	小计	12.00	0.27	3.01	0.07		15.35
临时占地	弃渣场					0.57	0.57
	施工生产生活区	0.50					0.50
	临时道路			0.30			0.30
	取土场					4.79	4.79
	小计	0.50		0.30		5.36	6.16
合计		12.50	0.27	3.31	0.07	5.36	21.51

23.3.4 弃渣量

根据项目设计报告、施工组织设计提供的资料，并进行挖填平衡分析，工程施工弃渣总量为12.83万m^3，其中9.91万m^3回填取土场，弃往弃渣场的1.71万m^3。

23.3.5 损坏水土保持设施数量

通过实地查勘和对项目征地情况分析，同时根据《山东省水土保持补偿费、水土流失防治费收取标准和使用管理暂行办法》规定，对本工程占地中损坏水土设施征收水土保持补偿费。损坏水土保持设施量为3.31hm^2。

23.3.6 施工区可能造成的水土流失总量预测

工程建设造成的水土流失量采用侵蚀模数法进行预测，工程造成的水土流失量预测采用的计算公式为：

$$W_{1,2}=\sum_{i=1}^{n}(F_{1i,2i}\times M_{1i,2i}\times T_{1i,2i})/100$$

式中　$W_{1,2}$——工程施工期、自然恢复期扰动地表所造成的总水土流失量，t；

$F_{1i,2i}$——各个预测时段各区域的面积，km^2；

$M_{1i,2i}$——各预测时段各区域扰动后的土壤侵蚀模数，$t/(km^2\cdot a)$；

$T_{1i,2i}$——各预测时段各区域的预测年限，年；

n——水土流失预测的区域个数，包括主体工程占地区、施工生产生活区、施工道路、取土场、临时弃渣区和永久弃渣场等。

主要计算参数的确定采用类比方法，2006年黄河下游防洪工程为本项目的类比地区。

项目区建设新增的土壤侵蚀总量分别见表23.3-3。通过计算，预测新增水土流失量724.41t。其中主体工程区新增水土流失量占新增总量的69.25%，取土场为22.80%，弃渣场为4.91%。因此主体工程区、取土场区和弃渣场区为本次设计的防治重点。

表 23.3-3　　　　各水土流失防治区水土流失预测汇总表

水土流失防治区		水土流失预测总量/t	所占比例/%	新增水土流失预测量/t	所占比例/%
主体工程防治区		836.04	69.31	501.62	69.25
取土场区	坡面	107.71	8.93	64.62	8.92
	底面	167.54	13.89	100.52	13.88
弃渣场区	坡面	21.35	1.77	13.67	1.89
	顶面	33.88	2.81	21.92	3.03
施工道路		15.00	1.24	7.20	0.99
施工生产生活区		24.75	2.05	14.85	2.05
总计		1206.26	100.00	724.41	100.00

23.3.7　水土流失危害预测

主体工程区、取土场等在施工期间，由于土方开挖，大面积的土地被扰动，破坏了原地表的地貌和植被，打破了原有土体的稳定平衡和土壤结构，如果不采取及时有效的水保措施，一遇到暴雨，就会使扰动地面有面蚀发展到沟蚀，随着沟蚀的延伸，将蚕食农田，淤积河道，影响行洪，威胁城镇居民的生产、生活安全，同时，大量的土壤流失也会影响到主体工程本身的安全。

23.3.8　预测结果和综合分析

若不采取水土保持措施，项目建设新增水土流失总量为724.41t，工程建设产生的水土流失将会对工程安全、土地等产生严重的危害。

23.4　水土流失防治方案

23.4.1　方案编制原则和目标

方案编制贯彻“预防为主，全面规划，综合防治，因地制宜，加强管理，注重效益”的水土保持工作方针，体现“谁造成水土流失，谁负责治理”的原则。同时依据国家水土保持有关法规和技术规范，充分考虑本项目的特点，结合区域水土流失状况和当地自然条件，进行水土保持措施的布设。

本项目水土流失防治方案编制的目标主要为：①依据国家的法律法规和技术规范进行方案编制，使防治方案符合国家对水土保持、环境保护的总体要求；②水土保持方案是项目建设设计的组成部分，方案编制要为项目建设服务；③本方案根据项目建设特点，结合该项目实际情况，提出科学合理的水土保持防治体系；④使水土保持工程与主体工程同时设计、同时施工、同时投产使用；⑤方案的目标应实现技术规范中提出的水土流失防治要求。根据水土保持技术规范的规定，提出具体防治目标如下：①防止堆弃渣场、开挖面崩塌、滑坡等现象发生，消除工程隐患，保障安全。②有效控制水土流失，使项目区新增水土流失减少70%以上。③科学合理地布设工程措施和植物措施，通过对临时占地区绿化等措施，使可绿化面积全部进行绿化。④本工程水土保持六项防治目标量化指标如下：扰动土地的治理率达95%，总治理程度达90%以上，弃渣的拦渣率达到98%以上，水土流失控制比达到 1.0 以上。扰动地面的土壤侵蚀模数在施工结束后两年内恢复到扰动前的背景值。项目区植被恢复系数达到 98%，林草覆盖率达到 25%以上。

23.4.2 水土流失防治分区及水土保持措施总体布局

23.4.2.1 防治分区确定

根据该工程区的自然状况、工程建设时序、工程造成的水土流失特点及项目主体工程布局等，结合分区治理的规划原则，本方案将该工程水土流失防治区分为主体工程防治区、施工生产生活区、施工道路防治区、取土场区和弃渣场区。

23.4.2.2 措施总体布局

（1）主体工程防治区。由于主体工程设计满足水土保持要求，本设计只补充施工中的临时防护措施。对土方开挖、临时堆存等施工修筑临时排水沟、临时挡土埂以及临时覆盖措施。

（2）施工生产生活区。对混凝土拌和站、综合加工厂、机械停放场、工地仓库和办公生活区结合施工用地情况，空闲地进行绿化，占地周围修建临时排水沟，施工结束后对污染物质进行清理，然后对其进行土地整治，有条件的要进行复耕。

（3）施工道路防治区。施工道路分两种情况：一是永久占地的施工道路，在道路两侧修建浆砌石排水沟，路边 0.5m 范围内植树绿化；另一种是临时占地，施工结束后该道路需还原为原占地类型，对这类施工道路在道路两侧修建临时土排水沟，施工结束后进行土地整治。

（4）弃渣场区。弃渣场区是本方案设计的重点区域。在方案设计中，我们对地形进一步勘察，对主体工程弃渣量复核，并对主体工程设计弃渣提出优化建议。通过复核、调整、优化设计，并根据渣场特点有针对性地采取防护措施。

弃渣场一般选择在荒沟沟头或荒沟沟道岸坡，按照“先拦后弃，上截下排”的弃渣设计原则，弃渣前先在荒沟沟口或荒坡坡底设挡渣墙，在弃渣场上游布置截水措施，对弃渣场本身布置排水设施，使弃渣场能够在施工结束后安全稳定运行，组织有序排水，防止坡面漫流产生水土流失。

（5）取土场区。取土场区为本方案设计的重点区域。取土场在取土过程中破坏了原有地貌及地表植被，改变了原有的自然坡度，形成了裸露坡面，容易产生水土流失，因此在取土场取土过程中，无论采用何种取土方式，都要在取土场四周设挡水土埂，防止周边雨水冲刷取土场表面。取土结束后，要根据取土场不同地形，对取土场布设防护工程，配套防洪排水工程、土地整治工程和覆土造地工程。场内的临时施工便道和临时堆积的耕作层表土要实施施工期临时防护措施。

本方案水土防治措施体系见表 23.4-1。

表 23.4-1　　水土防治措施体系表

防治分区	分部水土保持措施
主体工程防治区	临时排水、临时拦挡和临时覆盖措施
取土场区	渣场削坡、挡水土埂、土地整治、种一季苜蓿复耕
弃渣场区	拦挡措施、植草护坡、渣顶绿化
施工生产生活区	临时土排水沟、土地整治，种一季苜蓿复耕
施工道路防治区	临时土排水沟、土地整治，种一季苜蓿复耕

23.4.3 水土保持措施设计

通过研究分析，主体工程设计中具有水土保持功能的措施基本满足相应的水土保持要求，为避免重复设计和重复投资，不再布置新的水土保持措施。因此，在分区防治时，应综合考虑，视具体情况有针对性的采取相应的水土保持防治措施。因而，确定本次水土保持方案重点防治区为弃渣场、取土场、施工生产生活区、施工道路。

23.4.3.1 弃渣场防护措施

（1）工程措施。

1）拦挡措施：本工程共设计一个弃渣场，距山阳水库大坝 2.5km，是典型的沟头弃渣，渣场平均堆渣高度为 3m，下游平均堆高为 6m。因此，弃渣场的拦挡措施设计为在弃渣场的堆渣下游布置挡渣堤，挡渣堤采用 M75 浆砌片石，墙顶面宽度 75cm，墙体高度 150cm，其中地面部分高 100cm，地下部分高 50cm。承受弃渣压力的边坡为 1：0.5，另一边坡比为 1：0.75。断面具体尺寸见图 23.4-1。堤身后设 3.0m 长 0.5m 厚干砌石护底。挡渣堤单位砌体体积 2.535m^3/m。

2）渣场截排水措施。沿弃渣场征地界限设置周边排水沟，排水沟与已有天然沟道相连。排水沟为梯形断面，底宽 80cm，高 80cm，内坡坡比为 1：1，采用浆砌片石衬砌，衬砌厚度 30cm。断面具体尺寸见图 23.4-2。

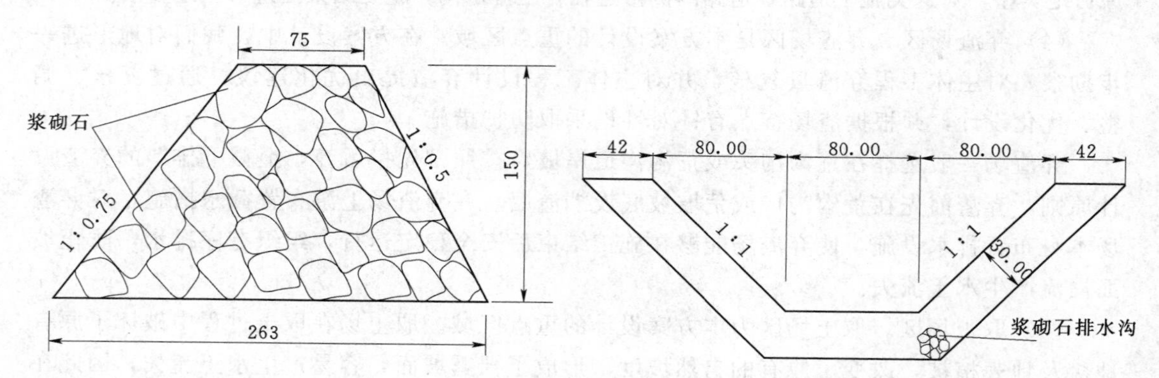

图 23.4-1 浆砌石挡渣堤断面示意图（单位：cm） 图 23.4-2 浆砌排水沟断面示意图（单位：cm）

3）土地整治。弃渣占地为工程临时占地，工程结束后需复耕，施工结束后平整渣场，平整后地面坡度小于 5°，同时将堆放的表土覆盖渣顶，覆土厚度 30cm。

（2）植物措施。

1）护坡措施。弃渣场下游边坡设计为 1：1.75，边坡防护采用植草防护，种植方式为草籽撒播，种植密度为 120kg/hm^2。

2）渣面种草。为改善土壤肥力，在渣顶种植一季紫花苜蓿绿肥。种植方式为撒播，种植密度 120kg/hm^2。

(3) 临时措施。弃渣场弃渣前，将表土剥离集中堆放留做复耕覆土，对临时堆土采用临时拦挡和临时排水措施，其中临时拦挡修筑梯形挡土土埂，尺寸：顶宽 30cm，底宽 60cm，高 40cm，临时排水修建临时梯形土排水沟，尺寸：上口宽 30cm，底宽 60cm，深 40cm。

弃渣场工程量见表 23.4-2。

表 23.4-2　　弃渣场防治区新增水土保持措施工程量汇总表

防治区	工程措施							植物措施		临时防护措施	
	挡渣墙			排水沟		渣场顶面整治和覆土		护坡措施	绿肥种草		
	挡渣墙基础开挖土方 /m^3	挡渣墙浆砌石 /m^3	PVC排水管 /m	排水沟基础开挖土方 /m^3	排水沟浆砌石 /m^3	渣面整治 /hm^2	覆土 /m^3	种草（狗牙根） /m^2	种植紫化苜蓿 /hm^2	挡水土埂 /m^3	排水沟开挖土方 /m^3
弃渣场区	92.64	202.8	95	532	244	0.49	1456	967.47	0.49	19	19

23.4.3.2　施工生产生活区

在项目建设期，主要采取土地整治和工程护坡措施。生产生活场地在进场利用前，首先进行土地平整压实、地面硬化处理。施工单位离场前，首先对污染物质进行清除或掩埋处理，把生活垃圾和固体废弃物运送到垃圾处理厂或进行深埋，清除临时建筑，废旧机械及生产生活设施全部撤离施工场地。这些措施在主体工程设计中均已考虑，在本方案中不再重新设计。

本方案设计主要为临时排水措施，在占地四周修建临时梯形土排水沟，尺寸为：上口宽 40cm，底宽 40cm，深 40cm，边坡 1∶1。

施工结束后，采取土地整治复耕，并种植一季绿肥紫花苜蓿，施工生产生活区工程量见表 23.4-3。

表 23.4-3　　施工生产生活区新增水土保持措施工程量汇总表

防治区	工程措施			植物措施	临时防护措施	
	排水沟挖土方 /m^3	土地整治 /hm^2	覆土 /m^3	种植紫花苜蓿 /hm^2	挡水土埂 /m^3	排水沟开挖土方 /m^3
生产生活区	101.31	0.50	1485.00	0.50	50	50

23.4.3.3　施工道路

施工便道两侧采取排水措施，本施工便施工结束后进行土地平整，并种植一季绿肥紫花苜蓿进行土地熟化。

道路两侧设置梯形土排水沟，上口宽 40cm，底宽 40cm，深 40cm，边坡 1∶1。施工生产生活区工程量见表 23.4-4。

表 23.4-4　　施工道路防治区新增水土保持措施工程量汇总表

防治区	工程措施			植物措施	临时防护措施	
	排水沟挖土方 /m^3	土地整治 /hm^2	覆土 /m^3	取土场底部绿肥种草 /hm^2	挡水土埂 /m^3	排水沟开挖土方 /m^3
施工道路防治区	3200	0.30	900	0.30	35	35

23.4.3.4 主体工程占地区

主体工程占地区产生的水土流失主要发生在施工过程中。在建设过程中必须采取临时措施进行防治，临时防护措施包括临时拦挡和临时排水措施等。其中临时拦挡修筑梯形挡土土埂，尺寸：顶宽 30cm，底宽 60cm，高 40cm，临时排水修建临时梯形土排水沟，尺寸：上口宽 30cm，底宽 60cm，深 40cm。经计算共开挖土方 $138m^3$，填筑土方 $138m^3$。

23.4.3.5 取土场

(1) 工程措施。排水措施：沿取土场征地界限设置周边排水沟，排水沟与已有天然沟道相连。排水沟为梯形断面，底宽 80cm，高 80cm，内坡坡比为 1∶1，采用浆砌片石衬砌，衬砌厚度 30cm。

土地整治：施工结束后进行取土场按 1∶2 坡度削坡，对底面整平，覆表土。

(2) 植物措施。取土场取土量为 14.34 万 m^3，平均取土深度为 3m，同时回填主体工程清基清表土 10.93 万 m^3（自然方），回填后取土场与原地面高差为 1m 左右。这样就形成一个宽 2m 的坡面（取土场设计边坡为 1∶2），为了防护坡面水土流失，在坡面上种植两排灌木紫穗槐，种植密度为 2m×2m。林下种植狗牙根草，种植密度为 $120kg/hm^2$。

取土场底面取土完毕后表土覆盖，种植一季绿肥紫花苜蓿。

(3) 临时措施。临时覆盖措施：对取土场的因清表而临时堆放耕植层土，对临时堆土采用临时拦挡和临时排水措施，其中临时拦挡修筑梯形挡土土埂，尺寸：顶宽 30cm，底宽 60cm，高 40cm，临时排水修建临时梯形土排水沟，尺寸：上口宽 30cm，底宽 60cm，深 40cm。

施工生产生活区工程量见表 23.4-5。

表 23.4-5　　取土场防治区新增水土保持措施工程量汇总表

防治区	工程措施				植物措施			临时防护措施	
	排水沟		底面整治和覆土		护坡措施		取土场底部绿肥种草		
	排水沟挖土方/m^3	排水沟浆砌石/m^3	土地整治/hm^2	覆土/m^3	种植灌木紫穗槐/株	坡面种草/hm^2	种植紫花苜蓿/hm^2	挡水土埂/m^3	排水沟开挖土方/m^3
取土场区	2326.50	1066.27	4.79	14361	1969	0.79	4.79	61	61

23.4.4 方案实施进度安排及主要工程量

23.4.4.1 方案实施进度安排

根据水土保持“三同时”制度，规划的各项防治措施应与主体工程同时进行，在不影响主体工程建设的基础上，尽可能早施工、早治理，减少项目建设期的水土流失量，以最大限度地防治水土流失。

根据水土保持方案设计，本工程水土保持措施主要有两部分内容，一是主体工程原设计具有水土保持功能的各项措施；二是水土保持新增措施。其中主体工程原设计包含的具有水土保持功能的各项措施，按主体工程提出的工程时序安排施工。新增水土保持设施应根据主体工程施工对区域影响情况及工程完工情况，在不影响主体工程施工的前提下，水保措施的实施进度安排必须与主体工程交叉进行，达到早施工，早发挥效益的目的。

新增水土保持措施中，各区域的防护措施按照工程的施工进度及时进行。各区域的绿化措施，安排在各单项工程完成后的第一个季度。施工生产生活区和其他临时占地区的复耕措施安排在工程结束后的第一个春季。各种临时防护措施与主体工程同时进行。

水土保持方案实施进度安排见表23.4-6。

表23.4-6　　水土保持措施实施进度安排表

措施名称	措施实施时间和顺序
临时措施	工程施工期
道路排水	施工道路施工期
渣场平整	弃渣堆放完成后
渣场护坡	渣场堆弃完成后
渣场顶面覆土绿化	渣场堆弃完成后
场地清理、土地整治	工程完工撤离时

23.4.4.2　方案新增水土保持工程量

水土保持方案新增措施工程量主要包括挡护坡草皮、渣场平整、复耕和临时防护工程等工程量。具体数量见表23.4-7。

表23.4-7　　水土保持方案工程措施工程量明细表

开挖土方/m^3	填筑土方/m^3	浆砌石/m^3	种植灌木/株	绿化种草/hm^2	改善土壤种绿肥/hm^2	覆土/m^3	土地整治/hm^2
6555.38	253	1512.75	1969	0.88	6.07	18201.9	6.07

23.5　水土流失监测

工程建设期要在工程建设管理局配备水土保持专职人员，负责组织水土保持方案的设计、方案实施及施工期间的水土流失监测。在工程运行期在枢纽管理局配备水土保持专职人员，主要负责对水土保持工程的管理及对工程运行期的水土流失监测。

23.5.1　监测内容

水土保持方案施工前主要监测水土流失灾害和水土流失量，方案实施后主要监测水土保持效益。

23.5.2　监测项目

结合水土保持工程情况，本方案中安排的监测项目主要有：

（1）水土流失灾害和水土流失量的监测：主要是可能产生的水土流失危害和可能产生的洪涝灾害以及主要部位产生的水土流失量的监测。

（2）水保措施实施后的效果监测：对方案实施后的各类防治措施效果、控制水土流失面积、改善生态环境的作用等进行调查分析。重点是弃渣场、取料场和场外道路措施的防护效果的监测。

23.5.3 监测方法

在工程建设期可结合工程施工管理体系进行动态检测；在项目运营期，采用定点监测，设立监测断面和监测小区，监测沟道径流及泥沙变化情况，从中判断弃渣场防护措施的作用和效果。

23.5.4 重点监测地段和重点监测项目

本工程水土流失重点监测地段为弃渣场、取料场及场外施工道路两侧。水土流失重点监测项目如下：

（1）工程建设期。建设管理单位应配备专职人员负责建设期水土流失监测工作，主要工作有以下三个方面：

1）弃渣场边坡的稳定及弃渣流失情况；

2）工程开挖地段：主要监测原坝体拆除开挖时局部滚石和小规模崩塌或滑坡以及施工对周围生态环境破坏等；

3）工程填筑地段：主要监测坝基填筑、黏土坝胎施工过程中的土石渣的流失。

（2）工程运行期。在工程运行期，主要观测水土保持措施的防护效果。观测施工区内的植物生长情况和生态环境的变化，监测弃渣场和施工道路采取水土保持措施的水土流失量等。

23.5.5 监测时段、监测频次

监测时段：水土保持监测时段分水土保持方案施工期和自然恢复期两个阶段，水土保持监测主要在施工期。

监测频次：在水土保持方案施工期内的每月监测一次，方案实施后进行两次监测。

23.6 水土保持投资概算

23.6.1 基础资料

（1）人工单价。按水土保持工程工资标准六类地区 190 元/月，补贴标准按水土保持工程及山东省补贴标准计算。人工预算单价：工程措施为 24.01 元/工日，3 元/工时；植物措施为 20.19 元/工日，2.52 元/工时。

（2）电、水及砂石料等基础单价。根据主体工程施工组织设计提供的资料和数据进行计算，工程中不涉及风，水的预算价格为 1.00 元/m^3，电价按电网价格乘以 1.06 计算为 0.60 元/（kW·h）。

（3）主要材料价格和其他材料价格。主要材料价格参照主体工程的材料价格，其他材料（如苗木草种等）的价格根据市场调查确定。

23.6.2 费用构成

根据《开发建设项目水土保持工程概（估）算编制规定》和《关于开发建设项目水土保持咨询服务费用计列的指导意见》，水土保持方案投资概算费用构成为：①工程费（工程措施、植物措施、临时工程）；②独立费用（建设单位管理费、工程建设监理费、水土保持措施设计费、水土保持监测费、工程质量监督费）；③预备费（基本预备费、价差预备费）；④建设期融资利息。本水土保持方案不计建设期融资利息，因此，水土保持方案投资由工程费、独立费用和预备费以及水土保持补偿费组成。

（1）工程措施及植物措施工程费。计算方法：水土保持工程措施和植物措施工程单价由直接工程费（包括直接费、其他直接费和现场经费）、间接费、企业利润和税金组成。工程单价各项的计算或取费标准如下：

1）直接费：按定额计算；

2）其他直接费率：建筑工程按直接费的2.5%计算；

3）现场经费费率，见表23.6-1；

4）间接费费率，见表23.6-2；

表23.6-1　　现场经费费率表

序号	工程类别	计算基础	现场经费费率/%
1	土石方工程	直接费	4
2	混凝土工程	直接费	6
3	植物及其他工程	直接费	4

5）计划利润，工程措施按直接工程费与间接费之和的7%计算，植物措施按直接工程费与间接费之和的5%计算；

6）税金，本项目属于市区和城镇以外的工程，税金按直接工程费、间接费、计划利润之和的3.22%计算。

表23.6-2　　间接费费率表

序号	工程类别	计算基础	间接费费率/%
1	土石方工程	直接工程费	4
2	混凝土工程	直接工程费	4
3	植物及其他工程	直接工程费	4

（2）临时工程费。临时工程费按工程措施和植物措施费的2%计列。

（3）独立费用。独立费用包括建设单位管理费、工程建设监理费、水保方案设计费、水土保持监测费、工程质量监督费。

1）建设单位管理费。按工程措施投资、植物措施投资和临时工程投资三部分之和的2.0%计算。运行期的建设单位管理费从生产费用中列支。

2）工程建设监理费。根据国家发展改革委、建设部《关于印发〈建设工程监理与相关服务收费管理规定〉的通知》（发改价格〔2007〕670号）工程监理费8万元。

3）水土保持措施设计费。根据《关于开发建设项目水土保持咨询服务费用计列的指导意见》（以下简称《指导意见》）中关于水土保持方案编制费的规定，可行性研究阶段方案编制费按《指导意见》中的表1取值，初步设计和施工图阶段的水土保持勘测设计费按《工程勘察设计收费管理规定的通知》（计价格〔2002〕10号）的规定计取。由于本工程现处于初步设计阶段，因此，水土保持设计费取为15万元。

4）水土保持监测费。根据《关于开发建设项目水土保持咨询服务费用计列的指导意见》，水土保持施工期监测费为10万元。

5）工程质量监督费。依据“国家计委收费管理司、财政部综合与改革司关于水利建设工程质量监督收费标准及有关问题的复函”，按工程措施投资、植物措施投资和临时工程投资三部分之和的1.0‰计算。

(4) 预备费。①基本预备费：按第一至第四部分合计的3%计；②价差预备费：暂不计列。

(5) 水土保持补偿费。根据山东省水土保持三区划分通告，项目区属重点治理区，按照《山东省水土保持补偿费、水土流失防治费征收管理办法》的规定，重点治理区损坏水土保持梯田设施和林地按1.0元/m^3征收，工程建设期间损坏水土保持设施和林草的面积为3.58hm^2，经计算，应征收的水土保持补偿费为3.58万元。

23.6.3 概算结果

根据上述费用构成计算方法和取费标准，计算各单项工程的单价，用计算的单价乘以各项措施的工程量即得出各项工程的投资，各项工程投资加上临时工程费、独立费用、基本预备费和水土保持补偿费等其他费用，构成本方案总投资。

(1) 方案总投资概算。本次设计水土保持方案总投资为75.38万元，其中工程措施投资31.19万元；植物措施投资4.18万元；临时工程费0.58万元；独立费用33.76万元；基本预备费用2.09万元。水土保持方案各项投资或费用详见表23.6-3～表23.6-6。

(2) 分年度投资概算。水土保持工程建设期共一年，全部水土保持工程全部在一年内完成，因此水土保持投资不再分年度进行，全部投资均在第一年内到位，水土保护方案新增投资概算见表23.6-3。

表23.6-3　水土保持方案新增投资概算表　单位：万元

序号	工程或费用名称	建安	植物措施		独立	方案
		工程费	栽植费	种苗费	费用	新增投资
	第一部分工程措施	31.19				31.19
一	弃渣场区	7.45				7.45
二	取土场区	17.24				17.24
三	施工道路防治区	5.52				5.52
四	生产生活区	0.98				0.98
	第二部分植物措施		0.37	3.81		4.18
一	弃渣场区		0.01	0.31		0.33
二	取土场区		0.34	3.07		3.41
三	施工道路防治区		0.01	0.16		0.17
四	生产生活区		0.01	0.27		0.28
	第三部分临时工程					0.58
一	临时防护工程	0.57				0.57
二	其他临时工程	0.01				0.01
	第一至第三部分之和					35.95
	第四部分独立费用					33.76
1	建设管理费				0.72	0.72

续表

序号	工程或费用名称	建安	植物措施		独立	方案
		工程费	栽植费	种苗费	费用	新增投资
2	工程建设监理费				8.00	8.00
3	科研勘测设计费				15.00	15.00
4	水土保持监测费				10.00	10.00
5	工程质量监督费				0.04	0.04
第一至第四部分合计						69.71
基本预备费						2.09
静态总投资						71.80
水土保持设施补偿费						3.58
水土保持工程总投资						75.38

表 23.6-4　　　　水土保持工程措施投资分项概算表

序号	工程或费用名称	单位	数量	单价/元	方案新增投资/万元
第一部分工程措施					31.19
一	弃渣场区				7.45
1	挡渣墙				2.90
	挡渣墙基础开挖土方	m^3	92.64	5.04	0.05
	挡渣墙浆砌石	m^3	202.80	139.81	2.84
	PVC 排水管	m	95.00	1.50	0.01
2	排水沟				3.65
	排水沟基础开挖土方	m^3	531.68	5.04	0.27
	排水沟浆砌石	m^3	243.68	138.82	3.38
3	渣场顶面整治和覆土				0.91
	渣面整治	hm^2	0.49	1258.25	0.06
	覆土	m^3	1456.20	5.81	0.85
二	取土场区				17.24
1	排水沟				9.51
	排水沟挖土方	m^3	2326.50	5.04	1.17
	排水沟浆砌石	m^3	1066.27	138.82	8.34
2	底面整治和覆土				7.73
	土地整治	hm^2	4.79	1258.25	0.60
	覆土	m^3	14360.70	5.81	7.13
三	施工道路防治区				5.51
1	排水沟挖土方	m^3	3200.00	5.04	1.61

续表

序号	工程或费用名称	单位	数量	单价/元	方案新增投资/万元
2	土地整治	hm^2	0.30	1258.25	1.95
3	覆土	m^3	900.00	5.81	1.95
四	生产生活区				0.97
1	排水沟挖土方	m^3	101.31	5.04	0.05
2	土地整治	hm^2	0.50	1258.25	0.06
3	覆土	m^3	1485.00	5.81	0.86

表 23.6-5　　水土保持植物措施投资分项概算表

序号	工程或费用名称	单位	数量	单价/元	方案新增投资/万元
	第二部分植物措施				4.18
一	弃渣场区				0.33
1	护坡措施				0.054
	种草（狗牙根）	hm^2	0.10	234.95	0.002
	狗牙根	kg	11.61	45	0.052
2	绿肥种草				0.273
	种植紫花苜蓿	hm^2	0.49	234.95	0.011
	紫花苜蓿	kg	58.25	45	0.262
二	取土场区				3.41
1	护坡措施				0.72
	栽植紫穗槐	株	1969	0.48	0.10
	小鱼鳞坑整地	个	1969	0.5694	0.11
	紫穗槐	株	1969	0.3	0.06
	种草（狗牙根）	hm^2	0.79	234.95	0.02
	狗牙根	kg	94.52	45	0.43
2	绿肥种草			0	2.69
	种植紫花苜蓿	hm^2	4.79	234.95	0.11
	紫花苜蓿	株	574.43	45	2.58
三	施工道路防治区				0.17
1	取土场底部绿肥种草				0.17
	种植紫花苜蓿	hm^2	0.30	234.95	0.01
	紫花苜蓿	kg	36.00	45.00	0.16
四	生产生活区				0.28
	种植紫花苜蓿	hm^2	0.50	234.95	0.01
	种植紫花苜蓿	kg	59.40	45.00	0.27

表 23.6-6　　　　水土保持临时措施投资分项概算表

序号	工程或费用名称	单位	数量	单价/元	方案新增投资/万元
	第三部分临时工程				0.58
一	临时工程				0.57
（一）	弃渣场区				0.035
	挡水土埂填筑土方	m^3	18.82	13.77	0.026
	土排水沟开挖土方	m^3	18.82	5.04	0.009
（二）	取土场区				0.116
	挡水土埂填筑土方	m^3	61.39	13.77	0.085
	土排水沟开挖土方	m^3	61.39	5.04	0.031
（三）	施工道路防治区				0.066
	挡水土埂填筑土方	m^3	35.00	13.77	0.048
	土排水沟开挖土方	m^3	35.00	5.04	0.018
（四）	生产生活区				0.094
	挡水土埂填筑土方	m^3	50.00	13.77	0.069
	土排水沟开挖土方	m^3	50.00	5.04	0.025
（五）	主体工程防治区				0.260
	挡水土埂填筑土方	m^3	138.04	13.77	0.190
	土排水沟开挖土方	m^3	138.04	5.04	0.070
二	其他临时工程费				0.007
	工程措施	%	2	31.19	0.006
	植物措施	%	2	4.18	0.001

23.7　方案实施保证体系

23.7.1　组织领导及管理措施

为保证水土保持方案报告书提出的各项水土保持措施的实施和落实，应做好以下组织领导工作：

（1）建立健全项目水土保持工作的领导体系，确保各项水土保持措施的落实。

（2）加强《中华人民共和国水土保持法》的学习、宣传和贯彻工作，提高水土保持意识。

（3）明确职责，做好方案实施监督工作。

23.7.2　技术保障措施

（1）做好本项目水土保持工程设计。

（2）做好水土保持工程的施工。

（3）实施水土保持工程监理。

23.7.3　资金来源及管理使用办法

本工程建设区及间接影响区的各项水土保持措施所需资金均来源于工程建设投资，与主体工程建设资金同时调拨，并做到专款专用。工程的水土保持工程应尽快设计、施工，充分发挥方案的效益。

23.8 结论与建议

23.8.1 基本结论

（1）根据《开发建设项目水土保持方案技术规范》规定的编制深度要求，方案编制深度应与项目主体设计所处的阶段要求相适应，为初步设计阶段。水土保持方案设计水平年为工程竣工后的第一年。

（2）项目属建设生产类项目，水土流失主要类型为水力侵蚀，水土流失的预测时段包括施工建设期1年和自然恢复期2年。该工程首采矿段建设扰动原地貌、占压和损坏土地和植被面积22.79hm^2，损坏水土保持设施面积3.58hm^2；新增水土流失量724.41t。

（3）根据工程的可行性研究和外业调查，该工程水土流失防治责任范围为项目建设区和直接影响区，总面积为25.38hm^2。

（4）本方案新增水土保持工程总量为：开挖土方6555.38m^3，填筑土方253m^3，浆砌石1512.75m^3，种植灌木1969株，绿化种草0.88 hm^2，改善土壤种绿肥6.07 hm^2，覆土18201.90m^3，土地整治6.07 hm^2。

（5）项目水土保持方案总投资为75.38万元，其中工程措施投资31.19万元；植物措施投资4.18万元；临时工程费0.58万元；独立费用33.76万元；基本预备费用2.09万元等。

（6）水土保持方案实施后，本工程水土保持六项防治目标：扰动土地的治理率达95%，总治理程度达90%以上，弃渣的拦渣率达到98%以上，水土流失控制比限制在1.0以下。扰动地面的土壤侵蚀模数在施工结束后两年内恢复到扰动前的背景值。项目区植被恢复系数达到98%，林草覆盖率达到25%以上均能满足。

总之，通过编报并实施本水土保持方案，可有效防治项目建设引起的新增水土流失，从水土保持角度来看，该项目是可行的。

23.8.2 有关建议

（1）在主体工程初步设计阶段，主体工程设计单位应落实水土保持方案的初步设计，将水土保持方案新增投资列入总体投资，保证各项水土保持措施顺利实施。

（2）根据对主体工程可行性研究中具有水土保持功能措施的评价结果，建议主体设计单位在初步设计阶段，进一步优化主体工程施工方案，合理确定施工进度和施工时序，更好地体现水土保持要求。

（3）施工单位施工期应划定施工活动范围，严格控制和管理车辆机械的运行范围，不得随意行驶，任意碾压。在出入口竖立保护地表及植被的警示牌，提醒作业人员。不得随意占地，防止对地表的扰动范围扩大。教育施工人员保护植被，保护地表。注意施工及生活用火安全，防止因火灾烧毁地表植被。

（4）水土保持监理机构应加强监理工作，对工程进度、工程质量及工程投资全面控制，以保证水土保持方案按照“三同时”制度顺利实施。

（5）监测机构要严格按照项目监测方案开展水土保持监测，全面反映六项水土流失防治目标落实情况，发现问题及时采取措施，尽可能降低工程建设造成的水土流失危害。

24 山阳水库环境保护评价

24.1 综述

24.1.1 环保评价的任务和内容

水库除险加固施工过程中将不可避免地产生废（污）水、废（尾）气、道路扬尘、施工噪声、生活垃圾与生产弃渣等，处理不当将会对工程区的环境造成一定的不利影响。

环境保护设计主要针对以上环境因素，结合施工组织设计、项目区环境现状和环境质量要求，通过采取环境保护措施缓解或减免项目施工所带来的环境污染、生态破坏等不利环境影响。

24.1.2 环境保护对策措施

山阳水库除险加固施工内容主要包括：准备工程、主坝加固工程、东副坝加固工程、北副坝加固工程、新增副坝加固工程、新建放水洞工程、改建溢洪道工程、复合土工膜铺设（聚乙烯（PE）土工膜）、安全监测设施的布设等。

主要工程量有：主体工程主体工程土方开挖 63631m^3，清基清坡 50449m^3，砌石、混凝土等拆除 12084m^3。其中土方 161038m^3 作为回填料利用，其余土方和清坡清基用于回填土料场；混凝土浇筑总量约 14129m^3，最大浇筑强度为 20m^3/h，选用 2 台 0.8m^3 混凝土搅拌机拌制混凝土。

本工程施工总工期 15 个月，施工总工日 5.87 万工日，施工期高峰人数 410 人。其中，施工过程主要受汛期度汛限制，6～9 月为汛期。加固工程对环境的不利影响主要在施工期，为减免施工所产生的不利影响，需要采取以下环境保护措施。

（1）水污染防治。对施工过程中产生的生产废水和生活污水进行处理，排放废污水应达到《污水综合排放标准》（GB 8978—1996）一级排放标准要求。

（2）采取措施对施工过程中产生的扬尘进行控制，对大气污染物进行治理，施工期环境空气质量应达到《环境空气质量标准》（GB 3095—1996）二级标准要求。

（3）采取措施对噪声污染源进行治理。

（4）对生活垃圾和建筑垃圾进行处理。

（5）强化施工区医疗保健和卫生防疫工作。对施工人员进行体检、采取灭鼠、灭蚊蝇措施。

（6）加强对施工区的环境监测，定期对施工区大气、噪声、水环境质量进行监测。

（7）制定环境管理和环境监理规划。

24.1.3 环境保护评价标准

（1）《地表水环境质量标准》（GB 3838—2002）Ⅲ类标准。

(2)《环境空气质量标准》(GB 3095—1996) 二级标准。

(3)《污水综合排放标准》(GB 8978—1996) 一级排放标准。

(4)《大气污染物综合排放标准》(GB 16297—1996)(新污染源) 二级标准。

(5)《生活饮用水卫生标准》(GB 5749-2006)。

(6)《城市区域环境噪声标准》(GB 3096—93) Ⅱ类标准。

(7)《建筑施工场界噪声限值》(GB 12523—90) Ⅱ类标准。

24.1.4 环境保护目标

(1) 生态环境保护。项目建设区生态系统的整体功能、结构不受到影响。

(2) 水库水源地及坝下游水质不因本工程的建设活动而受到影响。

(3) 坝下游河流水体不因工程修建而使其功能发生改变。

(4) 最大程度减轻施工区废水、大气、固废和噪声等对环境的影响。

(5) 移民安置区的生活水平和生活环境不因工程兴建而降低，并能得到改善。

(6) 施工技术人员及工人的人群健康问题得到保护。

24.1.5 环境保护评价依据、原则

24.1.5.1 评价依据

(1)《中华人民共和国环境保护法》。

(2)《中华人民共和国水污染防治法》。

(3)《中华人民共和国大气污染防治法》。

(4)《中华人民共和国固体废物污染环境防治法》。

(5)《中华人民共和国环境噪声污染防治法》。

(6)《中华人民共和国土地管理法》。

(7)《建设项目环境保护设计规定》。

(8)《中华人民共和国水土保持法》。

(9)《建设项目环境保护管理条例》。

(10)《饮用水水源保护区划分技术规范》(HJ/T 338—2007)。

(11)《水利水电工程初步设计报告编制规程》(DL 5021—93)。

(12)《水利水电工程环境保护概估算编制规程》(SL 359—2006)。

(13)《山东山阳水库除险加固工程安全鉴定报告》(2007 年 4 月)。

24.1.5.2 评价原则

环境保护评价应针对工程建设对环境的不利影响，采用系统分析的方法，将工程建设和地方环境保护规划目标结合起来，进行环境保护措施评价；从可持续性发展的理念出发，力求项目区经济、环境、社会相关要素之间协调和谐发展。本工程环境保护评价主要遵循以下原则：

(1) 预防为主、以管促治、防治结合、因地制宜、综合治理的原则。

(2) 各类污染源治理，经污染控制处理措施后相关指标达到国家规定的排放标准。

(3) 应尽可能减少施工活动对生态环境的不利影响，工程区环境质量得以恢复或改善。

(4) 环境保护对策措施的评价，应切合项目区实际，力求措施具有较强的可操作性。

24.2 环境保护评价

24.2.1 生活饮用水处理

根据工程建设施工现场的实际情况，项目区附近有村庄和水库管理所，生活用水结合当地饮水方式解决。在施工人员进驻之前，应委托有资质的单位对水源水质进行监测，对施工人员饮用水进行加氯消毒处理。

饮用水加氯消毒处理是防止饮用水污染危及施工人员身体健康，确保工区饮用水满足《生活饮用水卫生标准》（GB 5749—2006）的相关要求，保障水质安全较为常用的措施之一。考虑本项目施工区生活供给水需求规模较小，推荐采用漂白粉或漂白精片的滤后加氯消毒方式。具体量化标准为：根据漂白粉的有效净氯含量指标推算，1m³水中加入漂白粉8g左右；若使用漂白精片，1m³水中加入10片左右。在向水中加入氯制剂作用30分钟后，水中游离性余氯含量维持在0.3～0.5mg/L。

经采取以上措施处理后，施工区饮用水应满足国家《生活饮用水卫生标准》（GB 5749—2006）的要求。

24.2.2 生产生活废（污）水处理

根据山阳水库除险加固工程的施工需要，主要施工生产及附属设施有：混凝土拌和站，综合加工厂，机械停放场，金属结构拼装场，仓库及风、水、电系统等。在做施工总体规划布置时，生产生活设施场区的布设综合考虑了坝区地形、交通情况等因素。施工工厂设施（混凝土拌和站、综合加工厂、施工车辆停放场、仓库、生活区等）集中布置在坝后的平地上。

（1）生活污水处理。山阳水库除险加固工程施工总工期15个月，施工过程还需考虑因施工过程主要受汛期度汛限制，即当年6～9月的汛期；大坝加固工程主体施工总工日为（r）5.87万工日，施工期高峰人数410人；施工区员工每人每日平均生活粪便污水排放量按（W_{max}）3L/d计算，则生活污水总排放量（$Q_{总}$）为：

$$Q_{总}=10rW_{max}=10\times5.87\times3=176.1\text{m}^3$$

施工生活营区外排污水总量相对较小。生活污水中污染物成分主要为SS（悬浮物）、COD、BOD_5、TN（总氮）、TP（总磷）等。生活污水处理设施（备）类型的，设施（备）数量、容积大小等相关参数，参照工程施工规模和人员集中程度、高峰期人数、施工平均人数、污水排放量等指标来确定。

对于小型生活营地设立简易厕所，洗涤废水选用简易积水坑收集处理，沉淀污水可综合利用，浇灌庭院植被或排入当地排水沟渠；规模较大且相对集中的施工生活营地外排污水，应经过污水处理设施（如化粪池等）处理后排放。

根据施工布置，拟设化粪池2个，推荐化粪池采用《建筑给水与排水设备安装图集》（上）L03S002-114中的5号化粪池。其他污水相关处理设施（备）的选型与布设，均应保证满足《污水综合排放标准》（GB 8978—1996）中的一级排放标准要求。

（2）生产废水处理。根据该项目工程施工总体组织布设，施工场地设施布置相对比较集中。计划选用2台0.8m³混凝土搅拌机进行混凝土拌和；机械停放场供机械设备、车辆的停放，同时承担机械车辆的冲洗和保养。混凝土浇筑总量约14129m³，最大浇筑强度

为 $20m^3/h$。按生产每立方米混凝土产生废水大约 $1.5m^3$ 推算，该项目施工混凝土生产废水总排放量为 $21193.50m^3$。生产废水的主要处理措施有：对含有高浓度 pH 值的混凝土拌和类废水，结合施工方案布设，采用沉淀法进行处理，设置 2 处 $25m^3$ 的沉淀池。在生产过程中废水进入沉淀池后，加入适量的酸性调节剂使 pH 值至中性，沉淀时间不宜小于 2h，对沉淀池上清液可进行综合回用，如用于工程洒水等；对沉淀池定期清挖，以确保沉淀处理效果，使混凝土拌和废水满足达标排放要求。

沙石料场冲洗废水中除 SS（悬浮物）含量稍高外，基本不含其他污染物，经沉淀处理后可重复循环利用、或直接排入河流水体。

机械车辆检修冲洗及其他设备检修废水，除 SS（悬浮物）含量较高外，还含有石油类等污染物，这类废污水必须经过相关污水设施、设备处理达标后才能排放。

根据含油废水排放量及生产设施场区的地形情况，对于生产废水的处理，拟通过沉淀池和隔油池进行处理。隔油池的相关设计参数推荐采用《建筑给水与排水设备安装图集》（上）L03S002－9。如果废水含油量及外排流量较小时，也可采用油水分离装置或简易的隔油板予以处理。含石油类污染废水处理工艺流程见图 24.2－1。

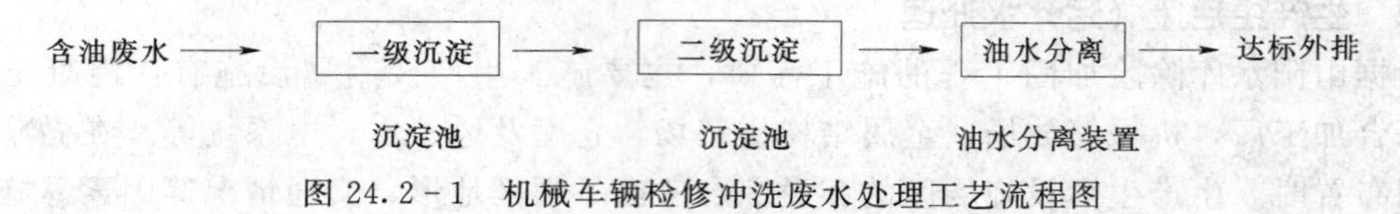

图 24.2－1　机械车辆检修冲洗废水处理工艺流程图

本工程需建造 2 套生产废水（含石油类）处理设施。

经污水处理设施（备）处理后，各类生产废水排放应满足《污水综合排放标准》（GB 8978—1996）中的一级标准要求。

24.2.3　大气污染控制

施工期大气污染主要来自道路扬尘、沙石场爆破、取土料场开挖作业产生的粉尘，机动车辆/施工机械燃油排放的尾气等。对施工区的大气污染通过采取以下措施进行控制：

（1）进场机械设备尾气排放必须符合环保相关标准。

（2）加强运输车辆管理，保持良好车况，尽量减少因机械、车辆状况不佳造成的污染。

（3）土料堆放和运输时加强防护，可借助防尘网等覆盖物遮挡以避免风吹起尘及运输抛撒。临近居民区或厂区时车辆实行限速行驶，以防止道路扬尘过多。

（4）对工区道路、施工料场和施工现场定时洒水，洒水量大小和洒水频度可视施工区大气扬尘、粉尘污染的程度而定，一般情况下洒水频率每天至少要保证 2 次。

（5）施工场地设置围挡，工区道路尽可能硬化。

通过采取以上控制措施，各类大气污染物主要外排指标应满足《大气污染物综合排放标准》（GB 16297—1996）中，新污染源二级标准的排放限值。

24.2.4　噪声污染防治

施工区噪声主要来源于交通车辆和施工机械噪声。控制噪声污染，需从以下几个方面着手：

（1）进场设备噪声必须符合环保标准。

（2）临近城镇、乡村等居民区域噪声敏感地段，宜尽量减少夜间作业；运输车辆限速行驶，禁鸣高音喇叭。必要时在噪声敏感点的外围增设声屏障。

（3）噪声较大的施工作业现场员工应配备防护用品，如耳罩等；现场施工车辆/机械设备尽可能加装消声装置。

采取上述控制措施后，噪声指标应满足《建筑施工场界噪声限值》（GB 12523—90）中的Ⅱ类标准；对靠近城镇、村庄或文教等场所的施工活动，噪声指标应满足《城市区域环境噪声标准》（GB 3096—93）2类标准。

24.2.5 固体废弃物处置

除原有构筑物的拆除产生的各种建筑垃圾外，固体废弃物主要为生活垃圾。工程施工总工期15个月，施工总工日5.87万工日，施工期高峰人数410人。如果每人每天生活垃圾产生量按1kg计算，则施工期生活垃圾总排放量约58.7t，该工程生活废弃物量相对较少。

生产生活固体废弃物尽量做到无害化集中处理，各施工承包商在其生产、生活营区，应设置专门的固废收集设施，定期进行清运，运往指定的垃圾场进行填埋处理。

对工程原有构筑物的拆除所产生的各种建筑垃圾，以及工程施工产生的各类弃渣，应根据实际情况对仍具可利用价值的建筑材料、废渣等，予以综合回收利用；无使用价值且无毒无害的生产垃圾集中运往规划的弃渣场处理。

24.2.6 人群健康保护

施工单位应与工程所在地卫生医疗部门取得联系，由当地卫生部门负责施工人员的医疗保健、卫生防疫及意外事故的现场救治工作。为保证工程的顺利进行，保障施工人员的身体健康，应切实提高施工参与者的环境卫生意识，加强健康知识的宣传与普及，强化传染性疾病疫情的预防与监测，控制传染病源并适时切断其传播途径。对施工区人群健康的防护采取如下措施：

（1）对施工人员定期体检。

（2）定期开展灭鼠活动，可采用高效、低毒残留且易于操作的毒饵法，在生活区适时投放毒饵。

（3）加强生活营区饮用水源地和废污水排放的管理，防止病原体滋生。

（4）强化对食品的卫生监督，集体食堂要做到严格消毒。

（5）工程指挥部门应重视疫情监测，做到早发现，早治疗，防止疫情蔓延，对承包商严格执行疫情报告制度。

蚊蝇是疟疾乙脑的主要传播媒体，其根本防治措施在于消除蚊蝇的孳生地；夏、秋是蚊虫活动频繁的季节，施工区要加强卫生防护工作，减少蚊虫的叮咬，预防传染性疾病的流行。

24.3 环境管理规划

24.3.1 环境管理目标

根据国家有关环境保护法规及本项工程的特点，环境管理的总目标为：

（1）确保本工程符合环境保护法规、条例要求。

（2）充分利用环境保护投资促进工程潜在效益的充分发挥。

（3）因工程所产生的不利影响逐步得以缓解或消除。

（4）实现工程建设的经济、环境、与社会效益的同步发展。

24.3.2 环境管理机构及其职责

（1）环境管理机构设置。在工程建设管理单位设置专职环保人员，负责施工期的环境管理工作。

（2）环境管理员职责。

1）贯彻国家及有关部门的环保方针、政策、法规、条例，落实污染防治规划，对工程施工过程中各项环保措施执行情况进行监督检查。结合本工程特点，制定施工区环境管理办法，并指导、监督实施。

2）代表业主选择有资质的单位签订合同，进行环境监测、环境监理和卫生防疫工作。

3）做好施工期各种突发性污染事故的预防工作，准备好应急处理措施。

4）协调处理工程建设与当地群众的环境纠纷。

5）加强对施工人员的环保宣传教育，增强其环保意识。

6）定期编制环境简报，及时公布环境保护和环境状况的最新动态，搞好环境保护宣传工作。

24.3.3 环境监理

为防治施工活动造成的环境污染，保障施工人员的身体健康，保证工程顺利进行，需要开展施工区环境监理工作，根据本项目的实际情况，初步考虑安排1名专职环境监理工程师，环境监理工程师职责如下：

（1）按照国家有关环保法规和工程的环保规定，统一管理施工区环境保护工作。

（2）监督承包商环保合同条款的执行情况，并负责解释环保条款。对重大环境问题提出处理意见和报告，责成有关单位限期纠正。

发现并掌握工程施工中的环境问题。对某些环境指标，下达监测指令。对监测结果进行分析研究，并提出环境保护改善方案。

（3）协调业主和承包商之间的关系，处理合同中有关环保部分的违约事件。根据合同约定，按索赔程序公正的处理好环保方面的双向索赔。

（4）每日对现场出现的环境问题及处理结果作出记录，每月向有关单位和部门提交环境月报，并根据积累的有关资料整理环境监理档案。

（5）参加单元工程的竣工验收工作，对已完成的工程责令清理和恢复现场。

24.3.4 环境监测

环境监测结果是判断工程区环境质量和处理环境问题的依据，在开展环境监理工作的同时，必须开展环境监测工作。

施工区环境监测主要包括水质、粉尘、噪声、卫生防疫等环境子项目。

（1）水质监测。在生活污水和生产废水排放口设置监测点进行监测。

监测内容：生产废水主要监测项目：pH值、SS、COD、石油类、BOD_5、DO、硝基苯类等；生活污水主要监测项目：SS、BOD_5、COD、TN（总氮）、TP（总磷）等。

监测频率：施工初期监测1次，施工高峰期监测1次。

根据施工现场情况，共设置 7 个水质监测点。生活污水监测点 3 个，布置在生活营地；生产废水监测点 4 个。

（2）噪声监测。噪声监测点布设：选取施工现场、及临近料场的营地区、村庄、学校等噪声敏感点。

监测频率：每季度监测一次，并根据施工现场具体情况进行不定期抽检。

按照施工现场噪声敏感点分布情况，共设置声环境监测点 6 个。

（3）大气粉尘监测。环境空气质量监测主要包括施工道路扬尘监测、取土料场粉尘监测等。环境空气质量监测点的位置按照工程施工规划的总体布置，选取在与污染排放源较近的城镇、居民聚集区，或文、教卫、等地点，即受工程施工活动环境空气影响相对较重的村镇、学校、卫生院（所）等附近。本工程拟布设大气监测点 6 个。

监测频率：施工初期监测 1 次，施工高峰期监测 1 次；部分施工现场区监测点的监测频率可根据需要进行不定期抽检。

（4）卫生防疫监测。监测范围：食品卫生抽检，施工区蚊蝇、鼠密度监测等。

监测频度：对食品卫生实行不定期抽检；鼠密度应适时监测；蚊蝇密度宜在蚊虫活动频繁的旺季加强监测。

24.4 环境保护投资概算

24.4.1 编制原则与依据

（1）编制原则。

1）执行国家有关法律、法规，依据国家标准、规范和规程。

严格遵循“谁污染，谁治理，谁开发，谁保护”原则。对于为减缓或消除因工程兴建对环境造成不利影响需采取的环境保护、环境监测、环境工程管理等措施，其所需的投资均列入工程环境保护总投资内。

坚持“突出重点”原则。对受工程影响较大，公众关注的环境因子进行重点保护，在环保经费投资上给予优先考虑。

把握“一次性补偿”原则。对工程所造成的难以恢复的环境损失，采取替代补偿，或按有关补偿标准给予一次性合理补偿。

2）国家和地方没有适合的定额和规定时，参照类似工程资料。

3）环保投资估算采用 2008 年第一季度价格水平。

（2）编制依据。

1）《水利水电工程环境保护设计概（估）算编制规程》（2007 年 2 月发布，水利部）。

2）《工程勘察设计收费标准》（2002 年修订本，国家发计委、建设部）。

3）《国家计委关于加强对基本建设大中型项目概算中“价格预备费”管理有关问题的通知》（国家发改委 计投资〔1999〕1340 号）。

4）《建设工程监理与相关服务收费管理规定》（发改价格〔2007〕670 号）。

24.4.2 环保投资概算

环保投资概算投资包括环境监测措施费、环境保护设备费、环境保护临时措施费、保护独立费用和预备费等，环境保护总投资 63.43 万元；其中，环境监测措施费、环境保护设备费、环境保护临时措施费、环保独立费用和基本预备费分别为 8.00 万元、6.12 万元、17.71 万元、29.75 万元、1.85 万元，详见表 24.4－1。

表 24.4－1　　　　　　山东山阳水库除险加固工程环境保护投资估算表

序号	工程费用和名称	单位	数量	单价/元	投资/万元
第Ⅰ部分 环境保护措施费					
第Ⅱ部分 环境监测措施费					8.00
1	生产废水监测	点次	1000	8.00	0.80
2	生活污水监测	点次	1000	6.00	0.60
3	环境空气质量监测	点次	5000	12.00	6.00
4	噪声监测	点次	500	12.00	0.60
第Ⅲ部分 环境保护设备费					6.12
1	简易积水坑	m^3	25.92	1087.03	2.82
2	简易厕所	座	1000	9.00	0.90
3	混凝土废水处理	个	12000	2.00	2.40
第Ⅳ部分 环境保护临时措施					18.75
1	生活污水处理	元/t	280	176.10	4.93
2	机修废水处理	元/辆	320	33.00	1.06
3	大气污染控制费	元/小时	89.98	840.00	7.56
4	生活垃圾处理费	元/t	150	58.70	0.88
5	人群健康保护费	元/人	80	410.00	4.32
第Ⅰ至第Ⅳ部分费用小计					31.83
第Ⅴ部分 环境保护独立费用					29.75
1	建设管理费				3.19
	管理人员经营费（第Ⅰ至第Ⅳ部分之和）		4%		1.27
	环保竣工验收费（第Ⅰ至第Ⅳ部分之和）		3%		0.96
	宣教及技术培训费（第Ⅰ至第Ⅳ部分之和）		3%		0.96
2	环境监理费（第Ⅰ至第Ⅳ部分之和）		15万元/(人·年)	1.25	18.75
3	科研勘测设计费				7.73
4	工程质量监督费（第Ⅰ至第Ⅳ部分之和）		0.25%		0.08
第Ⅰ至第Ⅴ部分费用合计					61.58
基本预备费（第Ⅰ至第Ⅴ部分之和）			3%		1.85
环境保护总投资					63.43

25 山阳水库工程管理

25.1 工程规模与任务

山阳水库位于山东省泰安市岱岳区山阳镇纸房村东南，水库位于牟汶河一级支流汇河上，是一座以防洪为主，兼顾农业灌溉、水产养殖等综合利用的中型水库。水库大坝距京沪铁路12km，距京福高速公路、104国道13.5km，距泰良公路2.5km，距泰楼公路0.8km，距良庄镇1km。水库下游主要保护良庄镇、房村镇4.9万人和5.0万亩农田及京沪铁路、京福高速公路、104国道等重要交通设施。地理位置重要，防洪任务十分艰巨。水库建成以来，对下游农田灌溉和促进当地经济发展发挥了重要作用。

山阳水库等别为中型Ⅲ等工程，主要建筑物大坝、溢洪道、放水洞为3级建筑物，其余次要建筑物为4级建筑物。

25.2 管理机构及人员编制

山阳水库管理所定岗人数40人，管理制度较为健全，除险加固工程竣工后管理机构以原有管理所为基础，进一步明确水库管理所专职人员。管理所现有人员数量满足规范要求，不再增加编制。对工程的大型维修考虑以社会力量承担。

配备管理人员时应选择具有水利专业知识的人员，上岗前要进行必要的培训，使管理人员掌握水库运行管理的基本知识和常识，熟练掌握各种仪器和工具的使用方法，作好观测检查记录及资料的整编保存工作。

25.3 工程管理和保护范围

25.3.1 工程管理范围

本工程为除险加固工程，本次建设内容主要包括大坝改建、溢洪道改建、放水涵洞改建。根据《水库工程管理设计规范》（SL106—96）及山东省水利工程管理条例相关规定，划定各建筑物的管理范围如下。

主坝：划定大坝下游坡脚外主河床段100m范围、两侧滩地段50m范围、两坝头外30m为大坝管理区范围。管理内容主要包括坝体及其附属设施的保护、维护及保养，环境绿化等工作。

北副坝：划定大坝下游坡脚外20m范围、两坝头外30m为大坝管理区范围。管理内容主要包括坝体及其附属设施的保护、维护及保养，环境绿化等工作。

新副坝：划定大坝上、下游坡脚外20m范围、两坝头外30m为大坝管理区范围。管理内容主要包括坝体及其附属设施的保护、维护及保养，环境绿化等工作。

东副坝：划定大坝下游坡脚外30m范围、两坝头外30m为大坝管理区范围。管理内容主要包括坝体及其附属设施的保护、维护及保养，环境绿化等工作。

溢洪道：划定建筑物外轮廓线以外50m范围为工程管理区。

放水涵洞：涵洞出口建筑物外轮廓线在大坝管理范围内，不再重复划定。

管理设施：生产办公、生活设施、交通设施、通信设施等建筑物利用原有设施，其管理范围维持原来的不变。

上述工程管理区的土地按永久征地征用，并办理确权发证手续，待工程竣工时移交管理单位。管理区内土地及其上附着物归工程管理单位使用和管理，其他单位和个人不得擅入或侵占。

25.3.2 工程保护范围

为保证工程安全，除按上述要求设置工程管理区外，另设工程保护区。

水工建筑物保护范围在管理范围界线外延，其中大坝及溢洪道保护范围外延100m，放水隧洞建筑物保护范围为管理范围外延50m。

工程保护范围的土地不征用，参照有关法规制定保护区详细管理办法，待工程竣工后由管理单位报上级主管部门批准颁布执行。

25.4 工程运行管理

25.4.1 水库运行调度

水库运用调度原则：在保证水库运行安全的前提下，选用最优调度运用方案，综合利用水资源，充分发挥工程综合效益。

水库调度运用基本要求：山阳水库管理所应每年编制调度运用计划和指标，报上级主管部门批准后执行，同时绘制调度图表；依据批准的调度运用计划和指标，结合水库工程现状和管理运用经验，并参照近期水文、气象预报情况，进行具体最优调度运用。

按下游防洪要求制定水库防洪运用原则，当入库洪水小于20年一遇时，控制下泄流量不超过57.7m^3/s，当入库洪水超过20年一遇时，水库敞泄运用。

25.4.2 工程维护管理

目前水库已运行多年，对于工程维护和维修有相应的技术要求，也积累了一定的运行管理经验。除险加固工程完成后，应根据建筑物加固情况和新配备设备的情况，制定或修订相应的管理维护、操作运用等技术要求，报请上级主管部门批准后执行。今后需要加强对职工的技术培训，特别是对一些新增管理项目和管理设备要作为重点，以提高职工的管理水平。

管理单位应根据《土石坝安全监测技术规范》及其他相关的规程、规范的要求，制定观测工作细则，包括观测项目的测次、时间、顺序、人员分工、精度要求、资料整理分析保管以及观测设备保护、率定、检修、安全操作等有关各项工作制度，作为工程管理规范的组成部分。应进行经常和特殊情况下的巡检和观测工作，并负责监测系统和全部监测设备的检查、维护、校正、更新补充、完善，监测资料的整编、监测报告的编写以及监测技术档案的建立。定期对大坝及其他建筑物的工作状态提出分析和评估，为工程的安全鉴定提供依据，如果发现异常情况，应立即编写报告及时上报上级主管部门。

大坝管理是水库管理的关键，要经常察看大坝表面有无异常变化，如裂缝、塌陷、鼠洞等，并需对大坝的观测设施进行必要的维修和保护，避免人为破坏确保观测系统正常运行，以便于及时发现问题，及时处理，避免造成重大损失。严格按《水库大坝安全管理条例》77号令第3章的有关规定执行。溢洪道、放水洞闸门启闭前应对闸门和启闭机进行认真检查，闸门停止运行后要及时进行检查、维修和养护。

25.5 工程管理设施

25.5.1 道路及交通工具

水库主坝现有坝顶公路可与地方公路连接，内外交通方便，不再考虑新建对外交通道路。北副坝和新建的副坝间无坝顶连接公路，工程竣工后，应将该段施工临时路（约1.5km）改建为永久管理道路。东副坝与其他坝段不连接，目前只有当地土路（约2.0km）可到达坝后，为满足防汛需要，工程竣工后，需对此路段进行路面改建。上述改建道路里程总计3.5km，路宽6m，柏油路面。

根据工程管理需要及原有设备缺少的情况，根据规范规定，配备工程管理用载重汽车1辆。

25.5.2 管理用房

本工程现有水库管理所现有生产、办公、仓库和职工宿舍等用房都是20世纪60年代和70年代修建的，结构简陋、老化陈旧，不能满足目前和今后的管理需要，按规范标准计算，办公用房人均建筑面积$15m^2$/人，共$600m^2$；库房及辅助生产用房$371m^2$，以上共计$971m^2$。

25.5.3 水文设施

根据山东省水利厅“鲁水规计字〔2007〕130号（2007年11月28日）”文“关于建设中型水库及500万m^3以上小型水库水文设施的通知”中的要求，“正在准备实施除险加固工程的中型水库及库容500万m^3以上的小型水库，其水文设施应与加固工程同步设计、同步实施、同步发挥效益”，本次除险加固增设水文站一处，水文站的详细设计见“泰安市岱岳区山阳水库除险加固工程水文设施工程初步设计报告”，水文设施总投资为91.34万元。

26 山阳水库设计概算

26.1 编制依据

（1）水利部水总〔2002〕116号文“关于发布《水利工程设计概（估）算编制规定》的通知”。

（2）鲁水定字〔2002〕2号文，关于转发水利部《水利工程设计概（估）算编制规定》和相关概预算定额的通知。

（3）水利部水总〔2002〕116号文，关于发布《水利建筑工程预算定额》《水利建筑工程概算定额》《水利工程施工机械台时费定额》。

（4）水利部水建管〔1999〕523号文，关于发布《水利水电设备安装工程预算定额》和《水利水电设备安装工程概算定额》的通知。

（5）各专业提供的设计说明书、工程量及图纸。

26.2 基础单价

26.2.1 人工预算单价

根据水利部水总〔2002〕116号文和山东省水利厅鲁水定字〔2002〕2号文的规定，枢纽工程人工工时预算单价为：工长7.15元/工时、高级工6.66元/工时、中级工5.66元/工时、初级工3.05元/工时。

26.2.2 材料预算价格

概算编制价格水平年为2008年第一季度。

主要建筑材料采用工程所在地区材料价格，另计运杂费、保险费及采保费等，采保费按材料运到工程仓库价格的3%计算。主要材料预算价格如下：

钢筋：5071.57元/t　　汽油：7042.02元/t

水泥425号：290.21元/t　　原木：944.84元/m^3

柴油：6307.88元/t　　板方材：1452.93元/m^3

主要材料预算价格以基价（钢筋3000元/t、汽油3600元/t、柴油3500元/t、块石70元/m^3）进入工程单价，余额部分计税后作为材料价差计入独立费用中。

次要材料预算价格：按现行市场价格计取。

26.2.3 砂石料及施工用电、风、水单价

（1）砂石料外购，砂：65元/m^3、碎石：55元/m^3、块石90元/m^3、粗料石320元/m^3。

（2）施工用电：工程按95%电网电、5%自备电计算，电价0.76元/(kW·h)。

（3）施工用风：风价 0.13 元/m^3。

（4）施工用水：水价 0.58 元/m^3。

26.2.4 费用标准

（1）其他直接费率。建筑工程按直接费的 2.5%，安装工程按直接费的 3.2%计算。

（2）现场经费及间接费费率，见表 26.2－1。

（3）企业利润按直接工程费与间接费之和的 7%计算。

（4）税金按直接工程费、间接费、企业利润之和的 3.22%计算。

表 26.2－1　　现场经费费率表

序号	工程类别	计算基础	现场经费费率/%	计算基础	间接费率/%
1	土石方工程	直接费	9	直接工程费	9
2	砂石备料工程	直接费	2	直接工程费	6
3	模板工程	直接费	8	直接工程费	6
4	混凝土浇筑工程	直接费	8	直接工程费	5
5	钻孔灌浆及锚固工程	直接费	7	直接工程费	7
6	其他工程	直接费	7	直接工程费	7
7	设备安装工程	人工费	45	人工费	50

26.3 概算编制

26.3.1 建筑工程

（1）主体建筑工程概算按设计工程量乘以工程单价。

（2）内外部观测工程，按设计提供的数据计列。

（3）永久房屋建筑工程。办公、生产用房及仓库以及生活和文化福利建筑用房，建筑面积由设计提供，室外工程按永久房屋建筑工程投资的 10%计算。

房屋造价指标为：

仓库　　600 元/m^2

变电所、食堂　　800 元/m^2

调度管理中心　　1200 元/m^2

办公室、资料室　　1000 元/m^2

（4）其他建筑工程按主体建筑工程投资的 0.5%计算。

26.3.2 设备及安装工程

主要设备原价采用 2008 年第一季度价格水平，设备费另计运杂费、保险费及采保费等。推荐方案主要设备价格如下：

平板闸门　　11000 元/t

埋件　　10000 元/t

螺杆启闭机　　3 万元/t

卷扬机　　1.8 万元/t

26.3.3 临时工程

(1) 临时交通公路。根据设计概算资料，临时新建泥结碎石道路 12 万元/km，改建道路 6 万元/km，10kV 供电线路按 10 万元/km。

(2) 临时房屋建筑工程。仓库按 200 元/m^2；办公、生活及文化福利建筑投资按工程第一至第四部分建安工作量 1.5%计算。

(3) 其他施工临时工程。按工程第一至第四部分建安工作量（不包括其他施工临时工程）之和的 3%计算。

26.3.4 独立费用

(1) 建设管理费。建设单位开办费 80 万元；建设单位定员人数根据工程实际情况按 14 人考虑，费用指标 39640 元/人年。工程管理经常费按建设单位开办费和建设单位人员经常费的 20%计算。工程建设监理费根据发改价格〔2007〕670 号文《建设工程监理与相关服务收费管理规定》计算。

(2) 生产准备费。管理用具购置费分别按第一至第四部分建安量的 0.02%计算，备品备件购置费按设备费的 0.4%计算，工器具及生产家具购置费按设备费的 0.08%计算。

(3) 科研勘测设计费。工程科学研究试验费按工程建安工作量的 0.5%计算。

工程勘测设计费计算执行计价格〔2002〕10 号文国家计委、建设部关于发布《工程勘察设计收费管理规定》的通知及水利部的相关释义。

(4) 建设及施工场地征用费。编制方法和计算标准参照移民和环境部分编制规定。

(5) 其他。定额编制管理费，按工程建安工作量的 0.13%计列；工程质量监督费，按工程建安工作量的 0.25%计列；工程保险费按第一至第四部分投资的 0.45%计列；大坝安全鉴定费按合同金额计列。

放水损失费：根据山东省人民政府鲁政发〔2006〕216 号“关于公布全省最低工资标准的通知”及泰郊编字（1994）第 7 号“关于核定事业单位编制的通知”，计算本工程 1 年的放水损失费。

26.3.5 预备费

基本预备费，按第一至第五部分投资合计的 5%计算，不计价差预备费。

26.3.6 计算结果

经计算，山阳水库除险加固工程总投资 3769 万元；其中：工程部分投资 3520.3 万元，水土保持部分投资 75.38 万元，环境保护部分投资 63.43 万元，临时占地投资 18.78 万元，水文设施工程投资 91.34 万元。

27 山阳水库经济评价

27.1 评价方法、依据和主要参数

27.1.1 评价方法和依据

本次经济评价主要依据国家发展和改革委员会和建设部2006年7月颁布的《建设项目经济评价方法与参数》（第三版）和水利部发布的《水利建设项目经济评价规范》（SL 72—94）进行分析计算。

27.1.2 主要参数

（1）社会折现率。社会折现率是建设项目经济评价的通用参数，在评价中作为计算经济净现值时的折现率和评判经济内部收益率的基准值，是建设项目经济可行性的主要判别依据。采用8%的社会折现率进行评价。

（2）计算期。计算期包括建设期和正常运行期。本工程建设期为1年，正常运行期取40年，则计算期为41年。

（3）价格水平年和基准年。价格水平年为2008年第一季度。经济评价基准年为项目建设期的第一年，基准点为基准年年初。

27.2 国民经济评价

27.2.1 费用计算

工程费用主要包括固定资产投资、设备更新费用、年运行费。

（1）固定资产投资。根据投资概算结果，工程静态总投资为3769万元。国民经济评价主要对投资估算成果进行如下调整：

1）投资估算的材料价格采用的是2008年第一季度的市场价格，其主要建筑材料、人工工资接近影子价格，故不再进行材料、设备、劳动力费用的调整。因占用、淹没土地补偿费占总投资比重很小，为简化计算，这部分费用也不做调整。所以，国民经济评价的影子价格换算系数均采用1.0。

2）剔除投资估算中属于国民经济内部转移性支付的计划利润和税金。

3）调整土地费用。

4）重新计算基本预备费。

调整后，国民经济评价投资为3581万元。

（2）设备更新费用。工程机电及金属结构设备的使用年限为20年，计算期内需要更新一次，更新费用为283万元。

（3）年运行费。年运行费包括工资及福利费、综合维护费、水资源费及其他费用等。

1）工资及福利费：包括职工工资、津贴、福利费等，水库管理人员 40 人，每人每年按 3 万元计，共计管理费 120 万元。

2）综合维护费：包括工程日常养护费、岁修和大修理费，根据有关规定及类似工程运行情况，按影子投资的 2.0%计算，共计年均综合维护费 75 万元。

3）水资源费：根据当地水资源征收管理办法，农业用水不征收水资源费，本工程不征收水资源费。

4）其他费用：主要包括日常办公、差旅、会议等费用，按照上述几项费用的 10%计算，年均 20 万元。

本工程年运行费为上述各项费用合计，为 215 万元。

（4）流动资金。流动资金暂按年运行费的 10%计为 21 万元，在正常运行期的第一年投入。

27.2.2　效益计算

本项目效益包括农业灌溉效益，防洪效益，水产养殖收入效益以及外部环境效益等。外部效益不易计算，本次经济评价只计算灌区的防洪效益和灌溉效益。

（1）防洪效益估算。防洪效益包括工程可减免的洪灾损失和可增加的土地开发利用价值。本工程只计工程减免的洪灾损失。

山阳水库下游主要保护良庄镇、房村镇 4.9 万人和 5.0 万亩农田及京沪铁路、京福高速公路、104 国道等重要交通设施。地理位置重要，防洪任务十分艰巨。

根据社会统计资料，分析洪灾损失见表 27.2－1，计算年均防洪效益 584 万元。

表 27.2－1　　　　分析洪灾损失

频率 P/%	无项目洪灾损失/万元	有项目洪灾损失/万元	有无工程洪灾损失差值/万元	两级洪水平均减少损失/万元	多年平均防洪效益/万元
5					
2	17600		17600	8800	264.00
1	27200		27200	22400	224.00
0.5	30400	19200	11200	19200	96.00
合计					584.00

（2）灌溉效益估算。灌溉效益采用“分摊系数法”计算，水库核定灌溉面积 1.42 万亩。灌区内粮食作物主要有小麦、玉米、地瓜、高粱、大豆、大麦等；经济作物主要有花生、芝麻、棉花、大麻、烟草、蔬菜等。

农业产出物主产品中小麦、玉米等为外贸货物，根据经济评价规定应采用影子价格。但考虑到测算影子价格有困难，且目前国内有些农副产品市场已接近国际市场价格。在不影响评价结论的前提下，本次暂按市场价格代替影子价格。

考虑该增产值的产生是水利工程和其他因素共同作用的结果，灌溉效益综合分摊系数取 0.4，水利工程还需考虑水库工程与渠道等工程的分摊，水库工程的分摊系数取 0.8。

经计算，水库产生的灌溉效益为 129 万元。

（3）水产养殖效益。水产养殖效益比较小，可不计。

（4）固定资产余值及流动资金回收。固定资产余值取工程投资的4%，和流动资金一起在计算期末计入现金流入。

27.2.3 国民经济评价指标及结论

根据以上分析的效益和费用，编制国民经济效益费用流量表见表27.3-1，计算其评价指标为：经济内部收益率13.50%，大于8%的社会折现率；效益费用比1.49，大于1.0；经济净现值为1794万元，大于0。因此，角峪水库除险加固工程在经济上是合理的。

27.2.4 敏感性分析

考虑到计算期内投入物和产出物多为预测值，与实际值可能存在着偏差，对评价结果产生一定的影响，分别设定费用增加、效益减少，进行敏感性分析。结果如下：投资费用增加10%，经济内部收益率为11.91%；效益减少10%，经济内部收益率为11.32%。

从计算结果看，在设定的浮动范围内，经济内部收益率均大于社会折现率8%，满足指标要求，说明项目具有一定的抗风险能力。

27.3 财务分析

本工程主要为防洪工程，属社会公益性项目，财务收入很少，本项目只有水产养殖非常少量的收入，因此，只进行财务分析。

（1）财务费用分析。年运行费包括工资及福利费、综合维护费、水资源费及其他费用等。

管理费用计算同国民经济评价，为120万元；综合维护费按工程静态总投资的2.0%计算，共计年均综合维护费75万元；水资源费不计；其他费用按照以上费用之和的10%计取，年均20万元；本工程年运行费为上述各项费用合计，为215万元。

（2）财务收入分析。本工程以防洪为主，财务收入可有少许的农业灌溉收入和水产养殖收入，农业灌溉收入若按照20元/亩计算，灌溉收入可有28.4万元；水产养殖每年约5万斤，按照每斤纯收入1.5元，收入约7.5万元。合计收入约有36万元。

（3）分析结论。工程财务支出215万元，财务收入较少，缺口为179万元，工程属于公益性项目，当财务收入不能满足其维持正常运行时，建议由政府财政预算支付，维持工程正常运行，发挥其效益。

国民经济效益费用流量见表27.3-1。

表27.3-1　　国民经济效益费用流量表　　单位：万元

序号	项　目	年限											
		1	2	3	4	5	6	7	8	9	10～19	20	21～40	41
1	效益流量		713	713	713	713	713	713	713	713	713	713	713	885
1.1	防洪效益		584	584	584	584	584	584	584	584	584	584	584	584
1.2	灌溉效益		129	129	129	129	129	129	129	129	129	129	129	129
1.3	水产养殖收入													

续表

序号	项　目	年	限											
		1	2	3	4	5	6	7	8	9	10～19	20	21～40	41
1.4	固定资产余值回收													151
1.5	流动资金回收													21
2	费用流量	3581	232	211	211	211	211	211	211	211	211	494	211	211
2.1	固定资产投资	3581										283		
2.2	流动资金		21											
2.3	年运行费		211	211	211	211	211	211	211	211	211	211	211	211
3	净效益流量	－3581	481	502	502	502	502	502	502	502	502	219	502	674

评价指标：

经济内部收益率：13.50％；经济效益费用比（i_s＝8％）：1.49；经济净现值（i_s＝8％）：1794 万元。